JN202022

完全版

沖縄戦

大戦略なき作戦指導の経緯と結末

齋藤達志
TATSUSHI SAITO
防衛省防衛研究所
戦史研究センター

中央公論新社

はじめに

沖縄戦の意義は何か、これが本書のテーマである。この問いはとても重く、1冊の本で、ましてや一人の個人の考え程度ではとても述べられるようなものではないであろう。しかしこの答えを導出することを本書の目的として試みたい。

その答えに到達するために、国土防衛戦である沖縄戦を5つの視点で描くこととした。まず、米軍が沖縄に上陸するまでの陸海軍統帥部及び第32軍が主役の作戦準備である。次に陸海軍航空部隊が主役の航空作戦、そして第32軍と米第10軍が主役の地上戦、さらに同じ戦場におけるもう一つの主役である行政と住民、最後に沖縄戦がどのように終戦に関係したのかという、政府を中心とした戦争指導の視点である。これらを米軍の視点も含め整理し、さらに因果関係を明らかにして沖縄戦の全貌を軍事的側面から明らかにしたい。そうすることによって沖縄戦の意義というものが浮き出てくることを期待したい。また、このような5つの視点を1冊の中で描いた沖縄戦史は多くはないであろう。ここに本書の最大の特徴があるといえるであろう。

なぜ、沖縄戦の意義を本書のテーマとするのか。筆者は陸上自衛隊の戦史教官として沖縄戦史の現地研修（事前偵察、個人旅行も含め）を幾度となく行った。その都度思うのは、住民を巻き込んだ実戦の様相がどのようなものかということはもちろんであるが、終戦への過程において沖縄戦はどのような役割を担ったのだろうかということであった。沖縄作戦は、当時県民約60万の沖縄県を戦場として行われた国土防衛作戦であり、中でも主戦場となった沖縄本島では、約50万の島民が直接戦闘の渦中に巻き込まれた。前田高地では為朝岩に立ち中頭地区を遠望できる絶景を眼下に、50万の島民の中に10万の軍隊が駐屯するという状態はどのようなものなのか、読谷では作戦全体の中でこの飛行場の価値はどのようなものなのか、なぜこの飛行場を捨てて首里を中心とした防御配備をしたのか、運玉森頂上では、本島中南部の絶景を眼下に、首里が包囲されるということはどういうことなのか、首里での複郭陣地は成り立たないものなのか、首里城の展望台から南方のそびえたつ八重瀬岳、与座岳、知念半島を遠望しつつ、なぜ住民の多くが避難している島尻に後退したのか、摩文仁の黎明の塔に立つたび、どれだけの阿鼻叫喚があったのか、そして戦争も終局に向かう中で摩文仁まで後退して持久することにどんな意味があったのか、などをよく考えたものである。

　そもそも日本には戦争を終わらせる政略はあったのか、それを実現するための戦略はあったのか、沖縄作戦はその戦略を成り立たせるために十分なものだったのか、この作戦を成り立たせるための現地陸海軍の戦術は適切だったのか。これらの因果関係を明らかにして、疑問を明らかにしてはじめて沖縄戦の意義が浮き彫りとなり、我々が賢く生きていくための道しるべとなるものと考える。

　さて、沖縄戦に関する先行研究は数多あるが、嶋津与志（大城将保）が『沖縄戦を考える』（ひるぎ社、１９８３年）で記しているように二つに大別できると考えている。軍隊本位の戦史と沖縄住民の証言記録からの戦史、つまり「軍隊の論理」と「民衆の論理」のどちらに軸足を置いているのかということである。前者の代表格は、防衛庁防衛研修所戦史室の『戦史叢書　沖縄方面陸軍作戦』（朝雲新聞社、１９６８年）、『沖縄方面海軍作戦』（朝雲新聞社、１９６８年）、『沖縄・台湾・硫黄島方面陸軍航空作戦』（朝雲新聞社、１９７０年）、また生き残った第32軍の高級参謀八原博通の『沖縄決戦―高級参謀の手記』（読売新聞社、１９７２年）があり、米軍のものとしては、陸軍公刊戦史『沖縄・最後の戦い（*"The War in the Pacific OKINAWA:THE LAST BATTLE"*）』、海兵隊戦史『沖縄・太平洋の勝利（*"OKINAWA:VICTORY IN THE*

PACIFIC"』がある。これらの著作や史資料の特徴は、官（軍）側の視点からその公文書などの一次史料、回想を多く用いて作成していることであろう。そのために全体像が比較的浮き出る反面どうしても住民の視線という観点が省かれることがあるという問題点がある。要するに上から目線の戦史といえるだろう。後者の代表格としては、沖縄タイムス社編『鉄の暴風』（朝日新聞社、1950年）、琉球政府編『沖縄県史　第8巻各論編7　沖縄戦通史』（国書刊行会、1989年）、大田昌秀『総史沖縄戦』（岩波書店、1982年）などが挙げられる。この特徴は、一般住民の視線、証言を基に戦史を組み立てていくという下からの積み上げであり、戦場の実相、戦争の悲惨さなどが浮き出る反面、戦争の全体像が見えにくくなるという問題点がある。本来は両者を融合して昇華されるのが望ましいのだが、本書についてはやはり「軍隊の論理」が中心となることはお断りしておく。つまり使用する主な史料は、どうしても『沖縄方面陸軍作戦』、『沖縄方面海軍作戦』、『沖縄・台湾・硫黄島方面陸軍航空作戦』などの公刊戦史、また生き残った第32軍の高級参謀八原博通の『沖縄決戦―高級参謀の手記』、米陸軍公刊戦史『沖縄・最後の戦い』、海兵隊戦史『沖縄・太平洋の勝利』が中心となる。しかしこれらも二次資料であり、本来ならばもととなった一次資料から直接引用するべきであるが、本書ではこれら一次資料を引用した公刊戦史を縦軸としている。

本書で最も重要である第32軍司令官牛島満（うしじまみつる）、同参謀長長勇（ちょういさむ）が実際にどのように考えていたのか、を示す資料はほとんど残っていない。これを辿るのは、第32軍司令部に勤務していた参謀、特に高級参謀であった八原博通（ペンネーム古川成美）の著書『沖縄決戦』、『死生の門　沖縄戦秘録』（中央社、1949年）、また、講演記録、航空参謀であった神直道（じんなおみち）の回想に多くを拠るしかない。いずれも戦後の回想をまとめたものであり、その記憶の正確さはもちろん、自らの弁明なども含まれていることが予想され、批判的にみる必要があるであろう。例えば、元第24師団歩兵第32連隊第1大隊長伊東孝一は、著書『沖縄陸戦の命運』（自費出版、2001年）において八原博通『沖縄決戦』の記述のいくつか（主に自らに関係する部分）について疑問を呈している。本書ではこのような所は別として大きな批判のないところは当事者の回想として引用している。

一方、住民側の資料について付記すると、今までは、軍の外にいた一般住民の証言が大半を占めていたが、最近は、軍内に勤務していて行動を共にした軍属に関する証言、記録も研究されてきている。特に近年公開された沖縄県公文書館が所蔵する「援護課『第17号第2種　軍属に関する書類綴』」は軍属の証言をまとめた貴重な史料である。また、久志隆子と橋本拓大の『聞書・中城人たちが見た沖縄戦・津覇にゆかりのある人々を中心に』（榕樹書林、２０２３年）などは独立歩兵第12大隊に軍属（飯炊きなど）として同行した人々の聞き取りをまとめている。こういった資料からは新たな住民の軍に対する見方、証言として縦軸にからませている。

さて、本書の構成であるが、冒頭にも述べたように沖縄戦の意義を案出できることを狙いとして、全体の構図がわかるように次のような5章で構成している。

第1章　作戦準備

大本営は、昭和19年3月頃から20年初頭にかけて10号作戦準備、捷号作戦、帝国陸海軍作戦計画大綱、天号航空作戦を策定した。沖縄防衛に関係する陸海軍部隊、特に現地第32軍はこれに基づき作戦準備を進めた。本章においてはこの大本営が定めた計画の中で、同部隊等がどのように準備を進めたのかを述べる。特にこの中で、航空決戦を重視したい大本営（——大本営内でも陸軍と海軍では考え方が異なる——）、航空部隊と戦略持久を重視したい第32軍との考え方の差を明らかにする。

第2章　航空特攻作戦

大本営は、主に特攻戦法を重視した天号航空作戦で沖縄に上陸する米軍に航空決戦を挑み、これを撃破しようとした。本章においては、どのようにこの作戦を行うための航空戦力を生み出したのか。その航空戦力をもっていかに上陸する米軍を撃破しようとしたのかを述べる。特に航空決戦を行うための有利な条件をいかにとらえて地上軍になにを求めたのか、そしてそこにどのように航空戦力を投入したのかを明らかにする。

第3章　地上軍の血みどろの戦い

沖縄に上陸した米第10軍はどのような考えのもとに第32軍を撃破し沖縄を占領しようとしたのか、これに対する第32軍はどのように考え防勢作戦を指導したのかを述べる。特に米第10司令官と第32軍司令官の作戦経過に伴う主要な状況判断及び大本営以下が沖縄戦の主眼とする航空特攻作戦への寄与についてどのように考え対応したのかを明らかにする。

第4章　作戦第一主義と住民

主として第32軍が創設され沖縄本島に駐屯した以降、第32軍の組織的戦闘が終了するまでの間、同島約50万人の県行政及び住民がこれをどのように支援し、どのような状況に追い込まれていったのかを述べる。特に、作戦第一主義の第32軍と行政の対応、第32軍と行政の関係、行政の住民指導がどのようなものだったのかを明らかにする。

第5章　沖縄戦と終戦

沖縄戦の戦況は、本土決戦を焦眉に控えた中で日本の戦争指導にどのような影響を与えたのか、これを沖縄戦の戦況経過に従い述べる。特に政権及び軍など戦争指導の中枢で沖縄決戦を唱えた人々などの動きから具体的に終戦へと舵を切った経緯を明らかにする。なお本章は、齋藤達志「沖縄戦と終戦への過程」『軍事史学』（第59巻第4号通巻236号）を加筆修正したものである。

そして最後に筆者の若干の考察と本書のテーマである沖縄戦の意義についてまとめたいと思う。本書が、読者の皆様が沖縄戦を考えるとき、さらには沖縄戦の現地研修を行う際の一助となることがあれば、筆者として望外の喜びである。

目次

第2章　航空特攻作戦

第3章　地上軍の血みどろの戦い

第4章 作戦第一主義と住民

完全版　沖縄戦　大戦略なき作戦指導の経緯と結末

米軍上陸全般図

出典：防衛庁防衛研修所戦史室『戦史叢書　沖縄方面陸軍作戦』（朝雲新聞社、1973年） 6 頁

第1章　作戦準備

1　沖縄本島の概要

南西諸島は、九州の南端から台湾の東北端にわたり太平洋と東シナ海の間に全長およそ1300㎞の弧を描いて点在する列島であり、大隅、吐噶喇（とから）、奄美、沖縄、先島、尖閣、大東の七つの諸島からなっている。本書で主にとりあげる沖縄本島は、四周をサンゴ礁に囲まれている長さ約100㎞、幅3～28㎞、面積約1200㎢の細長い島で南西諸島のほぼ中央に位置する同諸島中最大の島であり、政治、経済、交通、文化の中心地である。行政上は国頭、中頭、島尻の三郡と那覇、首里の両特別市に区分され、昭和19年頃総人口は約50万（沖縄県は約60万）、そのうち約五分の四は石川地峡以南、特に島尻郡内に居住していた。またこの島は、最も良好な飛行場及びその適地に恵まれ、港湾と泊地の存在と相まって名実ともに南西諸島の中核をなしていた。那覇を起点とすると鹿児島、台北、上海までは650～800㎞で、太平洋方面から来攻する米軍に対しては、九州、台湾、中国沿岸の各航空基地と連携して航空作戦を展開するため絶対必要な足場であった。反面、この島が米軍に占領された場合は、空・海部隊の基地となり、本土、朝鮮半島、及び中国沿岸一帯は直接その攻撃範囲に入り、南方との連絡は遮断され、日本本土防衛にとって影響する所は極めて大きいものがあった。[*1] この沖縄本島を日米のどちらが確保しているかで、日本の本土防

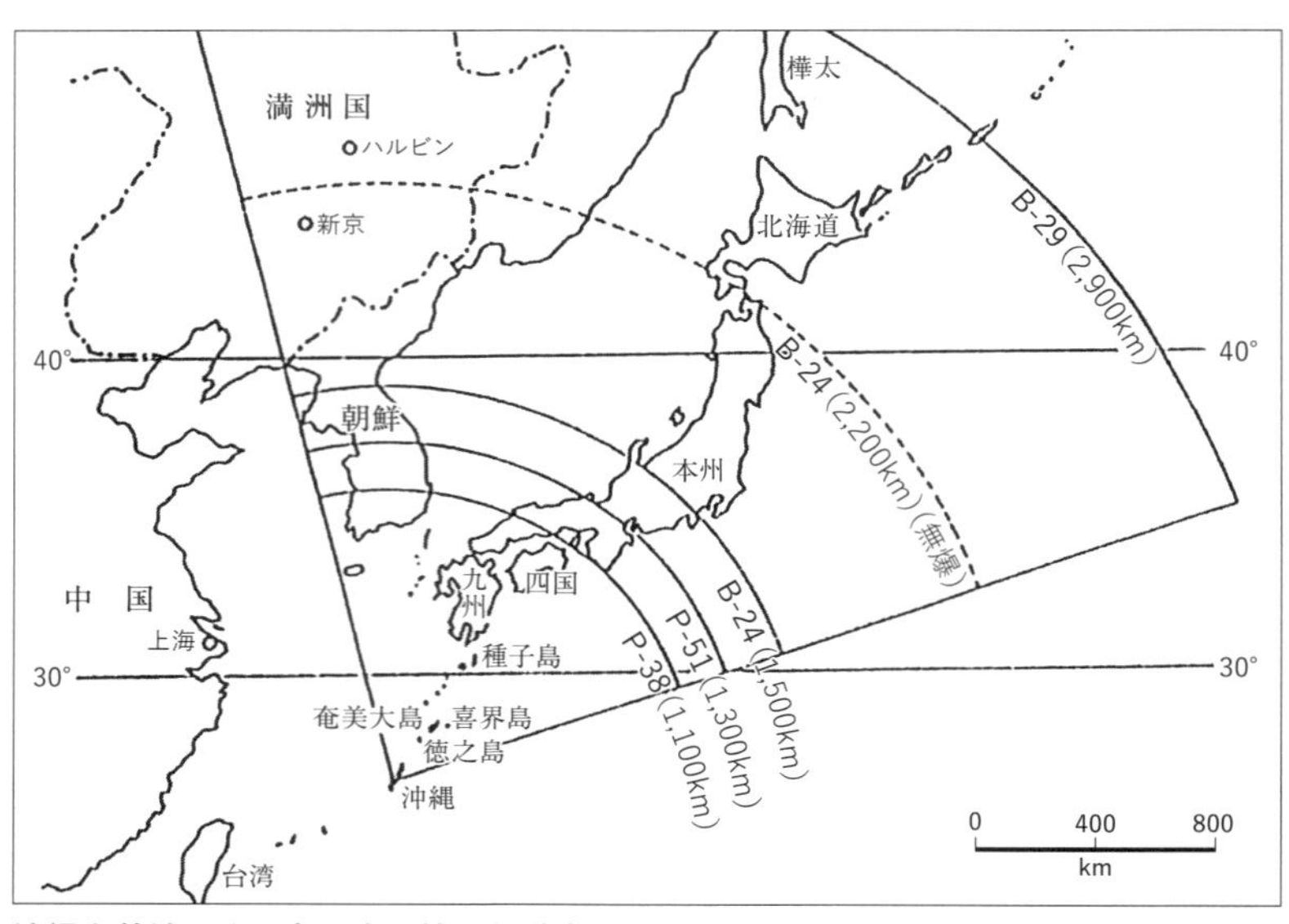

沖縄を基地とする主要米軍機の行動半径（筆者作成）

沖縄本島（南部）を上空から望む
防衛庁防衛研修所戦史室『沖縄・台湾・硫黄島方面　陸軍航空作戦』（朝雲新聞社、1970年）口絵

衛の命運を決する戦略的にも作戦的にも大きな意味を持った。

　沖縄県に徴兵令が施行されたのは明治31年で明治６年の本土より相当遅れている。明治40年に沖縄警備隊司令部が那覇に設置されたが、大正７年５月沖縄連隊区司令部と改称され、第６師団の管轄下に置かれた。このため沖縄県に置かれた軍の官衙は、連隊区司令部だけで、「沖縄県には軍馬一頭（連隊区司令官用）」と言われたほど沖縄県民は軍と接触する機会はほとんどなかった。しかし、昭和16年７月には中城湾及び船浮（ふなうき）の臨時要塞建設命令が発せられ、10月に工事を終了して以来、中城湾臨時要塞及び船浮臨時要塞には要塞司令部、要塞重砲兵連隊、陸軍病院などが配備された。[*2]ここに初めて軍の防衛施設が設置、運営されたのである。このように沖縄県と軍との関係は希薄なものであったため、昭和19年に第32軍のような歴戦の大部隊が進駐した際の歓迎ぶりと島の防衛に対する期待は大なるものがあった。

２　10号作戦下における作戦準備（昭和19年３月頃〜）

⑴　10号作戦準備

　昭和18年９月30日、「今後採ルヘキ戦争指導ノ大綱」が決定され、いわゆる絶対確保すべき地域、「絶対国防圏」が決定された。しかし、その絶対国防圏のはるか後方の南西諸島方面の防衛は18年末にはまだ重要視されていなかったため、先の臨時要塞以外はほとんど顧みられることがなかった。大本営陸軍部第２課長服部卓四郎（はっとりたくしろう）大佐は、南東方面の戦訓から見て絶対国防圏上のマリアナ方面が一挙に突破される場合もあると考慮し、南西諸島防衛の研究をはじめ、昭和19年１月には海軍部と交渉協議した。この頃、米潜水艦による我輸送船の被害が多く（12月29万屯、１月43万屯）、対潜警戒の基地としての南西諸島方面の重要性が浮かび上がるようになった。[*3]

沖縄主要部隊等配備年表

元号	年月	対象国	事件等	陸軍	海軍
明治	4年		○琉球藩設置		
明治	9年7月			●1個分隊／歩兵第13連隊（熊本） ※琉球藩警備、主権誇示（古波蔵）	
明治	12年3月	清	○沖縄県設置 （琉球処分）	●1個中隊／歩兵第14連隊（鹿児島） ※琉球処分の対内警備（首里城）	
明治	18年			○警備隊構想（参謀本部） ※対外警備 ※部隊配備無し（構想のみ）	
明治	19年8月		○清国北洋艦隊長崎入港		○南西諸島第三海軍区編入
明治	22年				○佐世保鎮守府開庁
明治	27年		○**日清戦争（台湾領有）**		
明治	29年7月			○沖縄分遣隊召還、警備隊構想廃止	●中城湾需品支庫設置
明治	31年		○沖縄に徴兵令施行	○沖縄警備隊区司令部設置（松山） ※司令部のみ、徴兵・動員業務を実施	
明治	37年		○**日露戦争**		●今帰仁村運天港需品支庫設置
明治	40年	米	○帝国国防方針「用兵綱領」		○対米艦隊決戦の泊地候補となる
大正	3年		○**第1次世界大戦**		
大正	7年5月			○警備隊区司令部→連隊区司令部	
大正	8年	英米		○中城湾・船浮・狩俣三臨時要塞計画構想 ※ワシントン軍縮会議で中止	
大正	11年			○在郷軍人会発会	
大正	14年			○配属将校配置	

（濃い網掛け）＝沖縄本島陸軍実設部隊
（薄い網掛け）＝沖縄本島海軍実設部隊等

昭和	米		
8年			○小禄仮設飛行場建設 ※翌９年概成
9年		●熊本憲兵隊鹿児島分隊那覇分遣隊設置	
12年	○**支那事変**	○石井虎雄大佐「沖縄防衛対策」上申 ※沖縄防衛の一案を陸軍次官に上申	
15年		○狩俣湾（宮古島）臨時要塞建設	
16年8月		○中城湾・船浮（西表）臨時要塞建設	
10月		●中城湾要塞部隊配備（与那原など）	
12月	○**対米開戦**		
18年4月			●沖縄部隊（那覇） ※対潜哨戒（小艦艇・哨戒機）
18年末	○絶対国防圏構想		●電波探信儀（与座岳） ●派遣航空隊（小禄）
19年3月		●第32軍創設（３／22） ※当初、中城湾・奄美大島要塞等で編成 →逐次北・中飛行場建設	
4月			●沖縄方面根拠地隊（４／10） ※奄美で編成、小禄進出は８月 ※甲標的、震洋隊逐次進出
6月		※独立混成第44・45（石垣島）旅団、第21連隊（徳之島）	
7月	○「あ」号作戦失敗 サイパン陥落	※第９・24・28（宮古島）・62師団、独立混成第59（宮古島）・60（宮古島）・64（徳之島）旅団、戦車第27連隊等	
8月		○配備変更命令（８／18）	●南西諸島空・25航戦
11月	○捷号作戦（レイテ決戦）失敗 →ルソン持久	○第９師団抽出に伴う新計画（11／26）	
12月		○第９師団抽出（台湾へ）	
20年1月		○配備変更命令（１／26）	
2月	○米軍硫黄島上陸		
4月	○**米軍沖縄上陸**		

服部第2課長らの研究の結果、南西諸島の作戦準備（「10号作戦準備」といわれた）の主眼とするところは、まだ絶対国防圏が現存している今日、情勢の変転により、この線を突破して試みられるかも知れぬ連合軍の奇襲に対し、まず沖縄を基地とする航空部隊を以て適宜その企図を破砕するのを第一義とした。従って地上兵力はその航空基地を掩護し、航空戦力発揮を容易にするためのものであった。[*4]

大本営は昭和19年3月22日、第32軍を創設し、また同軍及び台湾軍の作戦準備の準拠として「10号作戦準備要綱」の参謀総長指示を発した。その骨子は、「一、皇土防衛及び南方圏との交通確保等のため、作戦準備を強化して、敵の奇襲に備えるとともに情勢の変転にあたって敵の攻略企図を撃砕し得る態勢を整える、二、作戦準備は航空作戦準備を最重点とする、三、奇襲対応の処置は速やかに整え、全般的作戦準備は昭和19年7月を目途として概成する、四、航空作戦準備の規模は南西諸島及び台湾東部に各約1飛行師団の展開及び作戦を可能とすることを目途とする、五、地上兵力は航空基地の防備を主とし、あわせて主要な艦船泊地を掩護するように配備する、南西諸島方面の使用予定兵力［徳之島（混成連隊1、沖縄島（混成旅団1）、石垣島・宮古島（混成旅団1）］というものであった。[*5]

昭和19年3月頃の南西諸島の航空基地の状況は次の通りである。

海軍は、昭和8年石垣島、小禄（おろく）（沖縄本島）、喜界島、昭和9年大東島にそれぞれ不時着用程度のものを設定しており、18年暮れ頃から海上護衛強化などの必要もあって宮古島に飛行場の新設を開始するほか、既設基地の拡充強化を図った。

陸軍は、従来1個の飛行場も設定してなく海軍のものを利用していたが、南方作戦の進展に伴い航空部隊の機動用飛行場を考慮して、18年夏ころから陸軍航空本部が徳之島、伊江島、沖縄北飛行場の建設に着手し、石垣島にも建設の準備を進めた。建設は民間土木業者によって実施され、昭和19年4月の段階で完成しているものは1個もなかった。

参謀総長指示「十号作戦準備要綱」には、航空作戦準備を最重点とし、南西諸島の航空基地設定は第32軍が担任することを本則とすると示されており、軍の当初の戦闘序列は要塞関係部隊の外は飛行場関係部隊を主とするものであった。[*6]

(2) 防備強化に関する陸海軍の動き

昭和18年7月、小松輝久中将が佐世保鎮守府長官となった。海軍において南西諸島の防衛は佐世保鎮守府の担当であった。小松司令長官は、戦局の推移から本土上陸を目指す空襲、海上交通遮断等の作戦的見地から比島、台湾、沖縄島の攻略が早晩予期できると判断した。それで佐世保鎮守府では、陸軍の九州防衛を担う西部軍との連絡を密にし、漸次意見の一致を図っていった。一方、中央でも昭和19年初頭から陸海軍の間で台湾及び沖縄に対する措置について検討が始められていた。佐世保鎮守府では、3月13日に、海軍大臣、軍令部総長に、根拠地隊の設置、航空基地の防空施設、警備隊の進駐、航空兵力の増勢などを含む「南西諸島防備急速強化について」を意見具申している。また、大本営陸軍部は、昭和19年3月16日から参謀本部部員および西部軍参謀の一行を南西諸島に防備視察のために派遣した。佐世保鎮守府も先任参謀を同行させ、佐世保防備隊司令部も那覇に進出して打ち合わせを行った。[*7]

大本営陸軍部の現地視察班は、杉田一次（すぎたかずし）大佐を班長とし椙山一郎（すぎやまいちろう）中佐（通信）、神直道少佐（航空）、光岡健次郎少佐（船舶）、齋藤春義少佐（編制）などのほか、第32軍参謀長予定の北川潔水（きたがわきよみ）少将、同軍参謀予定の八原博通大佐が同行した。一行は、3月15日所沢飛行場を出発、南西諸島及び台湾を視察し東京に帰還したが、八原大佐は那覇に残留して作戦準備に取り掛かった。[*8] 八原大佐は、米国に駐在、米陸軍歩兵連隊にも隊付して、米軍の火力重視を十分熟知していた。[*9]

また、3月16日、沖縄視察の陸軍側に同行していた佐世保鎮守府先任参謀は、沖縄方面根拠地隊設置について中央の内案を示されており、さらに同日付、「南西諸島方面、築城実施緊急完成の件」として、小禄航空基地の防空施設強化、那覇補給基地施設、石垣島航空基地施設、喜界島航空基地施設の築城工事が指令されていた。[*10] また、4月に入ると、防空砲台整備のため古仁屋（こにや）、南大東島、那覇、宮古島、石垣島の調査を実施した。

⑶ 第32軍の創設と任務

昭和19年3月22日、第32軍の戦闘序列が下令され、大本営直轄として北緯30度10分以南、東経１２２度30分以東の南西諸島防衛の大命が発せられた。これによって南西諸島所在の各要塞司令部及び要塞部隊は戦闘序列によって第32軍に編入された。しかし、軍事行政機関である沖縄連隊区司令部及び憲兵は第32軍司令官の隷下外であった。

第32軍の戦闘序列は、第32軍司令官陸軍中将渡辺正夫、第32軍司令部、奄美大島要塞、中城湾要塞、船浮要塞、第19航空地区司令部、第50飛行場大隊、第２０５飛行場大隊、第３飛行場中隊、要塞建築勤務第６・第７・第８中隊であった。また、第32軍は、大陸命第９７４号（19・３・22）において、「第32軍司令官は、海軍と協同し速（すみやか）に作戦準備を強化して南西諸島の防衛に任ずべし」との任務が付与された。[*11]

大本営は、本来ならば南西諸島の防衛は防衛軍（主として平時の軍司令部令に定められた防衛を担任し、なお、防衛のほか各種の軍事行政事項を処理する）である西部軍の隷下とするところ、南西諸島方面の防衛を急速に促進する必要と第32軍は作戦軍（戦時高等司令部勤務令と大命（奉勅命令）に基づいて専ら作戦に任ずる）であることなどから、第32軍を大本営直轄として発足させた。[*12] この第32軍を作戦軍として考えたことは、約60万の県民を防衛する軍として適切だったのか、のちに答えはでるのである。

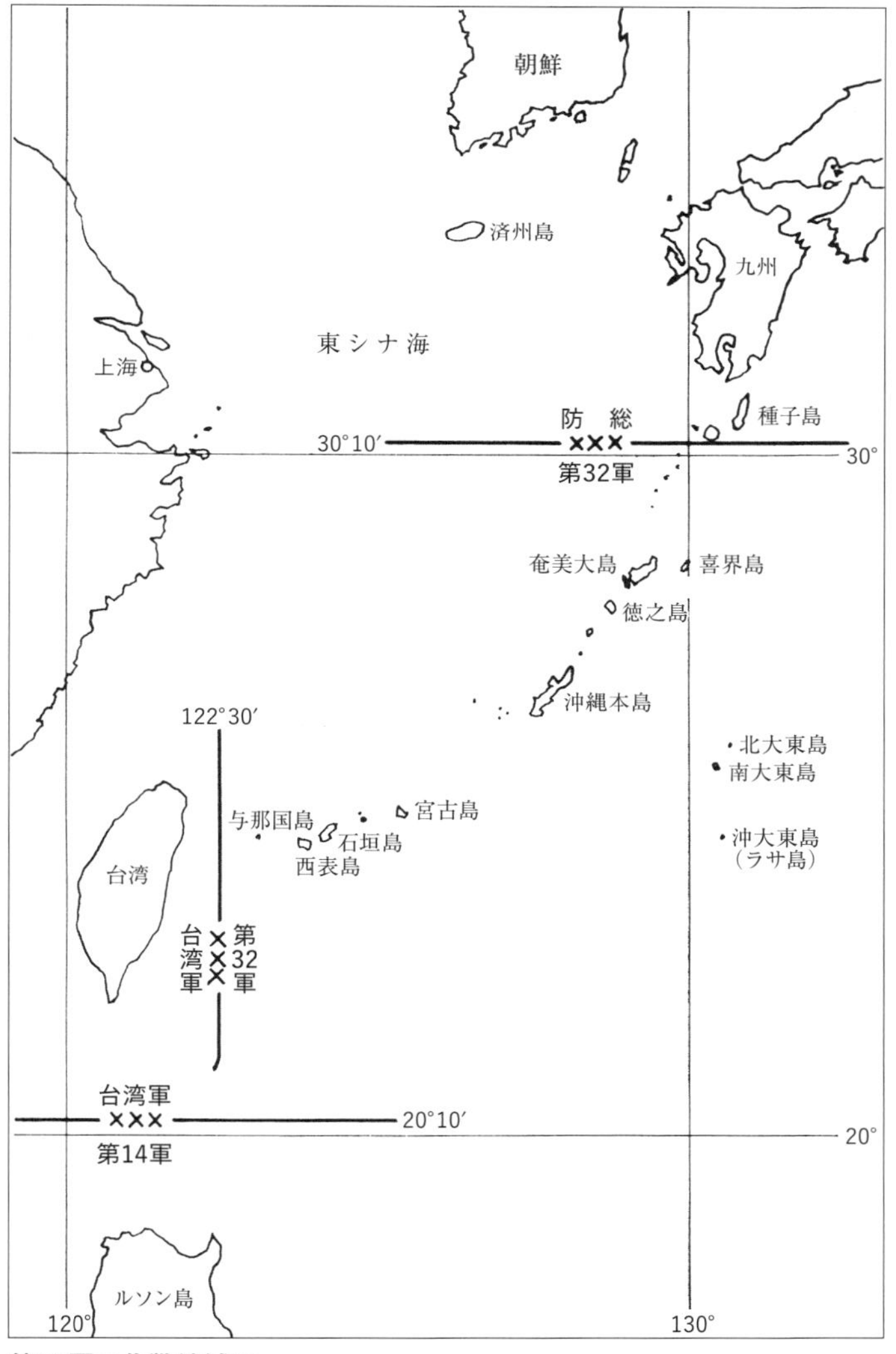

第32軍の作戦地域図

出典：防衛庁防衛研修所戦史室『戦史叢書　沖縄方面陸軍作戦』(朝雲新聞社、1973年) 22頁

(4) 軍司令官渡辺正夫中将の着任と西部軍への編入

昭和19年3月29日、軍司令官渡辺正夫中将は参謀長北川潔水少将を従え、空路沖縄に到着した。軍司令

部は那覇と首里の中間にある蚕種試験場に決定した。軍司令官は、勧銀支店長邸に起居し、北川少将以下参謀は、那覇市長の公邸を提供され、これを宿舎とした。[*13]

第32軍司令部は、3月27日福岡市立第一高等女学校で編成を完結した。第32軍司令官は4月1日零時を期して統帥を発動し関係方面にその旨を打電した。[*14]

軍司令官渡辺中将は、4月20日、軍の主要任務でもある飛行場設定にあたって「全力を尽くし速やかに飛行場設定を完成すること、之が為重点に徹するとともに凡ゆる創意工夫と積極果敢なる陣頭指揮を望む」旨を要望した。

第32軍の戦闘序列に4月上旬から6月上旬にわたり独立混成第44旅団、同45旅団、独立混成第21連隊、独立高射砲第27大隊の他多数の航空地区部隊が編入された。そして航空基地整備に任ずる部隊は4月下旬から逐次各地に到着して設定作業に着手した。[*15]

5月5日、東部軍、中部軍、西部軍及び航空部隊の一部を防衛総司令官の隷下に編入し、皇土防衛強化の大命が下令され、そして同日第32軍を西部軍の隷下に編入する大命が発せられた。この編入は第32軍に予告なく行われたものである。大本営としては、南西諸島方面が元来西部軍の防衛担任区域であり、作戦資材の輸送、補給の便及び西部軍が新たに作戦軍の性格を併有したことなどからして、第32軍を西部軍の隷下に編入したのであった。

⑸ 沖縄方面根拠地隊の新編と作戦準備

昭和19年4月10日、沖縄方面根拠地隊と第4海上護衛隊が新設された。これは佐世保防備戦隊のうち、従来主として海上交通保護に従事してきた部隊を第4海上護衛隊に切り替え、海面防備部隊に編成されていた大島部隊及び沖縄部隊を一括して沖縄方面根拠地隊として新編したものである。両司令部の主要配置は当分の間兼務配置とされ、司令官も昭和20年1月20日大田實（おおたみのる）少将の着任まで、新葉亭造（にっぱていぞう）少将の兼務であった。新編当時の麾下総員２０９２名である。また、沖縄方面根拠地隊の司令部も、８月９日に奄美大島の瀬相（せそう）在泊の旗艦から小禄の航空基地に移動する。*16

沖縄作戦に関する佐世保鎮守府及び沖縄方面根拠地隊の作戦計画は不明であるが、当時の佐世保鎮守府先任参謀土井美二（どいよしじ）大佐及び沖縄方面根拠地隊先任参謀阿部徳馬大佐の回想を要約すると、小禄の航空基地を確保することと、洋上の敵を海岸に近づけぬことに主眼を置いて、機雷、海岸砲、射堡（陸上から魚雷を発射する装置）を設置することであった。

阿部先任参謀は、「沖縄の本格的築城はサイパン来攻以後で、軍令部、軍務局１課に赴いて計画促進の了解を取り、即時即決的に急速に進めて行った」と回想している。沖縄方面根拠地隊の戦備としては、

ア　砲は旧式のものが多く、わずかに佐世保に保管中の重巡用の15・5糎（センチ）砲９門を本島中部に設置した。防空には従来各種高角砲、機関銃等約50基（１００門）に加えて新たに１２０基（２４０門）を輸送し、陸軍の要求に沿い、陸戦に使用できるように設置した。海軍要員不足のため、陸兵を海軍で訓練して使用した。各島嶼には飛行場建設以外手が届かなかった。

イ　水際防御　機雷の設置は19年末までに本島の南方のみ完備した。射堡は、調整班の編成が意の如くならず、20か所ほど計画したが、完成したのは2か所だけだった。

その後のことは、担当者が戦死し史料もなく不明である。*17

南西諸島防備の任務が西部軍から第32軍に移行されるに伴って、同地域に対する西部軍と佐世保鎮守府との協定は第32軍が引き継ぐことになった。６月15日、この指示に基づいて第32軍、第４海上護衛隊、沖縄方面根拠地隊の間で「南西諸島作戦に関する現地協定」を結び、細部の所掌、分担等を協定した。*18

⑹　第32軍への部隊の増強

昭和19年6月15日、米軍はサイパン島に上陸を開始し、大本営は太平洋上の絶対国防圏における決戦「あ」号作戦を発動したものの、6月19日からのマリアナ沖海戦ではようやく再建された機動部隊である第1機動艦隊が壊滅し、事実上絶対国防圏構想は破綻した。こうした6月中旬頃、第32軍は「10号作戦準備」に基づき航空基地の設定に努力中であったが、沖縄本島、宮古島、石垣島などは裸同様で小部隊の奇襲上陸に対してもきわめて危険であった。

こうした状況から大本営陸軍部は、南西諸島の急速強化のため、第9師団（在満）、混成連隊、戦車連隊、砲兵連隊などの第32軍編入を内定し、6月25日、南西諸島の配備について現地軍の意見を求めた。この件につき、6月27日、上京した八原高級参謀は、中央部が南西諸島を重要視していることを知ったものの、無数の島々に限りある兵力を分散配置するのは適当ではなく、沖縄本島に集結すべきであると主張した。そして6月26日、次の部隊が第32軍に編入された[*19]。

第9師団、独立混成第15連隊、戦車第27連隊、野戦重砲兵第1連隊、独立速射砲第3大隊、同第7大隊、電信第27連隊の1中隊、第44、第56、第69飛行場大隊、第8野戦航空修理廠の第1、第3独立整備隊、第9野戦航空修理廠の第2独立整備隊、独立有線第106中隊、独立無線第100小隊

⑺　独立混成第44旅団等の遭難

第32軍に新たに編入予定の独立混成第44旅団、同第45旅団、第32軍兵器勤務隊、第129夜戦飛行場設定隊及び宮古島陸軍病院等の乗船富山丸は、昭和19年6月25日鹿児島を出航南下した。6月29日0720頃、徳之島東方を航行中、米潜水艦の雷撃を受けて沈没し、乗船部隊約4600名中、行方不明約3700名の大惨事を生じた。独立混成第44、第45旅団の両旅団長は、5月22日、那覇に先行して旅団司令部の

編成及び作戦の準備中であった。遭難生存者は奄美大島の古仁屋に一時収容され、独立混成第44旅団及び第32軍兵器勤務隊生存者（約400名）は沖縄本島、その他は宮古島に輸送された。遭難各部隊は主用指揮官がほとんど死没して戦力はなく、7月から9月は再編基幹要員を本土から輸送し、現地召集者を加えて再編成された。富山丸の遭難は中央部にも大きな衝撃を与え、南西諸島全般の兵力配備の構想に大きな変更をもたらした。[*20]これは第32軍にとっても大きなショックであった。軍は出鼻を挫かれ、作戦準備が予想以上に遅れることとなった。

この頃、沖縄近海での船舶損害は、船一隻の損害がいかに大きなものであるかを、軍は深刻に考えさせられた。当時、航空部隊は主力を挙げて全般航空作戦に任じており、輸送船団に密着しての、直掩哨戒には余力がなかった。軍は富山丸の被害を教訓に、飛行機の掩護を欠いた昼間航行か夜間航行の船団に限られていた。航空直掩化の昼間航行に徹底するように船舶部隊並びに航空部隊と調整し、もし航空の都合がつかない時は出航を待たせるようにした。また、協力機数が少なくて直掩に穴が開くときには、軍所属の偵察機で埋めるようにした。それでも、どうしても直掩に穴が開くときは、航行を中止して安全海域に仮泊させた。[*21]

3　捷号作戦下における作戦準備（昭和19年7月頃〜）

(1)　長勇少将の第32軍参謀長就任

6月15日、米軍のサイパン上陸に伴い6月27日、本土防衛軍の参謀長会議が東京で開催されることになった。八原高級参謀は、陸軍省軍事課長の西浦進大佐から軍需品は最優先に第32軍に送ると言われる。また、参謀長会同を終えて、最後に大本営陸軍部参謀次長後宮淳大将から必勝戦法を承った。その必勝戦法は概（おおむ）ね次のとおりである。[*22]

1　すべからく我々は、地下から攻撃すべきである。
2　日本軍は夜暗を利用し、敵前至近の距離に緊迫し、あるいはさらに敵の戦線内に侵入し、彼我混淆状態に導かねばならぬ。
3　地上戦闘で、最も厄介なのは敵の戦車である。……10キロの黄色薬を入れた急造爆薬を抱えて、敵戦車に体当たりして爆破するのだ。

後宮(うしろく)参謀次長は、「築城、築城、米軍上陸の日までに、懸命に洞窟陣地を完備する。勝利の望みは、この一事の成否にかかる」と八原高級参謀を指導した。[*23]

一方、関東軍総司令部付長勇少将は、サイパン奪回作戦の要員として東京に招致されていたが、奪回作戦中止に伴い6月27日参謀本部付となった。大本営陸軍部は、後宮参謀次長の特命による第32軍の作戦援助のため、長少将を第32軍に派遣した。長少将は、大本営参謀木村正治中佐を伴って7月1日、第32軍司令部に到着した。6月26日、第32軍参謀に補せられた林忠彦少佐も7月1日、那覇に着任して、司令部の陣容が強化された。

7月4日頃、大本営陸軍部は南西諸島の兵力配置について、沖縄本島：第9師団、独立混成第15連隊、宮古島：第28師団、大東島：歩兵第36連隊のように第32軍に連絡したが、長少将は、5日、沖縄本島防備のため、兵力3個師団を必要、陣地構築並びに戦闘のため爆薬400トン、セメント3万袋を要する旨を電報した。

7月8日、沖縄派遣中の長少将が第32軍参謀長に、随行の大本営参謀木村中佐が第32軍参謀に補職され、同日付で参謀長北川少将は台湾軍参謀副長に補職された。長参謀長は、7月11日、上京して大本営に状況報告を行った。この際、参謀総長に対して南西諸島方面防衛のため、最小限6個師団と1個連隊を必要とすること、作井隊（井戸作成部隊）及び爆薬の必要性、非戦闘員の台湾疎開、貨物廠の設置などについて意見を述べた。[*24]
長参謀長は、八原高級参謀に、「沖縄本島には5個師団を増強せよ！　もし吾輩の意見を採用せず、ために沖縄が玉砕するようなことになれば、参謀本部の首脳部は全員腹を切れ！」と大本営を脅してやったと、大笑いして話した。[*25]

(2) 第32軍の増強

第９師団司令部（約１００名）は７月６日、空輸され、部隊は７月９日、鹿児島を出航し、７月11日、那覇に入港した。独立混成第15連隊は７月６日から逐次に空輸された。７月７日には、富山丸で遭難した独立混成第44旅団の生存者宇土武彦大佐以下約４００名が那覇に到着し、旅団長鈴木繁二少将の掌握下に入った。[*26]そして軍はまず、独立混成第15連隊を、空路先着していた独立混成第44旅団長の指揮下に入れ、同旅団に普天間東西の線以北の中頭郡の防衛を担任させ、同線以南の島尻郡は第９師団の防衛地区と定めた。[*27]また、第32軍に７月18日第24師団が増加されたほか、７月20日独立混成第64旅団、野戦重砲兵第23連隊などが増加された。

第32軍司令官は、８月２日、第24師団の到着に伴う沖縄本島の配備変更の軍命令を下達した。第24師団上陸後の配備要図は、次頁図の通りである。その方針は、「一部をもって伊江島及び本部本島を確保すると共に、主力を以て沖縄本島南半部に陣地を占領し、海空軍と協同して極力敵戦力の消耗を図り機を見て主力を機動集結して攻勢に転じ敵を本島南半部において撃滅するにあり」というものであった。[*28]

大本営は、捷号作戦準備（後述）を速やかに完成するため、各方面に幕僚を派遣して現状に即した現地指導を行うことに努めた。第32軍には、８月５日、15日と大本営陸軍部、陸軍省の参謀が、航空作戦準備の促進を地上、船舶、兵站等各方面から総合観察することを目的に来島した。特に指導した事項は、燃料、弾薬集積の欠陥、航空作戦準備を実施する思想を第一線に徹底すること、基地設定部署の強化指導、航空基地の洞窟施設化、補給廠の設置、軍需品及び自動車の輸送、航空幕僚の強化などであった。8月20日大

昭和19年 8 月上旬～中旬の沖縄本島配備要図（第24師団の到着に伴う配備変更）

出典：防衛庁防衛研修所戦史室『戦史叢書　沖縄方面陸軍作戦』（朝雲新聞社、1973年）付図

第32軍の陣容（昭和20年２月頃）
1　沖縄方面根拠地隊司令官大田實少将、2　軍司令官牛島満中将、3　軍参謀長長勇少将、4　歩兵第89連隊長金山均大佐、5　歩兵第32連隊長北郷格郎大佐、6　軍高級参謀八原博通大佐（他省略）
Center of Military History *The War in the Pacific OKINAWA: THE LAST BATTLE* (United States Army Washington,D.C.,1984), p.86.（米陸軍公刊戦史『沖縄：最後の戦い』）

本営陸軍部第1部長真田穣一郎少将の日記に、「球（第32軍）一時誤解より地上の工事に力を向け飛行場から手を抜きたる感ありしもまた復旧す」とあり、第32軍は準備の面から捷号作戦の肝ともいえる航空作戦準備への軽視がみられた。[*29]

そして続いて、7月下旬第28師団主力が宮古島に、ついで第24師団、第62師団がそれぞれ8月上旬及び中旬に逐次沖縄に上陸、さらに大小各種の部隊が続々南西諸島の島々に上陸した。9月初頭には、大本営の企図する兵力は概ね展開を完了し、その総兵力は、4個師団と混成5個旅団、1砲兵団を中核として、約18万に達した。[*30]

第32軍に編入された第62師団は、その防御地区を中頭地区に定められ、陣地構築を開始した。師団長本郷義夫中将は常々、「玉砕御免だ、沖縄では勝たねばならない、死んではいけない、それには堅固な地下壕陣地に拠って比較にならない圧倒的な敵の爆撃、艦砲に堪え、敵と対峙して歩兵の本領を発揮し、敵を殲滅せねばいけない」といい、参謀部や各部隊もその方針に基づき、対戦車陣地、地下壕陣地の交通壕、さらに壕内戦の弱点を補うための、斜射、側射の火器の配置、敵の歩戦分離の火網及び友軍の歩砲の連携陣地等、実に高度の陣地構築が日夜を分かたず実施された。とはいえ、築城資材は皆無であり、工具は破損しているような十字鍬と円匙（えんぴ）ともっこでの作業とあって、その困難さは言語に絶するものであった。

一般に陣地地域は住宅地などと混在しており、まず住民を説得する必要があった。「ここは激戦地になります。危ないから国頭地区へ疎開しなさい。あそこには収容所もあり、食糧も用意してあります」などといっても、土地と家は捨てがたく、最後には強制疎開させざるを得なかった。軍隊と非戦闘員の混淆は、絶対に避けねばならず、それを行ったうえでの陣地構築でなければならなかった。[*31]

軍は、さらに続々大部隊が増加されることを予期していたが、その部隊名、到着日時が明示されないので、当面緊迫した状況に応じるよう逐次来着する部隊をもって、段階的に応急の防衛部署を進めていった。今上陸するかもしれないという敵情を考えるとやむを得ない処置だった。したがって全兵力が結集するまで、各兵団、部隊の任務が逐次変更され、その都度、移動する状況であった。

こうして沖縄本島の防衛は、島尻地区に第9師団、第24師団、第62師団、中頭以北に独立混成第44旅団を配備した。[*32]

(3) 第32軍の台湾軍への編入と航空部隊の進出

大本営は、米軍がサイパン島に上陸するに及び同島の確保奪回を企図するとともに、第二線である本土、南西諸島、台湾、フィリピン方面の防衛強化の促進を図った。このため第32軍の統帥組織も研究され、第32軍を台湾軍に編入することを考えていた。一方、第32軍司令部では自軍を西部軍の隷下から脱して大本営直轄とすべきとして参謀次長に意見具申をしていた。しかし、大本営は7月11日、台湾、上海、南西諸

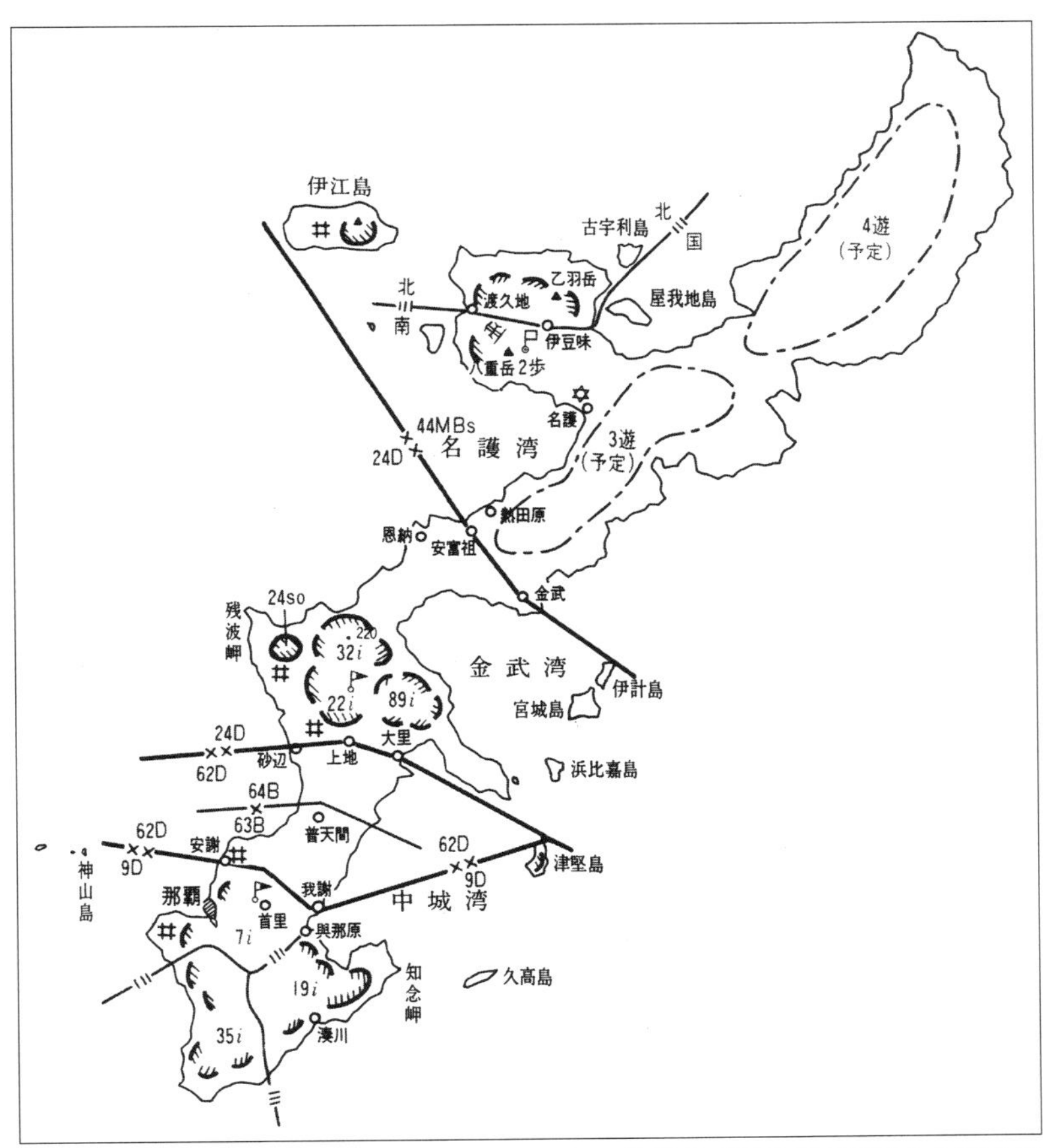

昭和19年８月下旬〜同年11月下旬の沖縄本島配備要図（第62師団到着から第９師団抽出までの配備）

出典：防衛庁防衛研修所戦史室『戦史叢書　沖縄方面陸軍作戦』（朝雲新聞社、1973年）付図

島の三角圏の航空作戦の実施を容易にする、第32軍に対する補給は台湾から実施することが有利であるなどの理由から第32軍の台湾軍司令官の隷下編入を発令した。この発令は第32軍の不満とするところであった。[*33]

この間、第2航空艦隊麾下で南西諸島方面を担当する南西諸島空が7月10日に新編され、8月24日までにほぼ小禄に進出を完了した。また、第2航空戦隊の第25航空戦隊司令部は8月1日に小禄に進出した。

⑷ 捷号作戦計画下の第32軍

サイパン陥落以降、大本営は、次期進攻を昭和19年秋季以降、比島または南西諸島に予想、陸海軍両統帥部は今後の作戦指導について研究中のところ7月18日から3日間にわたって合同研究を実施した。その結果、新作戦指導の大綱、「陸海軍爾後(じご)ノ作戦指導大綱」が決定された。その骨子は、

一、本年後期米軍主力の進攻に対し決戦を指導し、その企図を破砕する。

二、決戦方面を次のように予定し、決戦の時期を概ね8月以降と予期する。

三、本作戦を「捷号作戦」と呼称する。フィリピン方面：捷1号作戦、連絡圏域方面（南西諸島、台湾、東南支付近を指す）：捷2号作戦、本土（北海道を除く）方面：捷3号作戦、北東方面：捷4号作戦、

というものであった。[*34]

要するに捷2号（南西諸島・台湾方面）は、約1500機の航空兵力を本土・支那・比島方面から集中して来攻する米艦隊を洋上撃破、栗田艦隊以下の海上部隊を米輸送船団に突入、この空・海決戦によって敵兵力の大半を洋上で撃破する方針であり、第32軍の任務はこれに呼応して撃滅をのがれた所在兵力をもってさらに上陸する敵部隊を撃破することにあった。[*35] しかし捷号作戦の決戦方面を捷1号作戦：フィリピ

ン方面、捷2号作戦：南西諸島（沖縄）、台湾としたことは大きな禍根を残した。例えば、捷1号はフィリピン方面においても決戦はルソン島か、それともレイテ島か、現地軍と大本営の意見が異なり、また捷2号においては、南西諸島（沖縄）と台湾を一くくりにしたことで、米軍が沖縄に上陸した時に台湾軍司令官は指揮できるのかなどというものである。特に南西諸島（沖縄）と台湾においては、第32軍から台湾への第9師団の抽出という大きな問題を生むのである。

(5) 軍司令官の交代

第32軍に多数の兵力が増加されるとともに、昭和19年7月25日、軍司令部の編制改正が発令され、従来欠員であった軍司令部の各部長の命課、参謀の増加などが発令された。この際、渡辺軍司令官は、軍の創設以来作戦準備に心魂を傾けてきたものの、過労のため7月中旬から疲労が昂じ、持病の胃下垂が悪化し、ついに病床に就いてしまった。[*36] このため陸軍士官学校長牛島満中将が8月8日軍司令官に親補され、10日、那覇に着任し、渡辺中将は参謀本部付となって11日、那覇を出発離任した。牛島中将は着任早々の12日、台湾軍司令部に出頭して着任の申告をするとともに、台湾軍の兵棋演習に参加し、16日に沖縄に帰任した。[*37]

第32軍司令官　牛島満中将

牛島中将を軍司令官に推薦したのは、後宮高級参謀次長である。後宮参謀次長は、最初から、「比島の次は沖縄」との強い信念のもとに熱心にその防備強化を強調した。まず次長が久留米連隊長当時の部下中隊長として異常な信任を得ていた長勇少将を参謀長に据え、次いで間もなく健康不振の理由で交代申請のあった渡辺軍司令官の更迭を行い、その後任候補としてまず坂西一良中将を支那戦線から参本付に招致したが健康上取りやめとなり、南洲翁を思わせた牛島中将を士官学校長から抜いて軍司令官とした。

当時、陸軍省人事局長だった額田坦は次のように回想する。[*38]

後任予定の坂西一良中将は、人物、技能において最適であったと信じる。もし坂西中将が着任されていたならば、参謀長、航空参謀の意見齟齬などは決しておこらなかったであろう。長参謀長は、陸大当時から坂西教官には確かに一目置いていた。高級参謀八原大佐は、坂西中将と同郷鳥取県の後輩であり、決して偏屈な人物ではない。ただ、アメリカ駐在の頃、健康を害したらしく、筆者が人事局に赴任した時、ちょうど補任課で特科兵種の尉官の人事を管掌しており、顔色も悪く陰鬱な人物となっていた。

捷2号作戦指導の一般構想については、8月中旬、台北において、関係陸海空軍首脳部が会同し、相互の意思疎通を図った。牛島軍司令官と八原高級参謀は、この会同の主要メンバーとして参加した。その概要は次のとおりであった。[*39]

1 九州、南西諸島、台湾の航空基地に展開する空軍により、敵上陸軍を極力洋上において撃滅する。

2 ブルネイ湾に訓練待機中の連合艦隊は、1週間以内に戦場に急行し、戦闘に参加する。

3 支那派遣軍司令官は、精鋭第1師団を上海付近に、また第10方面軍司令官は機動第1旅団を基隆付近に、それぞれ集結待機せしめ、随時戦場に急派し得る如く準備する。

4 我が海空軍の撃滅を逃れて上陸する敵は、当面の我が地上部隊がこれを掃討する。

そしてこれを受けて8月31日、第32軍兵団長会同が実施され、第9、第24、第62の各師団長、独立混成第44、同第45、同第64の各旅団長及び歩兵第36連隊長代理として大東島支隊長が参集し、また台湾軍参謀長も臨席した。ここで牛島軍司令官は、次のように所信を表明した。[*40]

> ……軍の屯する南西の地たる正に其の運命を決すべき決戦会場たるの公算極めて大にして実に皇国の興廃を双肩に負荷しある要位に在り乃ち本職深く決する所あり……之が為茲に本職統率の大綱を披歴して要望する所あらんとす　第一「森厳なる軍紀の下鉄石の団結を固成すべし」、第二「敢闘精神を発揚すべし」……必勝の信念を固め、敵の来攻に方りては戦闘惨烈の極所に至るも最後の一兵に至る迄敢闘精神を堅持し泰然として敵の撃滅に任せさるへからす、第三「速やかに戦備を整へ且訓練に徹底し断じて不覚を取るへからす」……築城の重点主義に徹し時日之を許さは之を普遍化し難攻不落の要塞たらしむる……、第四「海軍航空及び船舶と緊密なる協同連繋を保持すべし」今次作戦の成否は陸海空船四者の協同に懸かること極めて大なり、宜しく進て関係部隊と連絡し特に精神的連繋を保持し之が統合戦力の発揮に努べし、第五「現地自活に徹すべし」……現地物資を活用し一木一草と雖も之を戦力化すべし、第六「地方官民をして喜んで軍の作戦に寄与し進んで郷土を防衛する如く指導すべし」之が為懇ろに地方官民を指導し軍の作戦準備に協力せしむるとともに敵の来攻に方りては軍の作戦を阻碍せさるのみならす進で戦力増強に寄与して強度を防衛せしむる如く指導すべし、第七「防諜に厳に注意すべし」

(6) 第32軍に対する大本営指導

昭和19年８月、第32軍はマリアナ攻略後の連合軍の次期進攻に対処するため、南西諸島の捷２号作戦準備に没頭していた。捷号作戦では国軍航空兵力の全力を投入して航空決戦を企図するのであり、第32軍の作戦準備も航空基地の造成が最重要とされていた。しかし、同軍の首脳部の一部には航空に対する不信から、中央の航空準備優先の方針に反対する根強い底流があった。10号戦備の段階では航空優先で問題はなかったが、マリアナ失陥を契機として有力な地上部隊が南西諸島に増強されるに及び、第32軍は一時の緊迫した情勢に対処して、地上の作戦準備を重視し、航空作戦準備から手を抜く傾向を生じた。

中央では、これを憂慮して8月下旬、大本営作戦課航空班長鹿子島隆(かごしまたかし)中佐を同軍に派遣した。この際、同中佐の指導に権威を持たせるために「台湾軍(球兵団)ニ対スル連絡事項ノ件」という参謀次長訓令を携行させた。これには、主として、地上兵団の主任務は「強固なる航空基盤を造成確保し陸空海戦力統合の支撐骨幹となり来攻する敵を撃破するにあり」、など航空重視を徹底させるものがあった。

鹿子島中佐はこの訓令をもって第32軍司令部に飛び、長参謀長にあって訓令を手渡し、大本営の要望を伝えた。長参謀長は、「こんな表立った形式の訓令を持ってこなくても何故事前に幕僚連絡してくれなかったか、一体誰がこんな告げ口をしたのか」と極めて不満のようであった。また、鹿児島中佐は、八原高級参謀には、「今回、貴軍に強力な地上兵力を増加したが、航空作戦準備に十分な協力をされない場合は、増加した地上兵力も他に移さねばなりません」、また相前後して来島した航空本部の寺田済一少将は、「貴官がもし、航空作戦準備をおろそかにするならば、第32軍参謀を辞してもらうほかはない」と強硬な発言をした。なぜにこんなに大騒ぎして、飛行場の建設に力を入れなければならないか、八原高級参謀には依然半信半疑の心境であった。*41

その後、9月3日、当時陸軍航空における飛行場設定の第一人者とみられていた釜井耕輝(かまいこうき)中佐が、第32軍参謀に補せられた。同中佐は、航空作戦準備に熱意を欠く兵団首脳をいかにして大本営の企図に沿わせるかを苦慮しつつ沖縄に飛んだが、着任した同中佐を待ち受けていたものは、第32軍の主力を航空作戦準備に投入し、所定の飛行場設定を9月末までに完成しようとする長参謀長以下の意気込みであった。こうして第32軍は約1カ月にわたり軍の主力を投入して航空基盤の整備にあたり、10月初め南西諸島の航空基地は一応初期の通り完成した。*42

４　米軍の沖縄進攻作戦（アイスバーグ〝ICEBERG〟作戦）

⑴　攻略すべきは台湾か沖縄か

昭和19年９月に米統合参謀本部が策定した仮の作戦経過は、10月15日タラウド、11月15日ミンダナオ、12月20日レイテ地区、そして厦門（アモイ）—台湾地区の進攻が昭和20年３月１日、あるいはルソンが２月20日というものだった。もし台湾作戦が実現するならそれに続く予定は、４月に小笠原、５月に沖縄を含むであろうことが予想された。また、日本本土への進攻を10月に開始するものとして、３月から６月までの間、支那沿岸に作戦することが提案された。

この計画が公布された直後、陸軍中将ミラード・F・ハーモン（太平洋地域陸軍航空隊司令長官）は一つの計画をチェスター・ニミッツ提督に提示した。台湾作戦は小笠原、琉球作戦のために放棄すべきであるというのであった。南西太平洋部隊のルソン作戦に呼応して太平洋地域部隊は沖縄と奄美大島を占領すれば９月には九州に進攻できるだろうというのであった。ハーモン将軍が支持するこの議論は、台湾作戦（CAUSEWAY）が実現されない時の一つの代案であったが、論議の要点は、日本に対する空中作戦の実施のため、台湾とマリアナの効果度の比較であった。台湾の地理的状況は、長距離空中作戦の基地としての効果の点で不利である。琉球列島を通り九州を越えての飛行は、容易に追跡され妨害される。これらの障害はマリアナからの攻撃には避けることが出来る。いわんや硫黄島を占領してそこに護衛戦闘機の基地を確立した後においては特にである。[*43]

ニミッツ提督は、主な台湾作戦の指揮官、レイモンド・A・スプルーアンス海軍大将、リチモンド・K・ターナー海軍中将及びサイモン・B・バックナー陸軍中将に台湾作戦のため、台湾—厦門—ベスカドル地区において適当な目標を進言するよう指令した。10日の後、バックナー中将は、兵力不十分のため台湾作戦の実施は困難だと答えた。このバックナー中将の答えから1時間もたたないうちに、ロバートソン・C・リチャードソン陸軍中将（太平洋域米陸軍司令官）は同じくその見解を求められていたが、彼もまた台湾作戦は好ましくないと答えた。リチャードソン中将は、B－29の基地としての台湾に反対したハーモン将軍の意見を繰り返し、かつルソンの占領で台湾占領の必要性はなくなることに同意した。地上軍の観点から、中国沿岸に沿う前進は、戦争遂行に寄与するところが少ない。台湾占領が中国への前進を支援する目的である限り、台湾占領は不要だと彼は結論した。スプルーアンス提督もまた、台湾よりもむしろ硫黄島、沖縄占領に賛成であった。[*44]

ここでそれぞれ沖縄攻略に賛成を表したものの、その目的は異なっていた。陸軍は日本本土に対する最終的な攻撃のための準備をし、そこから発進するための地点として沖縄を占領したいと考えていたのである。また、空軍（陸軍航空）は沖縄を日本本土の都市とか産業などの戦略目標を爆撃するための空軍基地としてこれを占領したいと考えていたのである。海軍のスプルーアンス提督は沖縄を日本の戦争遂行能力を弱化させる戦術目標を爆撃するための空軍基地と考えていた。したがって、沖縄は陸・海・空軍が一致して国家的な戦略上の要求から進攻作戦の目標として選定したものではなく、陸・海・空軍がそれぞれの都合からそうすることを決めたものであった。[*45]

昭和19年10月3日、統合参謀本部は、ニミッツ提督に対し、昭和20年3月10日までに1個またはそれ以上の拠点を占領すべきことを命令した。越えて10月5日、ニミッツ提督は隷下諸隊に対し、次のように指令した。マッカーサー将軍の12月20日ルソン攻略に次いで、太平洋方面の軍は、昭和20年1月20日に硫黄島を、3月1日には沖縄に数拠点を占領することを企図すると。こうして作成された沖縄攻略計画は、〝ICEBERG（アイスバーグ）作戦〟と呼ばれた。[*46]

(2) アイスバーグ作戦計画

アイスバーグ作戦において米軍に課せられた一般任務は、沖縄奪取、基地としての整備、沖縄における制空制海権の確保であり、作戦は３段階に区分された。
第１段階は、南部沖縄（慶伊瀬島及び慶良間群島を含む）の攻略と初期における諸整備作業、
第２段階は、伊江島攻略と北部沖縄の制圧、
第３段階は、南西諸島の占領及び整備の進捗に伴う事後の作戦準備である。
作戦の目標日時は昭和20年３月１日である。作戦計画の立案は、昭和19年10月に着手され、同年暮れ、太平洋方面最高司令官ニミッツ提督は、〝アイスバーグ作戦〟の一般計画を公表した。
沖縄攻略作戦計画は、従来の太平洋戦争のあらゆる戦訓――統合作戦、総合戦闘力の発揮、上陸作戦の技術、日本軍の戦術とその対抗策等に基づき考案されたものである。その特徴は、かつて太平洋で用いられたことのない膨大な軍事力――人、銃砲、艦船、航空機の最大の集中による統合作戦である。
また、沖縄自体に対しては、該地の飛行場をなるべく速やかに使用して、陸上機をもって制空目的を達成できるように上級部隊の行動を律することに着意する。制海目的に関しては、日本海軍及び海上交通に対し、潜水艦、

アイスバーグ作戦における米軍指揮官
レイモンド A. スプルーアンス提督、チェスター W. ニミッツ元帥、サイモン B. バックナー中将
Center of Military History *The War in the Pacific OKINAWA: THE LAST BATTLE* (United States Army Washington,D.C.,1984), p.18.

沖縄作戦中部太平洋部隊編成表

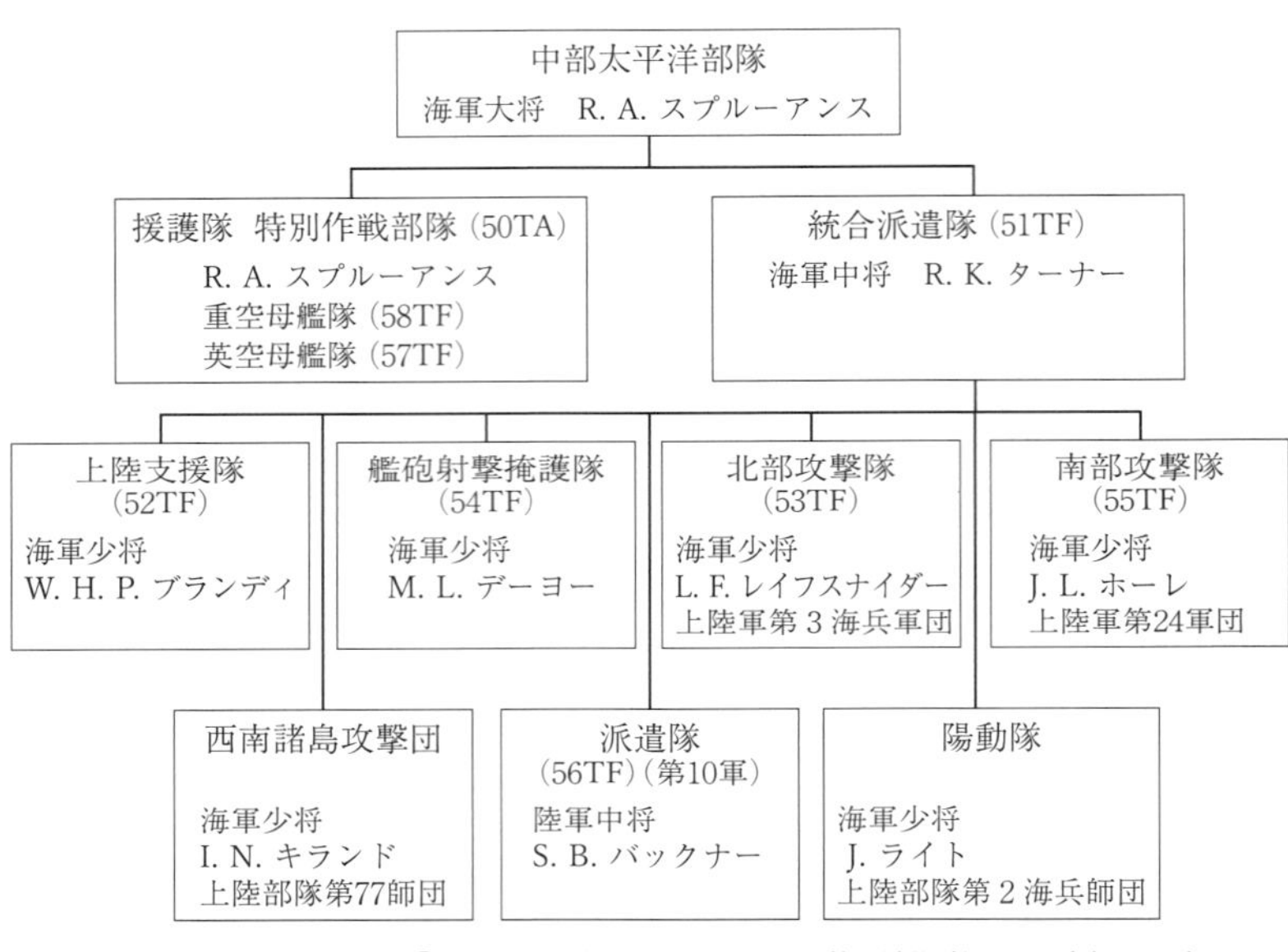

出典：防衛庁防衛研修所戦史室『戦史叢書　沖縄方面陸軍作戦』（朝雲新聞社、1968年）264頁

海上及び空中攻撃をもってこれが撃破を期すとした。[47]

この巨大なる陸海軍統合作戦諸隊――中部太平洋TF（Central Pacific Task Force）指揮官は、第5艦隊司令長官海軍大将スプルーアンスに課せられた。スプルーアンス提督の統率する作戦軍は、同提督直接指揮下の50TFと51TFからなり、51TFのもとに56TF（指揮官第10軍司令官バックナー陸軍中将）を属す。ニミッツ提督は、上陸作戦の最初に、スプルーアンス提督、ターナー提督、バックナー中将に対して、相互の指揮連携の関係を規定した。すなわち、スプルーアンス提督が上陸段階の完了を確認するや、この時期以後、バックナー中将は、海岸付近の全部隊の指揮に任ずる。したがって、バックナー中将は事後、占領地の防衛及び諸整備に関しては、直接スプルーアンス提督に対しその責に任ずる。こうしてバックナー中将は最終的に在沖縄軍

沖縄作戦派遣隊の編成

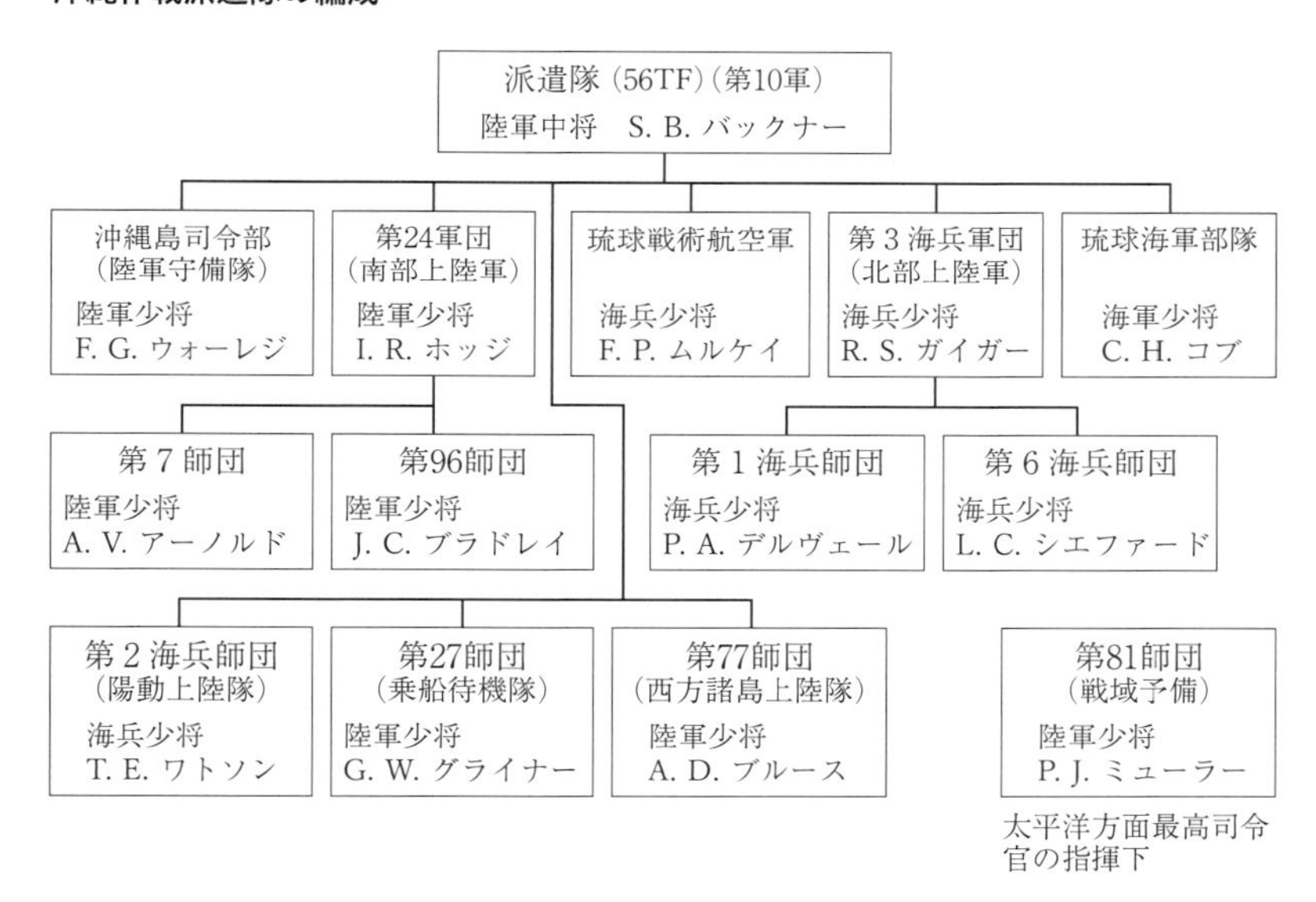

出典：防衛庁防衛研修所戦史室『戦史叢書　沖縄方面陸軍作戦』（朝雲新聞社、1968年）266頁

――地上軍、海軍、空軍、守備隊等全統合部隊を指揮し、新占領地の防衛並びに整備及び距岸25浬以内の海上防衛に関し、直接、太平洋方面最高司令官に対し責に任じる。

また、スプルーアンス提督は、高速空母58ＴＦ及び英空母57ＴＦ及び空中捜索並びに潜水艦戦のための特別作戦軍と艦隊後方勤務隊（50ＴＦ）をその指揮下に属せられた。58ＴＦは、日本空軍に対する制圧任務の大部を担当し、その空母の艦隊は3月中旬、九州、沖縄及びその付近の島々に対する空襲に任じ、上陸決行の1週間前に目標地域の東方海上において掩護配置につき、空中攻撃と巡航とによって上陸に協力する等の任務を担当する。英空母艦隊（57ＴＦ）は、当初、米艦隊の作戦に参加し上陸実施前の十日間、沖縄南西の先島群島の制圧に任じる。統合派遣軍（51ＴＦ）は、沖縄及び群島内の他の島嶼の攻略並びに整備に自ら直接任じる。この派遣軍は、陸、海、空軍の統合部隊からなり、派遣軍（56ＴＦ）とその船舶輸送機関及び協力海軍並びに航空部隊等により編組される。[*48]

(3) 第10軍

第10軍司令部は、昭和19年6月米本国において編成された。司令部はオアフ島におかれた。軍司令官バックナー中将は、旧任地アラスカから転じて同年9月、軍司令官の職に就いた。バックナー中将はアラスカにおいて、4年間防衛任務に就き、新軍司令部幕僚の大部はアラスカ時代の部下であった。第10軍の基幹兵団は、第24軍団及び第3海兵軍団である。第24軍団は、第7、第96歩兵師団からなり、軍団長ジョン・リード・ホッジ少将は、ガダルカナル、ニュージョージア、ブーゲンビル、レイテにおいて日本軍を撃破した歴戦将軍である。第3海兵軍団は、第1、第6海兵師団からなり、軍団長ロイ・ガイガー少将は、ブーゲンビル及びグアムにおいて勝戦を収めた。この作戦の上陸段階のために充当された総兵力は、18万3000名にして、うち約15万4000名は7個の戦闘師団（ニューカレドニアに残置された第81師団を除く）に属する。この7個師団は、いずれも戦車数個大隊、水陸両用装軌車数個大隊、自動車数大隊、統合通信中隊数個、多数の補給勤務隊を増加配属された。最初の上陸に任じる5個師団の総兵力は11万6000名である。[*49]

(4) 上陸海岸選定の経緯

第10軍参謀部は、戦術上の判断並びに後方兵站業務の見地から第一次主上陸地区を沖縄西岸渡具知（とぐち）南北にわたる地区に選定する計画を立てた。海軍側の参謀の主張によれば、攻撃目標に対する艦砲射撃は、1週間の長期を必要とし、これがため艦隊の給油並びに補給のため目標附近に掩護された泊地を必要とした。

そこで、上陸１週間前に沖縄西方の慶良間諸島を奪取することとなり、第77師団にこの任務を課することとなった。また、ターナー提督の提言により、沖縄東海岸に対し、欺編上陸を企図し、第２海兵師団をこれに充当した。[*50]

上陸海岸については、太平洋方面最高司令部の幕僚部においては、幾多の案が検討され、戦術的並びに後方兵站的見地に基づいて比較された。決定案は、次の理由に基づき選定された。第１は、Ｌ＋５日までに所望の飛行場を獲得できること。第２波、攻略遂行上、揚陸作業が容易であること、すなわち、渡具知海岸は、２個軍団とその協力部隊に応じる厖大な軍需品の揚陸を処理できる唯一の海岸である。したがってこの場合、那覇港又は中城湾の泊地の占領が遅れるという不利は考慮することを要しない。第３は、本案は敵主力の所在と隔離している。第４は、予期される敵の最大抵抗線の反対側に連続上陸し、軍隊を集結できる。第５は、敵の上陸妨害の薄弱部に乗じることが出来る。最後に、攻撃協力のため最大の協力火力を期待できる。

上陸後における軍機動の構想は、当初の目標である島の南部地域を占領して、北方よりする敵の増援を遮断し、また南方に対しては、同時に久場（くば）東西の線を占領して、南方よりする敵の増援を遮断する。その後、徐々に南部地域一帯を攻略しようとするものである。[*51]

⑸ 作戦段階とその実施要領

作戦第１段階――慶良間諸島、慶伊瀬諸島及び南部沖縄の攻略――は、昼夜にわたる艦砲並びに航空協力のもとに開始される。すなわち、Ｌ－６日、西方諸島攻撃部隊は、第77師団（配属部隊を含む）を慶良間に上陸させる。この島の攻略目的は、統合派遣軍のための沖縄本島攻略に先立ち、艦隊補給基地、掩護泊地、水上機基地を獲得することである。２個の連隊戦闘群は、該群島の数か所に同時上陸し、群島の南

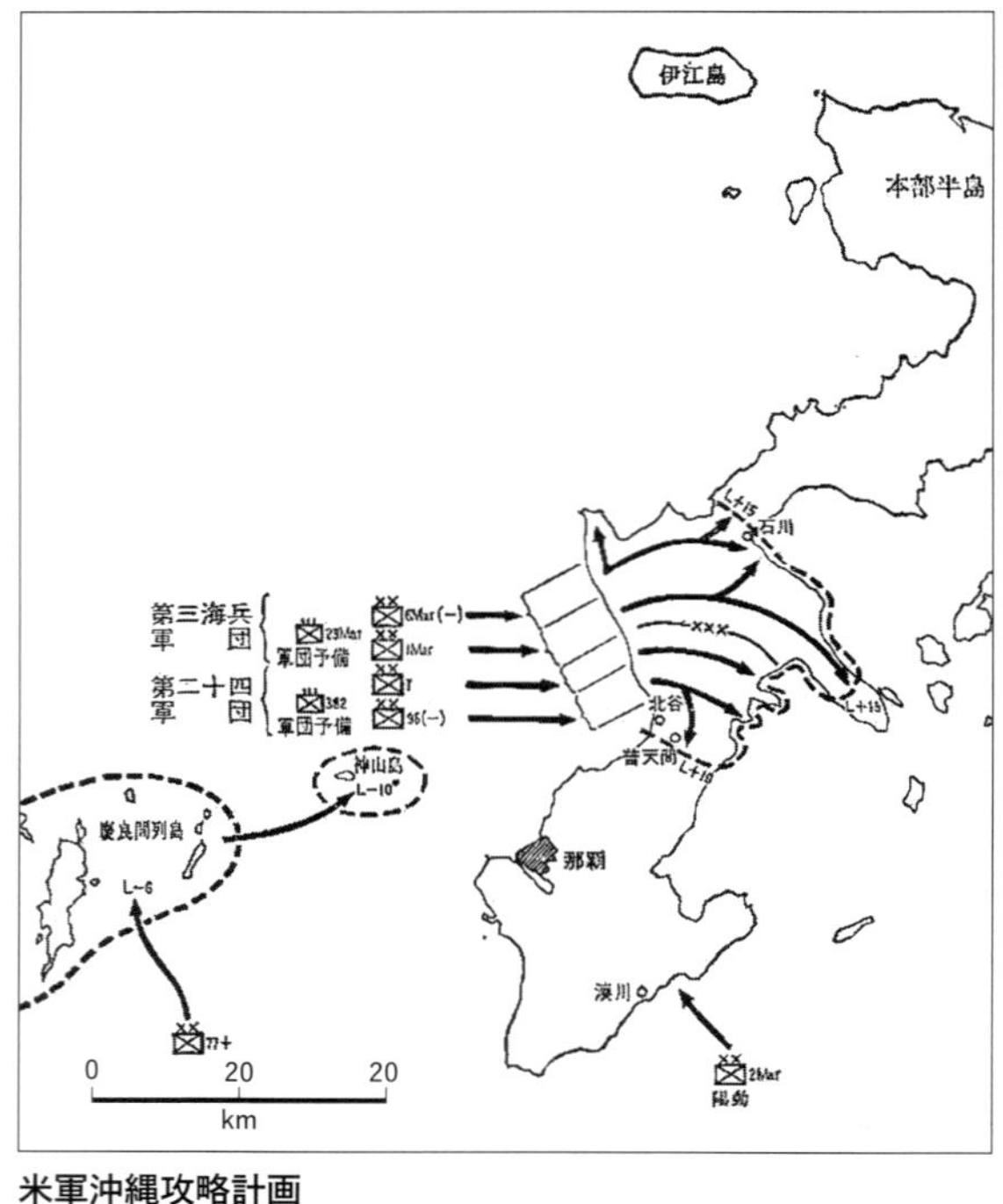

米軍沖縄攻略計画

出典：防衛庁防衛研修所戦史室『戦史叢書　沖縄方面陸軍作戦』（朝雲新聞社、1968年）268頁

西部より北東方に飛び石的に前進し、L－1日に慶伊瀬島を占領する。155㎜砲2大隊を慶伊瀬島に配置し、主力の沖縄上陸に協力させる。L－2日（3月28日）、艦砲協力隊は、掃海隊並びに破壊班に続行して同島に近接する。北部及び南部攻撃隊L日早朝西海岸に到達し、H時――0830と想定――それぞれ陸兵を揚陸させる。左翼の第3海兵軍団は、2個師団を並列し、比謝河口の渡具知町北方地区に、右翼第24軍団は、2個師団を並列し、渡具知南方地区に上陸する。前記の4個師団は、北より第6海兵師団、第1海兵師団、第7師団、第96師団である。事後、両軍団は相連携し島を横断前進する。第6海兵師団は、当初、読谷飛行場を占領し、石川地峡――島の最狭部――に向かい前進し、L＋15日までに北部海岸堡を占領する。第1海兵師団は、島を横断前進し、次いで東海岸の勝連半島へ東南進する。比謝河口より東方に通じる軍団作戦地境の南方地区においては、第7師団が速やかに嘉手納飛行場を奪取し、島を横断して東海岸に向かい前進する。第96師団は、当初前面の高地（――該高地はその南方及

び東南方海岸を瞰制する——）を占領し、次いで北谷附近の橋梁を占領し、軍団の右翼を掩護し、次いで右翼を軸として旋回攻撃前進し、Ｌ＋10日までに島の地狭部久場—普天間の線に右翼海岸堡を占領する。[*52]

また、西海岸に上陸する主上陸間、第２海兵師団は東海岸において欺騙上陸を実施する。この示威行動は、Ｌ日に開始し、Ｌ＋１日迄反復し、敵をして西海岸とともに東海岸へも同時上陸するよう信じさせるため、努めて実際的に行動する。

また、軍政上の差当りの重要問題は、Ｌ＋40日までに米軍の戦線内に収容を予想される約30万人の住民に対する食糧補給と応急医療の処置である。各師団には、出港に当たり、７万人分の住民用食料——現地生産品に類する米、大豆、缶詰魚肉及び医療需品を携行させた。[*53]

第10軍は、結局上陸日時を２回延期することとなる。１回はルソン作戦の進展遅延によって船舶運用に支障をきたしたこと、さらに１回は３月における目的地附近の天候が不良であったことによるものである。このようにしてＬＤａｙ（上陸日時）は、昭和20年４月１日に決定されるのである。[*54]

(6) 上陸不成功の対策

西海岸に対する上陸計画の実行不能の場合のために代案を準備した。この代案においては、慶良間群島の占領に次いで、同様の要領で東方海岸沖の中城湾港を制する小群島を占領する。海兵２個師団をもって、東海岸の知念半島と湊川町間の海浜に上陸する。海兵師団は事後、３日間でその付近の高地を占領し、中城湾南部久場—与那原間に対する第24軍団の２個師団の上陸に協力するというものだった。しかし、この代案は、次等策を免れなかった。なぜならば、第二次の上陸は、敵の予備隊より最大の抵抗を受けることが予想され、作戦の第１段階たる敵全軍撃破に要する期間を遷延する恐れがあるからである。

アイスバーグ作戦の計画及び実施は、太平洋作戦に前例のない厖大な輸送補給等、一切の兵站業務の処

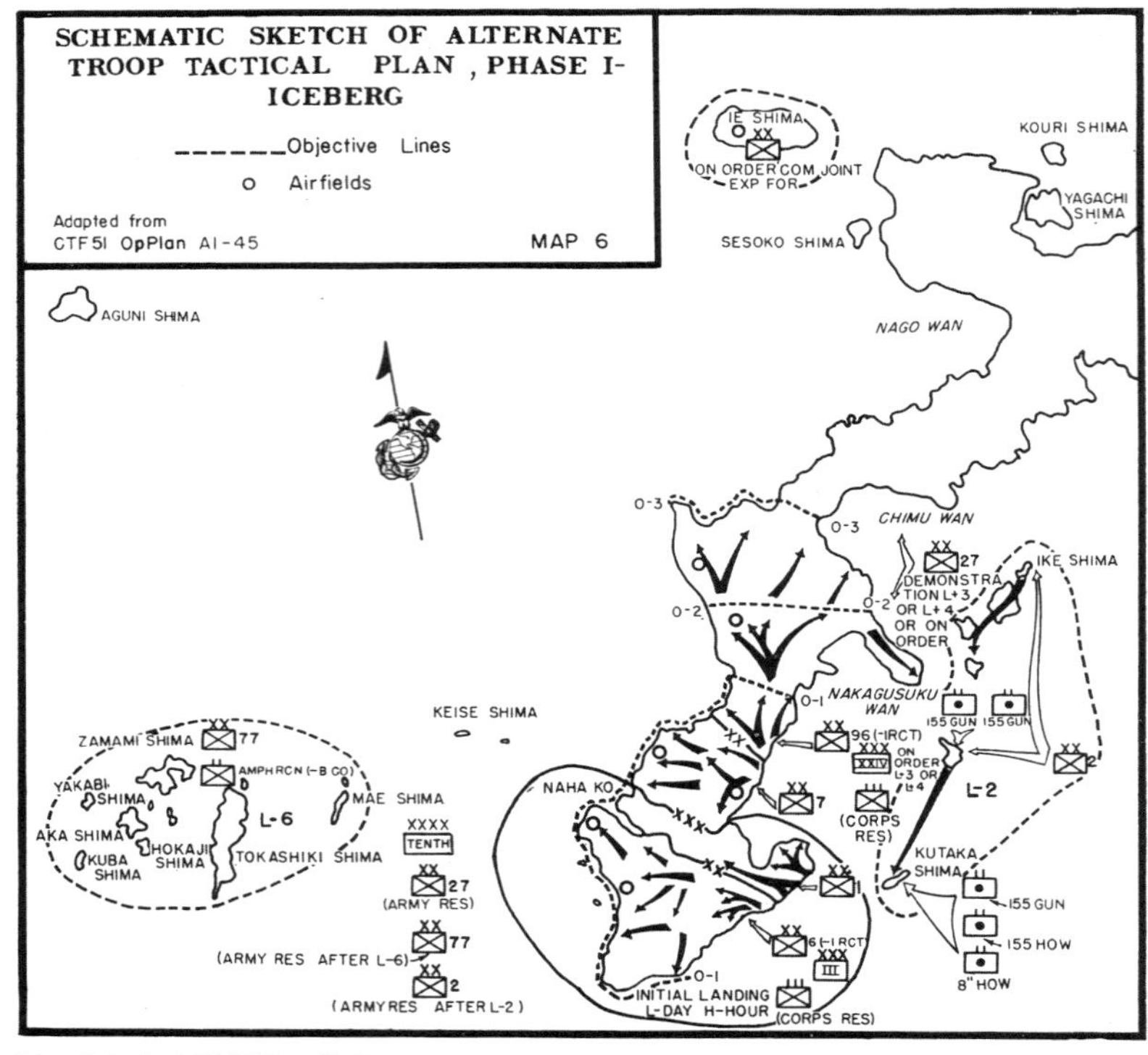

採用された上陸作戦の代案

出典：HISTORICAL BRANCH G-3 DIVISION HEADQUARTERS U.S.MARINE CORPS *OKINAWA: VICTORY IN THE PACIFIC*, p.24.

理完遂を要した。攻撃部隊に関するものだけでも、人約18万3000名と軍需貨物74万7000容積屯を430余隻の作戦用船舶及び上陸用舟艇に搭載輸送するを要した。その積み込みは、シアトルからレイテに至る6000浬にわたる11の港湾において実施された。[*55]

この作戦で各部隊が支給された装備品中には、従来対日戦に使用されない新規のものがあった。新式火焔放射戦車（有効距離と火焔効力を増加する）が交付された。各師団には、赤外線による夜間視察のできる狙撃眼鏡110個、捜索眼鏡140個が支給された。前者は、カービン銃に装着して夜間射撃ができる。後者は、手操作で夜間視察と信号用に供する。野戦砲及び対空砲の地上射撃に用いる短期信管（ＶＴ）を交付したが、これは今回が初めてのことである。その他、この作戦において、新式迫撃砲標定器、音響標定器具ＧＲ－６、57㎜及び75㎜の無反動砲、４・２インチ重迫撃砲等の戦闘実験を実施することとなった。[*56]

５　捷１号作戦発動以降の作戦準備（昭和19年10月頃～）

⑴　捷１号作戦発動

９月15日、米軍はモロタイ島及びペリリュー島に、次いで17日アンガウル島に上陸してきた。これらのことから９月21日、決戦方面を捷１号方面と概定することが決定され、海軍部は９月21日、陸軍部は22日、10月下旬を目途とする作戦準備を命じた。このように大本営は決戦方面を捷１号方面と概定した。その間、第32軍の全般配備は大本営と第32軍司令部間で折衝決定し、主力部隊の展開は９月末までに完了した。[*57]第32軍の陣容は以下の通りである。[*58]

- 沖縄本島：第９師団、第24師団、第62師団、第44旅団→総兵力約６．５万、海軍約８千
  第９師団：山砲編成のため、その砲兵力はやや貧弱
  第24師団：砲兵力は優秀（野砲３個大隊、15榴１個大隊）
  第62師団：治安警備師団、２個旅団それぞれ４個の独立歩兵大隊
  第44旅団：２個歩兵連隊及び山砲１個大隊
  戦車第27連隊：戦車２個中隊［第１中隊95式軽戦車、第２中隊97式戦車、第３中隊97式戦車（宮古島）］及び歩兵・機関銃・砲兵各１個中隊（90式野砲４門）

軍砲兵：第5砲兵団司令部、15加1個大隊、15榴2個連隊、中迫2個大隊、臼砲12門、軽迫8個中隊　75㎜以上火砲は400門

- 先島地区：第28師団、第45・59・60旅団等
- 大東島地区：歩兵第36連隊
- 奄美地区：第64旅団等

この頃、第32軍司令部は、米軍の南西諸島への来攻を①フィリピン、台湾を経て、あるいはその一部を省略して南西諸島を攻略する算大である、②南西諸島来攻の時期は20年春以降と予測する、と判断し、全般作戦指導方針を、

一、沖縄本島においては決戦を企図し、他の島嶼では持久に専念する。
二、各島嶼毎に作戦計画を作成し、軍は指導助言をする。
三、沖縄本島の守備は島の南半部に重点を置き、米軍の上陸地に全兵力を集中して一挙にこれを撃滅する。

とした。[*59]

第32軍は沖縄本島に対する敵の上陸点を、
第1案：大山以南那覇に至る間に重点を指向する場合、
第2案：那覇から糸満付近に重点を指向する場合、
第3案：沖縄北飛行場の西方及び北方に重点を指向する場合、
の3案考えていた。そして、第32軍は、伊江島への上陸は本島より先に行われ、これを本島上陸の足掛かりとするだろう、慶良間列島は地形急峻で戦車の使用にも適さないので、本島攻略後掃討の目的で上陸するであろう、と考えていた。また、敵である米軍については、沖縄進攻兵力5〜10個師団、太平洋艦隊主

力、特に約1，500機を有する機動部隊が支援する。進攻時期は昭和19年10月以降可能だが気象等から20年春の公算大と判断していた。[*60]

これに基づき第32軍司令部は、「第32軍沖縄本島防衛戦闘計画」を作成して作戦準備を進めた。本戦闘計画立案の基礎は捷2号作戦の構想であるが、八原高級参謀は、作戦計画の主眼を概ね次のように考えていた。

- 敵が沖縄本島に上陸する場合、5、6個師団から10個師団を使用するであろう。
- 敵が海岸地帯の狭小な地域に上陸し、海空軍の確実な掩護下にその後の攻撃の弾発力を蓄積しようとする若干日の間こそ我の乗ずべき好機である。
- 我が有力な砲兵をもって橋頭堡に蝟集（いしゅう）する敵の兵員資材に鉄槌的打撃を加え得るであろう。
- 各兵団及び主力砲兵の集中機動は相当困難であるが、夜間の利用、交通網の整備と猛訓練により、また、機動後の戦闘はその方面に事前に準備した洞窟陣地と集積軍需品によって実行可能の成算がある。
- 敵の大規模な上陸準備砲撃に対しては、我兵員資材を洞窟内に収容することによって、損害をきわめて減少し得る見込みがある。

こうしたことから、

- 方　針

日本軍九七式中戦車
防衛庁防衛研修所戦史室『沖縄方面陸軍作戦』（朝雲新聞社、1970年）479頁

軍は有力な一部をもって伊江島及び本部半島を確保するとともに、主力を以て沖縄本島南半部に陣地を占領し、海空軍と協同して極力敵戦力の消耗を図り、機を見て主力を機動集結して攻勢に転じ敵を本島南半部において撃滅する。

・指導要領

1 戦闘準備の重点方面を大山、那覇、糸満を連ねる沿岸並びに沖縄北飛行場の西方及び北方沿岸とする。

2 海上特攻の船舶部隊を慶良間列島及び沖縄本島に配置し、敵の上陸前夜その輸送船団を強襲する。

3 敵の上陸に際してはその正面の兵団をもって橋頭堡の拡大を阻止させつつ、軍主力を敵の上陸第二夜までに上陸正面に機動集結する。

4 攻撃の要領は、敵の上陸第二夜の前半夜軍砲兵隊及び師団砲兵の全力をもって橋頭堡破壊射撃を実施し、これに引き続き後半夜第一線兵団は攻撃を実施して敵を撃滅する。

第32軍の作戦構想は砲兵火力、特にいわゆる橋頭堡破砕射撃に期待するところが大であった。第5砲兵司令官和田孝助中将を軍砲兵の指揮官とし、軽迫撃砲の中隊までもその指揮下に入れて統一運用を企図した。そして第32軍砲兵隊長は、各予想上陸点に対する各部隊の任務、観測所、砲列地帯等を命令指示した。[*61]

また海上特攻及び遊撃隊の配置及び運用は次のように考えていた。

●海上挺進隊の運用

第32軍は隷下に編入された海上挺進戦隊の9個戦隊中7個戦隊（第1～第3、第26～第29戦隊）を沖縄本島地区、2個戦隊（第4、第30戦隊）を宮古島に配置するように計画した。海上挺進第1～第3戦隊は昭和19年10月10日慶良間列島に上陸したが、海上挺進第26～第30戦隊の沖縄進出は19年12月以降となり、海上挺進隊第29戦隊は一部だけが沖縄に到着し、海上挺進第30戦隊は進出できず、昭和20年4月9日第32軍の戦闘序列から除去された。[*62]

●遊撃隊

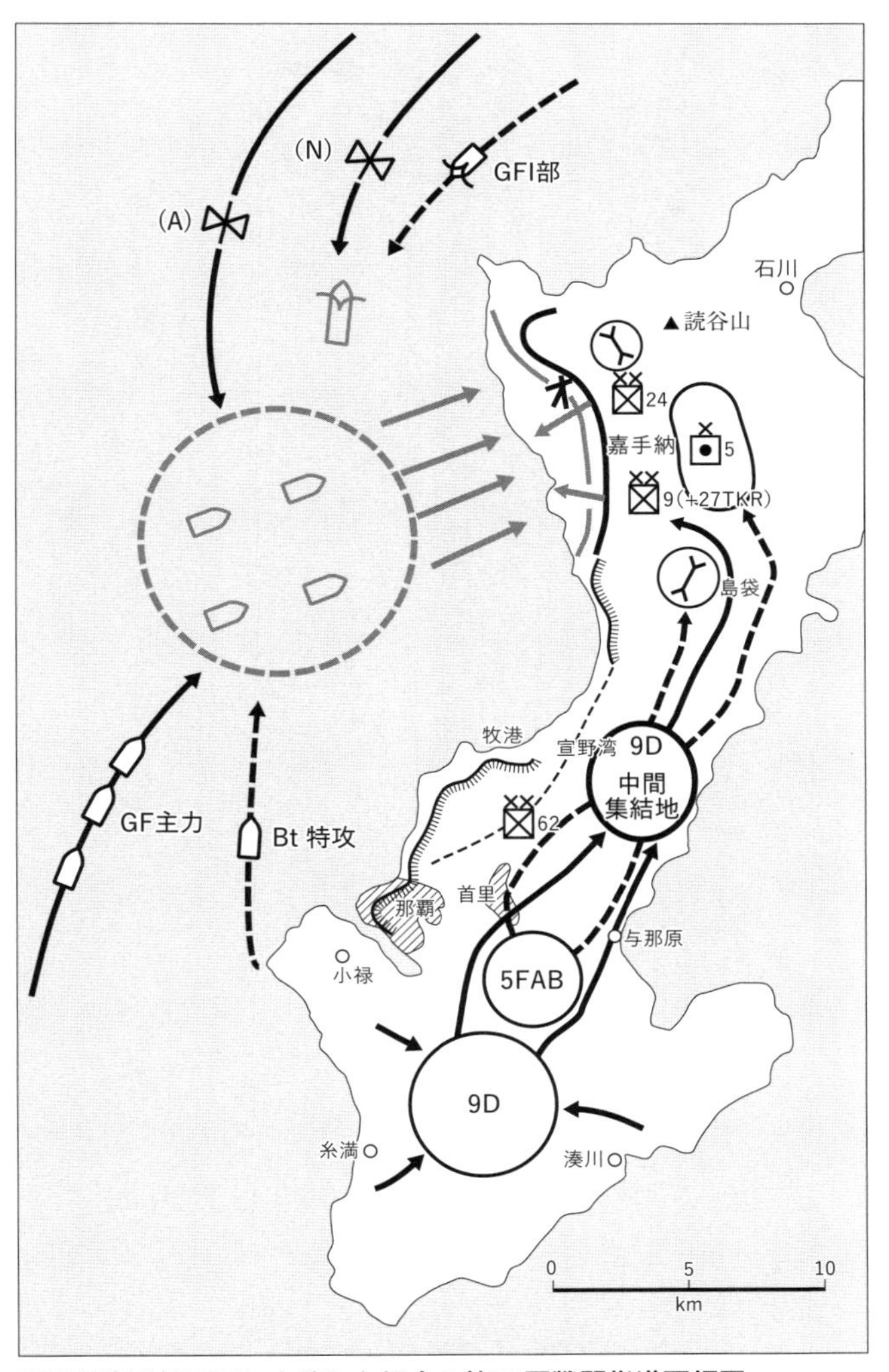

米軍が嘉手納正面に上陸した場合の第32軍戦闘指導要領図

出典：松田祐武「沖縄作戦における32Aの作戦計画（1）」『幹部学校記事』第51号（陸上自衛隊幹部学校、1957年12月）67頁

昭和19年９月９日、第32軍に編入された第３、第４遊撃隊の幹部要員である村上治夫、岩波壽、廣瀬安雄大尉ら以下約15名は、９月中旬飛行機で沖縄に到着した。遊撃隊の編成管理者は第32軍司令官で、編成の基準は、隊長以下約４００名とし、本部１及び中隊数若干とす、と定められた。第32軍司令官は、10月８日、第３遊撃隊及び第４遊撃隊を独立混成第44旅団長に、第４遊撃隊第４中隊を先島集団長（第28師団長）の指揮下に入れた。第３及び第４遊撃隊は10月15日、常時配置人員を名護国民学校に召集して両隊合同で約２週間の教育を実施し、次いで11月１日一般隊員約７００名を召集して約40日間の教育を実施した。遊撃隊は、後日第９師団の抽出に伴い軍の全般配置が変更された際、12月６日国頭支隊長（第２歩兵隊長）の指揮下に入り、配備も変更される[*63]。

第32軍では、築城（洞窟戦法）、橋頭堡破砕射撃、軍主力の集中機動をもって全軍、敵に一泡吹かせようという必勝の信念に満ちていた。

(2) 10月10日の大空襲（10・10空襲）

昭和19年10月５日１２００、第32軍は第10方面軍（昭和19年９月22日台湾軍を改称）から「敵機動部隊は比島付近より北上台湾、南西諸島方面に対し策動を開始する算大なり、厳重なる警戒を要す」との速報を受けた。同日海軍部隊も敵機動部隊来襲の算多しと警報した。第32軍司令部は対空襲準備を進めていたが、一方、10月10日から３日間にわたる軍参謀長統裁兵棋演習の実施を計画していた。このため徳之島、宮古島、石垣島、大東島から兵団長や幕僚などが10月９日那覇に参集しており、９日夜、軍司令官は、演習参加の兵団長や独立隊長などを沖縄ホテルに招宴した。その宴会の後、軍参謀全員が市内の料亭で二次会を催した。軍は警戒しながらも10日の大空襲を予想しなかった。

米機動部隊の艦載機は10日０６４０頃から１６００過ぎまで奄美大島以南の南西諸島の主要な島々を空

襲し、その重点は沖縄本島に向けられた。第１次（０６４０〜０８２０、延約２４０機）は主として飛行場に来襲、掩体内の飛行機を銃撃し滑走路に投弾した。第２次（０９２０〜１０１５、延約２２０機）では主として船舶及び飛行場が攻撃を受け、第３次（１１４５〜１２３０、延約１４０機）では主として那覇、渡久地、名護、運天港、与那原、泡瀬などの港湾施設が攻撃を受けた。第４次（１２４０〜１３４０、延約１３０機）では主として那覇市が集中攻撃を受け、銃爆撃とともに多数の焼夷弾が投下され、市内各所に火災を生じた。さらに第５次（１４４５〜１５４５、延約１７０機）でも主として那覇市が攻撃されて市街の大部分は焼失した。*64

米陸軍公刊戦史『最後の戦い』は次のように記している。

　沖縄に対する最初の攻撃は、第３艦隊の一部であるマーク・A・ミッチェル海軍中将の指揮する重空母TF（Fast Carrior Task Force）をもって、レイテ攻略の準備作戦として実施された。この攻撃部隊は、空母９、戦艦５、護衛空母８、重巡４、軽巡７、対空巡３、駆逐艦58からなり、10月10日早朝、沖縄沖に到着した。攻撃実施に当たっては、奇襲の成果を収める努力を図った。

　第１撃は、読谷、嘉手納、伊江島、那覇飛行場に対し爆撃、ロケット、機銃掃射攻撃を実施し、次いで攻撃を船舶、港湾施設及びこれに類する目標に転じ、終日継続した。また、久米、宮古、奄美大島、徳之島、南島及びその他の琉球諸島に対しても捜索及び攻撃を実施した。このように攻撃は、重空母群をもって、わずか１日間に実施した戦闘としては最も猛烈なものであった。出撃回数１３５６、発射ロケット弾６５２、水雷21、爆弾５４１屯に達した。那覇は炎上し、繁華街の５分の４は廃墟と化した。敵機に与えた損害は、撃墜23、地上あるいは海上撃破88に達した。敵艦船に与えた打撃としては、貨物船20、小船45、豆潜艦４、駆逐艦１、潜水母艦１、掃海艇１、其の他を撃沈した。*65

10日の空襲は軍民に多大の損害を与えた。主要な被害は次の通りである。兵員（第32軍、戦死計１３６

名、戦傷計227名、海軍部隊、戦死計82名、戦傷計16名)、船舶の被害は極めて大きく、所在船舶のほとんど(輸送船10隻など)が撃沈あるいは撃破された。[*66]

軍の物的損害は、砲弾数千発、機銃小銃弾薬70万発、糧食全軍の1カ月分、その他各種の軍需品が多量に破壊された。本部半島の渡久地(独立第15連隊関係)、中(なか)飛行場北側の国民学校(第24師団関係)、並びに那覇港付近(軍後方関係)集積軍需品が損害の大部を占めたが、このような著名な建物や市街地に多量の軍需物資を集積したのがその原因であった。[*67]

折角、完全に海上輸送を達成しても、このような僅かな間隙から努力の結晶が失われたわけで、長参謀長は軍司令官に参謀長の処罰を申請し、長参謀長は、譴慎罰を受けた。参謀一同も同罰と申し出たが、長参謀長は、「吾輩が代表して処罰を受けたから、必要ない」と却下した。[*68]

このようにほぼ平時態勢のまま、奇襲を受け、那覇市なども完全な焼け野原となった。県庁職員は四散、重要な処置は何等行われず。警察部長は、市街地に留まり部下を督励。軍の対策も十分とはいえず、あらかじめ行政機関及び県民を訓練し、必要な物資を準備するなど事前計画に基づいて指導するようなこともなかった。この10・10空襲以降、軍官民は急速に戦時態勢に移った。

(3) 台湾沖航空戦と飛行場

10・10空襲に引き続き、南西諸島方面を空襲した米機動部隊に対し、陸海軍航空部隊は、10月12日から16日にわたって果敢な攻撃を加えた。この作戦を「台湾沖航空戦」と呼称した。

この間、10月11日夜、海軍第2航空艦隊は沖縄陸軍航空基地の全面的使用を第32軍司令部に要請した。その展開機数は約500機とされ、12日からの使用を要望した。このため軍は12日、各飛行場の掩護、補修、海軍航空部隊に対する協力などに関する軍命令を下達した。第2航空艦隊の飛行部隊は12日沖縄各飛行場に飛来し活況を呈した。10日の空襲で衝撃を受けていた住民は友軍の大編隊を見て歓喜した。第32軍の航空作戦協力に対し、第8飛行師団、参謀総長から感謝電があった。

14日、第2航空艦隊は、石垣島南方の米機動部隊を3次にわたって攻撃した。第1次攻撃隊124機の成果は空母1爆発傾斜と報じ、第2次攻撃隊225機は天候不良のために目標を発見できず、第3次攻撃隊70機の戦果は特設空母らしい1隻を撃沈と報じた。15日には台湾南東の米機動部隊に対し、台湾及び飛行から約150機をもって昼夜4次にわたる攻撃が行われ、戦果は空母2隻炎上、巡洋艦1撃破と報じられた。[*69]

この間、軍は中継基地として伊江島200機、沖縄北飛行場150機、中飛行場100機分（南飛行場は予備）の中継支援を準備した。第2航空艦隊の飛行部隊（陸軍飛行第98戦隊配属）は、九州から出発して沖縄で着陸給油し、態勢を整えて台湾沖に向かい出撃した。第32軍は、一般部隊も参加して給油作業を処理し、出撃を支援した。数日前に大空襲を受けていただけに、数百機の友軍機が次々に離陸し、編隊を組んで威風堂々と南進するのを見て、飛行場建設が無駄ではなかったと胸をなでおろす思いであった。しかし、その帰還に応じる準備を整えて待ったものの、航続時間が尽きても、1機も収容できなかった。[*70]これはさすがに第32軍首脳も不審をもったということだ。

17日、海軍は攻撃続行を準備していたが、米軍がレイテ湾港のスルアン島に上陸したため攻撃は中止された。台湾沖航空作戦の総合戦果及び損害は、撃沈（空母11、戦艦2、巡洋艦3、巡洋艦若しくは駆逐艦1）、撃破（空母8、戦艦2、巡洋艦4、巡洋艦若しくは駆逐艦1艦種不詳13）、我が方（飛行機未帰還312機）と報ぜられ国民を狂喜させた。[*71]

⑷ 住民との混住禁止と築城問題

第32軍司令官は、軍の規律、風紀、衛生などの見地から昭和19年10月末、軍隊と一般住民との混住を11月10日以降禁止する命令を発した。部隊は従来宿営のため一般民家なども利用していたが、禁止命令後は公共的な建物（学校、区民館など）の外は利用が禁止され、居住のため部隊自ら藁屋、幕舎を構築しなければならなくなった。三角兵舎と称する藁屋根宿舎も作られた。従って配備変更にあたっては戦術上の陣地構築に着手する前に宿舎構築のため、労力、資材の相当量を必要とし、築城の進度に影響した。また、部隊自活のために栽培した野菜なども配備変更により無駄となった。新陣地構築のためのセメントはほとんどなく、木材の収集（主として国頭地区から）に各部隊は非常な努力を払った。築城の機材、資材として甘藷（かんしょ）運搬軌道のレールが活用された。

軍は陣地編成及び築城の基準として、陣地編成は洞窟拠点式とし、その規模は一切の人員、兵器、弾薬、糧秣、その他資材を収容し、その強度は1屯爆弾に堪えることを目途とした。なお、増援兵力の収容を考慮し、自隊の三倍の兵力に応ずる築城の完成を企図したが、配備変更のため自隊の築城にもなお日数が足りない状況となった。対戦車築城は大いに考慮されたが、大規模で組織的なものは構築するに至らなかった。[*72]

こうしたことから築城のため軍で特に重視努力したことは、築城材料の準備であった。硬い岩質以外では、支保材で枠組みをしないと掘り進めなかった。したがって、作業力はあっても材料がないと掘るわけにゆかず、作業速度は材料の準備速度によって左右される状態であった。ところが、内地からの補給はほとんどなく、鉄材とセメントをある程度入手しただけで、木材はすべて自力で解決しなければならなかった。沖縄本島では、中頭地区以南は主作戦地域になるので、陣地の秘匿、機動路の遮蔽のため、樹木の伐採も禁止した。従って、木材は北半部の国頭地区から取得することになったが、伐採隊の狩り出した木材を陣地まで運ぶのは、伐採以上の難事であった。

当時、トラックが少なく、補給品の輸送にも不足していたので、木材輸送にあてる余力はなかった。このため南部の島尻地区への輸送は容易に進まなかった。そこで、海上輸送主体に切り替え、小型船を徴用して輸送したが、伐採地から搭載港までの輸送と、揚陸港から陣地までの陸上運搬は依然として輸送の隘路であった。なお、坑木組み立てに必要なかすがいと鉄線も不足しており、各部隊は鍛工場を設けてかすがいを製作するなどの努力をした。[*73]

⑸ 捷1号作戦発動後の第32軍と第9師団の抽出

大本営は、状況判断に基づき昭和19年９月22日、決戦方面を捷１号方面（比島方面）と概定し、同方面の決戦準備に努力していたところ、10月17日朝、レイテ湾口のスルアン島に米軍の一部が上陸してきた。ここにおいて10月18日大本営は捷１号作戦の発動を決定し、同日「国軍決戦実施の要域は比島方面とす」との大命が発令された。
10月20日早朝、米軍は猛烈な艦砲射撃の支援下にレイテ島東海岸に上陸を開始した。20日、大本営は、従来のレイテ島における地上決戦回避の方針を変更し、空、海、陸の決戦を行うよう南方軍及び第14方面軍に対し大本営の指導電を発した。大本営がレイテ島の地上決戦回避から地上決戦実施に方針を変更したのは、大本営陸軍部が海軍部から台湾沖航空戦の大戦果の通報を受けたのがその直接の動機であった。[*74]
大本営は、速やかに兵力を比島に集中するため、兵団のやり繰りに苦心し、比島に近い台湾から多くを抽出する事態が生じた。
レイテ守備に任ずるのは、第16師団である。同師団も第32軍と同じく、自己の陣地を構築したり訓練するよりは、多数の飛行場建設に使用せられることが多かったと第32軍司令部では聞いていた。航空優先の戦略思想よりすれば当然の成り行きながら、第32軍司令部内では不安な空気が支配していた。[*75]
捷1号作戦が発令された一方、捷2号作戦を準備中の第32軍はどうすればよいのか。10月初旬頃より、大本営の第32軍に対する関心は急速に冷却し、捷1号作戦発令前後から完全に無関心となっていた。
捷1号が失敗したときの方策は、第32軍では大本営から何ら指示を受けていなかった。大本営は比島決戦の指導で手一杯である。このため第32軍では従来の作戦準備を続けるのみであると考えるようになった。
そのような中で10月下旬、第32軍では、軍作戦の主眼目である橋頭堡殲滅射撃の要領を糸満（いとまん）海岸で実弾をもって検証した。参加部隊は軍砲兵隊、各師団砲兵全力で、軍砲兵司令官これを統一指揮した。射弾数は制限したが、広大な海面に落下する砲弾の状況は壮観を極め、第32軍首脳は現在の作戦に対し自信を強めた。招待された県知事以下、地方官民はこの壮大な殲滅射撃を見て、軍首脳部以上に喜んだ。[*76]
第10方面軍は従来台湾防衛のため現行の3個師団から7個師団が必要であるとして兵力増加を中央に要請していた。9月末、第10方面軍参謀長諫山春樹（いさはやはるき）中将は、来台した大本営陸軍部第1部長真田穣一郎少将に対し、「沖縄本島と台湾と同一兵力ということはどうか、第62師団を抽出して台湾に配備したらどうか」などの意見を述べ台湾への兵力増強を要望した。[*77]
大本営陸軍部第2課長服部卓四郎大佐は、11月4日、比島から八原高級参謀宛に、「第32軍より1兵団を抽出し台湾方面に転用する案に関し協議したく台北に参集されたき」旨を電報し、同日比島から台湾に飛来した。八原高級参謀は、ただちにこれに反対する軍司令官の意見書を起案して長参謀長に提出したところ、長参謀著は第4項を書き加え、軍司令官はこれを決裁した。なお、出発に際し長参謀長は八原高級参謀に対し「軍司令官の決意はこの意見書で充分である。余分なことを話すな」と注意した。
八原高級参謀は会同の席上で意見書を読み上げ、「以上は軍司令官の固い決意である」旨を付言して沈黙した。

一　沖縄本島及び宮古島を共に確実に保持せんとする方針ならば軍より1兵団を抽出するは不可なり
二　軍より1兵団を台湾方面に転用し更に他の1兵団を軍に充当する案ならば後者を台湾方面に充当するを可とすべし
三　軍よりもし1兵団を抽出するとせば宮古島若しくは沖縄本島のいずれかを放棄するを要す
四　大局上より観察し比島方面の戦況楽観を許さずとせば将来における南西諸島の価値に鑑み第32軍の主力を真に重要と判断せらるる方面に転用するを可とすべし

八原高級参謀の発言態度は会議の空気を重苦しいものとした。服部大佐は、そっけない八原高級参謀の態度に驚き、具体的に論議する気分をそがれ、腹案として準備していた「抽出師団の代替えはのちに考慮するからとりあえず、1個師団を抽出する」という協議了解事項を発言するまでに至らず、また諫山参謀長からも特別の発言はなかった。この時服部大佐は、比島の戦況からして抽出兵団の使用は台湾とも比島とも決めておらず、とりあえず台湾に送るという考えであった[*78]。

この件について第62師団も師団長、参謀長以下大憤慨で、幕僚会議で一決、軍に対し強硬な反対の意見具申を行った。師団長本郷義夫中将はこの決定を承知すると、参謀長に対し、「沖縄戦はこれで負けだな」といい、我が石部隊（第62師団）は絶対に陣地移動はさせないとまで断言し、軍に強硬な折衝を続けた。1個師団抽出によって行われるであろう各部隊の上陸以来、あらゆる困難を排して構築した陣地を捨てての配備変更は、じつに断腸の思いであった。1個師団が必勝の陣地を構築するには、どうしても6ヵ月は要するのである[*79]。

台湾から第10師団を抽出する決定に伴って1個師団を台湾に転用配備することがほぼ決定的となった。11月11日、まず第32軍は大本営の指示によって、中迫撃第5、第6大隊（15センチ迫撃砲計24門）に比島方面転用準備を命令した。両大隊の抽出は軍が必勝の根基としていた軍砲兵隊の橋頭堡殲滅射撃の威力に大きな影響を及ぼした。
11月13日頃、大本営は沖縄から第9師団、第24師団のいずれかを抽出することに決し、第32軍にその選定を任すことを電報指示した。第32軍司令官は17日、第9師団の転用を決定報告した。第9師団を選定した主要な要因は、第9師団が光輝ある歴史を有する精鋭師団であることのほか、第32軍としては強力な砲兵を有する第24師団を残置したい気持ちが強かったことによる。第9師団の砲兵力は7・5糎山砲36門に対し、第24師団は15糎榴弾砲12門、10糎榴弾砲8門、7・5糎野砲16門であった。
作戦課長服部大佐は、第9師団抽出後の代替え兵団を考慮していたが、第32軍にはこの件に関しては通告しなかった。第9師団の抽出は、築城や訓練の成果が逐次向上し必勝の自信を高めつつあった第32軍に精神的に非常に大きな打撃を与えた。「沖縄では敵に一泡吹かせてやる」と意気軒昂、作戦準備に精魂を傾けていた剛強の長参謀長もがっかりした様子であった。第9師団は、12月中旬から昭和20年1月上旬にかけて台湾に輸送され、1月10日、第10方面軍編入の大命が発せられた。[*80]
一方、飛行場の確保を重視する陸海軍航空も、この配備変更に強硬に反対し、飛行場地区防衛の再強化を要求した。特に第8飛行師団の反対は強硬であった。第8飛行師団は、まず第9師団の抽出に徹底的に反対し、逆に沖縄防衛兵力を強化するよう方面軍及び陸軍中央に強力に意見を具申した。その趣旨は、「台湾には第9師団は必ずしも必要ではない。沖縄から兵力を抜けば、沖縄に対する航空作戦は成り立たない。沖縄は強力な地上部隊が所要期間堅固に持ちこたえてくれなければ、航空戦力発揚の好機が敵上陸前後の極めて短期間になってしまう。これでは上陸破砕はできない」というにあった。

(6) 新防御計画の策定と配備変更——攻勢防御から戦略持久へ

第9師団を抽出した後の第32軍には、いかなる行動を期待するのか、何も指示はなかった。捷1号作戦が発動された以降、第32軍には創設当初の任務、「北緯30度10分より東経１２２度30分に亘る南西諸島を防衛すべし」が残っているのみであった。捷号作戦がレイテ方面に発令された今日、今まで営々として準備した捷2号作戦とは、完全に関係はなくなったと八原高級参謀は考えた。彼は創立当時の漠然とした任務にかえるべきか、新しい作戦計画樹立に迷いに迷った。[*81]

今後、軍は独自の兵力で、――大本営の増援や空軍の援助も考えず――沖縄で最善の戦いをするという根本精神のもとに八原高級参謀は、11月23日までに以下の思考過程をもって四案を画策した。

比島決戦が失敗の後、大本営が次に考えるのは本土を核心とする最終決戦である。よって南西諸島の役割として本土作戦準備のための戦略的持久（敵の空・海基地の設定阻止、敵に対する出血の強要、長期持久）を要請してくるであろう。現在の状況は、

- 第32軍は、２・５個師団基幹の現有兵力（火砲約70門減少）での任務達成が前提
- 地形について

中頭地区：２２０高地（読谷山）を最高点とするが、起伏少なく敵艦船に直視され地形比較的薄弱

首里高地帯：小起伏（錯雑地形）に富み敵艦船から高地部が観測できないため、持久戦闘に適する

ばかりでなく、その北縁高地からは15加農で北・中飛行場地区を火制できる

島尻地区：沖縄の政治・経済の中心で、多数の県民が居住し、食糧資源もまた豊富である

- 敵情について

敵は、比島の後は南西諸島、特に沖縄に来攻するであろう。そしてその時期は従来の作戦テンポ及び季節風等の関係から昭和20年春季頃の公算大

第一案（中頭・島尻案）：狙い：中頭・島尻両地区に対する敵の空・海基地設定を阻止する。

従来のごとく決戦主義を方針として、中頭、島尻両軍内随所に兵力を機動集中し、敵をその上陸橋

頭堡に撃滅する。このため第62師団を第9師団の作戦地域に移動させ、第62師団の現位置には、国頭郡の本部半島地区にある独立混成第44旅団主力を転用する。

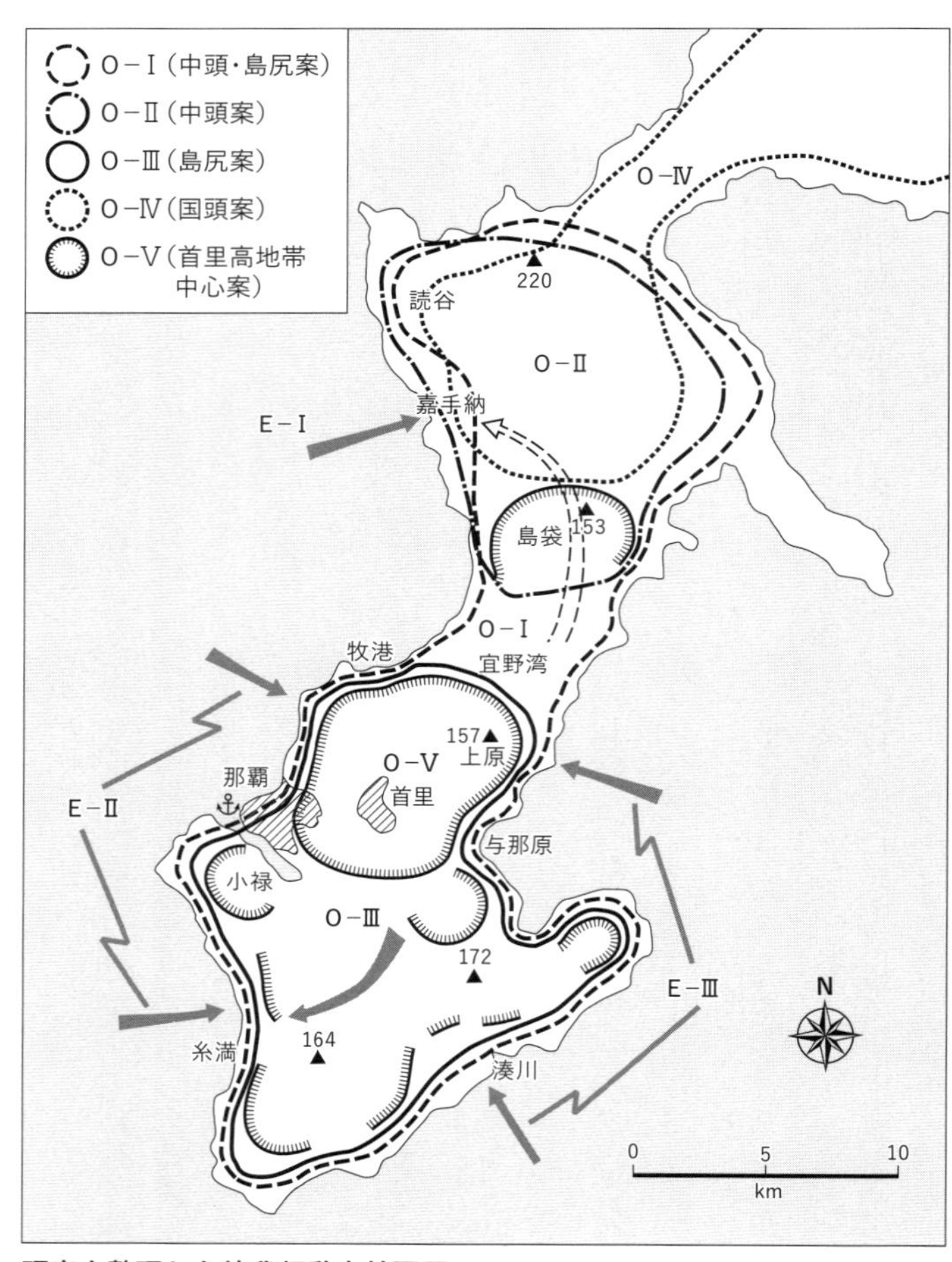

研究上整理した彼我行動方針要図

出典：松田祐武「沖縄作戦における32Aの作戦計画（中の1）」『幹部学校記事』第52号（陸上自衛隊幹部学校、1958年1月）92頁に筆者一部加筆

↓現在の兵力では正面が過広でありその算少ない。特に兵団の南北機動が敵に制せられる恐れが大である。

第二案（中頭案）：狙い：公算が最も大きい嘉手納海岸正面に決定配備をとり、北・中飛行場を確保して敵の中頭地区に対する航空基地設定を阻止する。

現在の第24師団をそのままとし、北、中飛行場を包含する中頭地区に軍主力を配置し、該方面沿岸に上陸する米軍は極力その橋頭堡に撃滅する。已むを得ざるも２２０高地を中核として持久し、努めて長く敵の北、中飛行場使用を妨害する。

↓飛行場中心主義、並びに敵軍上陸の算大なる嘉手納海岸地区における反撃戦を顧慮すれば実に望ましい有力な案である。しかしこの海岸地帯は、防御にも反撃にも地形が薄弱であり不利である。さらに敵が、嘉手納以外の南部海岸に上陸する場合、空・海基地設定を許すなど本案は致命的欠点を露呈する。

第三案（島尻案）：狙い：地形上最も有利な首里高地帯及び島尻地区に決定配備をとり、小禄、牧港、与那原の３飛行場及び那覇港を確保して、同地区に対する敵の空・海基地設定を阻止するとともに、一部をもってする遅滞行動及び主陣地からの長射程砲をもって敵の北・中飛行場の使用を極力妨害する。

概ね宜野湾東西の線以南の島尻郡に、軍主力を配置し、その沿岸に上陸する米軍に対しては、その橋頭堡において撃滅を図り、北方中頭郡沿岸に上陸後、南下するアメリカ軍に対しては、首里北方陣地帯において持久し、これに出血を強要する。

↓地形上錯雑堅固であり防御に有利であって、しかも防御正面幅は、我が兵力に適合して緊縮しているため戦力の集中発揮容易。北、中飛行場は主陣地外に出るので、これを過早に敵手に委するうらみはあるが、これを徹底的に破壊し、かつ主陣地内の長射程砲をもってすれば相当長期にわたり敵の使用を妨害することが可能である。また、島尻地区の敵海空基地設定を封殺できる。

第四案（国頭案）：狙い：極力中頭及び伊江島に対する敵の航空基地設定を妨害した後、国頭地区で徹底した持久を行うにある。

軍は、主力をもって、国頭北方山地に転進するとともに、各有力な一部を持って本部半島（伊江島を含む）及び中頭地区を占領し、敵の伊江島及び北、中飛行場の使用を妨害する。状況已むを得ざるに至れば、国頭山岳地帯に拠り長期持久を策する。

↓努めて長く北、中及び伊江島の各飛行場を敵に利用を制限させる点、並びに北方山岳地帯に拠る長期持久には頗る便利である。しかし国軍全体の作戦に果たして幾何の貢献をするであろうか。この地域では補給源に遠く、この地区での持久は戦略的価値が乏しい。

結論として、八原高級参謀は、11月22日頃、①決戦主義から戦略持久思想への転換、②兵力と作戦地域の適合、③北・中飛行場への対応可能（長射程火力で火制）、④現体制からの移転、既設陣地の利用、軍需品の輸送集積の容易性などから、第三案（島尻案）を採用、作戦計画を立案、参謀長を経て軍司令官の決裁を得た。[*82]

しかし残念なことにここには住民との混在による作戦への影響が考慮されていなかった。また、第五案として（O－V、首里高地帯中心案）も挙げることができたと考えられるがこれも案として考えられていなかった。また、国軍全般作戦に及ぼす影響大にもかかわらず大本営、第10方面軍、さらに軍内においても十分な調整はしていなかった。例えば隷下部隊からの意見は全く取り入れられてはいなかったので、独立混成第44旅団長などは、「なぜ各兵団長の意見を求めなかったのか、……余りに軽率ではないか」との苦情を漏らした。さらに防御を行ううえでの重要な事項が欠落していた。それは防御の核心、つまり最後の腹切り場（最終的に確保する地形）をどこにするのかということである。後にこれが最大の悲劇をもたらすのである。

ともあれ牛島軍司令官、長参謀長はこもごも第９師団は取り上げられたが、今回の作戦計画は非常に手堅く、かえって必勝の信念が強くなったと嬉しそうであった。[*83]

本作戦の立案者である八原高級参謀の考えとしては、今はただ残された兵力をもって孤立無援最善に戦うのみであるというものだった。

この当時、軍は従来の大本営との関係上、どうしても北、中飛行場を放棄することができないような気持があったものの、軍主力が北方に出撃することなぞ考えていなかったのである。もし万が一、出撃するとせば、それは日本の航空部隊が敵輸送船団を洋上で撃破した場合で、現在の情勢では到底予期することはできなかった。[*84]

11月24日、第32軍司令官は、各兵団長及びその幕僚などを軍司令部に召集して第９師団の転用に伴う配備変更及び各兵団防衛の大綱を指示し、次いで26日、新作戦計画に基づく軍命令を下達した。[*85]

⑺ 第32軍新作戦計画（昭和19年11月25日示達）

第32軍新作戦計画は、方針を「軍は一部をもって極力長く伊江島を保持するとともに主力をもって島尻地区を占領し、島尻地区主防御陣地帯沿岸においては敵の上陸を破砕し、北方主陣地帯陸正面においては戦略持久を策する。敵が北・中飛行場方面に上陸する場合は主力をもって同方面に出撃することがある」とした。これをみると捷号作戦の時は「決戦主義」であったが、本計画では「戦略持久」を基本方針とし、軍としては状況特に有利な場合の外は、南部方面へ敵の上陸を誘致しようとしたことが窺える。[*86]

八原高級参謀はこれを寝技戦法と自称し、「築城さえ徹底すれば、アメリカ軍の物質力を無価値に近か

註１：戦闘開始直前後方、補給、船舶、飛行場大隊などを主体に特設旅団２コ（特設連隊６コ）が臨時に編成

註２：カッコ内数字は陸士期別、少は少尉候補生、特は特別志願

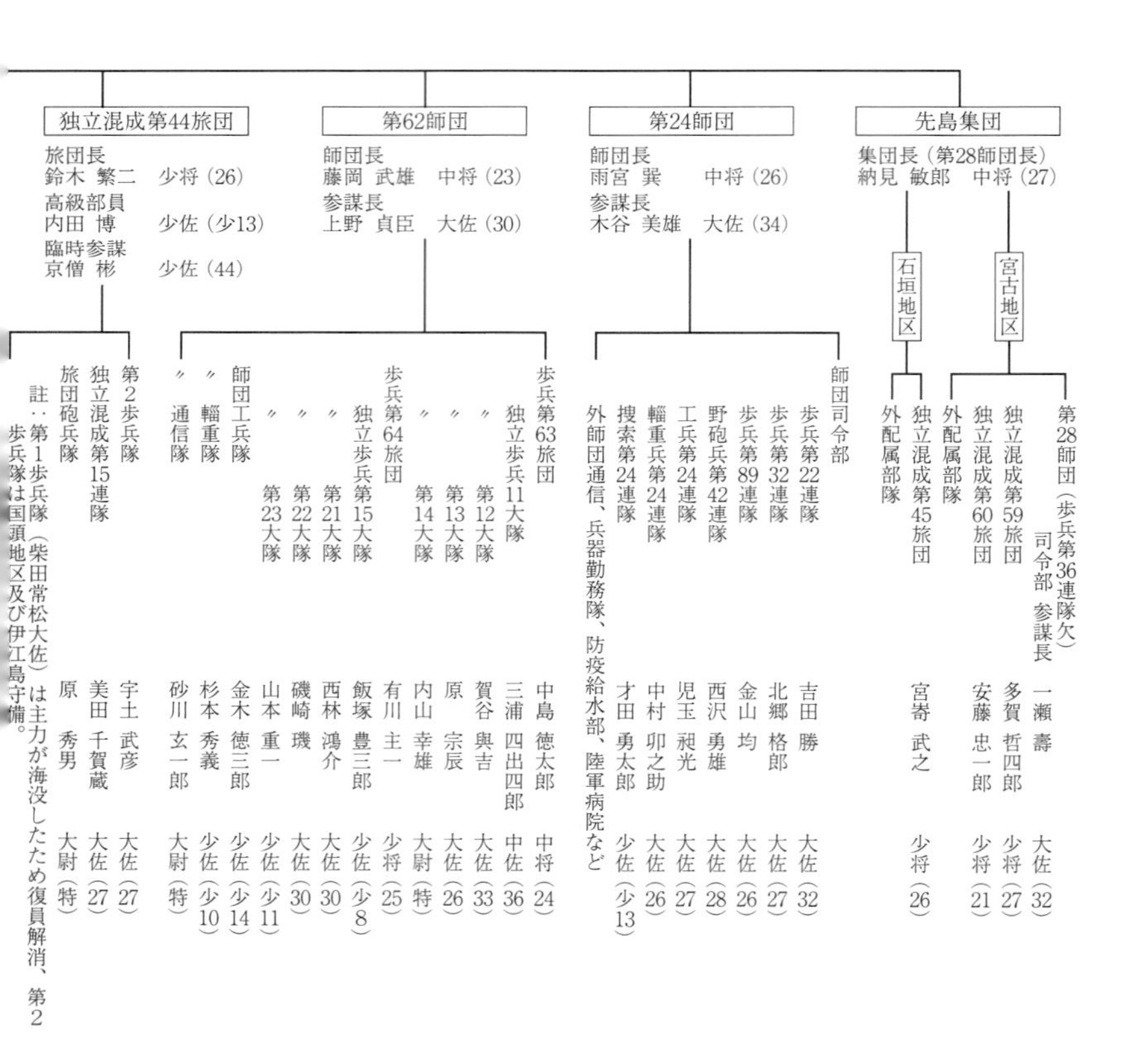

出典：瀬名波栄編『秘録写真戦史　沖縄作戦』（沖縄戦史刊行会、1978年）

第32軍編成概見表（昭和20年４月頃、階級は20年６月現在）

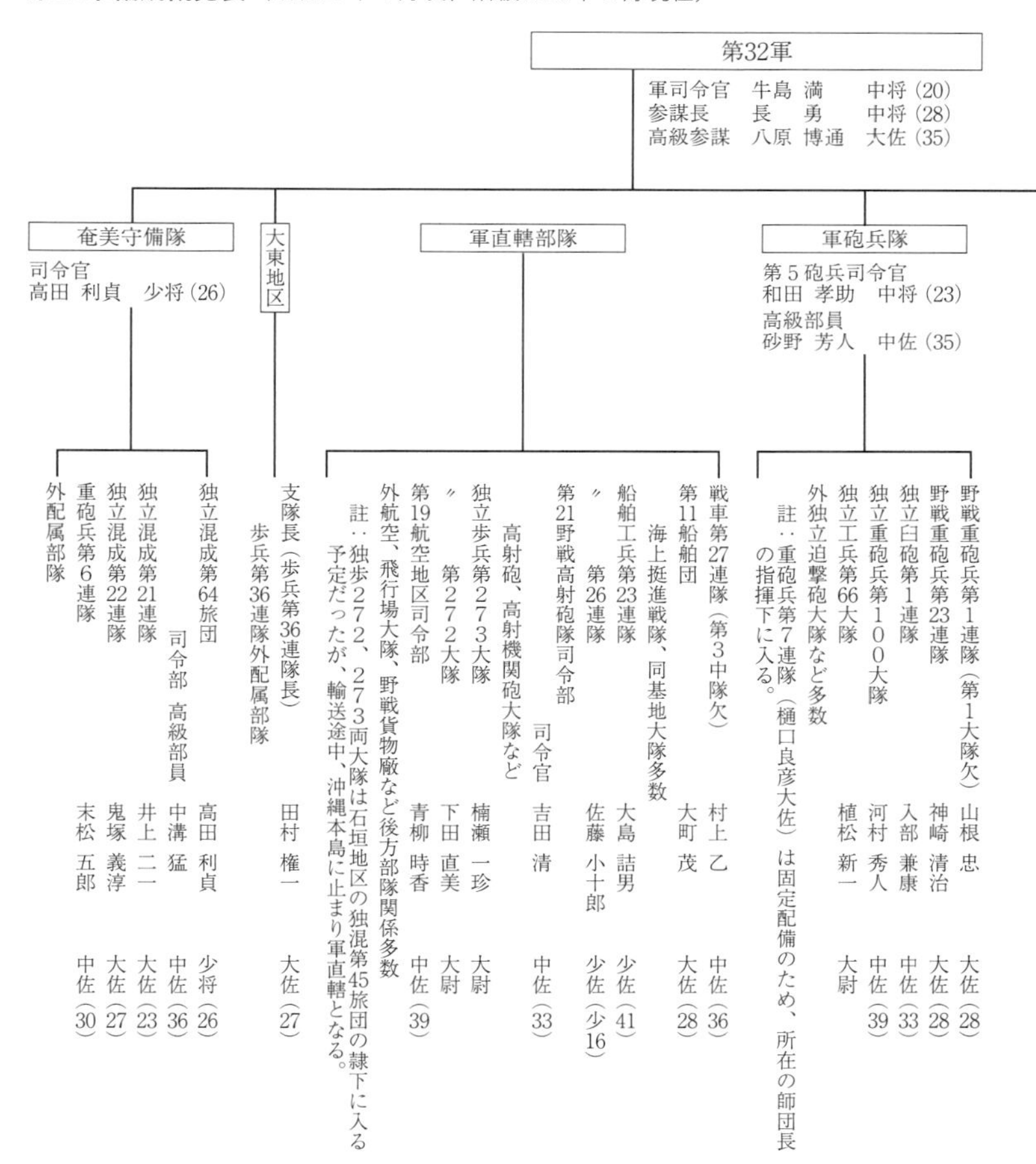

沖縄方面根拠地隊編成概見表（昭和20年4月頃）

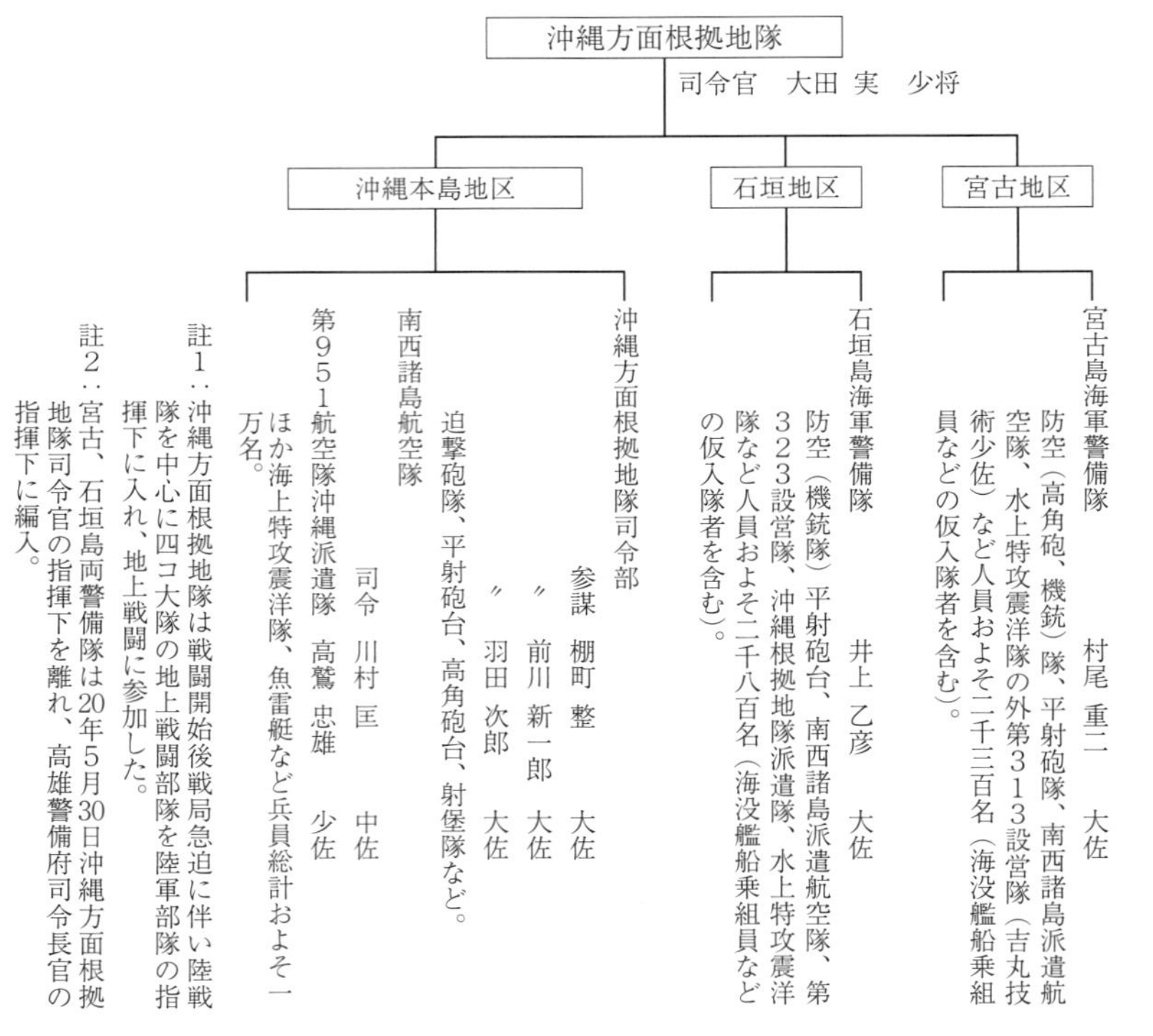

出典：瀬名波栄編『秘録写真戦史　沖縄作戦』（沖縄戦史刊行会、1978年）

らしめ、赤裸々な人間対人間の原始的闘争を、アメリカ軍に強要することができる」と考えていた。[87]

軍命令が発せられた昭和19年11月25日頃から12月にかけて秋の豪雨が続いた。すでに軍命令は発せられた。伊江島の守備交代（独立混成第15連隊第３大隊と第２歩兵隊第１大隊との交代）は12月３日、独立混成第44旅団主力及び第24師団主力は６日夜、第62師団主力は７日夜、それぞれ夜間行動によって新配備に移動した。暗澹たる空模様の下、将兵たちは濡れつつ泥濘の道を黙々と歩んで新任務についた。兵団の配備変更はこれまで各部隊が死所と定めて営々と構築した陣地を捨てることであり、精神的にも物質的にも各部隊には大きな打撃を受けた。[88]

第９師団は、与那原、首里、天久の間に集結し、12月中旬頃から那覇港で乗船、逐次、比島方面ではなく、第32軍首脳の予想外の台湾基隆に向かって出港した。[89]

軍砲兵隊は中迫撃大隊の抽出に伴って11月中旬作戦計画を修正しつつあったが、軍の新作戦計画によって作戦準備の重点は南部地区とし、独立重砲兵第１００大隊第２中隊を棚原北東方に配置して北、中飛行場制圧射撃を準備した。また従来あまり準備していなかった中城湾及び知念半島方面に対する射撃準備を強化した。軍砲兵戦闘指令所は従来津嘉山に位置していたが、12月下旬弁ヶ岳に移動した。[90]

軍は、第２歩兵隊長宇土武彦大佐の指揮する歩兵２個大隊を基幹とする部隊をもって国頭支隊とし、国頭方面の防衛にあたらせた。伊江島には第２歩兵大隊第１大隊（長　井川正少佐）が独立混成第15連隊第３大隊と交代配備され、本部半島地区は第２歩兵隊の第２大隊を基幹とする小兵力となった。本部半島の陣地を八重岳を中心とする地区に縮小し、配属の重砲兵小隊も八重岳北側の眞部山の船窪台に新陣地を占領した。[91]

12月、第３遊撃隊は、国頭支隊長宇土大佐の指揮下に入り、主力を本部半島北側地区に配置し、隊本部は渡久地東方約４キロの屋名座に位置し、第４遊撃隊は主力を名護岳を中心とする地区に配置し、隊本部は名護岳に位置した。昭和20年1月8日、第32軍司令部から遊撃隊の配備変更の指示を受けて研究した結果、1月14日宇土支隊長は配備変更を命令した。

配備の概要は次の通りである。

第3遊撃隊：名護岳を中心とし重点を監屋、川田以南の地区に指向して遊撃戦を準備する。第3中隊を本部半島屋名座地区に配置する。

第4遊撃隊：恩納岳（おんなだけ）を中心とし、国頭郡南部及び中頭郡北部に遊撃戦を準備する。特設警備第215中隊は名護付近に、大本営派遣の第1工作班（情報取集のため、大本営から沖縄本島に配置されて秘密通信を行うもの）は名護岳付近にそれぞれ配置した。

このような中でも牛島軍司令官や長参謀長の官舎では、時々公私の会食が催された。参謀長は浄瑠璃が得意で、さらに浪曲、端唄、興至れば踊りも上手だった。部下との会合の場合は大親分の貫禄十分でよく打ち解けた。自分より同等以上の人に対する際は、十二分にはったりを利かせ、相手を威圧する気構えが見られた。牛島軍司令官は、盃で三、四杯もやるとすっかり赤くなった。機嫌よく、下手ではあるが歌も歌う。無礼講の席上では、突如として素っ裸となり、石の地蔵様のポーズをする。軍司令官は暇があると、首里市周辺をよく乗馬で運動した。[*92]

(8) 輸送弾薬爆発事故と大本営の次期進攻見積

12月11日神里（首里南方約4キロ）付近において軽便鉄道（甘藷輸送軌道）で輸送中の第24師団の弾薬などが爆発し、多大の損害を生じた。[*93] 第32軍は、先の第9師団の台湾転進に伴う部隊配備の変更を行う際、この移動（兵士や弾薬・資材の輸送）に軽便鉄道を使用したのである。そして事故は起こった。

嘉手納駅で無蓋貨車6両に第24師団の弾薬が積み込まれ、兵士約150名も乗り込んだが、南部稲嶺（いなみね）駅に差し掛かろうとする南風原（はえばる）村上里部落付近で突然大爆発を起こした。一両目に積んでいたガソリンのドラム缶に、機関室からの火の粉が引火したことが原因だった。その後列車に積載した弾薬にも引火し、炸裂音とともに弾薬の破片が飛び散った。さらに事故現場付近に集積されていた第32軍の弾薬にも引火したため、一面が火の海になった。10・10空襲に受けた被害に比較にならないほどの損耗であった。「第九四号　石兵団会報」（12月14日）には、軍参謀長からの注意事項ということで、

一〇、一〇空襲により受けたる被害に比較にならざる厖大なる被害にして国軍創設以来初めての不祥事件なりこれにより当軍の戦力が半減せりというも過言ならず、此れ一に兵団の軍紀弛緩の証左にして上司の注意及規定を無視したる為惹起せるものなり……兵器、弾薬、燃料の分散格納不十分なりしため、かかる莫大なる損耗を来せり　各兵団の兵器、弾薬其の他の軍需品の分散格納も極めて不十分にして普天間、宜野湾付近の道路の両側に多量を集積しありたるも艦砲射撃を受くれば必ず爆発燃焼するは明瞭なり、各部隊、兵器、弾薬は速やかに掩蔽部に格納すべし人員の掩蔽壕は遅るるも兵器弾薬は速やかに掩蔽部に格納するを要す、戦は大和魂のみにて勝ち得るものに非ず……軍司令官の心痛を見るに忍びずその意図を対し各部隊に一言注意す

と強く示した。[*94]

大本営は比島方面の作戦が絶望となったため、同方面に輸送予定の兵器、資材などを第32軍に交付した。その概数は、小銃数千、軽機関銃約４００、重擲弾筒（じゅうてきだんとう）約４００、速射砲及び機関砲約10、第32軍司令官は、2月中旬これらの増加兵器を各部隊に交付して戦力増強を図ったため、主陣地帯1キロ正面の火器の密度は軽機関銃約25、重擲弾筒約25、重機関銃約10となった。[*95]

大本営においては、昭和19年末頃から連合軍の次期進攻に対する真剣な研究がなされたのであるが、陸軍の判断としては、昭和20年2月頃、硫黄島に続いて4月頃東シナ海周辺の要域すなわち南西諸島、台湾

又は中支方面のいずれかに進攻を開始するであろうとの結論であった。海軍側においては、地理的、戦略的諸条件の関係上、南西諸島、特に沖縄に敵が来攻する公算が最も大なるものと判断していた[*96]。

だが、大本営陸軍部宮崎第1部長は、1月16日頃、「主戦ハ九州、上海　前方線ハ小笠原、南西諸島、台湾、東南支那[*97]」との根本的考えのもと、台湾と沖縄については、「台湾ト沖縄トノ兵力配分ハ東京ニテ決定、心ニハ兵力ノ重点ヲ台湾ニ欲ス」という考えだった[*98]。つまり陸軍としての重点は本土と台湾、沖縄は非重点であった。

6　帝国陸海軍作戦計画大綱下の作戦準備（昭和20年1月頃〜）

(1) 帝国陸海軍作戦計画大綱

陸海軍部両作戦課は、東シナ海周辺における作戦を主眼として「今後の総合作戦計画」を基調に、さらに検討を重ねて「帝国陸海軍作戦計画大綱」を作成した。大本営で陸海軍共通の作戦計画大綱を案画したのはこれが最初であった[*99]。こうして全般作戦計画はほぼ固まり、1月19日、陸海軍両統帥部長は「帝国陸海軍作戦計画大綱」を上奏したのである。作戦方針は、「帝国陸海軍は機微なる世界情勢に鑑み、重点を主敵米軍の進攻撃砕に指向し、随所縦深にわたり敵戦力を撃破して戦争遂行上喫緊の要域を確保し、以て戦意を挫折し、戦争目的の達成を図る」にあった[*100]。

本計画は連合軍の進攻に対して、最終的に本土で決戦するということを根本方針としたものであったが、作戦推移の時間的・地域的関係からこれを二段階に区分した。即ち本土決戦準備の概成を20年初秋とし、その時期までは時間の余裕を得るため、本土外郭において持久作戦を行うというのが第一段階、本土直接上陸を対象とする本土決戦が第二段階で、全計画中、本土決戦がもとよりその重大な要素であった。

問題は第一段作戦と第二段作戦に対する戦力の配分をどうするかにあった。本土の外郭に戦機を捕捉できる要域及び概成の戦略態勢があるのに、これを最大限に活用せず、防備薄弱な本土に過早に敵を迎えるようなことは下策である。ことに本土決戦においては航空及び艦隊の効果的な運用は不可能であり、また満州・中国・南方等にある膨大な我が部隊も十分に策応することが出来ない。そこで本土決戦生起に先立ち、もう一度全軍の戦力を統合して、一途の方針の下に策応協同できる作戦を設定しようとするのも本計画の狙いであり、また苦心の存するところであった。従って第一段作戦と第二段作戦に対する努力の配分は、計画策定当事者としては、率直なところ五分五分であった。

第一段の持久作戦に対しては、陸軍側は連合軍の東シナ海周辺要域来攻の機に大規模な航空作戦を遂行することを提唱した。これに対し海軍側は、戦略上の必要性は認めるが、比島決戦で精鋭航空戦力の大半を失い再建に数カ月を要するので、5月頃までは大規模な航空作戦は実行できない、再建途上の航空戦力を逐次に使用することは極力避けたいので、陸軍独自でこの作戦を遂行されたいと難色を示したが、最終的には海軍も陸軍の意見を容れ「帝国陸海軍作戦計画大綱」が完成した。[*101]

(2) 航空作戦思想に関する陸海軍の相違

陸海軍ともに捷1号作戦で作戦可能の航空兵力の大部を失い、その整理、再建はなかなか進捗しない状況であった。こうした状況で米軍の東支那海周辺に対する来攻を受けた場合、その阻止のために大規模な航空戦を行うべきか、目をつぶって航空兵力の再建に努め、米軍の本土上陸に備えるのがよいかについて陸海軍の間に機微な意見の相違が生まれた。

海軍側としては戦略態勢上、沖縄方面の作戦が今次戦争における事実上の最後の決戦の機会であることは多くの一致した見解であった。しかし唯一の頼りである基地航空戦力が比島決戦で大打撃を受けて、急速な再建を必要とする状況にあった。しかも、航空戦力を一応米軍の進攻に対抗できる程度まで練成するには、いかに急いでも5月頃迄はかかると見積もられていた。さらに加えて、次に来るべき作戦が最後の機会になると思われたので、海軍はそれまでじっと我慢し、逐次使用は極力避けなければならないという意見が強かった。

陸軍側としては、これに反して本土決戦準備の時を稼ぐため、あくまで陸海軍の総合航空戦闘力をもって米軍の基地推進を極力阻止乃至遅滞させようとする主張であった。[*102]

大本営海軍部でも富岡軍令部第1部長は、昭和19年12月台湾、沖縄を視察して、沖縄方面での航空決戦には強い意向を示していた。これに対し軍令部1課長以下の作戦課員は、本土決戦準備とも関連して、沖縄航空決戦の必要性は十分認識していたが海軍航空戦力の現状から、富岡第1部長の積極論には同意しなかった。こうして陸海軍間に、東シナ海周辺要域における航空作戦方針の一致が見られないままに、「帝国陸海軍作戦計画大綱」(20・1・19)が策定されるに至ったのである。[*103]

(3) 沖縄本島の新配備

新たな防御計画に基づく配備変更後、八原高級参謀は、つぶさに各部隊の陣地配備を視察した結果、主陣地の正面と兵力の関係を検討して正面過広と感じた。少なくとも歩兵1大隊の占領正面を2キロ程度に緊縮しなければならないとの結論に達し、昭和20年1月中旬頃から配備変更の研究を始めた。独立混成第44旅団を島袋付近に配置した第32軍の真意は中央に対する申訳の意味があったが、戦術上の要求は偽装や虚飾を許さないとの結論に達し、軍は独立混成旅団を主陣地内に後退させるとともに、北、中飛行場方面への軍主力の出撃企図を放棄する部署をとった。軍は1月20日頃、配備変更について関係兵団に内示した。[*104]

新配備の部署の概要は次の通りである。[*105]

一　中頭地区の独立混成第44旅団主力を知念半島方面の旧第62師団の防衛担任地区に配置する。

二　知念半島の歩兵第64旅団を第62師団主力方面に移動させて第62師団の防衛担任区域を緊縮して陣地を堅固にする。

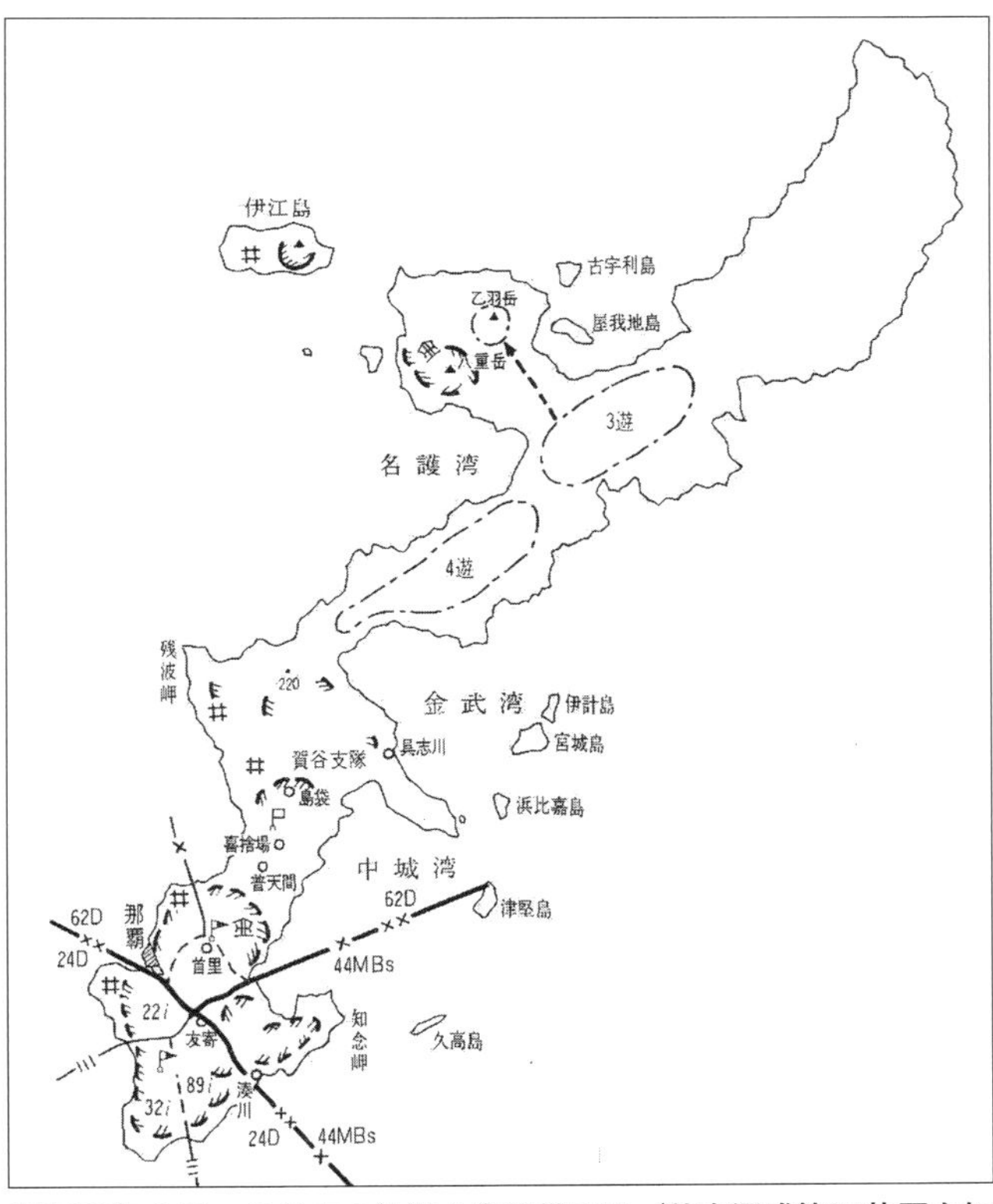

昭和20年２月～３月末の沖縄本島配備要図（独立混成第44旅団を知念半島に配置）

出典：防衛庁防衛研修所戦史室『戦史叢書　沖縄方面陸軍作戦』（朝雲新聞社、1968年）付図

三　中頭地区に第62師団の一部（約1大隊）を配置して警戒にあたらせるとともに所在部隊と協同し、同方面の防備が厳重であるように敵を欺騙する。
四　第24師団及び国頭支隊の配備はおおむね現状の通りとする。
五　配備交代の責任転嫁の時期は2月1日1800とする。

第62師団は前方部隊として約1個大隊を中頭地区へ配置することを命ぜられた。本郷師団長はその任務を考え、練達の大隊長賀谷與吉（かやよきち）中佐の指揮する独立歩兵第12大隊を選定し、「賀谷支隊」と呼称して中頭地区に配置した。賀谷支隊の任務は「中頭郡内の警戒に任ずるとともに所在軍直轄部隊と協同し同方面の防備が厳重であるように敵を欺騙する」ことであり、2月1日頃から配備された。

第62師団及び独立混成第44旅団の各主力は2月1日夕刻までに新配備地へ転移した。結局、独立混成第44旅団、特に独立混成第15連隊は6回も陣地変換を繰り返すこととなった。このような数回にわたる配備変更は部隊に徒労感を抱かせ、資材を消費し、また上級司令部への不信感ともなって作戦準備の意欲にブレーキをかけた。また、新たな陣地での宿舎の新設、築城材料の取得困難は陣地構築の障害となった。築城作業の労力を補うため、各部隊は防衛隊の支援、労務者の利用（有料）、勤労奉仕（無料）などの援助によって陣地の強化に努めた。結局、第62師団及び独立混成第44旅団は、昨年夏以来沖縄本島に到着していながら、確定した陣地配備についたのは米軍上陸の2カ月前ということになった。新配備に伴う砲兵の射撃準備は特に第62師団正面が不十分であった*106。

沖縄防衛軍は10万であったもののその実態から考えていかに戦力化するかが軍の大きな問題でもあった。この10万のうち本当に戦闘部隊として、内地から派遣されたのは5万に満たなかった。すなわち、第24師団、第62師団、混成第44旅団、軍砲兵等である。このほか、海軍陸戦隊のかろうじての銃の操作を知るもの約3000があった。あとは軍後方部隊が約2万、沖縄における防衛召集者陸海合わせ約3万である。

総数10万と称しても実際戦闘し得るものは多く見積もって5万であり、他はほとんど銃を持たない人々であった。これらの人員を、純然たる地上戦闘員に仕向けようというのが軍の狙いであった。その実施した重要な施策は、①後方部隊の戦闘部隊への改編、②防空部隊の地上戦闘任務への転換、ならびに③防衛召集であった。[*107]

また、弾薬、糧食など軍需品の集積が重要な作戦準備の一つであった。弾薬は概ね1会戦（1週間内外の野戦において必要とする弾薬の概算数）分を所要していた。そして糧秣なども含めこれら軍需品は全部、兵員と同様、洞窟に収容した。軍需品の保管区分は、第一線5、兵団3、軍後方機関2の比率に定めた。しかし、軍においては洞窟（横穴式坑道）を掘削するのは困難で、軍保管軍需品の大部分を第一線に保管させてしまった。このために戦闘開始後、軍需品の運用を妨げかつ陣地を攻略されるごとに、多量の軍需品を喪失する原因となった。[*108]

(4) 第32軍洞窟司令部の構築

当初、第32軍は、平時的条件を考慮して安里（あさと）の蚕種試験場を軍司令部とした。そのため戦闘指令所は、捷号作戦計画に従い、北部中頭郡において決戦が起きた場合は、220高地（読谷山）、南部島尻郡方面に敵主力が上陸した場合は、津嘉山と予定して、7月以来砲爆に抗堪する洞窟を建設中であった。

220高地の戦闘指令所は、第2野戦築城隊の1中隊が基幹となり構築に任じ、総延長数百メートルの堂々たる洞窟がほぼ完成していたが、作戦計画の根本的変更とともにこれを放棄するのやむなきに至った。

津嘉山の洞窟は、依然工事を続行し、総延長約2000mの洞窟が第2野戦築城隊の主力及び軍築城班の手により概成しつつあった。津嘉山は指揮連絡上、位置としては悪くはなかったが、戦場の展望が利かないし、洞窟の強度にやや不安があった。第9師団が転用されることになり、同司令部の位置した首里山が開放されたのを機として、ここに軍の戦闘指令所を設けることになった。第9師団の首里洞窟は規模が小さく、しかも蒸熱が甚だしく、衛生環境が不良なので、これを第62師団に譲り、軍の戦闘指令所は首里高地の西半部に新たに構築することに決まった。

首里の洞窟司令部は、野戦築城隊長駒場(こまば)縑(かとり)少佐と枦山徹夫(はぜやまてつお)、薬丸兼教(やくまるかねのり)両参謀が協議立案した。総延長約1000m、深さ15mないし35mで、1屯爆弾や戦艦の主砲撃に直撃されても大丈夫との自信があった。主として野戦築城隊が作業に任じたが、沖縄師範学校の生徒や多数の首里市民がこれに協力した。概成の目標は三月中旬であった。厖大な作業力と資材を軍司令部構築のため割いたことにより、後日、この大洞窟が首里戦線の核心となり、有形無形上軍戦力の源泉となった。[*109]

この司令部に軍通信所が併設されたが、過去の戦例から見て、通信所が機能を失ったら指揮幕僚活動は麻痺することはわかっていたので、その陣地強度には特に気を配った。このため、軍保有のセメントを全部通信所に交付するように、また急斜面を利用し被弾率を減少し堅固な通信掩蔽部とした。[*110]

軍司令部（軍司令官、軍参謀部、副官部、軍医部）は、とりあえず昭和20年1月10日、この洞窟のすぐ近傍にある沖縄男子師範学校とその付属国民学校に移転した。これに引き続き、軍経理部以下、軍の各部は津嘉山に位置を転換し、軍司令部の戦闘態勢はここに確立した。軍司令官、参謀長は、10月10日の空襲で官舎が焼失した後は、軍司令官は松川の畑地にある簡素な家に、参謀長は首里西端の某銀行員の家にそれぞれ居を定めていた。[*111]

また、糧秣衣服雑貨を含む軍需資材の山は、米軍の上陸前、各地域に分散して爆撃による喪失を避けようとした。貨物廠の本部は津嘉山におかれ、他に与儀(よぎ)、国場(こくば)、南風原、長堂(ながどう)、津嘉山の五箇所に分かれて集積所が置かれた。森蔭や谷間に、点々とシートに蔽われた物資の山は、木の枝や草で擬装され、一集積毎に約五百近い山が、品物別に分散されてあった。首里台地周辺を守る各部隊は、文字通り弾雨を冒して糧秣を受けに行かねばならず、首里、与那原、南風原方面の陣地からは南風原集積所に、那覇方面の部隊は与儀に、真和志(まわし)、首里の部隊は国場で糧秣受領を行ったが、始めは各部隊ともトラック数台を使用して糧秣を運んだが、戦争が激化してからは、各部隊とも車両を廃し、兵員40名乃至50名の肩が車両代わりとなって、重い糧秣を運ぶようになった。*112

(5) 第32軍の役割

大本営は、正式に文書をもって第32軍に本土決戦の企図を示さなかった。また第32軍としてはこの企図に基づき第32軍はいかに行動せよとの示達は受領した覚えはなかった。つまり第32軍としては、昭和19年11月下旬、軍が新作戦計画を樹立して以降、大本営が何を第32軍に具体的に期待しているのか、不明のままであった。しかし八原高級参謀は、20年1月23日の第10方面軍参謀長諫山春樹中将の話、「自今第32軍には増員されない。軍需品は、比島方面への輸送不可能になったのでこれを第32軍に与える。……大本営は、本土決戦準備に今熱中している……」でようやく間接的ながら、本土決戦の方針が明らかとなったという。八原高級参謀は、第32軍は本土決戦を有利にすべく行動すべきである。すなわち戦略的には持久である。戦術的には攻勢を必要とする場合もあるが、大局的に考察すれば、沖縄に努めて多くの敵を牽制抑留し、かつ努めて多くの出血を強要し、しかも本土攻略の最も重要な足場となる沖縄島を努めて長く、敵手に委せないことであったと考えるようになった。今までの方針に確信を持ったのである。

第10方面軍司令官　安藤利吉大将

昭和20年1月9日、米軍はルソン島リンガエン湾に上陸した。米軍の作戦速度、ルソン戦況の推移、全太平洋における米軍の自由に使用し得る手持ち兵力、特に沖縄島の戦略的価値に鑑み、八原高級参謀は、次は沖縄島であり、その時期は3月頃との公算が確実とみた。長参謀長は八原高級参謀の判断に同意はしていたが、内心はやや楽観的で、敵の上陸は6、7月頃になるかもしれないと考えていたようである。[*113]

(6) 第32軍の新任務

2月3日、第10方面軍に対する新任務の大命及びこれに関連する指示が大本営から発せられた。任務達成の為、第10方面軍の準拠すべき要綱として「敵の空海基地の推進を破砕」と「東支那海周辺における機略ある航空作戦遂行の拠点たらしむ」ことが示された。[*114]

そして2月17日、第10方面軍司令官は、第32軍に対し「南西諸島を確保し、特に敵の航空基地の推進を破砕するとともに東シナ海周辺における航空作戦遂行の拠点を確保すべき」方面軍命令を下達した。

この時、軍としては、命令の内容が一般的で、具体的にどの飛行場を確保せよ、というものではないと、この命令は気に留めなかった。軍の作戦計画は従来通りで変更の要はないと思ったのである。

第32軍は2月1日、島尻地区の防御の間隙を埋めるため、沖縄本島の配備を変更して北、中飛行場方面の独立混成第44旅団主力を知念半島方面に移動させた。また、2月7日には連合艦隊から3月以後南西諸島方面に米軍の大規模の攻略作戦の算ありとの通報を受け、さらに2月13日には「米機動部隊の行動は南西諸島攻撃の前提の算あり」との情報により鋭意防衛強化中であった。第32軍はこのような急迫した状況にあったため、方面軍の新命令に対し特別対処することはなかった。[*115]

(7) 天号航空作戦と丹作戦

昭和20年3、4月頃に起こると予想される米軍の東支那海周辺要域攻略（沖縄の算が多いと海軍は考えていた）に際して、航空兵力を以て決戦を行うか、どうかについては陸海軍の間に意見の相違があった。また、やるにしても航空作戦で攻撃目標を主として何に向けるかについてもそれぞれ考え方の違いがあった。[*116]

こうした中で本土周辺、特に東シナ海方面の航空作戦準備を焦慮する陸軍統帥部は、２月６日、海軍との十分な調整を尽くさないまま、昭和20年前半機における「航空作戦に関する陸海軍中央協定研究案」を急遽参考として作成した。なお、陸軍部はこの作戦準備要領で行う航空作戦を「天号航空作戦」と呼称することに決定した。[*117]

この中央協定について、宮崎第1部長は、戦後次のように回想している。[*118]

陸海航空作戦の中央協定を協議したのであるが、海軍側の態度は頗る控えめであった。即ち、海軍は比較的少数機（５２５〜７５５）をもって、２月初頭以降主として敵機動部隊の撃破を狙い、陸軍は特攻機を含む１３９０機をもって3月末を目途として作戦準備を整え、主として輸送船団を目標として来攻米軍を撃砕する、というのである。すなわち、時機と目標とにおいて陸海一体というところまで行っていないのである。この協議事項は一応協定案としてまとまったのであるが、海軍側が決定を保留したために正式決定にはならなかった。

この頃は、大本営海軍部はまだ、全航空戦力を挙げて沖縄に作戦するという決定には固まっていなかった。[*119]

大本営海軍部では、さらに種々検討を加え、それに陸軍側の強い要望も考え併せ、教育部隊の教育を停止すれば沖縄決戦も成り立つという結論に達した。この結論に従って練習部隊を作戦部隊に改編する等の非常措置を講ずるとともに、練度の低い部隊に対しては、陸軍同様の輸送船団特攻主義を適用することに決定した。この結果、４月末に整備できると予定されていた第10航空艦隊の特攻機約２０００機をも航空兵力に加算し得ることになり、航空兵力整備の見通しが立つに従い、海軍の東シナ海周辺地域、特に南西諸島方面における航空作戦遂行の熱意は急速に高まり[*120]、図上演習（2月1～3日）による検討の結果もあり、逐次に沖縄航空決戦に傾いていった[*121]。そして、2月27日から3月1日にわたる、天号作戦に関する陸海軍航空部隊の打合会議を経て、3月1日漸く「航空作戦に関する陸海軍中央協定」が正式に決定した[*122]。

陸海軍それぞれの天号作戦の考え方をまとめると以下のようであった[*123]。

陸軍側：天号作戦を本土を中核とする総合的作戦計画の一部とみなしていた。したがって当初、陸海軍の航空戦力をもってこの作戦で（特攻戦法等を採用して）敵の攻略船団を徹底的に攻撃し、敵船舶を多数撃沈することによって米軍の進攻を遅滞させて、本土決戦準備の完成に必要な時間を稼ぎたいとの強い主張があった。しかしながら、その反面米軍の進攻挫折を企図した天号作戦に確算はもっていなかった。本土のためにある程度の兵力を拘置することとなった。

海軍側：当初は沖縄決戦の必要は認められるものの海軍航空戦力が練度不明のため、3、4月頃に予想される米軍の東支那海周辺地域来攻に対しては、消極的ならざるを得なかった。しかし沖縄を失っては本土決戦は成り立たないと考え、種々検討を重ねた結果、沖縄戦は今次戦争における決戦となるものであるとの考え方にまとまり、3月以後は、練習航空部隊も加えて沖縄決戦一本に漸次固まった。ここにおいて陸軍の本土決戦を強く念頭に置いた作戦指導とは異なったものになっていた。

この決定した「航空作戦に関する陸海軍中央協定」と海軍が作成した「東支那海周辺地域に於ける航空作戦指導要領」は次のようなものであった。

• 航空作戦に関する陸海軍中央協定（一部抜粋）

方針：陸海軍航空戦力の統合発揮に依り東支那海周辺地域に来攻を予想する敵を撃滅すると共に本

土直接防衛態勢を強化す　右作戦遂行の為特攻兵力の整備並び之が活用を重視す

各方面航空作戦指導の大綱（東支那海周辺地域）：陸海軍航空部隊の主攻撃目標を海軍は敵機動部隊、陸軍は敵輸送船団とす　但し陸軍は為し得る限り敵機動部隊攻撃に協力す

・東支那海周辺地域における航空作戦指導要領（一部抜粋）

方針：本年三月末を目途とし東支那海周辺地域に於ける航空作戦準備を完成し、敵来攻部隊を撃砕す本作戦を天号航空作戦と称す

指導要領：航空作戦指導の主眼は、敵機動船団を撃滅するに在り、右目的達成の為には敵部隊の来攻迄攻撃兵力及直掩戦闘兵力を温存し且之が戦力発揮に遺憾なからしむるを必須の要件とす之が為準拠すべき要綱左之如し（略）

天号航空作戦の計画に着手した当時の航空戦力は、陸海軍ともに捷号決戦により極限まで使い尽くした状況で、3月に予想される米軍の進攻を破砕できる確信はなかったが、一応の対応部署を定めたのが、この天号航空作戦であった。この計画が米軍の進攻遅滞と出血を狙う持久的性格のものか、あるいは戦勢の全局を回転しようとする決戦的性格のものかについては、陸海軍両者間に完全な思想の統一が得られないままで示達された。[*124] 宮崎第1部長は戦後、「天号作戦は陸軍の立場から見れば、はっきりした〝持久作戦〟である」と回想している。[*125]

こうして一旦、天号航空作戦が発動されると、海軍はその航空戦力のほとんど全力を挙げて沖縄方面において決戦を行う方針に固まっていった。これに対して陸軍では、当初の本土決戦をあくまでも根本におく方針は変わらなかったので、陸海軍の沖縄に対する作戦には、当初とはまた違った意味で、その指導方針に相違が現れてくるのである。

この天号航空作戦の主眼は、「本土の前線を縦深に亘り強化し、これにより来攻する敵に大出血を強要

し戦争遂行上の緊喫の要域を確保し、もって敵戦意の挫折を図らんとするもの」であった。その主流は航空部隊であり、特に陸海軍航空戦力の総合発揮と特攻に重点が置かれていた。また、作戦上留意したことは、「敵の洋上撃滅、上陸した敵に対する補給の遮断等、進攻する米軍への攻撃に重点を指向するとともに、敵機動部隊の漸減及び出血、消耗、牽制等の補助作戦を積極的に実施する」ことにあった。しかし、実際問題として航空戦力は比島決戦で陸海軍ともに消耗し尽くしていたので、これを整備するのは非常に困難であった。

海軍は練習部隊を作戦部隊に改編して特攻隊を編成し、これら練度の低い部隊を陸軍同様に輸送船攻撃に向ける等の非常手段をとって、3月1日には使用予定機数を約3770機と計画することが出来た。陸軍も1830機となった。また、これと同時に、航空特攻の全面的採用により作戦準備期間の短縮を図り、対機動部隊は5月末、特攻部隊は第10航空艦隊が4月末、第3航空艦隊及び第5航空艦隊が3月末にかろうじて使用できる見込みとなった。[*126]

連合艦隊は3月17日、GF電令作第564のA号（「敵攻略部隊南西諸島方面に来攻せば、陸軍部隊と緊密に協同し、連合艦隊の全力を挙げてこれを撃滅し、南西諸島を確保せんとす」）及びB号で、米軍が南西諸島方面に来攻した場合の作戦要領を示しこれを天1号作戦と定めた（天1号航空作戦、主として南西諸島及び台湾に来攻する場合、天2号（台湾）、天3号（東南支那海沿岸）、天4号（海南島を含む以西））。この作戦を行う上の骨幹兵力は、第5航空艦隊を中心とする航空部隊で、その補助兵力として潜水艦（回天を含む）と局地守備部隊の海上特攻兵力が考慮されていた。海軍の攻撃の重点は、米機動部隊を撃滅して作戦海域の制空権を握ることに置かれていて、九州から第5航空艦隊、台湾から第1航空艦隊と両方からの攻撃に期待をかけていた。また、輸送船団を中核とする攻略部隊に対しては、陸軍航空部隊、回天隊及び現地の海上特攻兵力をあてるにしても、航空戦が有利に展開したときは、第1遊撃部隊（「大和」以下の水上艦艇の大部分）の戦場投入をも予定していた。

第32軍が具体的に「天１号作戦」を承知したのは、３月に予期される米軍の沖縄進攻に対処する確信が持てなかったため、軍令部は米軍の進攻を遅滞させる目的で、昭和19年秋頃から前進基地奇襲作戦として、航空機をもってする「丹作戦」が具体的に考えられた。この際、米軍の来攻時期を少しでも遅らせるには、事前に米機動部隊に大きな痛撃を加えることのほか、さしあたっての手はなかった。２月17日、連合艦隊は丹作戦部隊の編成を発令し、当時作戦中の米機動部隊がウルシーに帰着した好機を捉えて、奇襲を断行させようと準備を進めさせた。しかし、出撃阻止の目的は達成することが出来ないまま、18日以降の米機動部隊の九州方面来襲となる。[*128]

3月10日計画書を入手したときであった。[*127]
こうした航空戦力の再建状況からみて、

⑻　第32軍と天号作戦

長参謀長と八原高級参謀は、こうした航空戦力による作戦をむしろ自惚れと感じていた。もはや沖縄戦の主役は空軍ではなく、第32軍自身の戦いであると信じていたのである。
八原高級参謀は、天１号作戦の中における第32軍の地位・役割について次のように考えていた。[*129]
北、中飛行場は天１号作戦のためにはある程度必要である。しかし唯それだけのものである。敵がもしこの飛行場を占領しても、軍の地上戦闘には致命的ではない。況（いわん）や沖縄南部に健在する第32軍をそのままにして敵は本土攻撃の準備をするのは不可能である。必ずや軍を撃破して沖縄南部を手中に入れて、初めて本土攻略の態勢が確立するのである。すなわち、北、中飛行場は沖縄作戦、特に天１号作戦のためには、某程度価値はあるが、敵の本土攻略阻止のためには、軍が絶対沖縄南部に健在している必要がある。本土決戦を有利ならしめることを念頭とする第32軍は天号作戦に左右されることは避けなければならない。

⑼ 第84師団の沖縄派遣内示と中止

大本営陸軍部、特に第2課長服部大佐は、第9師団抽出以来沖縄への補充を考慮しており、「帝国陸海軍作戦計画大綱」にも南西諸島への戦力投入が明記されていた。大本営陸軍部は、第84師団を沖縄に増加することの内奏を終わり、1月22日、第84師団の派遣を第32軍に内報した。内報後、着任したばかりの第1部長宮崎周一中将は、第84師団の派遣について熟考した末、本土兵力の不足、海上輸送の危険などを考慮し派遣中止を決意し、翌朝参謀総長に報告して認可を受け沖縄派遣中止を第2課に示した。宮崎中将は戦後、次のように回想する。

沖縄への海上輸送の危険を知りながら、たとい約束があったからと言っても一兵たりとも惜しむべき本土防衛兵力をみすみす海没の犠牲にすることは自分の理性が納得しない。派遣中止は統率上に悪影響を及ぼすことも十分察せられるが、この際は一切を忍んで自分の所信を通したい。今後もこの種の事態に際会するであろうが、自分の所信を貫徹し得ないようでは真の補佐道は尽くし得ない。そこで翌朝参謀総長に私の意見を述べて「沖縄派遣中止」を具申した。総長は「君の信ずるとおりにせよ」と直ちに私の意見を採用された

第2課長服部大佐は第1部長に対し、1個師団派遣中止の代案として補充兵4000名、軍需品2個師団分送付の意見具申をしたが、軍需品だけを補給輸送することとなり、23日、第84師団の派遣中止と軍需品の増強の件を第32軍に電報した。第32軍司令部は、1月23日、第84師団派遣の電報に接して一同欣喜したが、同日夕刻には中止電報を受けて大きく落胆した。[*130]

⑽ 米軍の硫黄島来攻と沖縄の防備強化

2月7日、第32軍は「通信諜報によれば敵は2月初頭以来「マリアナ」「マーシャル」方面における新作戦準備中の算あり」との連合艦隊の通報に接し、いよいよ連合軍の沖縄来攻は必至であると緊張した。軍参謀長は、2月7日沖縄県庁に赴き島田叡（しまだあきら）知事以下に戦局の急迫を説明し、住民の食糧確保と老幼婦女子の緊急疎開を要請した。

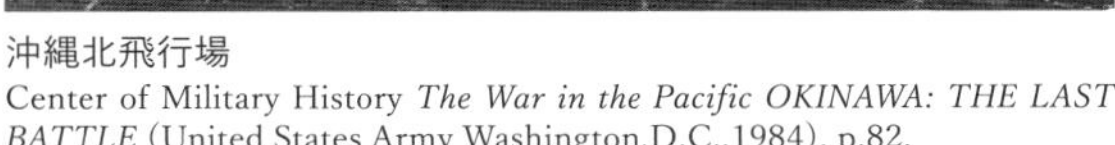

沖縄北飛行場
Center of Military History *The War in the Pacific OKINAWA: THE LAST BATTLE* (United States Army Washington,D.C.,1984), p.82.

第32軍司令官は、2月13日、米機動部隊に関する情報を受け、南西諸島上陸を考慮して警戒を厳にするとともに、2月14日0530以降、南西諸島全地区は丙号戦備（対空、海上警戒を厳にするとともに対空部隊は警戒配備、その他は掩蔽下に待避）に移行することを命じた。さらに14日1000頃、第32軍司令部は「諸情報を総合するに南西諸島15日払暁以降敵機動部隊の大規模空襲を以て18日以降上陸攻撃を受くる算大なりと判断せらる」と警報し、軍司令部以下各隊は対上陸作戦を準備した。また、15日正午頃、第32軍は「敵の次期作戦目標は南西諸島台湾方面の算愈々大なり」と報じたが、同日1600頃には敵の指向は硫黄島方面と判断される情報を得て17日0950、第32軍司令官は丙号戦備を解除した。2月19日、米軍は硫黄島に上陸を開始し、南西諸島方面は一応危機が去った。[*131]

第32軍では航空基地の急速設定時の特設警備工兵隊の編成、遊撃隊の編成などに防衛召集を実施していたが、20年2月中旬、情勢が急迫を告げた際、相当数の防衛召集を実施し、さらに3月上旬約15

日間を目途として大々的に防衛召集が実施された。この際学徒の一部も動員された。三月上旬の防衛召集者は約2万といわれるが、明確な人員は明らかでない。『戦史叢書　沖縄方面陸軍作戦』によれば、独立歩兵第14大隊配属兵員約200、第2歩兵隊第2大隊配属兵員120、第44飛行場大隊配属兵員450、学徒150、第56飛行場大隊配属兵員150、学徒150、第50飛行場大隊配属兵員300、第32野戦兵器廠配属900（内容不詳）、である。[*132]

⑾　北、中飛行場防衛強化の要望

昭和19年12月、沖縄本島の配備変更によって北、中飛行場を主陣地外に置きその防衛が弱化したことに対し、大本営、第10方面軍、陸海航空部隊などの関係方面から難色が示され、さらに20年2月、独立混成第44旅団を知念半島に転移させ北、中飛行場方面への軍主力の出撃企図を放棄するに及んで中央部、第10方面軍、航空部隊などから北、中飛行場方面防衛強化の要望が相次いでなされた。

これに対し軍首脳部は、現兵力においては要望に応じかねる旨を述べ、第6航空軍、第8飛行師団などと連携して3月5日、「沖縄本島及び伊江島の地上兵備は主要航空基地の確保、制約に不十分であるので本土若しくは台湾より1兵団の抽出を希望する」旨を第10方面軍に電報した。

第10方面軍参謀長諫山中将は、第32軍の兵力増加の要望を黙殺する意見であったが、作戦主任参謀井田正孝少佐は、中央の意図を知る意味において情勢上米軍の沖縄上陸の算濃厚となったので一応処置すべきであると主張した。そこで第10方面軍は、沖縄に対する一兵団及び火砲類の増強を中央に要請した。

3月7日、大本営海軍部第1部長富岡少将も、陸軍部第1部長宮崎中将を訪ねて沖縄本島の兵力配備の変更を要望した。こうした要望を受けて宮崎部長は、第10方面軍に対し参謀総長指示の形式で「沖縄増強の問題は現地軍にて解決すべし、台湾から混成連隊1を沖縄に転用すべき」主旨を電報し、富岡部長にもこの処置を通報した。大本営の指導電は３月10日台湾に到着し、結局質素良好な独立混成第32連隊を沖縄に派遣することとなった。[*133]

⑿　第32軍と第10方面軍との了解事項

昭和20年３月16日、方面軍の井田参謀は独立混成連隊沖縄派遣の連絡を兼ねて第32軍司令部に至り長参謀長及び八原高級参謀に対し、沖縄上陸防御に関する方面軍としての意見を述べ、米空海基地推進の破砕を強調した。井田参謀が述べた論旨は大要次の通りであった。

１　独立連隊派遣の目的は北中飛行場確保並びに制約にあり。

２　地上作戦のみにより勝算なく、航空は攻撃にして地上は防御なり。

３　航空作戦は約１か月、前半は現有兵力、後半は増加兵力、すなわち敵に空海基地を与えざる期間は最小限度は２週間、なし得れば１か月、この間航空は全力を挙げて全員体当たりす、地上たるものこの崇高なる航空に対し協力せざるべからず、これ空地協同の極致なり、地上の戦果に比し航空の戦果ははるかに大なり。

４　究極するに第10方面軍の任務は敵の空海基地推進の破砕にあり、他に任務なし。

この井田参謀の方面軍意図の伝達に対し長参謀長は、

１　航空作戦は水物にしてこれを基礎とする地上作戦は樹てられぬ。

２　航空作戦を１か月もする如きは不同意、よろしく１週間にこれを指導すべし。

３　貴官の言わんとするところは了解せり、但し方面軍の意見なりや私見なりや。

これに対し井田参謀は「方面軍の意見なり」と確言した。[*134]

結局のところ第10方面軍との了解事項を次のように処置することとなった。

1　第10方面軍は独立混成連隊を急派する。第32軍は独立混成連隊を北、中飛行場の直接防衛に充当する。
2　主陣地内から長射程砲をもってなるべく長期にわたって有効に北、中飛行場を制圧する。
3　特設第1連隊及び賀谷支隊は飛行場地区で真面目な持久戦闘を行う。
4　挺進斬込隊を陸海両方面から常続的に出撃させて両飛行場を擾乱する。

井田参謀は3月18日沖縄を発し、20日朝台北に帰還して諫山参謀長に次のように報告した。

1　第32軍は兵力増派に対し深甚な謝意を持っている。
2　第32軍の作戦構想は本土決戦のための前進陣地である思想は少なく自己本位の戦略思想である。
3　航空作戦計画に不満があるが、主要飛行場に対する約2週間の持久は成算ありといっているが、私としてはやや疑念がある。
4　無配備の島に対する熱意が不十分である。
5　全般に台湾より防備堅固であるが、端末では欠陥も相当にある。速やかに訓練の徹底を要する。

第32軍首脳部は、この台湾軍参謀との参謀同士の取り決めをもって、米軍が嘉手納方面に上陸した場合、軍主力の出撃は行わず、概ね現状のまま戦闘を開始することで、中央部の了解を得たものと確信した。[*135]

第32軍に増援されることとなった独立混成第32連隊は連隊副官が沖縄に先行して作戦準備に着手し、部隊は基隆に集結乗船したが、機動部隊が来襲したため輸送困難となり、3月25日、大本営も連隊の派遣中止を決定した。[*136]

⒀ 第一線戦力の増勢と海上兵力の進出――特設旅団（連隊）の編成

牛島軍司令官は昭和20年3月20日、航空、船舶、兵站部隊などを地上戦闘に使用できるように特設部隊として編成することを命じ、3月21日これら部隊の運用計画を示して地上戦闘を準備させた。特設部隊の編成概要は次の通りである。

特設第1連隊（長　第19航空地区司令官青柳時香（あおやぎときか）中佐　航空関係諸部隊で編成）、特設第1旅団（長　第49兵站地区隊長　高宮章大佐　特設第2連隊、特設第3連隊、特設第4連隊）、特設第2旅団（長　第11船舶団長大町茂大佐、特設第5連隊、特設第6連隊）、特設第1連隊は上陸戦闘以降に当たっては第62師団長の指揮下に入り、その他は津嘉山周辺地区に陣地を占領して主陣地帯の核心を保持するとともに第一線兵団の後拠となるように部署された。[*137]

昭和19年7月頃から局地防衛の海上兵力として、魚雷艇及び甲標的（特殊小型潜航艇）が沖縄への進出を始め、捷号作戦に備えて魚雷艇18隻、甲標的11隻が沖縄本島の運天港に集結した。沖縄作戦の始まるまでに進出できたのは、甲標的3隻、震洋隊2隊（62隻）、また宮古島に震洋隊1隊、石垣島に同4隊あった。米軍来攻時の配備状況は次の通りであった。[*138]

沖縄本島（魚雷艇15隻、甲標的7隻、震洋隊2隊（第22、第44）62隻）、宮古島（震洋隊1隊）、石垣島（震洋隊4隊）

このように大本営は、第32軍の作戦上の地位・役割を不明確にしたまま、第32軍も戦略持久の最終態勢を考慮しないまま、天号航空作戦においては、陸海軍航空戦力の発揮に関し陸海軍の考えがそれぞれ異なり、また第32軍は、飛行場使用制限を望む陸海軍航空と天号航空作戦に拠ることなく、独自の判断で島尻地区に戦略持久の防衛態勢を採るという、それぞれのアクターが目的を異にして、作戦の重心が不明のまま上陸する米軍に対する国軍の防衛作戦が始まるのである。

大本営（陸軍部・海軍部）と第32軍との関係概観（昭和16年8月〜昭和20年3月26日頃）

年月	主要作戦計画等（要旨）	大本営		第32軍（沖縄方面根拠地隊）（本島のみ）
		陸軍部	海軍部	
昭和16年				
8月〜	○大島根拠地隊編成（16・9〜、じ後、大島防備隊）			○中城湾要塞、船浮要塞臨時着工（16・8〜） ○小禄に対潜作戦強化のため艦上攻撃機隊進出（17・6〜）
昭和19年				
3月22日	○十号作戦準備要綱（大陸指第1923号〔19・3・22〕） ・航空戦力の集中発揮により来攻する敵を撃破する態勢を整う ・本作戦準備は航空作戦準備を最重点とす ・航空基地の設定は南西諸島に在りては第32軍 ・地上兵力は航空基地の防衛を主とす			○大陸命第973号（19・3・22） 第32軍戦闘序列を令し、これを大本営直轄とす ○大陸命第974号（19・3・22） 第32軍司令官は海軍と協同し速やかに作戦準備を強化して南西諸島の防衛に任ずべし ○当初、2個旅団、2個連隊、軍属として住民を徴用
4月10日				○沖縄方面根拠地隊と第4海上護衛隊新設 海上・陸上防備、警戒、船団護衛、対潜掃討
5月5日				○第32軍、西部軍隷下（大陸命第1003号〔19・5・5〕）
6月15日				○「南西諸島作戦に関する現地協定」（19・6・15） 第32軍、第4海上護衛隊、沖縄方面根拠地隊
7月11日	【マリアナ陥落】			○第32軍、台湾軍編入（大陸命第1057号〔19・7・11〕） ○19年7月〜県外疎開、約8万人、九州各県約6万人、台湾約2万人、輸送船延18隻 ○19・8・1以降、南西諸島空、25航戦、小禄進出

7月24日	○捷号作戦準備に関する命令（大陸命第1081号（19・7・24）） •大本営の企図は本年度後期米軍主力の進攻に対し決戦を指導しその企図を撃砕するにあり •国軍決戦方面を本土（捷3号）、連絡圏域（捷2号）及び比島方面（捷1号）と予定、発動は大本営これを決定す ○捷号作戦作戦指導大綱（19・7・24大本営陸海軍部） •敵の決戦方面来攻に方りては、空海陸の戦力を極度に集中し、敵空母及び輸送船を所在に求めてこれを必殺するとともに、敵上陸せばこれを地上に必滅す	○大本営は、海・空重視から各島飛行場の警備を重視	○第32軍が策定した捷2号作戦計画 主力をもって沖縄本島南部を占領し、全方面に上陸する敵に対して随時随所に兵力を機動集中し航空及び海軍と協同して敵をその上陸海岸地帯において撃滅する ↓「決戦主義」 ○第32軍は、南西諸島の戦力を沖縄本島へ集中することを要望、また、比島作戦から航空作戦に不信感を抱く ↓大本営、第10方面軍と意見の対立
8月～9月末			○航空関係からの苦情↓第32軍は9月洞窟作業を中止して飛行場設定に専念 ○9月末、3個師団・1個旅団、総兵力約6・5万、海軍約8千↓部隊配備完了10月↓沿岸決戦主義
10月10日	○10・10空襲↓台湾沖航空戦（19・10・12～16）		○大量の軍需品喪失、軍官民を戦時体制へ
10月18日	【米軍レイテ島上陸】 ○捷1号作戦発動に関する命令指示（大陸命第1153号（19・10・18）） 国軍決戦実施の要域は比島方面（捷1号）とす	○捷1号発動以降も第32軍には捷2号作戦準備における決戦任務が生きていると考えていた	○捷2号作戦準備計画に基づく決戦任務は本質的に解消され、編成当初の「南西諸島の防衛」という幅広い任務の下に作戦計画及び配備を変更
11月25日		○19・11・13、大本営陸軍部作戦課長から第32軍へ「最精鋭師団抽出」を命ずる ○第32軍の計画変更を承知していたか定かでない	○第32軍新作戦計画示達（19・11・25） 主力をもって島尻地区を占領し、島尻地区主防御陣地帯沿岸においては敵の上陸を破砕し、北方主陣地帯陸正面においては戦略持久を策する。敵が北・中飛行場方面に上陸する場合は、主力をもって同方面に出撃することあり （飛行場は長射程砲で制圧） ↓「戦略持久」 ○長参謀長、第10方面軍に新作戦計画を報告（不満黙認）

12月末		○比島決戦失敗後、本土作戦の腹を決める ↓南西諸島方面における作戦目的は持久		○第32軍は、第9師団を12月下旬から台湾へ、中迫撃砲2個大隊を11月14日比島へ転用 ○作戦計画の変更、配備変更、全将兵に与える心理的感作など深刻な影響
昭和20年				
1月20日	○帝国陸海軍作戦計画大綱（20・1・20大本営陸海軍部） •まず皇土及びこれが防衛に緊切なる大陸要域において不抜の邀撃態勢を確立し敵の来攻に方ては随時これを撃破するとともにこの間状況これを許す限り反撃戦力特に精錬なる航空戦力を整備し、もって積極不帰の作戦遂行に勉るをもってその主眼とす •東シナ海周辺における作戦を主眼 •皇土防衛のため縦深作戦上の前縁は南千島、小笠原諸島、沖縄本島以南の南西諸島、台湾及び上海付近とし、これを確保す。敵の上陸を見る場合においても極力敵の出血消耗を図りかつ敵航空基盤造成を妨害す ○当時、陸海軍の航空可動機数は、1月初頭676機、燃料逼迫 ↓南西諸島決戦か、再建して本土上陸か？（陸海軍で意見相違）	○計画大綱は、前縁で決戦か、本土作戦のための持久か、いずれにもとることが出来る ↓作戦目的が不明確 ○地上作戦は航空作戦に直接的寄与を最重視 ○第84師団の増派を前提として策定 ○沖縄は本土作戦準備のための戦略持久、かつ台湾を南西諸島と同等に重視 ○米軍の基地推進を極力阻止ないし遅滞を主張	○米軍次期進攻目標は沖縄、時期は3月中 ○決戦思想、戦略態勢上、沖縄方面の作戦が今次戦争における事実上の最後の決戦の機会	○航空作戦に直接寄与することではなく、地上軍自隊による持久出血を第一義とした作戦目的を自主的に定め、これに基づく配備の変更を終了し、大本営の企図した目的に必ずしも即応しえない態勢にあった。 ○「戦略持久」に徹底で軍首脳部間で完全に一致 ○第32軍は、北・中飛行場の使用妨害の実行を挙げるために1個師団の増援を意見具申、大本営も漸く第84師団増援を準備し軍を狂喜させた。しかし、新作戦部長がこれを反古に
1月22～23日		○20・1・22、第32軍へ「第84師団派遣の件」電報、翌日派遣中止 ○派遣中止後の第32軍への作戦指導なし		○大本営の朝令暮改的態度に感情的軋轢 ○兵力の増援を見限られた第32軍は、じ後、後方部隊の戦闘部隊への改編、島民の現地召集、男女中学生の組織化等戦力の自力増強についてあらゆる努力を払う
2月6日	○天号航空作戦計画に関する指示（大陸指第2382号〔20・2・6〕） ○第二次丹作戦（2～3月）（航空機戦力再建のための時間確保）	○天号作戦は、本土を中核とする総合的作戦計画の一部で持久作戦	○沖縄戦は今次戦争における決戦、3月以降は航空戦力を沖縄決戦一本へ集中	○20・2・17、第10方面軍司令官は第32軍に対し、「南西諸島を確保し、特に敵の航空基地の推進を破砕するとともに、東シナ海周辺における航空作戦の拠点を確保すべき」方面軍命令を下達

3月1日	○航空作戦に関する陸海軍中央協定（20・3・1大本営陸海軍部） 陸海軍航空戦力の統合発揮に限り東シナ海周辺地域に来攻を予想する敵を撃滅するとともに本土直接防衛態勢を強化 ↓南西諸島かそれとも本土か、意見が両立	○陸軍は、天1号（沖縄）のほか、天2号（台湾）も相当重視 ↓航空戦力再建中のため意見集約できず ↓陸軍部に第32軍の配備変更を要求	↓32軍はこれを要請と受け止めたが、飛行場確保のため攻勢を採る意思なし ↓大本営、第10方面軍は北・中飛行場地区の確保を強く要請 ↓北方（北・中飛行場）解放の現作戦方策を固守 ○20・3・5、第10方面軍へ「沖縄本島及び伊江島の地上兵備は主要航空基地の確保、制約に不十分であるので本土または台湾より一兵団の抽出を希望する」旨を電報 ↓20・3・7、第10方面軍から「混成1連隊を派遣して飛行場確保の強化を図る」の電報、しかし、3・25中止 ○20・3・8、伊江島、北。中飛行場の破壊を大本営に具申 ↓3・13から伊江島飛行場のみ破壊
3月18日～	○米機動部隊の九州地区来襲（九州沖航空戦）（20・3・18～21） ↓米機動部隊空母15～16隻中7～8隻は撃沈破戦列離脱	○九州沖航空戦の戦果報告を評価	
3月20日	○海軍当面の作戦計画要綱（天号作戦）（大海指第５１３号〔20・3・20〕） ○3月20日から第6航空軍（約７５０機）がGFの指揮下に、南西諸島方面作戦に使用できる海軍航空兵力は、3月初旬で約２０００機	○沖縄決戦決意固める ○GFの情報見積：3月24～26日に南西諸島来襲、4月1日頃上陸と予想（陸軍も承知）	
3月26日	○GFは、26日１１０２「天1号作戦発動」を下令 【米機動部隊南西諸島来襲（3・23～）】	○九州沖航空戦による損耗著しく積極作戦困難、上陸前の絶好の好機捕捉できず	

第2章　航空特攻作戦

1　沖縄をめぐる航空情勢と特攻戦法

比島決戦の敗退により本土周辺の航空情勢は極度に悪化していた。マリアナのB－29は、本土爆撃に猛威を振るっており、ルソン島に進出した米空軍は、台湾をその制空権下に入れていた。中国大陸にはB－29を含む約900機が進出して、南満州、北九州等をもその攻撃範囲に入れていた。ニミッツ麾下の強大な機動部隊は、すでに日本の近海に自由な作戦行動が可能であった。これに対し陸海軍航空は、比島決戦で極度に消耗し、必死の航空機増産を主とする再建努力にもかかわらず、昭和20年3月上旬頃、陸海軍あわせても2000機にたらず、彼我戦力の比率は数的にも約3対1、技術力、補給力等の質の差を加味すれば、戦力の懸隔はさらに大きいと見られていた。このように大きな戦力の開きがあっては、もはや尋常一様の戦法では作戦それ自体が成立しないと考えられた。この難局打開のため日本軍に残された最後の切り札として特攻戦法が採用された。この戦法は既に比島決戦で試みられ、その戦果は2から3機をもって1艦を撃沈破する、という通常攻撃には比類のない有効なものとみられていた。

決死や犠牲的行動と一段違って、当初から死によってのみ目的を達し得る必死に投ずる任務を与え、それを組織的かつ継続的に一つの戦法として適用したものが特別攻撃である。これは各人の志願に基づき、命令として実施されたものである。当時、降伏終戦など夢にも考えられなかった部隊において、現状で取り得る最も有効な戦法として、特攻が考えられたのが実情であった。[*1]

また、戦局の逼迫と搭乗員の訓練時間の不足から、止むを得ず特攻が作戦として取り上げられたのも事実であった。しかし、その効果については疑問があった。爆撃も訓練を要するが、体当たりも未熟な操縦員では容易なことではなく、また、邀撃(ようげき)戦闘機や対空砲火の網を潜って成功するには、奇襲による外には成算の多きを望めなかった。20年に入って実験の結果、体当たり成功の場合、突入角度によって効果に差異があり、甲板に対し突入角度30度の時は60度の場合の三分の一に減少すると認められた。直上から深い角度に入るか、浅ければ舷側にあてるかである。使用爆弾は２５０キロが多かった。成功率は比島作戦当時は約50％とみなされていたが、沖縄作戦の後半には15％くらいと考えられていたようである。これは敵の対応策の強化と我が戦力の低下によるもので、沖縄戦の頃は、特攻隊員の選定も当初とは若干違った形になり、使用機も練習機にまで及び、飛行時間40から50時間の未熟練操縦員まで加えるような状況になった。[*2]

第８飛行師団の天号作戦初期の特攻攻撃には、戦果確認機をつけていた。戦果確認機は攻撃隊の分解開始とともに攻撃隊の後方に移り、これに近く跟随して戦果を確認するのが通常であった。[*3]

このため沖縄航空作戦担当者の苦心は、特攻攻撃を成功させる条件の作為にあり、そのもっとも重要なものが局部航空優勢の獲得であった。つまり、沖縄航空作戦最大の課題は、航空劣勢下に特攻の艦船突入をいかにして成功させるか、その有利な条件をいかに作為するかにあった。ガダルカナルに始まる戦例から明らかなことは、進攻軍戦闘機の上陸点進出を境にしてその航空優勢が飛躍的に強化されることであった。そのため、沖縄作戦においては、陸海軍航空は沖縄飛行場の確保を強力に地上軍に要求した。

また、連合側の航空態勢にも我の乗ずべき重大な虚隙があった。それは連合軍が沖縄に上陸するにあた

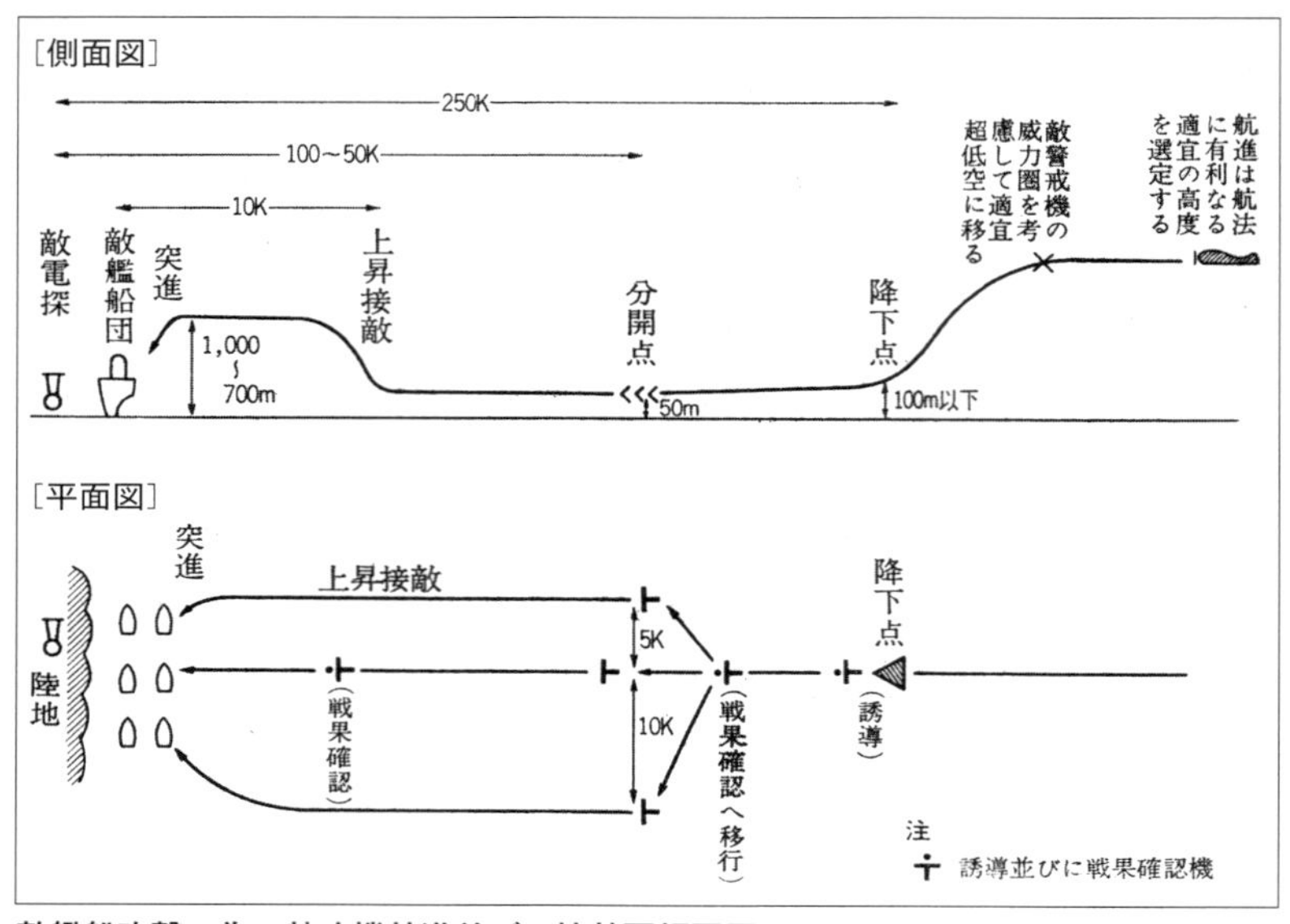

敵艦船攻撃の為の特攻機航進並びに接敵要領要図

出典：防衛庁防衛研修所戦史室『戦史叢書　沖縄・臺灣・硫黄島方面方面陸軍航空作戦』（朝雲新聞社、1970年）625頁

り、当初基地航空の戦術的直接支援を欠くことであった。ルソン島南部と沖縄の間は約1500キロで、いかに航続力の長大を誇る米軍機でも沖縄の上陸を比島から支援することは至難であった。したがって有力な基地航空が沖縄飛行場に進出するまでの上陸支援は、船団の掩護から、日本特攻機の阻止、さらに陸上戦闘支援に至るまで、ことごとく支援空母の艦上機による外ないのである。この期間は、日本軍にとって航空特攻攻撃の最良の好機であり、沖縄上陸破砕を目指す日本軍に残された唯一の戦機であった。このため日本の航空指揮官が沖縄作戦で最も恐れたことは連合軍基地航空の早期沖縄進出であった。上陸点飛行場に連合軍の有力な戦闘機が進出して、強固な制空の傘が出来てしまえば航空機による上陸破砕は既に失敗である。ガダルカナル以来の相次ぐ上陸防御の失敗が明確にこの戦訓を語っていた。沖縄の航空基地は、特攻

の艦船攻撃を成功させるために絶対に敵に渡してはならない。これは陸海軍航空の最も切実な要求であった。逆に米軍からすると、沖縄攻略では、速やかに飛行場を確保することが上陸成功の要訣であった。ただ、海軍側には、宇垣纏（うがきまとめ）が昭和20年２月20日の『戦藻録』に「敵機動部隊さへ避退せしむれば陸上戦も相当頑張り得るものと認めらる」[*4]と記しているように機動部隊さへ撃破すれば、という海軍の思想も根強く残っていた。

２　天号航空作戦のための航空戦力の増生

(1) 陸軍第６航空軍の創設と第８飛行師団

陸軍においては、昭和19年12月下旬、内地航空作戦態勢確立のため教導航空軍（昭和19年８月航空総監を軍司令官とし、部員を軍幕僚として編成され、各教導飛行師団を隷下に持ち本土方面の航空作戦を担当）を復帰し、作戦専任の第６航空軍（司令官　菅原道大（すがわらみちおお）中将）を創設した。同軍には防空飛行師団３個のほか、在内地作戦飛行部隊のほとんど大部が隷下に入れられた。第６航空軍（防衛総司令官の隷下）には教導航空軍の任務が引き継がれ、マリアナに対する航空攻撃及び九州を基地とする南西諸島方面に対する航空作戦の任務が付与され、さらに東部、中部、西部の各軍が担任している本土防空も第６航空軍司令官に統一指揮（航空関係のみ）させる方針の準備が進められた。第６航空軍のマリアナ攻撃は、教導航空軍の11月、12月の攻撃に引き続き実施するよう準備を進めたが、発進基地である硫黄島に対する米軍上陸により中止され、新たに硫黄島に対する航空攻撃が命ぜられた。第６航空軍は２月中旬硫黄島を攻撃したが、沖縄方面への米軍上陸企図の濃化とともに３月10日、司令部を福岡に前進する。[*5]

第６航空軍は１月中旬、大本営及び防衛総司令部から、「天号航空作戦準備」に関する内示を受け、作

第６航空軍司令官　菅原道大中将

戦要領および作戦準備実施に関する研究を急いだが、計画の根基となるべき具体的諸元（戦力、基盤等）に不確定のものが多く、このため軍の作戦計画は作戦開始まで具体化できず、３月14日の兵棋演習に至り漸くやや具体的因子を含ませることが出来た。また、第６航空軍は２月末、天号作戦予定部隊を逐次本州中部以東から九州に移動させる処置を執った。各部隊とも、概ね３月中旬末頃には部隊主力の九州展開を終わり、一部整備修理力が追及している状況であった。

一方、第10方面軍隷下で台湾所在の第８飛行師団（師団長　山本健兒中将）は方面軍の「天号航空作戦準備」に基づき、２月17日、第６航空軍と所要の協定を行い、作戦の具体的要領を立案し、沖縄方面に対する次のような作戦準備を促進した。[*6]

方針：台湾を中軸とする日本領土並びに支那大陸に進攻し来る敵に対し　関係陸海軍部隊と協力しその艦船を洋上に撃滅す

指導要領（抜粋）：敵の沖縄来攻に対してはまず南西諸島に配置せる特攻兵力を以て敵上陸船団を先制奇襲し、引き続き師団の主力を投入してこれを撃滅す[*7]

また、第８飛行師団の主要な隷下部隊は次の通りであった。第９飛行団、第９飛行団司令部（石垣）、飛行第24戦隊（宮古）、独立飛行第23中隊（石垣）、独立第41中隊（宮古）、誠第17飛行隊（石垣）、誠第31飛行隊（石垣）、誠第39、第40飛行隊（宮古）、第41飛行隊（石垣）。最後の３隊は石垣島、宮古島に展開の予定であったが九州から直接特攻を実施した。その作戦計画は、関係部隊と協力し、進攻する敵艦船を洋上に撃滅することを方針とした。そして、事前攻撃には兵力を極力温存し、来攻時は特攻隊を中核として薄暮及び夜間攻撃でこれを撃滅することを主とした。*8

(2) 海軍第5航空艦隊の創設

昭和20年初頭、海軍の日本本土における航空作戦主担任部隊は、第３航空艦隊であり、その兵力は関東から九州にわたる本土及び南方諸島及び南西諸島にまで展開していた。なおこのほか、連合艦隊付属の第11航空戦隊が対機動部隊兵力として九州方面に所在した。比島方面においては、累次にわたる激戦の結果、同地所在第１、第２航空艦隊兵力は、大部分消耗し、１月上旬、第２航空艦隊は、解体されその残存兵力は第１航空艦隊に統合された。

第３航空艦隊は、作戦正面が広範である一方、米軍の進行方向は南西諸島方面が予想されたため同方面の作戦準備は不十分となり、またその兵力内容は比島方面作戦において消耗した航空隊の再編訓練中のものが大部分を占めた。こうしたことから、九州方面に展開中の第３航空艦隊に属する第25航空戦隊及び連合艦隊に直属する第11航空戦隊に第３航空艦隊から若干の兵力を加えて２月11日付をもって第５航空艦隊を新設し、主として東支那海周辺地域に来攻する敵に対応する配備を整えることとなった。この改編によって３月上旬頃の兵力は、概ね第５航空艦隊約６００機、第３航空艦隊練成中のものを合わせ約８００機に達する見込みであった。*9

第８飛行師団長　山本健兒中将

新編された第５航空艦隊は、宇垣纏中将を司令長官として、鹿屋（かのや）に司令部を置いて編成された。編成当時の兵力は、昼夜

第５航空艦隊司令長官　宇垣纏中将

の哨戒偵察を主任務とする８０１空と偵察第11飛行隊、戦闘機の２０３空、爆撃機の７０１空、雷撃機を主とする７６２空、神雷特攻の７２１空（桜花を含む対艦特攻部隊）、陸軍雷撃隊（作戦指揮下）の第７、第98戦隊であった。[*10]

第５航空艦隊の編成に先立ち海軍省で軍令部及び連合艦隊司令部当務者から、第５航空艦隊幕僚予定者に戦況、配備、基地、作戦指導の大綱について説明が行われた。その際、第５航艦隊幕僚予定者が深刻痛切に感じたことは、作戦指導の主体をなすものが特攻作戦であるということであった。こういう情勢で、今までともかくも特攻は現地部隊で自発的意思に基づいて編成されたという形をとってきたものが、軍令部、連合艦隊の指示、意向という形で特攻作戦を主用することになったのである。

「全員特攻」は、宇垣第５航空艦隊司令長官の東京出発時からの確固とした決意で、鹿屋着任時の長官訓示では、自ら執筆してこの決意を全艦隊に徹底させた。[*11]

(3) 天号関係部隊の打ち合わせ会議

昭和20年２月27日、28日、３月１日の三日間、福岡で大本営主催の天号関係陸海軍航空部隊の打ち合わせ会議が開催された。陸軍からは第６航空軍、第８飛行師団及び第５航空軍、海軍からは連合艦隊、第５航空艦隊、第21航空戦隊等の各幕僚が参集した。この会議で、軍令部から第６航空軍司令部を鹿屋に位置させるよう強い要望があったが、第６航空軍は主として通信準備の関係上、福岡に位置する必要を説明して海軍の了解を得た。会議ではほかに第８飛行師団は中央配属特攻隊未着のため、保有兵力としては、宮古、石垣に展開した特攻２隊のみであることを述べ、また台湾から沖縄に対する航空攻撃は、戦術的に困難が多いことを説明した。

第６航空軍は第１次通信演習に引き続き３月14日、15日の両日、福岡において天号作戦兵棋の演習を実施し、作戦参加部隊長を集め、予想作戦に応ずる軍戦闘指導要領を基礎として、各部隊の作戦、戦闘実施の要領を具体的に研究した。[*12]

一方、航空部隊主兵力である第５航空艦隊は、敵機動部隊の捕捉撃滅を主目標としておおむね次のような作戦方針を決定した。「まず夜間電探哨戒機をもって広範囲の哨戒を行い敵機動部隊を捕捉、接触を持続する。黎明時集中した特攻機の特攻攻撃及び雷撃機による電撃をもって敵機の発進に先立ち、これを制圧封止し、中間特攻攻撃を連続実施して、大勢を制し続いて夜間攻撃により戦果を拡充撃滅する」とした。この方針に基づき兵力配備通信防備補給等の計画を策定し、これに応じる諸訓練を実施した。[*13]

３月１日における３月末までに作戦可能となる見込みの天号作戦部隊の航空機の状況は次の通りであった。[*14]

- 第１航空艦隊　台湾方面　約85機
- 第３航空艦隊　関東方面　約５８０機
- 第５航空艦隊　九州方面　約５２０機

⑷　スプルーアンス提督のアイスバーグ作戦における主な関心

昭和20年３月１日、重空母ＴＦは、スプルーアンス提督隷下の第５艦隊の一部分を構成する58ＴＦ（第58機動部隊）として再び沖縄を攻撃した。この日は、東京攻撃も加えて日本近海一帯に対して実施した連続３週目にわたる戦闘機動の最終日に当たり、南西諸島を北からそうなめにして、沖縄のほか、奄美、徳之島、沖永良部島の諸島を攻撃した。巡洋艦及び駆逐艦数隻は、九州を距る450浬の沖之大島を砲撃したが、これは艦隊が日本近海に対して艦砲射撃を加えた最初であった。戦果は、駆逐艦1、貨物船8、その他大小計45隻余りの艦船を撃沈し、撃破する敵機41、その他飛行場施設を破壊した。[*15]

アイスバーグ作戦全般の指揮を執るスプルーアンス提督の主な関心事は日本の航空部隊による脅威であった。スプルーアンスは、上陸作戦が開始される前からずっと目標地域の上空における局地的な航空優勢を獲得する事にもっとも力を注いでいた。昭和18年から19年にわたる中部太平洋における作戦間、58TFは数日間で陸上基地の日本軍航空部隊を撃破していた。しかし沖縄作戦の場合、事情は全く異なっていた。同島は本土及び台湾にある日本軍の飛行場から容易に到達できる距離にあった。ルソン島にあるマッカーサー将軍指揮下の航空部隊が、台湾の日本軍航空兵力を制圧することになっていたが、58TFは日本本土からくる、日本軍航空部隊の攻撃に対して上陸作戦部隊を掩護しなければならなかった。

スプルーアンス提督はこの日本軍航空部隊による脅威を一掃しようと決心していた。そして3月初旬、マーク・ミッチャー中将に命じて、3月中旬に九州に対してさらに攻撃を加える計画を立案させることにした。

3月9日、第5艦隊旗艦「インディアナポリス」は、58TFが戦闘準備を整えている真っ最中に、艦艇で一杯になったウルシー環礁に錨を下した。ミッチャー提督とウィリス・A・リー中将がスプルーアンス提督を訪れ、空母部隊が3月18日及び19日に九州に対して攻撃を加えるとともに、その後、3月23日からDデーまで沖縄に対して引き続き航空攻撃を加えることとで意見の一致を見た。[*16]

ウルシー基地は、ペリリュー島の上陸直後、昭和19年9月に無抵抗占領された。ハワイから約4000マイルであり、多数の珠玉を連ねた形をしている。原住民は約300名、泊地の広さは112平方マイルで約1000隻の艦船を収容することが可能である。ファラロップ島には海兵隊戦闘機隊用の3300フィート滑走路１本、艦船の応急修理施設（海軍工作艦）補給施設、アソール島には第10補給基地部隊司令部があり、モグモグ島には休養、休憩施設がある。

(5) 第32軍の航空への要望と伊江島飛行場の破壊

第32軍首脳部は、一般の航空作戦の成果については不信の念を抱いていたが、基地に直接貼り付けて近距離から行う航空特攻の成果には大きな期待を寄せ、沖縄本島の基地に多数の航空特攻を配置することを強く要望した。３月５日には、第32軍は地上兵力の増強を要請するとともに、第10方面軍に対し、第８飛行師団（在台湾）から沖縄本島に航空特攻を配置するように要請した。これに対し、３月８日、第10方面軍は沖縄本島の特攻兵力は第６航空軍から配置される旨を返電したのみであった。[*17]

また、第32軍は３月上旬、通信情報から米軍の沖縄進攻の機が切迫したことを知り、しかも沖縄に展開されるはずの特攻隊の準備が間に合わず、このままではせっかく準備した航空基地がいたずらに敵の利用に供される結果となる。そして上陸軍の飛行場使用を一日でも遅らせるための将兵の無益な犠牲は極力避けねばならないと考え、沖縄本島全航空基地の破壊を３月５日、中央に対して強力に意見具申した。これに対し中央からは３月10日、伊江島飛行場のみを破壊すべきことを指示してきた。軍は直ちに破壊に着手した。数カ月前、釜井参謀が東洋一と誇った伊江島飛行場は、その建設に心血を傾けた第50飛行場大隊により、50キロ爆弾百数十発、黄色薬約十数トンを使用し、十数日の日子と延べ約５０００名の作業員をもって徹底的に破壊されたのである。[*18]

第32軍航空主任の神直道参謀は、戦後、「航空参謀として北、中飛行場の破壊には不同意を表明し、伊江島の破壊意見には暗涙を呑んで同意した。航空基地の確保問題で北、中飛行場はやかましく取り上げられるが、東洋一とも称すべき伊江島飛行場が取り上げられないのは戦術の撞着である。戦術的価値から考えれば、北、中飛行場を敵に与えなくても伊江島を与えれば意味がない」と回想している。一方、第32軍は、昭和19年11月末から着手した小型特攻機用の首里秘密飛行場（石嶺飛行場）の急速設定に努力した。[19]

3　九州沖航空戦

(1) 大本営、連合艦隊及び第5航空艦隊の状況判断――兵力を温存するべきか

スプルーアンス提督は、本格的な作戦（アイスバーグ作戦）が開始されるに先立ち、その決意を妻マーガレットに「我々の次の作戦は、これまでにやってきたあらゆる作戦が最高潮に達したものとなるはずである。それは長く苦しい戦いとなろう。そしてわが軍にも大きな損害が生じることを予期していなければならない」と手紙を送っている。[20]

3月14日、58TFは、ウルシーを出航して北上した。アイスバーグ作戦の始まりである。その攻撃目標は、九州、西部本州、四国で囲まれた瀬戸内に指向し、目的は、日本本土の航空及び海軍基地を攻撃してアイスバーグ作戦を準備するにあった。この強大な攻撃部隊は、大空母10、小空母6、戦艦18、巡洋艦16、駆逐艦12及びその他の艦船からなり、空母「ホーネット」、「ヨークタウン」、「エンタープライズ」、「ニュージャージー」、「ミズリー」なども参加していた。[21]

3月11日、大本営は、通信情報その他から総合判断するに米機動部隊は14日頃ウルシーを出撃すること確実であって、18日頃九州方面に来攻する算大と判断された。この機動部隊の動きに関しては、大本営は、直ちに沖縄方面上陸作戦を開始する公算絶無ではないがむしろ上陸作戦の前に行われる予備的機動空襲作戦であって、九州方面の空襲終了後、機動部隊は一旦ウルシーに帰投し、改めて沖縄方面上陸作戦部隊が来攻する公算が多いと判断した。

したがって今次来攻の敵機動部隊に対し第5航空艦隊兵力を以て全面的な攻撃を実施すべきか、あるいは敵襲を一時回避して敵の本格的上陸作戦開始まで温存を迫るべきかに関して議論が分かれた。当時第5航空艦隊は、編成後日浅く、航空兵力は練成訓練途上にあって一日の訓練と雖(いえど)も術力の向上に重大な影響があった。よって大本営においては今次来攻の機動部隊が攻略部隊を伴うことが明らかにならない限り我が航空兵力を使用せず、温存を図ることに方針が定められ、その旨連合艦隊司令部に伝達された。

連合艦隊司令部は、3月17日0830頃、第5航空艦隊司令部に対し、「敵機動部隊が攻略部隊を伴う場合は攻撃を実施するも、しからざる場合は兵力を温存する如く作戦すべき」旨を指令した。[*22]

第5航空艦隊司令長官宇垣中将は、3月17日1000、麾下航空部隊に対し敵機動部隊攻撃に対する作戦指導の大要を発令した。当時各部隊は、訓練態勢にあって兵力は各地に分散した状況であったが、兵力を集結し作戦配備を取らせた。次いで同隊所定計画に基づき、飛行艇及び陸攻をもって九州南東方洋上広範囲の夜間哨戒を実施したところ、哨戒機は17日2300以後、敵大部隊を探知するとともにこれに接触を持続した。この接触機の報告を総合するに敵大部隊は機動部隊であって北西方に進攻し、18日黎明、九州東方洋上、第5航空艦隊の攻撃圏内に進入すること確実と判断された。よって第5航空艦隊司令長官は、18日0205、第一戦法（電探哨戒と特攻攻撃）発動を下令した。本命令により各部隊はあらかじめ定められた部署によって行動を開始し、雷撃隊及び銀河特攻隊は黎明攻撃を決行、彩雲隊は黎明以後中間偵察接触、彗星隊は昼間特攻攻撃を実施し、自余の攻撃戦闘部隊また全力攻撃並びに邀撃戦闘を実施した。

『戦藻録』3月18日の記事には、宇垣第5航空艦隊司令長官の観察した邀撃措置について中央との意見調整状況を、「兵力を温存せんとして温存し得る状況に非ず。地上に於て喰わるるに忍びず、加ふるに南西方面に対する攻撃の前提ならずと誰か判定し得ん。慎重考慮の結果、成否に対し全責任を負ひ0205全力邀撃を決意「第1戦法発動」を下令す……」と記されている。この連合艦隊の意図に反した決断は、その後の沖縄戦の前途に大きな影響を及ぼすこととなる。[*23]

一方、第6航空軍司令部では、今次の敵機動部隊の来襲に関し、やや予想より早いが南西諸島方面上陸作戦の序幕がいよいよ開始されたものと判断し、18日、福岡に軍戦闘指令所を開設した。そしてまだ不十分である作戦準備を急速に完成することに努力を集中した。菅原軍司令官は、各地通信班の状況視察のため、17日0900福岡を発ち、大刀洗（たちあらい）、熊本を経て鹿屋に行き、第5航空艦隊司令部と所要の連絡を行い、同日夜は都城（みやこのじょう）に宿泊していた。18日朝、軍司令官は同地において敵の空襲を迎え、直ちに福岡の戦闘指令所に帰った。[*24]

(2) 九州沖航空戦

●第5航空艦隊の攻撃

18日払暁、58TFは、戦闘機護衛の駆逐艦2隻をもってレーダー捜索の配置に就かせたのち、0545、攻撃部隊は九州南端の南方100マイルにおいて、先頭の戦闘機隊を離艦させ、九州各飛行場に差し向けた。1時間余に及んだ戦闘機の進発に次いで、爆撃及び魚雷機を出撃させ、午前中、九州沿岸の日本軍機及び飛行場施設を攻撃した。南九州地区18日の艦上機来襲状況は、0800までグラマン等延150機、1000までに同じく延540機、1100までに同じく延49機、1645までに同じく延200機と、762空の戦時日誌に記されている。[*25]

この空襲のため通信施設に相当大なる被害を受け、各基地間の通信連絡が不良となり、作戦遂行上大なる支障をきたした。しかし、第5航空艦隊は、本朝来の攻撃隊及び偵察隊の報告を総合したところ空母3隻、戦艦2隻、その他数隻を撃沈破し大なる戦果を挙げたものと判断したので、引き続き銀河特攻隊（爆装）及び神雷部隊の昼間特攻攻撃を命ずるとともに銀河、重爆（雷撃）の薄暮攻撃を企図し、一挙にこれが撃滅を期した。しかし、銀河特攻隊、神雷部隊は通信連絡の不備、敵機の来襲時のため準備間に合わず攻撃を取りやめ、薄暮攻撃もまた準備に時間を要し夜間攻撃となった。

米機動部隊は北進して、3月19日午前中には室戸岬南方60浬付近に達した。その後東進し室戸岬南方40浬乃至100浬付近を行動し、四国中国北九州を空襲した。その兵力は、空母3、2、2、4隻を基幹とする四群なることを昼間偵察の彩雲によって確認した。この日、彗星20機をもって米機動部隊に対し昼間単独波状攻撃を実施し、空母1隻、巡洋艦1隻を撃沈、空母1隻を炎上させた。夕刻から天候は次第に悪化し、各部隊の状況詳細不明となり、兵力整頓の必要があるため第5航空艦隊司令長官は攻撃中止を発令したが、第701海軍航空隊の彗星特攻隊は、なお20機程度整備可能なことが判明し、追撃強行に決した。[*26]

19日夜間は、天候不良となり夜間索敵不能のため敵情を捕捉すること不可能であったが、20日黎明、彩雲の索敵により1030までに都井(とい)岬東方約120浬を南下中の空母6隻を含む機動部隊を発見、接触を持続した。そして彗星20機をもって19日同様の昼間特攻攻撃を決行、エセックス型サラトガ型空母各1隻に大火災を発生させた。さらに戦火の拡充を明らかにし、薄暮及び夜間の接触により敵情の確保に努め、銀河、重爆、天山全力をもって夜間攻撃（雷撃）を実施した。夜間接触機は、九州東方洋上を南下中の敵機動部隊四群を探知、接触を持続した。接触機の報告を総合判断するに敵は南西諸島方面に向かう公算大であって21日、天候良好であれば神雷攻撃の好機ありと認め、神雷部隊に攻撃準備を命じるとともに銀河、天山部隊の黎明攻撃を決行し追撃戦の戦果拡充を期したが、我が兵力も枯渇に近く作戦は思うに任せない状況であった。[*27]

●第5航空艦隊の追撃

3月21日、第5航空艦隊は神雷攻撃により、米機動部隊を追撃して止(とど)めの戦果を挙げようとした。[*28] 彩雲の黎明索敵により都井岬の南南東約320浬に南下避退中の敵機動部隊を発見し、陸攻18機（うち16機桜花搭載）、直衛零式戦闘機55機は１１３５発進、神雷攻撃を決行したところ、敵機動部隊の北方約60浬付近で敵戦闘機の邀撃に遇い神雷部隊は全滅の悲運に遭遇し、黎明索敵攻撃の銀河、天山隊もまた大なる戦果を挙げ得ず、追撃戦の戦果は予期に反し不首尾に終わった。[*29]

これに対し、第5航空艦隊司令長官宇垣中将は、「……神雷部隊は陸攻18（桜花搭載16）１１３５鹿屋基地を進発せり。桜花隊員の白鉢巻滑走中の1機に瞭然と眼に入る。成功し呉れと祈る。しかるに55も出るはずの掩護戦闘機は、整備完からずして30機に過ぎず。……壕内作戦室において敵発見、桜花部隊の電波を耳をそばだてて待つこと久しきも、杳として声なし。今や燃料の心配を来し「敵を見ざれば南大東島へ行け」と令したるも之亦何等応答するなし。其の内掩護戦闘機隊の一部帰着し、悲痛なる報告を致せり。即、１４２０頃敵艦隊との推定距離5～60浬に於て、敵グラマン約50機の邀撃を受け空戦、撃墜数機なりしも我も離散し、特攻は桜花を捨て僅々十数分にして全滅の悲運に会せりと。嗚呼。」と『戦藻録』に記している。[*30]

●戦果と損害

第5航空艦隊作戦記録によれば、確認戦果として、空母5、戦艦2、大巡1、中巡2、不詳1、撃沈（空母に突入を報せるもの20機）とし、この判断は索敵機の敵情報告、攻撃隊の報告、通信諜報等の資料を総合整理したものであり、夜間攻撃隊の戦果は搭乗員の報告を検討し、相当割引いたものである。それでこれらを総合して、今回来攻の敵機動部隊の空母15～16隻の内、7～8隻は撃沈破されて戦列を離れたものと判断したのである。事実、空母「フランクリン」と「エンタープライズ」及び「ワスプ」の三隻が非常に大きな損害を受けてウルシーに送り返された。このように、沖縄作戦の第1週において、スプルーアンス提督指揮下の大型空母11隻の内4隻が行動不能となった。

一方、損害については、第5航空艦隊作戦記録によれば、攻撃１９３機、索敵偵察の53機、損害１６１

機（うち69機は特攻、地上被害を含まず）となっている。なお、情報判断資料によるとこのほかにも地上被害50機となっている。この作戦直後の第５航空艦隊の可動機数は、約１１０機と推定された。

第５航空艦隊先任参謀宮崎隆大佐の戦後の回想の夜戦訓所見によると、当時の状況においては、「対機動部隊攻撃に全力を尽くしたというものの、これを単なる対機動部隊作戦と考察したる当時においては、比島、台湾沖航空戦と比較してまず成功と評価し得た」とある。[*31] 一方、３月８日から22日における全作戦経過において米軍側から見た戦果は、日本軍機５２８を破壊し、艦船14隻を撃破し、その他多くの格納庫、工場、倉庫、船渠などに損害を与えた。この成果がいかに大であったかは、その後１週間を経て決行された沖縄上陸作戦に当たり、日本側の航空反撃が不十分なものとなったことから十分に評価されるものであった。[*32]

●３月21日における大本営の敵情判断

今次、米機動部隊の九州四国方面への来攻は、これに引き続き米攻略部隊が沖縄方面に上陸作戦を強行するのか否か、あるいは上陸作戦の準拠としての単独作戦であって敵機動部隊が一旦根拠地に引き上げた後改めて沖縄方面の攻略作戦を実施するのかは、当時大本営において明らかな情報は持っていなかった。しかし米機動部隊に与えた損害は少なくとも空母３～４隻撃沈又は大破、その他の空母にも相当な損害を与えたものと判断していた。また、我が攻撃を受け、南西諸島東方洋上を南方に退避しつつあった米機動部隊に対しては、22日も何らの情報を得ず、一旦ウルシーまたはレイテ方面に帰投する公算が高いと判断していた。第５航空艦隊司令部においても概ね同様の判断のもとに兵力の整頓を実施するとともに麾下航空部隊の幹部を鹿屋に集合させ21日及び22日の両日にわたり研究会を実施した。

しかし、23日午前、沖縄からの情報により23日０８００頃より敵艦上機は沖縄及び南大東島に来襲し、戦艦、巡洋艦、駆逐艦計約40隻が沖縄本島概ね30キロ圏内洋上を遊弋（ゆうよく）しつつ艦砲射撃を実施中であることが判明した。ここにおいて敵の企図に対する我が方の判断に若干の疑点を生じ、敵情偵察の必要を認め午前及び午後の2回、彩雲各2機をもって沖縄南東洋上及び南大東島方面の偵察を実施したが、敵機動部隊の全貌は偵知し得なかった。また台湾方面からの第1航空艦隊偵察機による台湾東方洋上の索敵においても敵の新たなる兆候をつかみえなかった。沖縄本島からの電探測定によれば、小禄の南東50乃至100浬に機動部隊2群の行動が判明し、23日、南西諸島に来襲の艦上機は約1000機に達した。[*33]

(3) 第6航空軍の連合艦隊指揮下編入

昭和20年初頭以降、陸海軍航空兵力の指揮を一元的に統一すべしとの意見があるなか、大本営陸軍部から第6航空軍(兵力約750機)を連合艦隊司令長官の指揮下に入れることの申し出があり、[*34] 3月20日、大本営は第6航空軍を連合艦隊の作戦指揮下に編入した。

この時の中央協定で、第6航空軍の作戦地域は沖縄本島以北とし、その使用飛行部隊基準は次の通りであった。

第100飛行団(戦闘3戦隊)、飛行第246戦隊(戦闘)、飛行第59戦隊(戦闘)、第6飛行団(襲撃2戦隊)、飛行第60戦隊(重爆)、飛行第110戦隊(重爆)、飛行第2戦隊(司偵)、第4独立飛行隊(司偵)、特攻32隊(第6航空軍所属特攻中、九州、朝鮮、南西諸島配備のもの)、他軍から転用予定飛行部隊として特攻約10数隊

その作戦指導要領の主眼は、「敵輸送船団を撃滅するにあって、敵の来攻までその攻撃と直掩の兵力を温存し、かつ戦力発揮に際しては遺憾なからしむる」というものだった。[*35]

陸海軍航空の指揮統一は従来から幾度か試みられていたが、陸軍航空の主力が海軍の指揮下に入ったのは今度が最初であった。一部では第6航空軍をさらに徹底して第5航空艦隊の指揮下に入れるを可とする

意見もあったが、兵器も訓練も違う陸軍航空を機動部隊攻撃思想の特に強い第5航空艦隊の指揮下に入れることは適当と認められなかった。また、第6航空軍司令官は、第5航空艦隊司令官より先任であったということもあった。

第5航空艦隊と第6航空軍は並列の立場で協同作戦を実施することとなり、実質的に海軍航空作戦の指揮を執る第5航空艦隊司令部に第6航空軍の青木喬（あおきたかし）参謀副長がほとんど常駐に近い連絡を取っていた。

第5航空艦隊は、従来から基地群を整備し、通信設備の整った南九州地区で作戦地に一歩でも近い鹿屋に司令部を置いたが、第6航空軍は西部軍司令部との関係及び通信、補給施設の関係から福岡に司令部を置いた。こうして、密接に協力すべき両司令部が遥か九州の南北に離れて作戦する状況で終始した。万難を排しても一地に集まって協同作戦をやる意欲がなかった裏面には、天号作戦に対する陸海軍の考え方の違い、つまり攻撃目標として陸軍は輸送船攻撃、海軍は機動部隊攻撃の思想が強いなどが考えられた。[*36]

⑷　第6航空軍と第8飛行師団特攻隊編成上の一般的諸問題

陸軍航空（第6航空軍、第8飛行師団）の特攻の編成は、1月末第1次特攻30隊、2月下旬第2次特攻69隊の仮編成が令せられ、その大部が第6航空軍及び第8飛行師団の両隊に配属された。然しその編成訓練は遅れ、米軍の上陸が切迫する3月下旬になっても、その大部が戦場に到着しなかった。

特攻隊員は、当然志願者をもって充当することを根本方針とした。捨身の生還を期すことができない攻撃であるから、要員は特攻実施の熱意が旺盛で家庭的に係累の少ない若年者を選ぶという考え方が基本であった。特攻隊の編成についての議論は、これを天皇の命令によるとするか（甲案）、陸軍大臣の部署により志願者各人を第一線指揮官に配属する形式をとるか（乙案）の問題であった。甲案は、特攻は中央の責任で計画的に実行するものであり、隊長の権限を明確にし、隊の団結、訓練を充実できるよう正規の編制とすべきだと主張した。一方、乙案は、技術、生産、教育等の不備を第一線将兵の生命の犠牲により補うものであるから、これを天皇の命令により実施するのは適当でなく、志願者を第一線指揮官が活用する建前を執るべきだと主張し、終始乙案の方式が採用された。

特攻隊の編成にあたり、編成担任者が最も頭を悩ました問題は、隊員の選出であった。それは志望に基づき選考の上決定するのであるが、その特攻志望の心情は個人の性格、部隊の気風、士気、志願時の戦況等により千差万別であった。特攻隊編成数の増大に伴い、志願の調査が形式となり、その場の空気に押されて、表面は志願していても、内心は自発性の乏しいものも含まれる傾向があった。[*37]

昭和19年11月22日、大本営陸軍部第3課の課員が来台して第8飛行師団の特攻隊編成に関し協議が行われた。第8飛行師団長山本中将は、命令により特別攻撃を行う気持ちはなく22日の協議でも積極的でなく決断に苦しむようであった。作戦主任石川中佐は、「この期に及んでは特別攻撃を敢行するのほかない」ことを意見具申し、師団は特攻実施に踏み切ったのである。11月29日、「と」号部隊（特攻部隊）の仮編成が発令されたが、第8飛行師団関係は、「と」号第15、第16、第17飛行隊の3隊で、内自隊編成は第17飛行隊1隊で、第15飛行隊は航空本部、第16飛行隊は第2航空軍の担任で編成され、編成完結後第8飛行師団に移管された。20年2月に入ると、天号作戦に備えて、中央編成特攻11隊が第8飛行師団に配属された。この際、師団自隊でも中央の指示に基づき特攻3隊（九七戦特攻2隊、二式複戦特攻1隊の計36機）を編成した。[*38]

一方、天号航空作戦段階においては、沖縄の戦場全域は明らかに連合軍の航空優勢下にあったが、第6航空軍と第8飛行師団では敵航空の制圧を被る程度に相当の差異があった。第6航空軍の場合は、その展開地域は九州及び本土であり、敵の航空攻撃も当初は米機動部隊とマリアナのB－29に限られ、その攻撃は間欠的であった。これに対し、第8飛行師団は台湾に展開し、比島米空軍の常時制圧下におかれた。

昭和20年１月ルソン島に進出した米空軍は、同月下旬頃から台湾南半部に対する攻撃を開始し、２月にはその攻撃範囲は全台湾に及び、３月に入ると、ほとんど連日戦爆数十機の来襲があった。そしてその来襲機数は４月１日連合軍が沖縄上陸を開始するまでに延べ６０００機（うち１９００機は艦載機）に達した。したがって第８飛行師団の天号航空作戦準備は、ほとんど完全な敵の制圧下に実施しなければならなかったのである。

このため捷号戦備の当初から台湾に展開した第８飛行師団が作戦準備のため第１に着手したことは、敵の上陸時まで、航空戦力を健在させるための飛行機の分散秘匿であった。敵による事前の航空撃滅戦に対しては、分散秘匿のままで、じっと我慢する。そしていよいよ敵の上陸船団が近接したとき、決然起って一挙にこれに殺到する。劣勢な我が航空に残された上陸破砕達成の途はこれしかなかった。結果、比島米空軍の台湾攻撃は、沖縄上陸時期の緊迫とともに次第に激しくなったが、飛行場周辺に分散配置された飛行機その他作戦資材の損害はほとんどなく、敵空襲の経験を積むに従い師団は戦力確保に確信を持つに至った。本土から十分な戦力補給を望みえない悪条件の下で44隊２３１機もの特攻隊を自隊で編成し得たのも、米空軍の延６０００機（４月１日までの数）に上る航空攻撃から飛行機を守り得たからであった。また、石垣島、宮古島まで戦闘隊を繰り出して両島基地から特攻機の発進を可能にしたのも分散秘匿により戦闘機を健在させえたからであった。

⑸ 先遣（潜水艦）部隊の作戦

●甲潜水部隊の作戦

先遣部隊では、「伊８潜」は米本土西岸、第34潜水隊（「呂41、呂47、呂56潜」）は、マーシャル、カロリン、比島東方海面で米補給路遮断作戦に従事させるつもりで準備させていたが、南西諸島攻略の切迫に伴ってこれを中止し、「呂41、呂49、呂51潜」は3月17日、「伊8潜」は3月20日、呉発で南西諸島方面に進出させた。はじめ、九州来襲の機動部隊を求めて九州南東海域に行動したが、米艦隊の南下に応じ、3月22日、先遣部隊はこれらを沖縄南東海面に配備の変更を行った。25日連合艦隊の命令に基づき配備地点を、沖縄の南東方面約200浬付近の機動部隊の飛行機発進予想地点を中心に変更した。その後、米軍の沖縄上陸がいよいよ切迫するに及んで、3月30日以降、甲潜水部隊を沖縄本島周辺に配し、周辺艦船に対する突入攻撃を命じた。しかし、「呂41潜」が22日に、「伊8潜」が28日にそれぞれ敵情報告を行っただけでその後何れも消息を絶った。米軍資料ではいずれも沈没している。[*39]

●多々良隊（回天部隊）の作戦

3月24日の連合艦隊命令に基づき、27日、先遣部隊指揮官は回天特別攻撃隊多々良隊（「伊44、伊47、伊56、伊58潜」）を編成し、準備出来次第、沖縄方面攻略部隊の回天攻撃のため内海を出撃させた。各艦の回天搭載数を6基とし、攻撃力を増大させたものである。「伊47潜」は3月28日内海出撃、索敵中29日、米機動部隊に遭遇、その制圧攻撃を受けて、回天及び重油タンクに被害を受け呉帰投を命ぜられ4月1日帰着、多々良隊から除かれた。「伊53潜」は、3月30周防灘で触雷、4月6日、多々良隊から除かれた。「伊58潜」は3月31日、光から出撃し、沖縄西方海面に進出したが、警戒厳重で泊地進入は困難を極めた。第6艦隊ではこうした状況に鑑みて、4月14日回天攻撃の中止を命じ、沖縄とマリアナを結ぶ300浬付近にあって、敵艦船の捕捉攻撃に従事することを命じた。いずれにしても泊地攻撃ははなはだ困難で、敵の来攻後数日以内でなければ成功の算の少ないことがはっきりした。[*40]

4 米陸上航空部隊が沖縄に進出するまでの航空作戦

⑴ 陸海軍航空部隊の勢力

昭和20年３月18日から21日の対米機動部隊作戦（九州沖航空戦）で、可動兵力のほとんど全力を使い尽くした第５航空艦隊では、早速参謀長が上京して補充を図ったが思うようには得られず、各部隊の残った機材の整備と未熟練搭乗員の訓練による戦力の回復以外には方法のない状態であった。したがって第３航空艦隊及び第10航空艦隊の九州方面展開による増援のほかは、作戦用兵力は極めて少なかった。[*41]

また、第６航空軍の持つ特攻隊15隊のうち、第30戦闘飛行集団の指揮下に東部方面に残置したもの６隊を除き、９隊はまだ九州に前進していなかった。軍は戦力良好なものから逐次九州に前進し、それぞれ飛行団長（攻撃集団長）の掌握下に入るよう命令した。第６航空軍の天号特攻隊９隊の可動機数は３月中旬で約60機であったが、そのうち直ちに作戦に支障のない戦力を持つものは「と」第20、「と」第21、「と」第23の諸隊に過ぎなかった。[*42]

総じて３月23日の段階において稼働航空機は概ね次のような状況であった。第８飛行師団の保有４８１機、実働２４０機で同じく台湾配備の第１航空艦隊の実働数１４７機であった。第５航空艦隊は兵力ほとんど消耗、第３航空艦隊の進出は１週間後でその兵力も約２２０機に過ぎず、かつ練成中のものであり、第10航空艦隊はまだ緒にもついていない。第６航空軍にしても手持ち兵力は僅少で、実情は大部分の特攻兵力はその九州進出を待たねば作戦出来ない状態であった。[*43] 軍特攻隊の九州展開が遅れたことは、上陸作戦において最も重要な初動の船団攻撃を不可能にし、軍、ひいては国軍全般の作戦に重大な影響を及ぼすこととなる。[*44]

⑵ 米機動部隊の沖縄来襲と陸海軍航空部隊の状況

３月23日の艦上機の空襲と24日の砲撃開始の報で、第５航空艦隊の状況判断は、九州に来攻した米機動部隊は、約半数が相当の損害を受けて戦列を離れていると判断した。それで、沖縄方面に来たのが同じ部隊としたら、根拠地帰投の途中、単独で南西諸島に対する航空撃滅戦、要地攻撃を企図している算もあるとしていた。[45]

3月24日、第5航空艦隊は、彩雲の二段索敵を実施したが、機動部隊の全貌は依然として不明であった。しかし、各種艦船約40隻は前日同様沖縄本島周辺を遊弋しつつ艦砲射撃を続行し、また、慶伊瀬北方の掃海を開始し、沖縄攻略企図は濃厚となった。[46]

第5航空艦隊の攻撃隊としては、天山7機が1700〜1800串良（くしら）発、喜界島基地経由で雷撃したが、魚雷の深度不明などで戦果は上がらなかった。小禄の彗星2機が特攻攻撃に向かい1機未帰還となっている。24日、米側の記録には損傷艦はない。[47]

第6航空軍は遅れている特攻兵力の九州前進の促進に努めた。実際の特攻隊の九州前進は、紙上の計画より1カ月以上も遅れており、軍首脳の焦燥は絶大であった。[48]

3月23日早朝、有力な敵機動部隊が沖縄及び宮古島に来襲した。第8飛行師団は、0900、第1警戒配備を発令した。師団は従来から好機、敵機動部隊に一撃を加えようと計画準備していたが、この状況に処して直ちに対機動部隊戦闘準備を下令し、第9飛行団に24日早期の機動部隊攻撃を準備させるとともに飛行第10戦隊による沖縄方面の捜索を強化して待機した。

一方、大本営陸軍部はかねての計画に基づき、飛行第24戦隊、独立飛行第41・第42・第43中隊を第5航空軍から第10方面軍の指揮下に入れ、天1号即応の態勢を強化した。そして第8飛行師団は、飛行第24戦隊及び独立飛行第41中隊を宮古飛行場に、独立飛行第42及び第43中隊を樹林口に展開させた。[49]

第10方面軍は沖縄来襲必至と判断し、第8飛行師団に対し天1号作戦準備の促進を命じた。師団は、2月中旬頃以降、第9飛行団諸隊を逐次先島地区に進め天1号を準備していたが、方面軍命令に基づき天1

号の配備に就き、26日から沖縄方面に対する航空攻撃を計画した。

⑶ 天１号作戦警戒発令（３月25日）

３月25日、米軍は０６１５、戦艦８隻、駆逐艦７隻で前日と同じく艦砲射撃を始めた。慶良間列島、０８１０、小禄飛行場、０８３０、沖上角付近の砲撃をはじめ、艦上機の来襲も延２００機に達した。第32軍は、０８００、甲号戦備（全部隊戦闘配備）に移行した。

諸情勢から米軍が沖縄方面に本格的上陸を開始することが明瞭となったので、３月25日、連合艦隊は、１８１８「天１号作戦警戒」を発令した。[*50]

３月25日の『戦藻録』には、「ＧＦは「天１号作戦警戒」を下令す。これによりて鈴鹿以西の作戦可動兵力は本職の指揮下に入りたるも、遠く使用し得ざる朋輩なり。明日迄天候良ければ、爾後不良となる予察の下に明夜を期し当隊の総攻撃を下令す」とある。[*51]

第９飛行団長　柳本榮喜大佐

一方、第８飛行師団は、慶良間列島周辺に大型空母２を含む機動部隊があるほか、那覇西方海面にも有力な艦艇が進出していることを偵知した。そこで師団長は翌26日早朝、誠第17飛行隊（長　伊舎堂用久（いしゃどうようきゅう）大尉）をもってこの敵を攻撃することに決めた。第９飛行団長柳本榮喜大佐は、25日２３５０、伊舎堂大尉以下の攻撃に参加する全員及び関係部隊長らを白保飛行場戦闘指揮所に集め、飛行団命令を下達した。攻撃隊は、26日０４００石垣飛行場を出発、慶良間列島西方海面に遊弋中の敵空母群に体当たり攻撃を敢行し、大型空母１を撃沈、同じく大型空母１、中型空母１、戦艦１の撃破を報じた。（伊舎堂大尉は、石垣の出身で、敵が南西諸島に来攻の際は、真先に出撃し国土防衛の礎石となる覚悟を固めていた。隊員もみな隊長の思想に同調しており、その覚悟は極めて固く、士気ははなはだ旺盛であった。）

第８飛行師団の特攻隊員で特別攻撃を敢行したものは皆二階級特進するとともに、第10方面軍司令官から感状を授与され、これを全軍に布告された。[*52]

「米国海軍作戦年誌」によれば、駆逐艦キンバリーが特攻機により損傷、護衛駆逐艦セダーストロンが衝突により損傷、敷設駆逐艦ロバート・Ｈ・スミスが特攻機により損傷、上陸用高速輸送艦ギルマーが特攻機により損傷、上陸用高速輸送艦ヌードセンが特攻機により損傷とある。[*53]

⑷ 天１号作戦発令（３月26日）

●陸海軍航空部隊、最大の戦機捕捉できず

陸海軍航空部隊は、すでに25日から沖縄周辺の敵艦船群及び機動部隊に対して特攻を交えた攻撃を開始していた。しかし使用兵力も少なく、大きな戦果は期待できなかった。予想では、３月末頃、南西諸島方面に使用できる陸軍特攻兵力は、第６航空軍10隊、第８飛行師団３隊（ほかに自体編成16隊）計29隊で、機数にして３４０～３５０機となり、そのうち実働は２００～２５０機程度であろう、と見積もられていた。

連合艦隊司令長官は３月26日１１０２、第10方面軍司令官は同日夕方、相次いで「天１号作戦」を発令した。[*54]

当日の大本営陸軍部の「機密戦争日誌」には、

四、本日海軍ハ天一号作戦ヲ発令ス、台湾軍ハ本日十八時天一号作戦ヲ発令ス　帝国ノ安危ヲ決スル決戦ハ将ニ展開セラレントス、政、戦略的見地ヨリ天号ノ成否ハ真ニ帝国ノ運命ヲ決ス、之カ初動

　　成功ヲ希念シテ已マス

と天１号に期待している旨が記されている。[*55]
　第５航空艦隊の兵力は整頓中で、特に偵察用の彩雲が少なく、攻撃隊の兵力も足りなかった。このため、機動部隊は沖縄島南方遠距離に行動中であるが、これの捕捉攻撃は困難であった。まして攻略部隊、機動部隊の同時攻撃に兵力を分けることも無理である。攻略部隊には天山等の攻撃をかけたが、成果は上がらなかった。第５航空艦隊は、第１任務の米機動部隊攻撃に、所有全勢力を投入した。しかし、空母は捕捉できないで、攻略部隊の艦船に対し多少の戦果を挙げただけで、損失も20機に達した。以後米機動部隊に対する攻撃は、第３航空艦隊の九州展開まで待つほかなく、第５航空艦隊各隊は兵力の整備整頓を命じられた。
　米機動部隊に対する３月26日からの攻撃は、戦果の上がらないまま終わって27日は雨になった。陸軍の特攻機十数機はこの日も沖縄の飛行場を中継して、慶良間泊地の艦船に有効な体当たりを行った。[*56]
　この時、スプルーアンス提督は日本軍の出方を待っていた。彼はその作戦命令において、日本の航空基地及び空母から猛烈な航空部隊の反撃が行われるであろうということ、ならびに日本軍の水上部隊がその全力を挙げて反撃してくることを指摘していた。[*57]このスプルーアンス提督の危惧を払拭するようにマリアナ基地のＢ－29は、27日約１５０機北九州に来襲、31日百数十機で九州各地の航空基地と防空施設を攻撃した。
　一方、沖縄方面根拠地隊は、26日夕、蛟龍隊の全力攻撃を発令し、次いで27日夜間、魚雷艇隊が作戦に加入し、翌28日震洋隊が行動を始めた。これらはいずれも戦闘による消耗と陸上作戦の推移による基地の使用不能によって、４月６日頃までに陸上作戦に移行していった。[*58]

●蛟龍隊（甲標的隊─第２蛟龍隊指揮官海軍大尉鶴田傳）

岸壁に繋留された「蛟龍」
防衛庁防衛研修所戦史室『沖縄方面海軍作戦』（朝雲新聞社、1968年）348頁

甲標的（特殊潜航艇）は昭和19年８月下旬11隻が運天港に進出した。その後、空襲による被害から６隻となり、25日は夕刻から３隻が出撃、慶伊瀬島付近の艦船を攻撃した。甲標的67号が慶伊瀬島北５浬で戦艦に魚雷２本を命中させたが、他の２隻は帰らなかった。

３月26日天号作戦が発動され、沖縄方面根拠地隊は甲標的の全力攻撃を指令した。26日の空襲でまた、甲標的１隻（２０８号）が沈没したので、待機中の２隻（60、64号）が出撃した。60号は残波岬の南西６浬で戦艦を襲撃したが成功せず、反撃にあって被弾して帰還。64号は27日１４００、残波岬の西６浬で巡洋艦に魚雷１本を命中させた。この両日で残艇３隻となり、なお整備に努め、30日67号が出撃したが会敵の機を得ずして帰り31日、衝突事故で１隻（60号）が沈没した。４月５日嘉手納沖の輸送船攻撃に残艇２隻（64、67号）が出撃したがその雷撃は命中しなかった。６日夜、米軍の北上のため沖縄方面根拠地隊は陸戦移行を命じたので７日使用可能の１隻と、基地を処分して陸戦に移行した。[*59]

●魚雷艇隊（第27魚雷艇司令海軍大尉白石信治）

第27魚雷艇隊は、昭和19年８月から９月にかけて運天港に進出。これは魚雷艇18隻と３６０名の隊員からなっており、米軍来攻時は15隻保有していた。さらに27日の空襲により、３隻を喪失した。この夜から魚雷艇隊は行動を開始し、２０３０、残波岬沖の艦船夜襲に10隻が出撃、０１１０、全軍突撃を敢行し、巡洋艦２隻轟撃沈、駆逐艦１隻撃破、０４３５帰投した。未帰還１（擱座）、発射雷数16本と報じている。

28日夜、３隻出撃したが会敵せず。29日２３００、10隻が出撃し、奈良尾岬から伊江島の間で全軍突撃を敢行、巡洋艦１隻、駆逐艦１隻を轟沈、未帰還２隻、発射雷数８本、残艇９隻と報じた。30日、０８００～０９００まで艦爆約50機、１１１５～１３１５まで艦爆２００機以上が基地に来襲して、船渠に隠蔽していた魚雷艇を爆撃した。このため喪失４隻、残艇５隻も推進器翼及び軸が変形して予備品がなく修理の見込みが立たなかった。６日２１０６、「当隊今より陸上戦闘に移行、国頭支隊長の指揮下に入る」と報じ、以後八重岳、タニオ岳、クシ岳と転進、５月下旬から１組15名の遊撃隊を組織した。[*60]

●震洋隊（第22震洋隊指揮官海軍大尉豊廣稔、第42震洋隊指揮官海軍中尉井本親）

第22震洋隊は、20年１月沖縄に進出当初、45隻であった。第42震洋隊は途中海没にあい、20年３月沖縄に進出したときは17隻であった。前者は与那原、後者は金武付近に配備された。３月28日の空襲で４隻を喪失して合計58隻となった。28日、第22震洋隊の５隻と第42震洋隊は29日夜15隻出撃したが事故や故障、座礁などで分離して戦果を挙げ得ず、30日朝４隻帰投した。その直後空襲に遭って全艇沈没し残艇２隻となったが、これも４月３日と13日に沈没した。第22震洋隊は、31日被爆により16隻焼失、４月１日、湊川沖の輸送艦攻撃に出撃したが会敵せず、戦果なく３隻行方不明となった。３日、第22震洋隊の12隻は金武湾外の艦艇攻撃に出撃、駆逐艦１隻を轟沈した。４日、米軍の進攻が早く基地が危なくなったので残艇10隻と基地を処分して第42、第22震洋隊はともに陸戦に移行した。[*61]

(5) 沖縄の飛行場から飛び立った特攻

●沖縄中飛行場からの特攻

３月26日夕刻、誠第32飛行隊（「と」第32飛行隊武克隊）軍偵特攻９機は、廣森達郎中尉指揮のもとに沖縄中飛行場に到着した。第８飛行師団命令により、南西諸島に前進する特攻隊の指揮を命ぜられた第32

軍神参謀は、早速、艦砲射撃の間隙を縫って中飛行場に至り、廣森中尉以下にあって部隊の状況を聴取し、翌27日払暁の艦船攻撃を命じた。誠第32飛行隊9機は、独立飛行第46中隊の1機とともに、27日払暁、沖縄中飛行場を離陸、独立飛行第41中隊の2機の誘導のもとに、0550、嘉手納西方海面の米艦船軍に対し、地上軍及び島民多数観望の眼前で全機体当たり攻撃を敢行した。戦果は大型艦轟沈5、同撃破5と報じられた。[*62]

●赤心隊

第32軍においては指揮下直協隊である独立飛行第46中隊の人員機材を主体とし、これに第19航空地区の操縦者1名及び南方転進の途中、故障のため那覇に止まっていた操縦者を集めて特攻隊を編成し、これに「赤心隊」と命名して沖縄中飛行場に待機させていたが、3月27日夕、28日払暁の攻撃を命令した。赤心飛行隊（鶴見國四郎少尉以下4機）は28日払暁、沖縄方面特攻第二陣として那覇西方の敵艦船群に体当たり攻撃を敢行し、中型艦三を撃沈、同一を炎上したと報じられた。[*63]

●扶揺隊

赤心隊に続いて沖縄飛行場から発進した特攻隊は、誠第41飛行隊扶揺隊（長　寺山欽造大尉）であった。同隊は28日午後、知覧（ちらん）基地を離陸、同日夕刻、沖縄中飛行場に着陸して神参謀の指揮下に入った。同隊は翌29日払暁、中飛行場を離陸し、那覇西方海面の敵艦隊に突入、中型艦三を撃沈、同一を炎上させたと報じられた。同隊は沖縄直行攻撃の目的で知覧から出撃したが、天候不良のため目標を発見できず、沖縄中飛行場に着陸し、翌29日払暁、那覇西方海面の敵艦艇に突入した。[*64]

(6) 米軍沖縄本島上陸までの経過

●3月28日の経過

慶良間に続々と攻略船団が入泊中の報が入った。３月28日、第5航空艦隊では、彩雲の実働機数が少なくて索敵を行えなかったが、29日索敵の結果、種子島南東及び南西に二群の米機動部隊を発見した。これに対しては、彗星の昼間特攻と銀河、重爆の夜間攻撃を加え、彗星突入の報などあったが、攻撃の成果は大して上がらなかった。[*65]

また、３月28日には参謀総長を通じ、天皇陛下からも「天一号作戦ハ帝国ノ安危ヲ決スル所挙軍奮励以テ其ノ目的達成ニ違算ナカラシメヨ[*66]」との御言葉が伝えられた。

●３月29日の経過

沖縄戦の勝敗を決する天1号作戦に対する関心は、天皇陛下はじめ政府、統帥部においても大きなものであった。

３月29日、及川軍令部総長が戦況奏上の際、天皇陛下から「この度の南西諸島方面作戦は、皇国の興廃に関する重大なる戦いであるから十分奮励して我が作戦目的を達成するように」との御言葉があったので、直ちに豊田連合艦隊司令長官に伝達された。豊田連合艦隊司令長官は、麾下連合艦隊に対し、

１　優渥（ゆうあく）なる御言葉を拝し奉り左の通り奉答せり　天1号作戦に関し畏多き御言葉を拝し寔（まこと）に恐縮に堪へず臣副武（そえむ）以下全将兵殊死（しゅし）奮戦誓って聖慮を安んじ奉らんことを期す

２　本職指揮下各部隊は全力を投じて殊死奮戦強靭且執拗あく迄天1号作戦の完遂を期すべし

との訓示電報を発した。この日北上中の敵大輸送船団は、慶良間に入泊し、沖縄本島に対する敵の上陸開始は目睫の間に迫ったと思われた。ここにおいて豊田連合艦隊司令長官は指揮下に入った陸軍の第6航空軍に対し全力を挙げて敵輸送船団の攻撃を実施するよう下令した。[*67]しかし28日における第6航空軍の展開はまだ完了しておらず、特攻隊の九州進出は遅れていた。したがって軍の第一撃は不本意ながら一部兵力を以て行うしかなかった。

戦力不十分ながら第3攻撃集団は軍命令に基づき、集団主力を以て29日早朝出発、0600から0620の間、沖縄本島南西側及び慶良間付近の敵艦船群を攻撃した。攻撃兵力は飛行第66戦隊99式襲撃機1個中隊、飛行第103戦隊4式戦1個中隊が徳之島から出撃し、飛行第65戦隊は知覧から出撃した。戦果は、艦種不詳2撃破、大型艦1爆発、輸送船1黒煙、火災4で、我が方の損害は未帰還6機であった。[*68]

この日は、0630頃から艦上機約150機が南九州地区に来襲、種子島見張り所は、空母2隻の発見を報じた。第5航空艦隊は、早速戦闘機の邀撃とともに偵察機を派遣、2群の米機動部隊を発見した。彗星4機の昼間特攻と夜間接触機を利用して夜間攻撃を加えたが、霧のため有効な攻撃が出来ないで、米機動部隊を逸してしまった。午後も南九州に約150機の来襲があったが、30日朝は、霧のため、艦上機の九州進入も妨げられて米機動部隊は南下していった。

確認された沖縄周辺所在の米艦隊は、特設空母7、戦艦19、巡洋艦17、その他85で、小禄、北・中飛行場及び湊川地区を連日砲撃した。那覇港及び中飛行場沖の掃海も続き、小艦艇の掃海は夜も続けられ、艦上機延べ約600機が九州南部地区及び豊後水道、佐世保などに来襲した。米機動部隊は、種子島南西35浬に空母2、同じく南東50浬に空母1、他に南方80浬にも空母数隻がいる模様であり、北上中の船団は慶良間に輸送船40、上陸用輸送船30隻余と報ぜられた。[*69]

一方、米側の記録には、3月29日0710、第5艦隊旗艦「インディアナポリス」に特攻機が命中したとある。この飛行機が投下した爆弾は艦体を貫き、艦底で爆発した。このため4月5日、スプルーアンスは将旗を古い戦艦の「ニュー・メキシコ」へ移した。[*70]

●3月30日の経過

30日朝、夜来の霧は航空攻撃を妨げたが、米艦上機もまた、霧で九州に進入できなかった。30日は米機動部隊の所在不明のほかは、沖縄周辺の戦艦、巡洋艦その他、砲爆撃もほぼ前日と変わらなかった。南西諸島の来襲機合計約380機、またこの夜B－29約50機は、名古屋、呉、広島湾、下関、佐世保島に音響（磁器）機雷を投下した。

台湾方面では、彩雲1機の偵察のほか月光2機の夜間輸送船団攻撃で、油槽船または特設空母直撃炎上、駆逐艦中破、LST1隻炎上沈没の算大と報じた。[*71]

●3月31日の経過

朝、米軍は神山島上陸を開始、沖縄本島至近の重砲陣地とするものとみられ、輸送船多数も本島近海に迫り、31日夜にも上陸の恐れがあると思われた。第1機動基地航空部隊（第3、第5、第10航空艦隊を統一運用する部隊として編成、第5航空艦隊司令長官が指揮）では、後続部隊が28日、ウルシーを出撃して、31日頃には沖縄、九州方面への来襲が予期されたので、桜花の発進準備や各攻撃部隊、爆戦隊などの攻撃待機を命じるとともに、この全容解明に努めたが、敵情を得ず、その待機を解いた。[*72]

沖縄周辺艦船の夜間攻撃は銀河8機、重爆12機、爆戦6機、天山21（うち1機引き返す）機で実施、爆撃部隊は相当の効果を収むと報じた。天山の雷撃は巡洋艦1隻大破、輸送船2隻効果不明と報じ、未帰還11、墜落1の損害であった。[*73]

米側は、戦艦ネヴァダ及び巡洋艦ビロキシー号とインディアナポリス号を含む10隻の艦船が、3月26日から31日間に損害を被った。そのうち8隻は特攻機により、その他の2隻は機雷によるものであった。掩護艦艇及び航空機により撃墜した敵機は、約42機であった。[*74]

全般的にこの初期の最も重要な時期に、兵力僅少で対機動部隊、攻略部隊攻撃が散発、断続的に終わり、大きな戦果を挙げ得ない状況であった。第5航空艦隊としてはいかんとも出来ず切歯扼腕するところであった。[*75]

(7) 米軍沖縄本島上陸と菊水作戦

「菊水作戦」とは第1機動基地航空部隊麾下航空兵力を以て、沖縄来攻の米軍に対し大挙特攻攻撃を加えた作戦で、4月6日の1号から6月22日の10号作戦にわたった。

この間、台湾の第1航空艦隊はこれに呼応し、陸軍の第6航空軍も概ね「総攻撃」をもってこれに呼応した。また台湾の第8飛行師団も初期には策応した。[*76] この菊水は、水に浮かぶ菊〈菊水〉を意味する（菊水はまた楠木氏の家紋でもある）。[*77]

4月1日0800、米軍は嘉手納の北飛行場付近に上陸を開始した。これと同時に0720頃東南岸の湊川付近に陽動牽制のため、その沖合には相当の攻略部隊が集結したものの夕刻までには撤退した。[*78]

第5航空艦隊司令長官宇垣中将は、「敵は本朝07西岸北中飛行場の南部に揚陸を開始せり。而して夕刻迄には沿岸一帯の地あっけなくも占領せられたり。斯くて飛行場の使用も近きにあらん。守備陸軍部隊は予定の取り込み戦術と云はんも余りにも手ごたへなきなり」[*79] と上陸を早期に許した第32軍への不満を述べた。

大本営海軍部及び連合艦隊司令部は、沖縄作戦の要訣は、来攻軍をその上陸前及び上陸時において可及的多数撃破して敵軍殲滅の端緒を啓開するにありとした。したがって現地守備軍が敵上陸時、水際戦闘においてあくまで堅実持久し、特に飛行場を確保し、我が航空部隊によって敵船団を攻撃し得る好機を作為することを希望した。しかし、第32軍は予期に反し米軍上陸当日、両飛行場を容易に放棄した。[*80]

こうしたことから第5航空艦隊司令部では、沖縄飛行場の敵側使用と関連し、空母攻撃の価値に疑問を生じ、事後の攻撃目標について幕僚間で意見の対立をみた。同艦隊航空参謀の見解は、「敵に沖縄の飛行場を奪われ、ここに有力な基地航空の進出を許しては空母の価値は既にない。すなわち空母がなくても敵は上陸作戦を推進しうるからである。今にして敵輸送船群を屠(ほふ)らなければ戦機は永久に去る。空母にとらわれて兵力の使用を控制するのは不可である」とし、これに対し参謀長以下多数の見解は「敵空母群を捉えた時、直ちにこれを攻撃できる態勢を失うのは不可である。精鋭なる主力の攻勢発動はなお控えるべきである」というものであった。討論の末、長官は後者の意見を採用した。

海軍が空母に備えて動かないとすれば、第6航空軍は独力で沖縄の輸送船を攻撃しなければならない。青木参謀副長は大いに苦慮し、斡旋に努めた。ときあたかも1日1700、海軍偵察機が敵空母群を正確に徳之島南方40浬に捕捉した。第5航空艦隊は同夜、全力を挙げてこれを総攻撃するよう発令した。[*81]

3月20日以来、連合艦隊の指揮下に入った第6航空軍もその保有機数700機あまりというものの、特攻機の大部分はまだ九州に展開していない。28日から艦船攻撃に28機を出しているが、上陸前の停泊船撃破というにはまだ不十分であった。

上陸前の船団攻撃も兵力不足で、撃滅などは思いもよらず、米軍が上陸を開始しても飛行機の集結が間に合わなくて、本格的攻撃を行うことはできず、航空部隊は米軍の動静を偵知しながら、空しく切歯扼腕するばかりであった。

4月1日、上陸した米軍はその日に北、中飛行場を占領して、3日には数機の小型機の発着を見る状況と伝えられた。飛行場が完成すれば、米機動部隊が沖縄周辺に遊弋する必要性は少なくなる。そうすれば、航空部隊による米機動部隊の捕捉撃滅の機会もなくなる。米軍の沖縄攻略の基盤が固まれば、その追い落としは、いよいよ困難になるのである。彼我対峙状況での戦機は、ここ旬日のうちのことと認識は共有された。[*82]

4月1日現在の台湾方面の第1航空艦隊の保有機数は約150機、九州方面の第3航空艦隊及び第5航空艦隊の保有機数は約300機で稼働率は約56％であった。[*83]

●第6航空軍と第8飛行師団の攻撃

4月1日午前の状況により、第6航空軍は同日薄暮の攻撃を企図した。第1攻撃集団の20機、第3攻撃集団の21機（第8飛行師団の一部含む）及び徳之島、宮古の約10機、計約50機（内特攻34機）をもって1830から1900の間、沖縄周辺の船団攻撃、この薄暮攻撃で、知覧からの攻撃は敵機動部隊の北上、特攻機への爆装遅延等のため、全部の出撃を見るに至らなかった。この日の攻撃は、事前に敵大船団の北上を洋上に発見して、軍としては絶好の戦機を捕捉したと考えて実施した攻撃であったが、指向した兵力は特攻10機を出ず、戦果も輸送船2隻を撃沈したにとどまった。この第一撃の戦果は、菅原軍司令官を慨嘆させた。最も重要な上陸第1日の攻撃がこのような結果に終わったのだ。

こうした中においても中央から第6航空軍に配属された特攻機は、沖縄方面の緊迫した戦況、軍の推進処置等により、逐次九州に到着しつつあった。1日、「と」29（8機）、「と」52（7機）、「と」62（8機）の各振武隊が熊本、防府、小月の各基地に到着した。「と」52の練度は一式戦操縦時間1から3時間程度であったが、ほかにもこのような部隊が多いため軍は素質、機材に応じて適宜融通し、戦力のあるものから攻撃させるよう計画した。

第8飛行師団は、31日夕刻、師団司偵の発見した敵船団が同夜慶良間列島付近に侵入するものと判断し、第9飛行団に対し、4月1日払暁、慶良間列島周辺敵艦船の攻撃準備を命じ、次いで同夜2140攻撃決行を命じた。中型輸送船1隻炎上、黒煙2の戦果を報じた。*84

結局、敵上陸の初動までの最重要時期において第6航空軍はその準備遅延のため、好機に投じる攻撃を行うことが出来ず、海軍航空兵力もまた第3航空艦隊兵力の九州進出遅延のため、敵機動部隊並びに敵輸送船団に対して有効な攻撃を加えずほとんど無疵（むきず）のままで敵に上陸を許すに至った。*85

●米艦隊の邀撃態勢

日本軍の来攻を早期に発見するため、米海軍は沖縄周辺に艦上哨戒を配置した。この哨戒は、駆逐艦及び類似艦艇をもって行い、さらにその砲火力を増すため、砲艦（ＬＣＳ）及び後にはＬＣＭ（Ｒ）型の艦艇をもこれに参加させた。この哨戒線は、海兵軍団の上陸地真北の残波半島から１００浬以内にあり、その一部は距岸数浬にあった。哨空戦闘機は、昼夜にわたりこの哨戒線上を巡航し、昼間にはその上沖縄周辺を回遊する戦闘機48～１２０機よりなる常続的哨戒の協力を受け得るのである。[86]

米軍の邀撃態勢の概要は以下の通りである。

１　艦上哨戒：ＴＦ58、ＴＦ57（英軍）10Ａ戦術航空隊、艦隊及び船艇、陸上基地戦闘機及び対空砲等

２　残波岬から１００マイル以上の哨戒
ＴＦ58をもって哨戒、ＴＦ57をもって主として台湾方面に対し先島諸島付近において哨戒

３　残波岬から１００マイル以内の哨戒
ＤＤ、ＬＣＳ（砲艦）、ＬＣＭ（上陸用舟艇）をもって哨戒、哨戒戦闘機（48～１２０機）が常続的協力

４　陸上基地からの警戒
４月９日　海兵戦闘機隊２個が読谷、嘉手納飛行場から活動
高射砲隊　第24軍団の高射砲、４日揚陸、第３海兵軍団の高射砲12日揚陸

沖縄環礁を海岸から50マイル離して大きく取り巻くのは、いわゆるレーダー・ピケットラインと呼ぶ駆逐艦護衛、駆逐艦、掃海駆逐艦、その他の小艦艇群だ。この小艦艇群、つまり15区に分けられた哨戒区に配備された艦艇群が一番敵に近く、真っ先に敵を探知する。特攻機は爆音が聞こえるより遥か以前に、まずこのレーダースクリーン上の光点となって姿を現す。

58ＴＦは、沖縄の真東に位置し、自ら６～８の駆逐艦をもって哨戒配置を構成し、その勢力は３月23日

から４月27日間は、13隻の空母をもってその任につけさせ、事後は空母若干を減少する予定であった。４月27日までは改装空母14～18隻が常時この領域にあり、また４月20日までは、英57ＴＦが４隻の大型空母

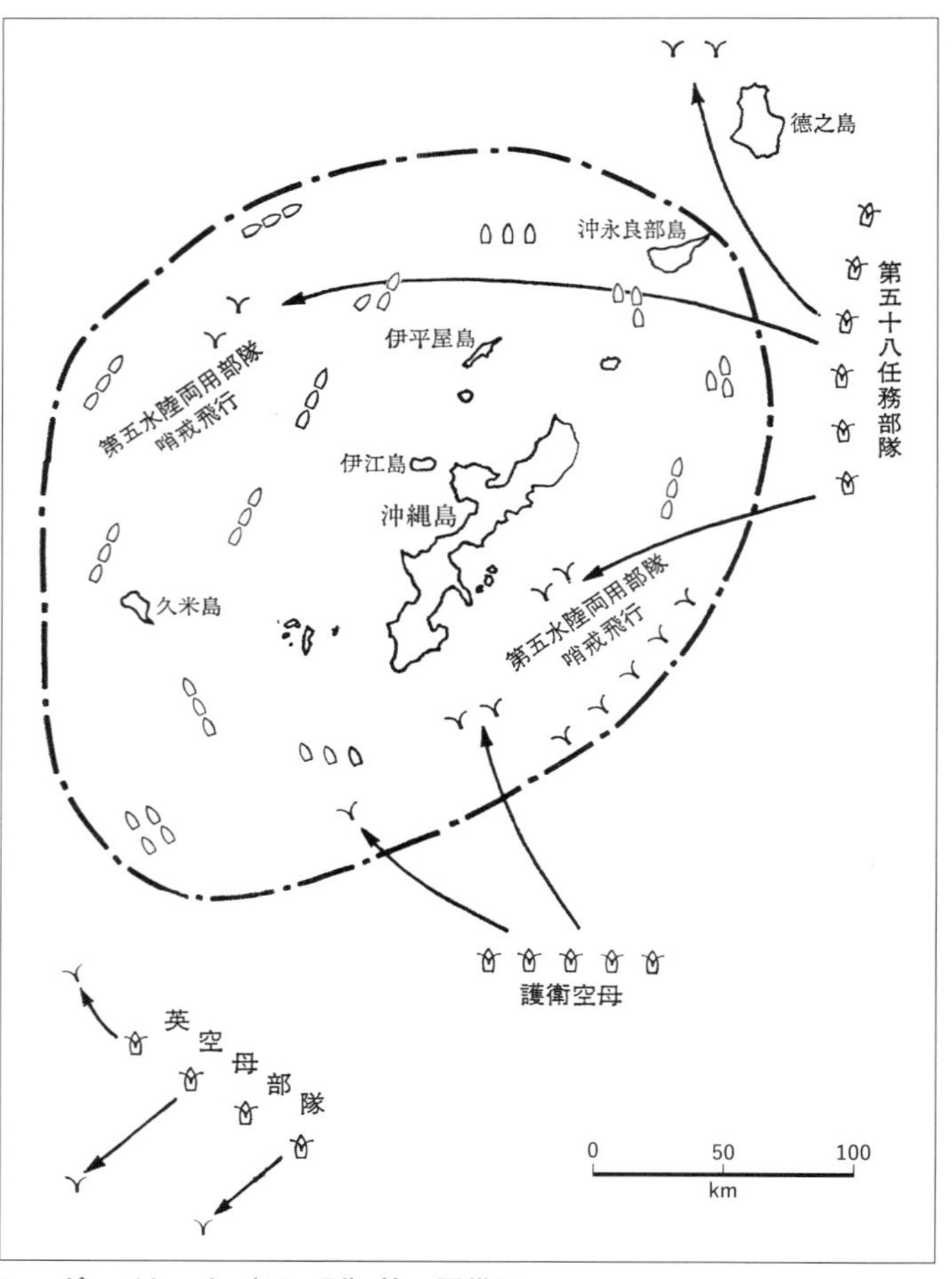

レーダーピケット（15ヵ所）等の配備図

出典：防衛庁防衛研修所戦史室『戦史叢書　沖縄方面海軍作戦』（朝雲新聞社、1967年）787頁

6隻の改装空母をもって先島諸島沖に留まり、警戒に任じた。

●4月2日の状況

第6航空軍が多大の期待をかけた第1攻撃集団は、準備が整わずこの日も沖縄に出撃できなかった。第3攻撃集団は払暁、飛行第66戦隊の7機、第20震部隊の2機、飛行第１０３戦隊の２機が徳之島から出撃、沖縄北、中飛行場西方の敵上陸支援艦船群を攻撃し、巡洋艦2隻及び大型輸送船5隻を轟沈したと報じた。

第8飛行師団においては、2日早朝、飛行第１０５戦隊攻撃隊及び誠第１１４飛行隊の一部が石垣飛行場を離陸したが、混乱のうちに直衛機2機を除き攻撃は中止となり、宮古飛行場から出撃した誠第１１４飛行隊も出撃時刻が未明であったため1機だけの出撃となった。一方、払暁攻撃に失敗した第9飛行団長は、誠第１１４飛行隊で薄暮、上陸点付近の輸送船を攻撃することに決め、6機が突入し、戦艦2、巡洋艦2及び大型輸送船1を轟沈、艦種不詳1を大破炎上させたと報じられた。

一方、九州方面からの航空攻撃に対する米軍の監視及び哨戒阻止が、2日夕刻頃から強化された模様で、徳之島基地への攻撃強化と相まって、沖縄の米艦船に対する攻撃は著しく困難となった。2日夕刻以来、敵哨戒戦闘機が屋久島付近に出現し始め、3日には同島付近に監視駆逐艦2隻を認めた。[*87]

⑻　**陸海航空部隊による第32軍への北中飛行場の攻撃要請**

沖縄の北、中飛行場への地上攻勢についての第8飛行師団の要求は強烈であった。米軍上陸以後の第32軍の動きを見て、師団は4月3日、その要望を次のように方面軍に電報した。[*88]

宛　第10方面軍　参考　参謀次長

……上陸兵団の支援に任ずべき基地航空の根拠未だ安定しあらざるは我の乗ずべき好機なり、而して此の好機は旬日を出でずして去らんとす、即ち上陸せる敵を攻撃し沖縄北、中飛行場の使用を拘束するは、大局における作戦目的を達成するとともに敵に大出血を強要するため絶対の要件なり、……球と雖も此の戦機を捕捉することなく易々として眼前に敵航空要塞の建設を許し神州を醜翼の蹂躙に委し自ら沖縄の一隅に健在するも瓦全の他何らの意義を有せず……

北中飛行場が簡単に米軍の手中に帰したことに対する反響は、海軍においても同様であった。3日午前、鹿屋の第5航空艦隊司令部で軍令部、連合艦隊、第5航空艦隊の関係者の作戦打ち合わせが行われたが、この席上で第32軍の反撃が要望され、3日1205、連合艦隊参謀長名で次のように発電された。

宛　第32軍参謀長　通報　参謀次長、第10方面軍

敵の機動部隊（正規空母群）の行動期間は従来の例に徴するも約10日間を越えざる見込みにして此の点我の乗ずべき唯一の敵弱点なり、故に此の期間敵の北、中飛行場の使用を封止するに成功せば海陸軍航空兵力の整備並びに九州方面の展開は大いに進捗し……従って貴軍に於ては既に準備中とは存ずるも茲約10日間敵の北、中飛行場使用を封止する為あらゆる手段を尽くし右目的を達成せられ度、之が為主力を以て当面の敵主力に対し攻勢を取られんことを熱望する次第なり……

これより先、第32軍司令部は4月初めの連合軍沖縄上陸開始当時、米軍の揚陸作業が速やかに行われ、夕刻には輸送船が空船となるものと判断し、輸送船の攻撃は慶良間泊地に進入する前に、また泊地では午前中に行い、その他の時期には、主として空母及び戦艦群を攻撃するよう、関係各航空部隊に要望した。また、北、中飛行場を米軍が使用し得ない2〜3日間に、徹底的な大航空作戦の実施を関係部隊に要望したのであった。[*89] つまり第32軍は、飛行場を占領させないために事前に米上陸軍を航空攻撃してくれといい、一方で航空部隊は米上陸軍を航空攻撃するために飛行場を確保してくれというのであり、双方の言い分が食い違っている。まさしく論理の相違が生じていたのである。

⑼　菊水１号作戦

●菊水１号作戦の発令（４月３日）

４月３日、鹿屋では第１機動基地航空部隊と連合艦隊、軍令部幕僚等と作戦打ち合わせを行い、現状を以て推移すれば、従来の各地の防御戦と同様、戦局の挽回は至難である。よって航空部隊の全力をもって、戦局打開の一大決戦を決行する要ありとの結論に達し、菊水１号作戦の概要命令を発令した。[*90]

同日夜、海軍からの総攻撃実施の通告に対し、第６航空軍も全力を挙げて協力することとなり、鹿屋での作戦協定の結果、総攻撃は４月６日と決定し、使用予定兵力を概要次の通りとなった。[*91]

特攻：６航軍50機、海軍１４０機、台湾から60機、計２５０機

掩護戦闘機：６航軍50機、海軍１３０機

第６航空軍では、３日、一部をもって攻撃を行ったが、戦果は芳しくなかった。なお、同日午後、第５航空艦隊から通報があり、「敵の上陸迅速にして、北、中飛行場の使用を許すに於いては事後の作戦不能となるため、海軍は全力をあげて昼間攻撃を決行する」とのことであった。そこで第６航空軍もこれに歩調を合わせ、断乎、全力をあげてこの攻撃に参加することに決めた。なお、海軍との作戦打ち合わせのため参謀長を翌４日、鹿屋に派遣した。

４月３日夕における第６航空軍の作戦可能戦力は、概ね次の通りであった。

知覧：飛行第65戦隊（一式戦、３）、飛行第59戦隊（三式戦、15）、飛行第１０３戦隊（四式戦、３）、第20振武隊（一式戦、２）、第21振武隊（一式戦、５）、第23振武隊（軍偵、３）、第42振武隊（97戦、５）、第43振武隊（一式戦、無し）、第44振武隊（一式戦、７）、第46振武隊（軍偵、９）

都城（西）：飛行第１０２戦隊（四式戦、14）

都城（東）：飛行第１０１戦隊（四式戦、20）

隈の庄：第60振武隊（四式戦、なし）、第61振武隊（四式戦、10）
熊本：飛行第60戦隊（四式戦、8）、第29振武隊（一式戦、7）
大刀洗：飛行第110戦隊（四式重、5）
福岡：飛行第2戦隊（百偵、1）、第4独立飛行隊（百偵、3）、司偵特攻隊（百偵、なし）
鹿屋：独立飛行第19中隊（百偵、4）司偵特攻隊（百偵、3）
蘆屋：飛行第55戦隊（三式戦、7）、第68振武隊（九七戦、6）
小月：第52振武隊（一式戦、8）、第62振武隊（軍偵、9）、合計157機

であり、攻撃開始以来3日夕刻までに知覧、萬世（ばんせい）から攻撃または徳之島、喜界島に躍進したものは、第6飛行団33機、戦闘機17機、各振武隊46機であった。[*92]

第8飛行師団の第9飛行団長柳本大佐は、飛行第105戦隊に3日の払暁攻撃を再興させた。飛行第105戦隊は、三式戦特攻8機、同爆撃1機、同直掩4機で三日払暁、石垣基地を発して沖縄に進攻、残波岬西方海面の敵大型艦船を攻撃し、巡洋艦または駆逐艦5隻轟沈などを報じた。この間石垣基地への米軍機の来襲は3月末頃から頻繁、熾烈となり、遂には1日24時間、間断なく上空を哨戒し、地上に少しでも動くものを発見すれば、直ちに銃撃してくるという状況であった。4月に入ると、飛行場補修作業妨害のため、時限爆弾を混用し始めたので作業は困難を極めた。[*93]

●4月4日〜5日の経過

連合艦隊司令部においては、先にも述べたように航空部隊と第32軍の間で飛行場をめぐる問題について意見が食い違うため無駄に時日を過ごした。米軍は両飛行場を4月10日頃から使用可能とするため、それ以前において海軍としては米軍に一大痛撃を与え戦勢を有利に導く必要があった。そのため4月4日、豊田連合艦隊司令長官は海軍航空部隊の全力、また海上特攻隊をも編成し、これを沖縄に突入させ、第32軍

とともに総攻撃を敢行することに決し、指揮下部隊に所要の命令を発した。[*94]

４月４日の「戦藻録」には当時の状況について次のように記してある。[*95]

午前菊水１号作戦の図演を行ひ、午後之が研究続いて同作戦の計画につき議を重ぬ。六航軍参謀長も来会せり。機動部隊に対する攻撃兵力は猶控置するも特攻兵力の大部を挙げ一か八かの大博奕を打つものにして第二、第三と続行し得ざるものなれば大いに慎密ならざるべからず。制空権を得ずして、技倆劣れる特攻を成功せしめんとする処に無理もあり、苦心も大なる所以なり。

第６航空軍司令官菅原道大中将は、４月４日、沖縄方面の全般戦勢を冷静に観察し、その所感を次のように日記に記した。[*96]

本作戦もまた従来と同様の轍を踏むこと略々(ほぼ)確実となれり。かくて昨年以来我は準備不十分にて常に敵に戦闘を強いられつつ同様の失敗を重ねたり。只願ふ菊水１号作戦の成果如何に係る。しかしこれとても従来の遣り口より格別奇想天外のことありとは思へず、沖縄の作戦も名物男、長勇に大なる期待をかけたりと雖も、中、北飛行場を取られたりとて慌てて騒ぐ始末なり、決して多きを望みえず、極めて悲観的なりと雖も、率直なる所なり

同日、第５航空艦隊と航空総攻撃についての協定を行った第６航空軍は、総攻撃の準備を進め、特攻隊の知覧、萬世等への集結、出撃準備を促進するとともに、第１攻撃集団の徳之島、喜界島推進を実行した。

安藤第10方面軍司令官は、４月４日、海軍からの通報によって連合艦隊が総攻撃決行することを知り、第８飛行師団及び第32軍で全面的にこれに協力することに決め、同日２４００次のように命令した。

第10方面軍命令

一、連合艦隊及び第６航空軍及び第５航空軍は主力を挙げて沖縄周辺の敵艦船攻撃を企図す、攻撃の時期は４月５日乃至６日と予定するも細部に関しては連合艦隊より通報する筈

二、第8飛行師団は連合艦隊の企図に連繋し現任務を続行すべし
三、第32軍は右企図に策応し本来の任務完遂に邁進（まいしん）すべし、特に海空部隊の壮挙に比肩する地上部隊の積極果敢なる行動に依り其の名誉を発揮せんことを期すべし

第6航空軍においては、絶えず敵に打撃を与えるという方針に基づき、5日知覧から特攻6機を沖縄へ直行、薄暮攻撃を実施させた。[*97]同軍では、3月28日から攻撃をはじめ、4月5日まで、特攻17機、艦船攻撃57機発進—損害28機、制空15機—損害4機、偵察17機—損害1機を出している。

4月5日の『戦藻録』に「GF長官明日夕刻当鹿屋に将旗を移揚するの電あり。天下分け目の関ケ原なれば当然とや云はん」、「第32軍に其の人ありと云はるゝ彼の長参謀長も遂に我を折り、7日を期し北方に対し攻勢を取ることに決せり。而して航空攻撃を同日に繰り下ぐる要望を出せるが之も撤回したり。よくぞ翻意せる！」、「GFは大和及二水戦（矢矧（やはぎ）、駆逐艦6）を水上特攻隊とし6日豊後水道出撃8日沖縄島西方に進出敵を掃蕩すべき命令を出せり。決戦なれば之もよからん」とある。この第32軍の攻勢は、直前になって中止され、飛行場奪回攻撃は行われなかった。また、4月5日には菊水1号作戦のために、豊田連合艦隊司令長官が鹿屋に将旗を下した。

この4月1日から5日までの間の特攻攻撃が米艦隊に与えた損害は大きなものであった。戦艦1、母艦1、輸送船貨物船8、掃海艇1及び上陸用船2が、攻撃で損傷された。海軍の死傷は、戦死81、負傷294及び行方不明60であったと報告された。[*98]

⑽ 菊水1号作戦発動（4月6日）

4月6日、陸海軍航空の一大決意を込めた菊水1号作戦（航空総攻撃）が開始された。

●菊水1号作戦

機動部隊撃滅を主任務として作戦を続けてきた第１機動基地航空部隊を主力とする海軍航空部隊が、大挙沖縄に対する攻撃に踏み切ったのがこの作戦である。その誘因は、米軍による北、中飛行場の占領であった。米機動部隊に対する攻撃はこののちも機会あるごとに逃さなかったが、米機動部隊を沖縄近海に拘束するためにも、敵に陸上基地の使用は許せない。沖縄を決戦場と考え、その全力を傾けた海軍の総反撃と、本土決戦のため、時を稼ごうとする陸軍の必死の反撃の開始である。質こそ劣れ、作戦参加機数、作戦期間ともに、今次戦争において、海軍が南東方面の航空戦と並んで最大規模の作戦を展開したその第一撃である。これは沖縄作戦の眼目でもあった。

米機動部隊は、那覇の東１８０浬圏内に４から５群で空母12～15隻、石垣島南東60浬に空母３隻、改装空母２隻、沖縄周辺に改装空母２隻、合計空母19～22隻、沖縄周辺に戦艦10隻、巡洋艦及び駆逐艦70隻、輸送艦１８５隻を数えた[*99]。

４月６日は、早朝から石垣、宮古、徳之島、喜界島等の飛行場に米艦上機の空襲があり、特に喜界島、徳之島に対する銃爆撃は執拗をきわめ、終日間断なく続けられ、これら飛行場からは遂に出撃の機を得なかった[*100]。

●作戦概況

４月６日早朝、第５航空艦隊の彩雲、百式司偵による広範囲の三段索敵を行った。これで沖縄北端91度85浬に米機動部隊４群12隻を発見し、１０１５～１３４０の間に爆戦85機、彗星24機の特攻を発進、大半が突入して空母４隻を撃破したことはほぼ確実と「戦藻録」には記されている。また、７日０１２０～０３２０の間、泊地攻撃に発進、天候不良で一部引き返し、瑞雲４機、陸攻５機、天山２機が攻撃を行ったが効果は大きくなかった。０３１５～０４０３の間、夜戦隊16機が攻略部隊を銃爆撃、輸送船１隻炎上、巡洋艦３隻にロケット弾を命中させたと報じた。特攻隊は天山16機、97艦攻30機、99艦爆49機で１２３０

以後逐次発進、西方に迂回航路をとって沖縄周辺艦船に突入、約半数突入成功の電報があった。

第6航空軍は特攻隊54機（未帰還24機）を知覧、萬世、都城から発進させた。この他に制空隊41機、重爆10機、合計使用機数105機を発進させたほか、5日、知覧から特攻6機をもって沖縄に薄暮攻撃をかけた。第8飛行師団は天候不良のため台湾方面からの作戦は中止、九州から28機の特攻を出撃させた。台湾の第5基地航空部隊も菊水1号作戦に策応して、彗星3機、天山3機、銀河4機、月光1機で周辺艦艇の攻撃を行った。

4月6日の菊水1号作戦参加機数は、陸軍機133機、海軍機九州372機、台湾18機、合計391機、陸海軍合計524機であった。*[101]

● 戦果

菊水1号作戦の成果について、第5航空艦隊先任参謀宮崎大佐は、戦後、「……菊水1号作戦はおおむね初期の成果を収め、敵に与えた有形無形の効果は偉大なものがあった……」と回想しており、また、現地32軍からの視認による戦果が、当時ほぼ確実に近いものと信じられ、宇垣第5航空艦隊司令長官も『戦藻録』に「今次菊水1号作戦の大成功を祝するものなり」と誌している。7日、第32軍から打電してきたのは、以下の戦果を報じた。*[102]

轟沈　戦艦2、艦種不詳2、大型3、小型2、計9隻
撃沈　輸送船5、艦種不詳1、計6隻
撃破　戦艦2、炎上　駆逐艦1、輸送船6、小型2、艦種不詳9、計20隻

(11) 海上特攻（4月6日～8日）

● 海上特攻の決定

連合艦隊司令長官豊田副武大将は、４月６日、航空攻撃（菊水１号作戦）にあわせ第１遊撃部隊をもって海上特攻隊を編成し８日黎明、沖縄に突入させ、米攻略部隊の撃滅を決意した。豊田大将は、戦後当時の心境を、

当時連合艦隊では、もし沖縄が失陥すればいよいよ本土決戦の軒先に火が付いたも同様で、海軍としてはありとあらゆる手段を尽くさねばならんという考えから、当時健在した戦艦大和を有効に使う方法として、水上特攻隊を編成して、沖縄上陸地点に対する突入作戦を計画した。……私は成功率は50パーセントはないだろう、五分五分の勝負は難しい、成功の算絶無だとは勿論考えないが、うまく行ったら奇跡だ、というくらいに判断したのだけれども、……多少でも成功の算があれば、出来ることは何でもしなければならぬ、という心持で決断したのだが、この決心をするには、私としてはずいぶん苦しい思いをしたものだった

と回想している[*103]。

当時の軍令部次長小澤治三郎中将は、

連合艦隊から海上特攻の計画を持ってきたとき、「連合艦隊長官がそうしたいという決意ならよかろう」と了解を与えた。その時は総長も聞いていた。全般の空気よりして、その当時も今日も当然と思う。多少の成算はあった

と述懐している[*104]。

このように問題もなく決定された背景には、『戦藻録』の４月４日に、「抑々（そもそも）茲に至れる主因は軍令部総長奏上の際、航空部隊だけの総攻撃なるやの御下問に対し海軍の全兵力を使用致すと奉答せるに在りと伝ふ」[*105]とあることも一因と考えられる。

この作戦を出発直前の４月６日、第２艦隊司令長官伊藤整一中将に説明に行ったのは、当時鹿屋に来て

第２艦隊司令長官　伊藤整一中将

いた連合艦隊参謀長草鹿龍之介中将（参謀三上作夫中佐随行）であった。

当時、水上部隊の作戦を担当していた連合艦隊参謀三上作夫中佐は、大要について戦後、

……草鹿参謀長に私がついて二艦隊に説明に行ったのであるが、作戦計画について説明しても、伊藤長官はなかなか納得されなかった。当然、このような作戦などとは言えない無謀な挙を納得されるはずがなかった。最後に一億総特攻のさきがけになってもらいたいのだ、という説明で「そうか、それならわかった」と即座に納得された……

と、回想している。[*106]

連合艦隊は、４月６日夜半、第32軍に同軍計画の８日夜の攻撃決行を８日朝に変更するよう次の要望電報（抜粋）を送った。

発ＧＦ参謀長宛三十二軍参謀長

一、第一遊撃部隊ハ八日朝沖縄西方海面ニ突入所在敵艦船及輸送（船）ヲ撃滅ノ上、敵上陸軍ヲ攻撃ノ予定、貴軍モ之ニ策応シ八日朝総攻撃ヲ決行スルヲ有利ト認ム

しかし第32軍は攻撃時期（８日夜）を変更できない旨を返電した。[*107]

●海上特攻隊の沖縄突入作戦

捷号作戦終了後、第２艦隊の大部は内地に帰投したが、その巡洋艦戦隊の主力を失い、かつ戦艦戦隊も

大和、長門、榛名の3隻のみであって、艦隊の兵力の均整は破られ再び戦略単位としての艦隊を編成することはほとんど困難な状況であった。これに加え燃料問題が深刻化し、昭和20年1月には第2艦隊として柱島泊地に碇泊し訓練に従事し得たのは大和、矢矧及び第17、第41駆逐隊の駆逐艦5隻に過ぎない状況であった。

3月1日現在の第2艦隊の編制は次のようなものであった。

- 第2艦隊

第1航空戦隊：大和、天城、葛城、信濃、隼鷹、龍鳳

第2水雷戦隊：矢矧、第7・第17・第21・第41駆逐隊

3月19日、米機動部隊の本土空襲の際、その一部兵力は呉軍港及び付近の軍事施設の攻撃を行った。柱島在碇泊中の第2艦隊に対しても約70機の敵機が来襲し、主として大和に攻撃が集中されたが、戦果、被害ともに軽傷であった。その後本戦闘に関する研究が行われたが、防空駆逐艦以外の駆逐艦は対空兵装貧弱であって対空防御には大なる期待をかけ得ず、また大和においてすら大なる戦果を挙げ得ない等将来の戦闘に対し大なる危惧を抱かせるものがあった。

その後、艦隊の諸訓練は特に対空戦闘に最重点を置き、夜間戦闘、電測射撃、電測発射、第二斜進魚雷の利用水測訓練等が重視された。当時第2艦隊に充当された燃料は、行動用、平常用合計、戦艦、巡洋艦は12節1・5昼夜分、駆逐艦は12節2昼夜分に過ぎなかった。

3月28日、第2艦隊が呉から兜島（かぶとじま）沖に回航した当時、第2艦隊司令長官が連合艦隊司令長官から受領していた命令は、第2艦隊は豊後水道から出撃し、大隅海峡を経て佐世保に回航待機するものであって、この行動によって沖縄方面に膠着の傾向を予想された敵機動部隊を我が基地航空機の威力圏内に誘致してこれに痛撃を加えようと企図したものであった。

4月5日1500、豊田連合艦隊司令長官は、第2艦隊司令長官に対し、大和、矢矧、第41駆逐隊、第17駆逐隊をもって海上特別攻撃隊を編成し、沖縄突入作戦を実施すべき旨の電令を発した。沖縄突入作戦の背景について、富岡定俊は、

陸軍の現地指揮官は米国の戦艦一隻の艦砲射撃は7個師団に相当すると歎声を漏らしたくらい、敵の艦砲射撃には恐れをなしていた。そこへ、海軍の航空はこれまで特攻特攻で死闘を続けてきたが、まだ水上部隊が生き残っているではないか、皇国存亡のこの際これを使わぬ方があるかというような声も騒がしくなってきた。そこで連合艦隊でもたまりかねて、大和の沖縄突入を画策したものと思う。

と述べる。[*108] よって第2艦隊は6日0600、宇部沖出航徳山に回航、大和以下沖縄突入部隊各艦に燃料を満載し、不用物件の陸揚げ等を行い、戦闘準備を整えた。

沖縄突入部隊の編成（第1遊撃部隊）は次のようなものとなった。

・第2艦隊

大和

第2水雷戦隊：矢矧第41駆逐隊（冬月、涼月）

第17駆逐隊（磯風、雲風、濱風）

第21駆逐隊（朝霜、霞、初霜）

同日、豊田連合艦隊司令長官は、全軍に対し、

陸軍と協力空海陸の全力を挙げて沖縄島周辺の敵艦隊に対する総攻撃を決行せんとす、皇国の興廃は此の一戦にあり、茲に特に海上特攻隊を編制し壮烈無比の突入作戦を命じたるは帝国海軍力を此の一戦に結集し光輝ある帝国海軍海上部隊の伝統を発揚すると共に真の栄光を後世に伝へんとするに外ならず各隊は真の特攻隊たると否とは問はず愈々殊死奮戦敵艦隊を此の処に殲滅し以て皇国無窮の礎を

確立すべし

と訓示を行った。また、第1遊撃部隊指揮官伊藤整一中将は、海上特攻隊の出撃にあたって「神機将ニ動カントス　皇国ノ降替繋リテ此ノ一挙ニ存ス各員奮戦敢闘会敵ヲ必滅シ以テ海上特攻隊ノ本領ヲ発揮セヨ」と訓示（信号）した。[*109]

第2艦隊は、８日黎明時嘉手納沖に達する予定をもって6日１６００徳山を出航し、途中伊予灘において襲撃訓練等を実施、１９３０頃豊後水道を通過、対潜警戒航行、序列に占位し、速力20節にて南下して翌7日０６００頃大隅海峡を通過した。

本行動中、夜間米潜水艦に発見された兆候があった。さらにこの作戦に関し米軍のウルトラ（情報解読）は、「大和」の出撃時期、予定経路、作戦目的、目的地、兵力編成までを明らかにしていた。[*110]

4月6日～7日夜、九州沖に活動中の潜水艦から敵艦隊行動の報告があり、58ＴＦの遠距離捜索15機は、7日払暁行動を開始した。０８２２、エセックス（空母）の1機が戦艦「大和」、軽巡「矢矧」、駆逐艦８隻からなる敵艦隊が東シナ海を沖縄に向かって南下中であるのを発見した。58ＴＦは、この朝０４００行動を起こして東北方に前進し敵艦隊を隔たる２４０浬においてその飛行機を発進させた。[*111]

第1遊撃部隊は、7日０７００に至り２１０度に変針輪形陣をとり、速力24節で南下を開始した。０７３０に至り、艦隊の東方に米航空機2機が北上中を発見した第5航空艦隊から派遣された零式戦闘機約20機は、０８００、艦隊上空に到着、事後１１００頃まで上空警戒を実施した。当日の天候は風弱く、海上は穏やかであったが、終日満天雲に覆われ上空警戒には不利な天候であった。

０９００、駆逐艦朝霜は、機関故障のため輪形陣から落伍した。１１３０頃、艦隊の東方約2万メートル付近に敵の大艇1機接触中であるのを発見し、次いで間もなく奄美大島の監視哨から「小型機約２５０機北上中」の電報を受けた。１２００頃に至り、艦隊の電波探知機は、距離約１００キロ付近から北上近接中の大編隊群を探知した。1230頃対空戦闘を開始した。当日は雲量が多く対空戦闘は困難を極めた。すなわち米機は雲間に隠顕し、照準妨害され測距も困難で弾着観測はほとんど不能の状況であった。また雲高が低いため、機銃も目標捕捉のときにはすでに爆弾投下後の状況を呈した。こうして米機動部隊航空機は数次にわたり延べ約300機をもって艦隊に雷爆撃を反復し、我が方はこれらに対し大なる反撃を与え得ず、1430頃、大和沈没し、矢矧及び駆逐艦朝霧、濱風は相前後して沈没し、磯風、霞は被害のため航行不能となりその乗員を僚艦に収容の後、これを処分した。本交戦地域は、概ね坊ノ岬の260度90浬付近であった。状況を把握した豊田連合艦隊司令長官は、海上特別攻撃隊の沖縄突入作戦の中止を命じ、佐世保回航を指令した。

なお、第32軍は8日午後に浦添・那覇西方海上に輸送船30隻が現出したことにより、8日夜予定していた総攻撃方針を変更し、一部をもって攻撃することとした。

「大和」の最後については、生存者の記録等によれば次の通りである。

伊藤司令長官は、最後に生き残りの一人一人の眸を捉えて答礼を返しながら、傾斜のひどい中を艦橋直下の長官休憩室に下りて行った。長官が入って休憩室の扉は閉ざされて長官は「大和」と運命をともにした。その部下の一部の消息は次のように伝えられている。艦長有賀幸作大佐は、防空指揮所中央の羅針儀に体を縛り付けて「大和」と運命を同じくした。また第9分隊長服部信六郎は、天皇皇后両陛下の御写真を奉持して私室に入り中から鍵をかけて身をもって御写真に殉じた。また、暗号士は暗号書その他軍機書類一切を抱き艦橋暗号室に入り内から閉ざして、艦とともに沈んでいった。1423、大傾斜、艦艇露出の後、前後部の砲塔が誘爆して沈没した。

「大和」2740名（司令部を含む）、第2水雷戦隊981名合計3721名が海上特攻隊としてこの作戦に殉じた。「大和」の戦果としては、撃墜3機、撃破20機、第2水雷戦隊の撃墜機数確認したものは19

機（沈没艦の分を含まず）となっている。[*112] 本海上特攻の沖縄突入作戦は、第1遊撃部隊の作戦計画によると、沖縄西方海面に突入し敵水上艦艇並に輸送船団を攻撃撃滅することを目的としたものだったが、目的を達成することなく作戦は終了した。連合艦隊司令長官の布告（昭和20年7月30日）には、この海上特攻は帝国海軍の伝統と水上部隊の精華を遺憾なく発揚したと記された。

⑿ 菊水1号作戦に対する米軍の対応

スプルーアンス提督は、4月6日における日本軍航空部隊の攻撃とともに、日本軍の残存艦隊が日本本土から出撃して、沖縄における米軍の輸送船団に攻撃を加えてくるものと判断していた。そこで彼は、哨戒機及び日本の沖合に配置されている潜水艦による警戒を厳重にするように命じた

大規模な日本軍の航空攻撃が開始されたのは4月6日が初めてであった。半数以上が神風特別攻撃隊よりなる日本機700機以上が第5艦隊に対して攻撃を加えてきた。58TFの上級直接掩護部隊が233機を撃墜し、対空火砲によってさらに35機を撃墜したが、「神風」22機が米軍の防御火網を突破し、スプルーアンス指揮下の艦隊に殺到した。[*113] 特攻機24機中、22機は体当たりに成功し、その結果駆逐艦2隻、掃海艇1隻、弾薬船2隻、LSTは沈没した。[*114]

さらに、その他10隻に損害を与えた。この10隻の大部分は、沖縄北方に配置されていたレーダーによる監視に任じていた駆逐艦であった。7日も一日中攻撃が続き、空母1隻、戦艦1隻及びレーダーによる監視に任じていた駆逐艦2隻が損傷した。[*115]

スプルーアンス提督は、ニミッツ提督に宛て、「敵の特攻攻撃の技術と効果に鑑み、さらに艦船の喪失と損傷の激増により、今後の敵の攻撃を阻止するため百方手段を尽くさざるを得ない状況である。ついては第20空軍（B－29戦略爆撃隊のこと）を含む全可動機をもって九州及び台湾にある飛行場に対し全力攻

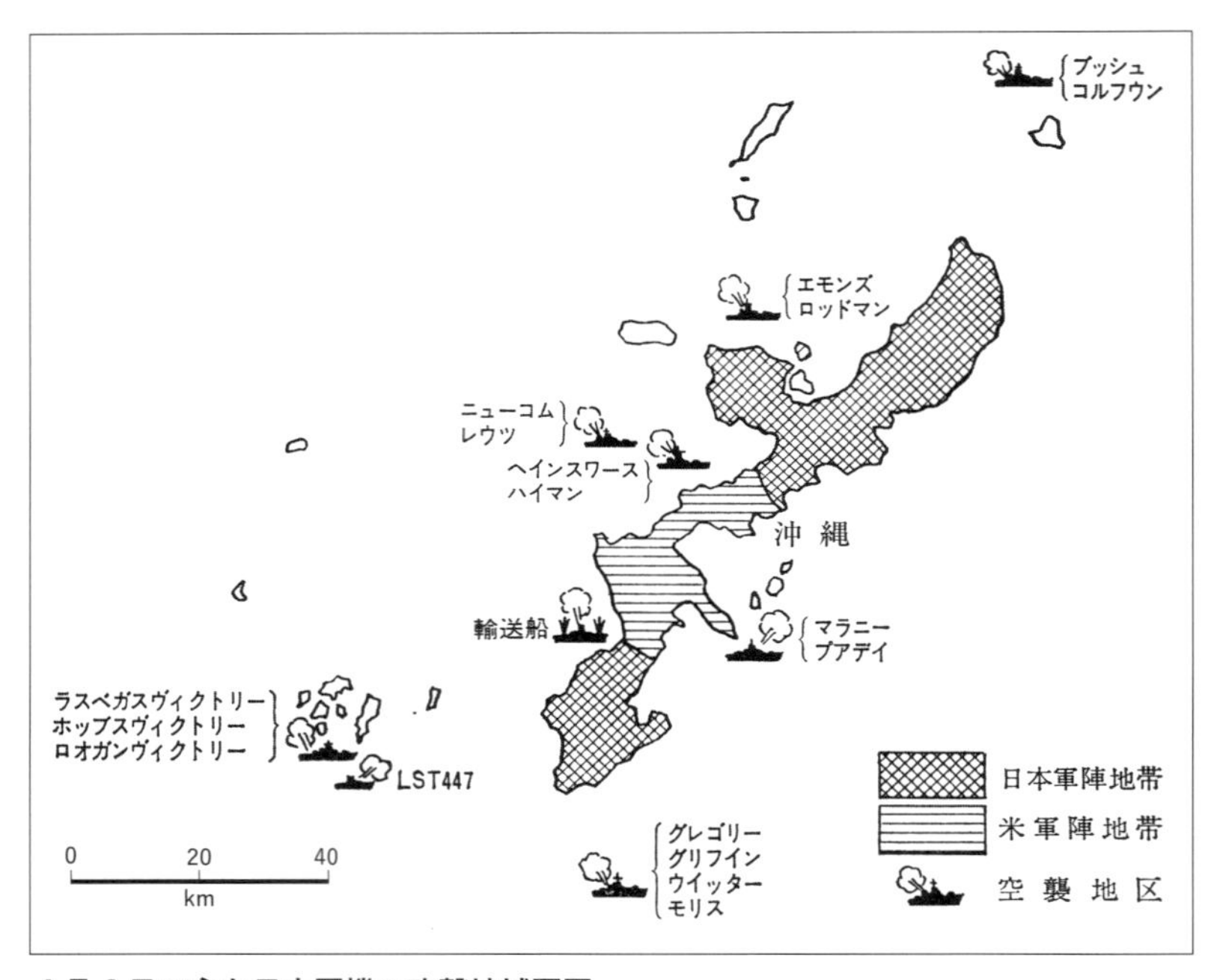

4月6日の主な日本軍機の攻撃地域要図

出典：防衛庁防衛研修所戦史室『戦史叢書　沖縄・臺灣・硫黄島方面方面陸軍航空作戦』(朝雲新聞社、1970年) 469頁

撃を実施されたい」と報告した。

英57TFは4月6から7日にわたる日本軍の航空及び海上艦隊の攻撃間、先島飛行場を日本軍側に使用させないようにした。[116]

⒀ 菊水1号作戦の終了（4月7日〜8日の経過）

●4月7日の経過

4月6日夕、第1機動基地航空部隊は、7日の作戦について、空母を捕捉して先制昼間攻撃を企図し、哨戒索敵、黎明空母銃爆撃のため爆戦隊、銀河隊の全力待機を令した。7日午前、在宮崎の銀河特攻全力に米機動部隊攻撃を命じ、その他の銀河に薄暮攻撃待機を命じたが、午後天候不良で薄暮、夜間の攻撃中止を命じた。台湾の第1航空艦隊は索敵の外、艦爆特攻の空母攻撃と石垣島部隊の夜間、黎明攻撃を命じた。7日の米機動部隊攻撃について宇垣第5航空艦隊司令長官は、少なくとも空母2隻撃沈、2撃破と判断した。[117]

第6航空軍においては4月5、6日の偵察により、中飛行場西方の米軍上陸点付近に軍需品が多数集積されているのを認めた。軍はこれを撃滅すれば敵の飛行場整備を遅らせ、また上陸軍の後方を擾乱し、第32軍の戦闘にも間接に寄与するものと判断して、海軍と協議のうえ、7日0350頃飛行第60戦隊、同第110戦隊の重爆10機に攻撃させた。当夜の沖縄本島付近は天候不良のため攻撃に向かった10機のうち5機が引き返し、攻撃を強行した5機のうち2機が未帰還となった。戦果の詳細は不明であったが、帰還した3機は数か所の火災発生を確認したと報じた。また、徳之島から7日払暁に特攻11機、喜界島から7日早朝に6機、薄暮に9機で攻撃を実施した。

第6航空軍による菊水1号作戦に合わせて行われた第1次航空総攻撃は、概ね所期の成果を収め、米軍に与えた有形無形の損害は大きなものと判断された。米軍はまだ沖縄への基地航空の推進が少なく、その上に機動部隊攻撃が並行して行われ、沖縄上空の制空に多数の戦闘機が使用されたこと等が、この総攻撃を成功させた原因であろうと考えられた。また米軍の沖縄上陸以来、その船団に対する攻撃は、ほとんど小兵力の逐次使用であったが、今回の総攻撃では約二百数十機の特攻機を集結使用し、敵の意表に出たことが攻撃を有効にした最大の原因であろうと考えられた。[*118]

実際、菊水1号作戦は、米軍に大きな影響を与えていた。米海兵隊戦史『沖縄：太平洋の勝利』によれば戦艦6隻撃沈のほかに、駆逐艦9、護衛駆逐艦4及び水雷艇5に損傷を与えた。さらにこの激戦19時間の間に、TF51の死傷者数は500名以上追加された。神風によって攻撃された船は、戦死94、負傷264、行方不明178と報告した。4月6－7日間、TF58は、日本軍機245を撃墜し、これで日本軍の損害は合計400機近くになると報告した。[*119]

この7日、第6航空軍では第2次総攻撃を計画していた。ところが、悪天に阻まれ、また第5航空艦隊の対機動部隊兵力枯渇もあって、傷つき逃避していると判断される敵に追撃を加えることが出来ず、みすみす絶好の好機を逸することとなった。まさしく「切歯扼腕の思い」であった。第6航空軍は、第2次総攻撃に応ずるよう特攻隊の戦力整備を急ぐとともに、一部をもって沖縄艦船攻撃を企図したが、天候不良のためほとんど出撃するに至らず、第29、第42、第68振武隊三隊の特攻隊のみ出撃したが戦果は不詳であった。また、軍は第2次総攻撃に応ずるため、一部兵力を徳之島、喜界島に推進しようとしたが、徳之島はこの日敵艦上機の執拗な爆撃及び制空を受けたため、果たせなかった。[*120]

4月8日朝、鹿屋方面に敵艦上機の空襲があった。さらに1000頃、B－29の数群が鹿屋地区を雲上から爆撃し、零戦77機で邀撃に向かったが会敵しなかった。いよいよ、マリアナの大型機が沖縄作戦に協力し始めたのである。[*121]

これらに対し菅原第6航空軍司令官は、日本側は米側を一定海域に捕捉しながら真面目な攻撃をかけ得ないのに、米側は7日、一挙に「大和」以下の艦隊を屠り、今また自在に日本側航空基地を攻撃するのを見て、日米実力の差が大きいことをあらためて痛感した。

また、8日夕刻、鹿屋から青木参謀副長が福岡に帰来して第5航空艦隊の菊水2号計画の概要を説明した。同計画は、菊水1号を状況に適合するよう修正した程度のものであった。海軍案の説明終了後、軍の協力要領が研究討議された。すでに使用を開始した沖縄北、中飛行場の米軍機をいかに封殺するかが重要な問題であった。米基地航空部隊の沖縄基地進出は航空作戦にとって重大な転機であった。[*122]

一方、8日頃、米艦上機の南西諸島方面における活動は極めて低調であった。第5航空艦隊司令長官宇垣中将は、米機動部隊が二群程度に減勢したものと判断して、当日の日記に次のように記している。[*123]

本日、南西諸島方面に活動せる敵艦上機数は、沖縄本島を合わせ延160機程度にして、著しく低調なり。昨日の攻撃状況調査の進捗とともに残存空母は二群程度と推定せらる。此の際に於て一、二撃を加ふるを得ば、敵機動部隊を壊滅し得ること明らかなり、ただ兵力の続かざるは如何にも残念とすべし

菊水1号作戦の戦果を認識していたのであるが、航空機が絶対的に不足していることを悔やんでいる。何れにしても菊水1号作戦は戦力集中不十分ななか終了した。

5　米陸上航空部隊が沖縄に進出以降の航空作戦

(1) 米陸上航空部隊、北、中飛行場の使用を開始

4月9日から海兵戦闘機隊2個は、読谷及び嘉手納飛行場から活動を開始し、後日海兵戦闘機隊の残余

並びに陸軍飛行隊も推進した[*124]。

第1機動基地航空部隊では8日、作戦打ち合わせを行って10日、菊水2号作戦を決行する方針で計画を進めた。菊水1号作戦程度の兵力使用が望ましかったが、兵力が足りないのでその方法について研究した。沖縄の飛行場完成により作戦がますます困難になるので、今回から前夜に米軍航空基地を制圧攻撃し、当日早朝、戦闘機第一波を出して米軍戦闘機を誘い出して、その着陸時頃攻撃隊を突入させるように計画した。しかし、9日は雨、10日も雨のち曇りであった。そのため10日、菊水2号作戦は12日に延期された[*125]。

一方、菊水1号作戦の戦果と第32軍地上総反攻決行とを信じ、米軍動揺の兆しありと確信する連合艦隊は、4月9日、引き続き総攻撃を継続し、米艦船を全滅するべく、次の壮烈な電命令を発令した[*126]。

1　諸情報を総合するに敵は動揺の兆し有りて、戦機は将に七分三部の兼ね合いにあり

2　連合艦隊はこの機に乗じ、指揮下一切の航空戦力を投入総追撃を以て飽く迄天号作戦を完遂せんとす

第6航空軍では、9日夕刻、喜界島から軍の特攻4機が沖縄の敵艦船を攻撃した。第42振武隊に第62振武隊の1機が同行突入し、戦果は火柱2を認めたと報じられた[*127]。

ここで第32軍は9日、事後の軍攻撃企図について、12日を期して陣前出撃を行うことを関係各軍に通報した。

(2) 米軍の迎撃体制強化

4月11日は、春雨が上がって満を持していた機動部隊攻撃の行われた日である。早朝から彗星夜戦と彩雲の索敵機が発進し、0930喜界島の南方60浬に空母3隻を含む米機動部隊を発見したので直ちに昼間特攻を決行した。零戦55機、紫電改15機が制空隊で、爆戦30機、彗星9機の特攻である。空母に突入を報

ずるもの爆戦７機、彗星４機、艦船突入を報ずるもの爆戦３機であった。全力薄暮攻撃のため、接触に出た彩雲により、喜界島の南方、合計３群存在することが概ね確実となった。これに対し、銀河17機、重爆16機、天山10機が１５３０～１８００の間に発進して雷爆撃を行った。この戦果は巡洋艦３隻撃沈、戦艦または巡洋艦１隻大火災、巡洋艦また駆逐艦２隻に魚雷命中して夜間も炎上中３隻が認められた。中城湾には攻略船団多数が入泊しているので、８０１部隊の陸攻９機で同湾に機雷敷設を決行させた。台湾方面では月光で夜間邀撃と泊地爆撃を行った。

基地を出撃する彗星特攻（沖縄作戦初期）
防衛庁防衛研修所戦史室『沖縄方面海軍作戦』（朝雲新聞社、1968年）708頁

　また、12日の菊水２号作戦について、米機動部隊が喜界島付近に行動する算が考えられるので、これに対する黎明索敵と特攻部署及び沖縄周辺艦船の同時攻撃の準備を手配した。２０００～２０１０にかけて陸攻４機、飛行艇２機は夜間索敵に発進し、南大東島沖で大部隊を探知した。[*128]

　一方、第６航空軍の諸隊は11日、天候回復に伴い、翌12日の総攻撃準備に邁進した。この日、知覧、萬世で軍が準備した特攻機は65機、菊池、目達原（めたばる）地区で準備した特攻機は約30機に達した。このほか第８飛行師団から軍に転属された特攻12機が新田原（にゅうたばる）にあり、第２次総攻撃に対する軍の出動可能の特攻機は合計１００機を下らなかった。特攻機の整備も大いに進み、一部の隊長機には無線機が装備された。

　また、司偵の偵察結果によれば、沖縄北、中飛行場にはすでに米小型機73機が進出しており、その基地使用は急速に活発化するものとみられていた。[*129]

第32軍は4月11日海空情報の判断として、「特に戦艦数の減少せるは沖縄本島の敵の主作戦終了せさる今日主力の敵艦艇の損害は相当甚大にして更に一撃を加ふれば之が撃滅を計り得へしと判断す」旨の参謀長電を発した。[*130]

米58TFは、4月11日には、特に猛烈な攻撃を受け、空母「エンタープライズ」は、特攻攻撃を4回も受け、修理のためウルシー基地に帰投しなければならなかった。

日本軍機の攻撃で米艦艇は大きな犠牲者を出したが、過労と神経衰弱による被害も大きかった。ピケット（レーダー索敵）艦で生じた多くの問題の一つは、RPS（レーダー・ピケット・ステーション）に敵味方不明機が飛来すると常に総員配置が発令されるため、休養が取れないことだった。疲労困憊し、心神耗弱状態の射手が友軍機に向けて射撃することは珍しいことではなかった。

米艦隊の防空としては、飛来する日本軍機を戦闘機指揮・管制駆逐艦が迎撃している間に、大型揚陸支援艦がその火力で駆逐艦の火力を補強することが理想的だった。しかし、初期のレーダー・ピケット運用では、各RPSに駆逐艦型1隻とその支援として大型用陸支援艇2隻の配置だったため、担当する海域が非常に広く、艦艇の間隙が何浬も離れていたので、互いに支援するのは難しかった。

4月10日、上陸作戦が一段落したので、多数の艦艇が使用可能になり、各RPSに駆逐艦1隻ないし2隻と大型用陸支援艦2隻ないし4隻を配置した。[*131]

(3) 菊水2号作戦と第2次総攻撃（4月11日〜14日）

●菊水2号作戦（4月11日〜12日の経過）

4月11日の喜界島南方の機動部隊攻撃に引き続いて行われたのが菊水2号作戦（海軍作戦機数354

空母に突入する特攻機
Center of Military History *The War in the Pacific OKINAWA: THE LAST BATTLE* (United States Army Washington,D.C.,1984), p.98.

機）である。この頃は沖縄の北、中飛行場には百数十機の米陸上機が常駐し、逆に九州の基地を攻撃する一方、特攻機は、敵の邀撃戦闘機と逐次整備されたレーダー・ピケット網に阻止され、作戦は航空ゲリラ戦的な傾向をとるほかなくなっていた。

大切なことは、まず本土の第10航空艦隊を主体とする特攻兵力を急いで南九州に進出、集中させることであった。対機動部隊作戦は菊水1号作戦に準じたが、沖縄の陸上航空基地が整備され、米側の反撃戦闘機が増加し、我が兵力も減少したことがこの作戦を前回より困難なものにした。[*132]

4月12日1330、米機動部隊は沖縄北端の東方60〜80浬に3群、正規空母8隻、特設空母2隻の計10隻であった。また、中城湾に米軍部隊の入泊が頻繁なので、黎明までに陸攻9機で機雷敷設を行わせたが、5機が任務終了を報じたのみで、未帰還5機を出した。沖縄の北、中飛行場にはこの頃、すでに小型機等130機が集中していたので、周辺艦船攻撃の特攻の突入も覚束なくなったため、予定通りまずこの制圧を行った。

第10航空艦隊特攻隊を主力とする沖縄周辺部隊の艦攻、艦爆40機と桜花隊8機は1100〜1230の間に発進して1445〜1600の間に攻撃を決行した。桜花の発進を6機、戦艦轟沈1隻概ね確実、他に戦艦1隻に命中と報じた。戦爆、艦攻はいずれも多くは電信機をもっていかなかったので突入電は少なかったが、大半は突入に成功したものと考えられた。

米機動部隊攻撃は、与論島東方の空母群に、爆戦19機、百式司偵

2機及び銀河12機が1300頃発進、1500〜1600の間に突入を報じている。彩雲の帰着報告で米機動部隊の全貌を掴んだので引き続き重爆16機、銀河15機が1800以後発進、夜間攻撃に向かい、1940〜2145の間に攻撃を決行した。戦果は確認されたもの、轟撃沈特空母1隻、艦種不詳2隻である。周辺艦船に対する薄暮攻撃のため、1600、陸攻14機発進、1915〜1945の間に攻撃を行い、巡洋艦2隻撃沈、戦艦1隻炎上、戦艦1隻魚雷命中と報じた。

一方、台湾方面では、彩雲1機、零式水偵2機で石垣島付近の偵察を行い、零戦12機（内爆装6機）が石垣島南方の米機動部隊攻撃を行った。沖縄の泊地等に対して、月光3機、瑞雲2機、零式水偵3機がそれぞれ夜間攻撃を加えている[*133]。

第6航空軍各隊も攻撃計画に基づき、勇躍行動を開始した。敵基地航空制圧のため、北、中飛行場爆撃の任を持つ飛行第60戦隊及び同第110戦隊の四式重各4機は、計画通り0400前後に沖縄北、中飛行場を爆撃し、中飛行場では4機炎上、1機爆砕のほか、爆発3か所、火災2か所を起こさせ、北飛行場では直径100m、高さ300mの大爆発及び火災を起こさせた[*134]。

この日の参加兵力は、九州方面は、海軍333機（うち特攻86機）、陸軍124機（うち特攻72機）、台湾方面は海軍21機（うち特攻12機）、陸軍15機（うち特攻8機）であった[*135]。

菊水2号作戦は、兵力も少なく奇襲というわけにもいかなかったので、菊水1号作戦に比べると戦果は少なかったが、まず相当な打撃を与えることが出来たものと考えられた。宇垣第5航空艦隊司令長官は『戦藻録』に、「本日の総攻撃も成功せり、更に敵機動部隊に総追撃を加え、此の際に於て之が撃滅を計るを要す」と記している。菊水2号作戦については、第5航空艦隊司令長官はまずは成功とみていたのである。同宮崎先任参謀は、「本作戦により敵艦艇の撃沈破は空母を含み20隻以上にして、1号作戦に比し使用兵力の関係上少なかったが、大なる戦果を挙げ外電の報ずるところによれば、米軍の損害は甚大で敵の攻略作戦の進捗も困難なるべしとの情報があった」と同様の所見を持っていた。[*136]

海軍部は、諸般の情況、我に有利と判断し、第５航空艦隊司令部は、外電の報じた「……尚一、二週間継続せば今次作戦は米の悲観として終わるべし」を伝え、「勝敗の機数はここ旬日にあるとみとむ」との判断を電報してきた。[*137]

12日夜、第32軍は菊水２号作戦に呼応して、積極作戦に出て、４個大隊で、全線にわたって夜間挺身斬り込みをかけたが、米軍の圧倒的火力のため多大の損害を被って攻撃を中止する外なかった。

しかし、この日、米航空機による南西諸島来襲延べ約２３０機、台湾北部に英機動部隊の約１６０機が来襲した。周辺艦船は、戦艦79隻、巡洋艦７～10隻、駆逐艦70隻、輸送船その他１００隻、他に慶良間在泊の輸送船約70隻を数えた。[*138]

この菊水２号作戦及び第２次総攻撃も国軍として本当に航空戦力を集中発揮したのかというとそうはみられていなかった。航空兵器総局長官の遠藤三郎は以下のように述べる。[*139]

私は日本本土を決戦場とすることは日本国の構造並びに国民性からして断じて避くべきであり、沖縄こそ三度目の正直、ここを最後の決戦場として全力を尽くし戦争の終末とすべき旨を、私が関東軍参謀副長以来懇意にしておった梅津参謀総長並びに幼少のころから懇意であった阿南(あなみ)陸軍大臣に具申するとともに、航空部隊の沖縄に対する総攻撃の状況を視察するべく、４月12日、その発進基地九州に参りました。まず驚いたことは、陸海航空部隊の総指揮官である豊田連合艦隊司令長官が九州に進まず、八王子郊外日野に止まっていることと、沖縄作戦に参加している陸軍航空はわずかに菅原道大中将の指揮する第六航空軍のみで、その他の５個航空軍は参加しておらず、ことに陸軍航空の中核ともいうべき青木戦闘飛行師団は大阪附近にあって、本土決戦の準備中であることを知り、唖然たらざるを得ませんでした。

●4月13日の経過

4月13日は12日に引き続いて米機動部隊追撃を企図したが、索敵機の後続が続かず長蛇を逸した。[*140]

この日の『戦藻録』には、「第5艦隊長官スプルアンス旗艦（ニュージャージー）は本朝最上級の緊急信を発しニミツより感度低きにより強力発信を請求せるに対し之に応じ難しと返電せり。相当の損害を被れるものの如し」とある。[*141]

海軍の行う菊水2号作戦に続く菊水3号作戦は15日以降と予定され、第6航空軍はこれに応じる諸準備を促進した。軍司令官菅原中将は、13日の日記に次のように記している。

菊水3号作戦は15日以降に計画、明日如何にするや、菊水2号、3号の区分明瞭ならず。井戸田参謀の報告有りて徳之島の進攻基地としての使用放棄の已むなきに至る。連日連夜の哨戒にて喜界島もその危険界に入れるが如し。本日17機の特攻隊を投入す、果たして如何、然し之を恐るれば制空の処置をなさざれば攻撃は不能となる。今後作戦遂行の苦衷誰か察せん

と本音を漏らしている。通常の攻撃と菊水作戦の区別はあいまいだった。

また、菅原軍司令官は、第32軍の加農（カノン）による飛行場制圧に相当の信頼を寄せていたが、この期待は外れ、情報によればすでに13日には、北、中飛行場に敵機１５０機が進出していた。その上、徳之島基地への敵艦上機の制圧はいよいよ強化され、同基地も利用できなくなり、戦勢は日本側が押され気味で、特攻も漸次効果が減少するものと予測された。第6航空軍司令部では13日以後の報告を総合した結果、沖縄の艦船減少の兆候が見えないので、特攻の効果について疑問も生じていた。[*142]

第6航空軍が徳之島、喜界島の使用を制限された4月14日頃、第8飛行師団でも石垣、宮古の基地使用をめぐり、同様の難しい事態が起こっていた。このため、第8飛行師団は、宮古、石垣両島への米軍機の攻撃により、同島基地の使用が漸次困難の度を加えたので、極力、先島列島基地の使用を制限するととも

に各機種の増槽の装備を急ぎ、なるべく多くの兵力を以て台湾から直接、沖縄を攻撃できるよう準備した。[*143]

⑷ 沖縄から戦闘機による九州初空襲と菊水３号作戦（４月15日～16日）

４月15日午後、第５航空艦隊では、菊水３号作戦の打ち合わせを行った。菊水２号作戦では米軍のレーダー哨戒艦艇と陸上基地整備の進捗により増加した邀撃戦闘機のため、攻撃隊は相当の被害を受けた。制空下の攻撃でなくては、対機動部隊にせよ周辺艦船にせよ成功の見込みは少ないと考えられた。そこで菊水３号作戦では前日薄暮に基地を制圧し、当日は制空戦闘機の全力を一時に投入して、戦場の制空権を握って攻撃を行うことに計画された。

15日１４００頃、増槽をつけた米戦闘機約80機が九州に来襲、鹿屋では待機中の紫電改の発進が遅れ離陸直後に２機が撃破された。この戦闘機による来襲は、沖縄基地からの可能性があることを意味し、今後さらに厳重な警戒が求められた。

本戦闘機の追撃攻撃という形でいよいよ菊水３号作戦が始まった。すなわち、零戦10機が陸軍の戦闘機と協同して、１６２５発進、薄暮沖縄の北、中飛行場を銃爆撃で制圧、全機奇襲に成功した。陸攻８機も２２００頃発進、両飛行場を爆撃制圧した（陸軍の重爆も協同）。続いて、瑞雲３機が沖縄周辺艦船の夜間攻撃を行った。この日、台湾方面から陸攻５機で沖縄北飛行場の夜間爆撃を行っている。[*144]

第６航空軍司令部は15日午前、豊田連合艦隊司令長官が来訪した。菅原軍司令官から第２次総攻撃の成果、第３次総攻撃の計画等を報告した。夕刻、海軍との打ち合わせの結果、第３次総攻撃特攻攻撃の時期を16日午前に早めた。[*145]

米海軍のオペレーション・リサーチ・グループの研究は、日本軍機をより遠方で迎撃できるようにＣＡＰ（戦闘空中哨戒）機を可能な限りＲＰＳ（レーダー・ピケット・ステーション）から遠くに配置することが好ましいとした。この方法で日本軍機が艦艇に接近する前にCAP機が撃墜できる時間の余裕が出来た。迎撃に際し、日本軍機を散会させることは、隊長機から僚機を分離することになり、日本軍機が攻撃を成功させることを困難にした。沖縄の神風の場合、日本軍パイロットは最小限の訓練しか受けておらず、目標に向かうときは誘導機に頼ることも多かったので、この散開戦法は重要だった。[*146]

ともあれ4月15日、16日には、日本軍攻撃機は、58TFの対九州基地攻撃にもかかわらず大挙沖縄に来襲した。結果、神風1機がインターピット号の飛行甲板を衝破し、他の特攻機は10隻の艦船に損傷を与え駆逐艦1隻を沈没させた。[*147]

(5) 第3次総攻撃(4月16日～18日)

連日の晴天で作戦は予定通り進行した。15日薄暮、陸海軍挺進戦闘機隊による北、中飛行場の銃爆撃、陸攻による飛行場の夜間爆撃に続いて、16日黎明彗星夜戦4機、零夜戦6機で飛行場を奇襲銃爆撃した。15日の夜間索敵機が喜界島の南東60浬に敵部隊を発見したので、彩雲4機で黎明索敵を行い、米機動部隊3群を捕捉した。これに対し、制空隊76機の爆戦66機、彗星10機、銀河20機を2回に分けて発信して特攻攻撃を行った。これらの戦果は、艦船不詳1隻、戦艦または巡洋艦1隻轟撃沈、戦艦1隻炎上と報じた。[*148]

沖縄周辺艦船攻撃は、戦爆20機、九九艦爆19機、銀河12機、桜花6機、九七艦攻12機、天山9機が0830～1000の間に特別攻撃を行い、別に陸軍特攻50機と制空戦闘機15機がこれに策応した。戦果として空母に1機、戦艦5機、艦船3機、輸送船2機、その他に1機がそれぞれ突入を報じている。[*149]

台湾方面では黎明時、月光1機が飛行場攻撃、爆戦3機が米機動部隊の攻撃を行った。午後は彗星各5機が機動部隊及び飛行場攻撃に発進、天山5機が周辺艦船の薄暮攻撃を行った。[*150]

4月16日、陸軍航空による菊水3号作戦に呼応した第3次総攻撃が開始された。戦場一帯は移動性高気圧圏内にあって晴れである。第１陣、第１００飛行団の選抜した四式戦の北、中飛行場銃撃部隊に続き、第２陣飛行第60戦隊の重爆４機が１７４０、熊本基地から北、中飛行場爆撃に向かった。挺身戦闘隊は１８４０過ぎ、沖縄北、中飛行場に突入、「タ」弾（堅硬目標爆破用の弾丸）攻撃及び砲撃を在地敵機に加え、地上軍の観察によれば敵基地に大爆発を起こさせた。特攻攻撃は、艦船攻撃の特攻隊50機と飛行第65戦隊の襲撃機３機とが、16日０６１０知覧、萬世基地を出発して沖縄周辺の敵艦船に攻撃を加え、その無線報告に依れば、大部が突入した模様であるが戦果は不詳であった。[*151]

４月16日の作戦機数、

九州方面：海軍３９３機（うち特攻１６８機）、陸軍90機（うち特攻50機）

台湾方面：海軍22機（うち特攻1機）、陸軍２機（うち特攻1機）

合計海軍４１５機（うち特攻１７６機）、陸軍92機（うち特攻51機）で総計５０７機（うち特攻２２４機）であった。[*152]

●今一押しの兵力継続せず

モリソン海戦史『二大洋の戦い』の中で、４月16日の日本軍特攻攻撃による米艦の被害状況を、「第３回の恐るべき菊水攻撃は、４月16日に開始され、レーダー監視駆逐艦第1番艦（第1番レーダー哨所の位置は伊平島北北西約20浬）のラフェイ号は、０８２７からその攻撃を受けることになった。それは如何なる船と雖も未だかつて経験したことのない、まったく生還を期し得ないような猛烈な攻撃であった」などと記している。[*153]とはいうものの菊水3号作戦は使用兵力の割には1号、２号に比べて、米軍に大きな打撃を加えることはできなかった。米軍の邀撃態勢（レーダー哨戒艇と邀撃戦闘機）が日ごとに整っているのに反して日本側兵力は、性能も技量も落ち目では是非もなかったのである。[*154]

第５航空艦隊では、「今一押し、後続の兵力さえ補充してくれたならば」の考えが強かったのであるが、それが出来なかった。[*155]

またマリアナ方面を基地とするB－29編隊は、4月17日南九州地区基地の攻撃を開始し、事後ほとんど連日、大編隊空襲を反復するに及び、航空作戦の実施を著しく困難にした。連合艦隊司令長官は、各鎮守府麾下の雷電戦闘機隊を4月23日以降、鹿屋方面に集中し、B－29の邀撃にあたらせ、相当の戦果を挙げたが、敵の来攻を阻止することはできなかった。

一方、我が航空部隊も沖縄作戦開始以来、連続の航空攻撃により兵力の消耗、特に制空戦闘機、偵察機、昼間特攻機の消耗甚大であって早急にこれらの補充も困難な状況にあり、陸上作戦においても逐次圧迫される状況であって、戦局の前途は暗澹たるものがあった。[*156]

なお当日付の連合艦隊命令で第1機動基地航空部隊は第10航空艦隊に対する作戦指揮を解かれた。現に集中した者及び集中予定の兵力はそのままとして、そのほかは決号作戦に備えることとなったのである。第10航空艦隊司令部は18日鹿屋発、霞ケ浦に帰任することとなった。[*157]

4月16日、艦載機グラマン多数が南九州の飛行場を攻撃したが、これについて鹿屋では二つの観測がされていた。一つは敵が勝ち誇っての攻撃であり、他の一つは苦し紛れの攻撃である、とするものであった。当時鹿屋における大勢は後者の見方であった。このような状況で海軍内に追撃戦果拡張のため逆上陸実行の意見が生じた。4月17日には第6航空軍に連合艦隊参謀長から、今次総攻撃成功の余勢をかって追撃を徹底させ、沖縄への逆上陸決行の意見具申について連絡があった。しかし、この提案を草鹿連合艦隊参謀長から受けた藤塚止戈夫（ふじつかしかお）第6航空軍参謀長は、電話で河辺参謀次長にこの意見を具申したが、可能性はほとんどないと却下された。[*158]

4月17日、戦況上奏時侍従武官へ「海軍は沖縄方面の敵に対し非常によくやっている。而し敵は物量を以て粘り強くやっているからこちらも断固やらなくてはならぬ」との御言葉があった。[*159]

菊水3号作戦が終わると九州方面の天候は悪化し、しばらく積極作戦は中止されて4月中旬は終わる。当初企図した上陸前の攻略部隊の撃破が出来ず、肝心の北、中飛行場も敵手に落ちて奪回の見込みが立たず、特攻機がいくら突入しても空母は減少しない。いま一押しの兵力が続かなかったのである。陸上戦闘の反撃はまず至難に近いであろうし、航空機生産も海軍用が月600機では、補充にはもとより足りない。燃料は初めから底が見えている。こうして一方に戦意にはやる現地司令部を見ながら、積極作戦を要望して旬日も出ぬ4月18日、連合艦隊から増援中止の措置という方針の変更が示された。[*160]

一方、本土においては沖縄の戦果が拡大宣伝されていた。陸軍少将岡原寛の4月19日の日記には、「16、7日……沖縄沖にて更大戦果。空母5を撃沈す」とある。[*161]

(6) 4月20日までの参加延機数と陸海軍の成果の確信

●参加延機数

4月20日は黄砂があり、視程は極めて不良であったため、第5航空艦隊は、この日も敵機動部隊を発見できなかった。

4月6日の菊水1号作戦以来、相当の兵力を攻略部隊攻撃に向けては来ているが、第5航空艦隊が沖縄戦の終始を通じ、全般的に目指したのは機動部隊の撃滅であった。その熱意はもはや宿命的とさえ見えるほどであった。[*162]

4月20日まで、沖縄作戦開始以来各方面の参加延機数の概数は、次の通り。

九州方面　海軍約3700機（九州沖米機動部隊邀撃戦を含むもので、3、5、10航艦、海上護衛総隊）　陸軍約690機（第6航空軍、但し米大型機邀撃作戦分は含まれていない）

台湾方面　海軍約400機

陸軍約230機

合計　海軍約4100機、陸軍約920機

4月19日における海軍の保有機数は九州方面約600機、台湾方面実働約50機であった。[*163]

海軍は本作戦の成功をいよいよ確信し、沖縄奪回をも志すようになるとともに、天号作戦に対する陸軍の熱意に不満を感じ始める。4月21日、連合艦隊が指令した次の作戦方針がこれを物語っている。

1　第3、第10航空艦隊より極力航空戦力を抽出し、第5航空艦隊の戦力を強化し、全航空戦力を挙げて天号航空作戦を強行す

2　陸軍に対し第6航空軍に対する戦力補充を督促し、第6航空軍を鞭撻して天号作戦に一途邁進せしむ

3　台湾の第1航空艦隊、第8飛行師団の作戦協力を強化する如く措置す

海軍が沖縄決戦に熱中している一方、陸軍は4月上旬以来本土決戦の本格的準備に懸命の努力を傾注しつつあった。[*164]

●義号作戦の浮上と陸海軍の思想

4月中旬、第6航空軍には、敵の艦船は我が特攻により多数沈没し、敵の第一線が交代するという通信情報が入っていた。これは相当信頼できる情報で、第6航空軍司令部は、今が義号作戦（空挺作戦）決行の好機であると判断した。空挺部隊を沖縄北、中飛行場に投入し、その機能を停止させ、特攻の艦船攻撃を最大限に発揮すべきであるというのである。

そこで井戸田参謀を大本営に派遣し、沖縄空挺作戦実施について第6航空軍の意見を具申させた。目的は飛行場にある敵の戦闘機を撃滅して特攻機の艦船攻撃を有効にし、敵の補給を断つ、これによって浮足立っている敵の敗退を決定的にするというものである。無線傍受、その他諸情報を総合した結果、軍では

このように判断し、少し力を加えれば勝てるとみて意見具申したが、中央ではすでに本土決戦に重きを置く思想が強く、軍の意見具申は採用されなかった。[*165] ここにも陸軍内で現地航空と中央との認識の差がみえるのである。

元来陸軍の沖縄作戦に対する考え方は、本土決戦準備のため出血、持久作戦を行うにあった。本土に約60個師団の戦力を準備しつつある陸軍としては、増援の方途もなく、２個師団有余の兵力しか存在していない離島沖縄において決戦を遂行する構想はもともと持ちえないところであった。一方、海軍は、すでに海上部隊全滅し、残存の航空部隊が唯一の戦力である。加えるに航空作戦の戦果を過信しつつある海軍としては、海軍戦略の特性と相まって沖縄決戦を願望するのもまた故あることであった。[*166]

●離島への中距離捜索レーダーの設置

この間、米軍は4月16日から攻略を開始した伊江島を21日に占領したので、中距離捜索レーダーを設置して、4月23日に運用可能にした。ＲＰ（レーダー・ピケット）艦艇が〝地獄の戦い〟を強いられた理由に、アイスバーグ作戦の立案者が周辺の島を最初に攻略しなかった点が挙げられている。周辺の島は理想的なレーダー・ピケット地点で、これらを使用すればＲＰ艦艇の哨戒が不要になる。こうした離島の占領によってますます米艦隊に自由を与えて行ったのである。５月12日に無抵抗で占領した鳥島（久米島の北）に設置したレーダーの捜索範囲は、＃10ＲＰＳの艦艇が哨戒する海域まで到達していた。６月９日の粟国島と６月26日の久米島はいずれも無抵抗で占領した。ここにレーダーを設置したので、＃９ＲＰＳ、ＲＰ艦艇を激務から解放できた。[*167]

無線諜報も特攻機の捕捉に貢献した。日本軍は、航空基地の上空で特攻機隊を編成しコントロールするために、無線電話を多用した。日本軍のパイロットや航空管制係にしか理解できない、暗号にも等しい日本語の略語通信はグアムとマリアナで傍受された。通信解析係、語学士官、暗号解読係が互いに協力して、この通信から死活を左右する重要な情報を引き出すことが出来た。九州の航空基地上空で交信されている日本軍の無線電話から入手した情報とともに、無線諜報から、来襲する神風攻撃隊の機数と到着時刻を時機を失せずにスプルーアンスに通知することが出来たので、彼は艦艇、航空機に警報を発し、特攻機を迎撃するのに最も好都合なように、艦艇航空機を配備することが出来た。*168

(7) 航空ゲリラ戦への移行と菊水4号作戦の浮上（4月22日〜24日）

●丹作戦の再燃

4月22日、夜来の索敵機も黎明の彗星、零戦の索敵攻撃とともに米機動部隊は発見できなかった。そのうちにまたB－29約100機が朝から南九州地区に来襲した。*169 米機動部隊は、沖縄本島以南海面に後退、陸上作戦の支援に任じ、4月下旬頃、沖縄方面の飛行場整備と相まって大部はウルシーに帰投したものと推定された。*170 連合艦隊、軍令部はこうした情勢に応じて再度丹作戦の決行を考え、その検討を第5航空艦隊に指示した。*171

一方、同日、米機動部隊総攻撃に策応して出撃した第6航空軍等の35機の特攻隊は、戦後米軍の記録によると7隻の駆逐艦等を損傷させている。なお、第6航空軍の航空作戦記録によれば、当日は三式戦18機で喜界島までを、四式戦21機でその南方をそれぞれ掩護し、特攻隊35機の行動を容易にした。*172

●菊水4号作戦の発令

4月23日には、マリアナからの来襲が度重なり作戦に支障をきたすようになったので先に述べた局地戦闘機雷電が鹿屋に集められ、第1機動基地航空部隊では陸攻を鹿屋から大分に移すなどの措置を講じた。一方兵力の補充はなかなか思うに任せないが、陸上戦闘の前途は楽観を許さないし、米後続部隊の北上、来援の気配もあるので、連合艦隊は現有兵力で夜間攻撃を主とした菊水4号作戦の計画を定めた。

４月24日、九州は半晴れであったが、沖縄方面は細雨で、十分な偵察が出来なかった。第１機動基地航空部隊では状況判断の末、25日から29日にわたる夜間攻撃を主とした菊水４号作戦を計画して発令した。また、この日、鹿屋では第３次丹作戦の打ち合わせを行った[*173]。すでに沖縄の敵航空基地は本格的活動を開始し、これの制圧如何は天号作戦の遂行を左右する真に重大な問題となっていた。中央でもまた、沖縄の米航空基地の制圧に大きな関心を払うようになった[*174]。

菊水４号作戦は、前回の３号作戦までとは違って、夜間、基地制圧攻撃を連夜にわたり実施しつつ夜間泊地艦船の攻撃を決行し、28日艦攻、艦爆、水上機特攻の薄暮月明攻撃を実施するのがその要旨であった[*175]。要するに予期していたように名実共に航空ゲリラ戦に移行したといえる。

第６航空軍は天候の考慮と特攻戦力準備、特に機材整備に数日の余裕を必要としたため、24日に海軍と協定し、菊水４号作戦と合わせ第５次航空総攻撃を４月28日と決め、これに使用する特攻機は少なくとも40機と予定した。またこの日、小月の第12飛行師団長三好康之少将が、第６航空軍司令部に立ち寄り、菅原軍司令官に特攻隊員が戦果の確認について苦慮していることを語った。菅原軍司令官は、特攻戦果の確認が特攻作戦遂行上きわめて重要な問題であることを改めて痛感した。菅原軍司令官の日記によると戦果の確認については、「１　状況許す限り偵察機（司偵）等による偵察、２　各振武隊の隊長機に無電機を備え付け、簡単な信号を定めて戦場到着、攻撃開始を報告させる、３　現地第32軍の展望視察による戦果通報を受ける、４　無線電話の傍受（米軍は電話無統制で特攻機が来襲するや騒然となり、消火、救急など普通語をそのまま使用するのでこれを傍受した）」などを行うよう改善したが、至難な仕事であった[*176]。

⑻　菊水４号作戦（第５次総攻撃）の実施（４月27日〜29日）

４月25日、26日は天候不良で夜間攻撃が実施できず、海軍は菊水４号作戦を28日に定め、数日来天候不良で行えなかった夜間攻撃（約20機）を27日夜から開始し、28日は薄暮に特攻攻撃（約40機）を行い数隻撃沈破した。[*177]

4月27日後半夜（28日）の第8飛行師団の攻撃は大きな成果を収めた。第9飛行団誠第116飛行隊の特攻2機及び独立飛行第42中隊の爆撃1機は、宮古から出撃、慶良間沖の敵艦船を攻撃し、中型輸送船1を撃沈、巡洋艦1、輸送船1を大破させたと報じた。また、台湾本島から攻撃に参加した誠第33飛行隊の特攻機5機及び誘導1機は嘉手納沖の敵艦船を、第9飛行団指揮下の飛行第105戦隊の特攻5機は慶良間湾内の敵艦船を、誠第34飛行隊の特攻機5機は慶良間東方の敵艦船に、誠第119飛行隊の特攻4機は久米島西方の敵艦船にそれぞれ突入、大きな成果を得たと報じた。[*178]

4月28日、第6航空軍による第5次航空総攻撃の当日である。飛行第60戦隊の前夜の攻撃は28日0300過ぎ、重爆3機が沖縄北飛行場を攻撃して全弾飛行場に命中し、炎上7か所、爆発1か所を確認した。中核である特攻攻撃は、この日の日没前後、特攻機36機で敢行された。第1次から第3次攻撃隊に分かれ、1650頃知覧飛行場を発進、1830から1900の間、沖縄本島周辺の敵艦船を攻撃した。通信情報によって認められた攻撃の戦果は、特設空母らしいもの1隻撃沈、1隻撃破、戦艦2隻撃破、艦種不詳1隻炎上、その他我が攻撃を受けつつありと報告するものが数隻に及んだ。[*179]

4月下旬の第32軍の戦況は芳しくなく、逐次首里北方の高地線に圧迫されていた。第8飛行師団は4月28日、第32軍に次のような激励電を発した。[*180]

天候の回復に伴ひ天一号航空作戦愈々酣（たけなわ）ならんとし我精鋭の志気衝天の概あり、切に貴軍の御健闘を祈る、尚当師団の戦力は逐次補強せられつつあるを以て爾後投入兵力を増大し間接的に貴軍に対する協力を強化する考へにして今後1－2か月の作戦に支障なき戦力を保有しあるに付為念

4月29日、第5航空艦隊は沖縄北端の東70浬を北上する米機動部隊を発見、爆戦33機を主体とする特攻

をかけ、空母に８機、その他に突入11機の戦果を挙げた。30日も喜界島東方１００浬に米機動部隊を発見したが、準備が遅れ天候が崩れてきたので攻撃は中止となり、４月の航空作戦はひとまず終了した。[*181] また丹作戦は行われなかった。

４月29日、参内の豊田連合艦隊司令長官に天皇陛下は、「連合艦隊指揮下の航空部隊が天号作戦に逐次戦果を挙げつつあるを満足に思ふ。今後益々しっかりやる様に」と御言葉があった。[*182]

⑼　米艦隊の損耗及び米軍側から見た日本軍の損耗とその意義

一方、米陸軍公刊戦史『沖縄：最後の戦い』には、３月26日～４月30日間に、日本軍の攻撃のために沈没した米船舶は20隻、損傷を蒙ったものは１５７隻に及んだとある。うち、特攻機の攻撃によるものは沈没14隻、損傷90隻であって、その他の飛行機によるものは損傷47隻沈没１隻である。海軍の損失は重大で、４月中だけで、戦死９５６名、負傷２６５０名、行方不明８９７名に達した。[*183] 哨戒任務についていた艦艇は特に多大の損害を蒙った。

慶良間諸島が占領されてからは、脅威は減少したが、依然として少数の特攻艇の攻撃が夜間、特に那覇及び与那原地区において行われた。特攻艇によって被った損害は４月30日までに沈没１隻、撃破６隻である。

日本軍の４月30日までの損失は、連合海軍が与えたものだけでも飛行機１１００機、その他地上防空火器及び戦術飛行機によるもの多数あり、「大和」を基幹とする艦隊は撃破され、その大部は撃沈されただけでなく、その他相当数の戦闘並びに補助艦船を喪失した。これらの結果、米軍が得た最も重大な意義は、日本軍の企図、すなわち米軍艦隊を撃破若しくは駆逐し、上陸軍を撃破し、もって沖縄戦の勝利を獲得しようとする計画を挫折させたことである。それだけではなく、日本は沖縄の喪失により、その近接する大陸から完全に遮断され、孤立するに至ったのである。攻撃軍の艦隊戦隊も少なからざる打撃を受けたとはいえ、沖縄に対する補給を持続し、かつ、太平洋の多方面からの新たな補給路をも保持することが出来るようになったのである。かくて米上陸軍は、完全なる補給路のもとに中南部に向かう作戦を遂行できるようになったのである。[*184]

⑽ 第32軍の総攻撃と第6次総攻撃（菊水5号作戦）

4月30日、第6航空軍は、5月4日を期して総攻撃を開始する旨を第32軍から通報された。陸海軍航空はこの攻勢に策応して航空総攻撃を行うことに決した。[*185]

第32軍からの攻撃構想及び攻勢に対する航空の協力要望は次の通りであった。

第32軍攻勢移転構想

一　主力はX日（4日と予定）黎明右正面より攻勢に転じ、大規模なる各方面の攻撃開始と相まって連続北方に対し攻撃を続行、普天間東西の線に進出、敵第24軍団主力を撃滅す

航空攻撃に関する希望

一、二日、三日両日嘉手納沖、中城湾の戦艦、巡洋艦、なし得れば駆逐艦の徹底的掃滅

二、攻撃開始前北、中飛行場の強度制圧

三、攻撃開始後も右に準じ直接的攻撃の持続

なお、第32軍からは海岸付近敵軍需品集積所の爆撃も併せて要請してきた。

第6航空軍は第32軍の攻勢に策応し、出来る限りの戦力を挙げて協力するため、第5航空艦隊と協力し5月4日に第6次航空総攻撃（菊水5号）計画を行うことに決め、これを第32軍に通報した。[*186]

第6次航空総攻撃（菊水5号作戦）計画上考慮されたのは次のようなことであった。前夜から夜間攻撃隊で間断なく基地及び物資集積所、泊地艦船攻撃を行うこと。前進路と泊地制空に陸軍機戦闘機隊を多数

使用すること。前程にある哨戒艦艇は爆戦隊をもって攻撃することであった[*187]。

現地地上軍の要求する陸軍航空への米艦砲射撃の制圧は、すでに従前から第32軍の意見として航空軍も承知していたが、その最も威力を発揮する戦艦に対しては、軽機種の特攻機では計算上、また実際上も威力がないことが明らかであった。しかし軍は現地軍の切実な希望を入れ、第３攻撃集団に第32軍地上部隊の行動する方面の沿岸にある敵艦を極力求めて攻撃するよう命令し、一方、海軍には本来の使命である敵大型艦の攻撃を要望した。

第32軍が、その運命を賭する攻勢にあたり、陸軍航空部隊の緊密な地上作戦協力を欲しているであろうことは、第６航空軍においても十分推察できた。しかし、すでに米陸上基地航空の活躍により昼間の沖縄上空の行動は、ほとんど不可能に近いので、地上軍の要求する海岸の敵軍需品集積所を、総攻撃の前夜に重爆で爆撃することにとどめたのであった[*188]。

５月１日は雨、２日も雨から曇りとなり、午後彩雲を列島線東方の索敵に出したが敵を見ず、夜に入って予定通り夜戦８機、陸攻９機、瑞雲４機で、沖縄の物資集積所の爆撃を行い、２か所の炎上を見た[*189]。

この間、第６航空軍では、航空総軍参謀長田副登(たぞえのぼる)中将を２日、司令部に迎え、さらに午後になって航空総軍から懸案となっていた義号作戦の実施が決まった旨を伝えてきた。前年11月以来数カ月にわたり数度の更改を見た空挺作戦も遂に実施することに決まったのである。沖縄出動の吉報を受けた奥山隊は、勇躍して川南から熊本健軍飛行場に前進し、第６航空軍司令官の指揮下に入った。攻撃目標は沖縄北及び中飛行場と決まり、連日飛行場攻撃の訓練が繰り返された[*190]。

⑾ 菊水５号作戦（第６次総攻撃）発動（５月３日〜４日）

５月３日、いよいよ第32軍総攻撃の前日である。移動性高気圧は東シナ海に張り出し、九州は晴れ、沖縄は曇りのち薄曇りで天気は上り坂であった。第32軍は翌４日黎明から総攻撃を開始しようとし、第５航空艦隊はこの日薄暮から翌４日にかけて菊水５号作戦を決行した。第６航空軍は海軍航空と呼応してこの日薄暮から第６次総攻撃を開始した[191]。

飛行艇1機が九州東方海面の夜間索敵、攻撃部隊は天山20機、銀河６機、重爆８機が沖縄周辺艦船の夜間攻撃、瑞雲３機と九四水偵12機は同じく艦船に特攻攻撃、陸攻４機は物資集積所夜間爆撃を行った。一方、台湾方面では、１日、２日は整備に費やしたが、３日夕には九九艦爆４機、天山４機、九七艦攻２機が、沖縄周辺艦船に特攻攻撃を行った。天山４機は同じく夜間雷撃を行っている。

５月４日は、総力を挙げた菊水５号作戦実施の日である。

飛行場に対しては、陸攻７機が０１００頃発進し、北飛行場を爆撃、彗星15機、零夜戦３機が夜間４回にわたり北飛行場と伊江島飛行場を攻撃した。昼間強襲には、制空隊零戦48機、紫電改35機を使用し、爆戦20機、一式陸攻（桜花搭載）７機、九七艦攻10機及び九九艦爆７機が０８３０頃特攻攻撃、彗星隊28機も１４００頃指宿を発進して沖永良部西方の艦艇に特攻攻撃を加えた。夜間攻撃は、天山５機、銀河６機及び重爆７機が出撃、別に爆戦21機、瑞雲７機が哨戒艦艇と飛行場攻撃に出撃した。また、陸攻２機は夜戦４機とともに泊地及び基地の夜間攻撃を行った。

台湾方面では、彗星４機、九九艦爆１機、零戦５機が０９５０頃発進して宮古南方の米機動部隊特攻攻撃に、同じ九九七艦攻１機、零戦４機が１０２０頃発進し、さらに天山２機、九九艦爆２機、零戦３機が１１００頃発進して何れも米機動部隊攻撃に向かった。夜間の沖縄周辺艦船に対しては、天山４機、銀河３機が攻撃を行った[192]。

第６航空軍からは泊地攻撃に戦闘機45機、特攻機40機が出撃した。台湾の第８飛行師団からは３日薄暮特攻26機、４日未明偵察機10機、特攻14機、５日未明偵察機10機、特攻４機が出撃した[193]。

米陸軍公刊戦史『沖縄：最後の戦い』では5月4日の日本軍航空攻撃は成果を上げたとある。早朝から10時の間、米海軍部隊は特攻戦術を用いた日本軍飛行機の間断ない攻撃のもとにあって、多くの軽武装艦船は沈没か損傷を受けた。4機が米駆逐艦モリソン号に突っ込み、艦は8分を経たずにして沈没し、154名の死傷者を出した。1発の「桜花」が駆逐艦Ｓｈｅａ号に命中、火を発し25名戦死し、前部船室を水浸しにした。5月3日から4日日没までの間、日本軍は17隻の米艦船を沈め、682名の海軍死傷者を生じさせた。一方、米航空機及び艦砲は、131機の日本軍機を撃墜した。[*194]

菊水5号作戦における海軍の作戦機数300機、未帰還65機である。そのうち特攻発進136機中、未帰還61機である。そのほか、陸軍の作戦機数合計136機、そのうち特攻出撃数80機、未帰還60機である。

菊水5号作戦は、第5航空艦隊司令部では、まず比較的戦果を挙げたものと考えられた。[*195]

⑿　陸軍の沖縄作戦への関心

5月5日夕、期待していた第32軍の総攻撃は大なる成果を得ず中止となり、戦略持久に復帰することとなった。こうした陸上戦闘の経過から見て、陸軍は沖縄作戦の前途に見込みを失い、本土決戦準備に徹底しようとするが、海軍は作戦の前途に見込みは少なくなったとは考えたが、なお航空作戦の継続を考え、これに対する努力を続けた。すなわち、5月8日以後、菊水6号作戦の決行を予令し、兵力の整備を行いながら情勢判断、戦法の研究工夫を続け、この菊水6号作戦で実用機による特攻の手持ち全部を投入するのである。[*196]

『機密戦争日誌』には当時の陸軍中央における沖縄戦の認識が記されている。

五月四日以来再興セル沖縄方面ノ海軍ノ総反撃ハ遂ニ六日ニ至リ大損害ヲ受ケテ失敗ト決定ス。コレニテ大体沖縄作戦ノ見透ハ明白トナル。コレニ多クノ期待ヲカクルコト自体無理　一旦上陸ヲ許サバ之ヲ撃攘（げきじょう）ハ殆ント不可能　洋上撃滅思想ヘノ徹底ニヨリ不可能ヲ可能ナラシメサルヘカラズ　コレ本土決戦ヘノ覚悟ナリ

つまり5月6日の段階で陸軍は航空総反撃は失敗と判断し、本土決戦へと舵を切るのである。[*197]

また、第8飛行師団は5月4日の第32軍の攻勢失敗により、沖縄の大勢はすでに決したものと認め、今後の師団の任務は沖縄を基地とする米軍の本土攻撃を背後から牽制することにあると判断した。これに基づき師団は5月6日、自隊の態勢を整理することに決めて必要な処置を執った。師団は3月下旬、連合軍の慶良間上陸以来この日までに中央配属特攻隊の大部を使用するとともに、師団自らも無理な特攻隊を次々と編成して沖縄の敵艦船を攻撃した。今や使用できる飛行機もほとんどなく、部隊の将兵も昼夜にわたる空中及び地上勤務により疲労消耗が甚だしく、飛行機整備、人員の補充、休養等が極めて必要となった。その上に先島列島の諸基地は米軍の制圧を受けてほとんど使用不能に陥った。こういったことからこの処置がとられたのであった。[*198]

6　最後の戦い

⑴ 今後の対策

5月8日、宇垣第5航空艦隊司令長官は、艦船の損害にも拘わらず、沖縄における米軍の地歩は固まり飛行場も整備し200機以上を常駐させ、また米機動部隊は発見できず、周辺艦船も減少していること、――それに陸上部隊の攻勢は不成功、我が航空勢力も減耗して故障続出――の状況でどうするかは極めて重要な問題であるとして、幕僚に状況判断を命じた。これに対する当時の第5航空艦隊の判断は大要次のようなものであった。一つは丹作戦の構想である。次は敵情偵知に努め、米機動部隊の次期来襲時には全力をもって捕捉撃滅せねばならない。沖縄周辺艦船と基地の攻撃は間断なく反復して米上陸軍の戦力低下を図るが、これには今後陸軍航空兵力をさらに天号作戦に集中させる必要がある。もう一つは、米機動部隊と沖縄周辺艦船攻撃とを強化して、その戦果発揚の好機には逆上陸、空挺隊等の特殊作戦を敢行して沖縄の奪回を図る、というものであった。[*199]

この頃、陸軍第５航空軍飛行第16戦隊の一部は、急遽沖縄作戦に参加し、九州大刀洗飛行場を基地として沖縄に上陸した米軍の爆撃を敢行していた。沖縄の戦局が日を追って非勢となりつつあるとき、第５航空軍は５月８日の大本営命令によって、南朝鮮転用が決定し、21日には軍司令部を京城に移動した。任務は対馬海峡方面の防衛を主とするものであった。これを見てもわかるように陸軍にとって沖縄戦の帰趨は既に明らかであり、米軍の済州島あるいは南朝鮮への進攻が早期に予想されるようになったために、第５航空軍の転用となったわけである。[*200]

５月９日午前中、海軍では今後の作戦につき打ち合わせを行い、菊水６号作戦を11日実施に定め、第３次丹作戦を12日に再考することにした。

これより先、第５航空艦隊は海軍総隊及び第６航空軍と研究討議を行って今後の沖縄作戦に対する指導方針を定めた。主なところは、沖縄基地艦船部隊に対する攻撃を強化続行して兵力の減殺を図り、敵上陸軍の戦力を低下させる。敵機動部隊北上の機を作為して好機これを捕捉し、特攻兵力を集中しこれが撃滅を期する。５月中に極力前項の作戦を強化して、沖縄本島に対する逆上陸を準備する、という第５航空艦隊の判断を実行に移すというようなものだった。[*201]

⑵　菊水６号作戦（第７次航空総攻撃　５月10日〜11日）

海軍は、10日夜から11日朝にかけて菊水６号作戦を実施した。10日は晴れであった。銀河８機、陸攻８

機、夜戦10機、桜花2機、瑞雲6機で北飛行場と周辺艦船の夜間攻撃を行い、陸軍の重爆2機も夜間艦船攻撃に向かった。この日、海軍総隊は第32軍に対し、「連合艦隊は航空全兵力を以て、沖縄周辺基地、艦船攻撃を強化続行するとともに喜界及び先島に基地を推進、敵輸送船団を洋上に捕捉撃滅し、好機駆逐艦を以て緊急輸送逆上陸を実施せんと企図しあり、強靭なる作戦実施を要望す」の趣旨の電報を発した。

台湾方面では、天山3機、月光1機及び銀河1機で沖縄周辺艦船と北飛行場を攻撃した。[*202]

第6航空軍による菊水6号作戦に合わせた第7次航空総攻撃は、10日の夜間攻撃で開始された。10日夜は、月齢29の真の闇夜であった。この夜の沖縄飛行場制圧は陸軍の重爆、海軍の陸攻、陸爆、次に関東空の夜戦隊により、さらに次に桜花隊の滑走路突込みにより、最後に陸軍戦闘機の挺身攻撃と10日日没から11日払暁にわたる数段の備えで沖縄北、中飛行場を攻撃した。しかし期待された「桜花」の滑走路突込みは視界不良のため失敗、陸軍戦闘機四式戦15機の挺進攻撃もともに十分な効果を発揮できなかった。戦果は北飛行場に炎上9か所を発生させ、中飛行場は全滑走路に有効な命中弾を与えたと報じられた。

第32軍の攻勢失敗は、1カ月有余にわたる航空攻撃の経過から次第に確定的となっていた沖縄作戦の失敗をさらに決定的なものとした。また、宮古、石垣基地への連合軍の制圧は次第に厳しくなり、単に空からの攻撃だけでなく、艦砲射撃も加えられる状況となった。これ以上強いて先島基地の使用を継続することは、労効相償わなくなったので、第8飛行師団は5月10日、師団命令をもって第9飛行団主力を先島列島から台湾本島に引き上げ、爾後の戦闘を準備させた。[*203]すでにこの頃には航空側から地上部隊に求めることは、生存して、米艦隊を沖縄に出来るだけ拘束しておくこととなっていた。

5月11日は曇りから雨となった。菊水6号作戦決行の日である。彗星10機、陸攻2機、九七艦攻7機、天山10機、爆戦11機、桜花搭載特攻4機、銀河8機及び水偵6機は早朝発進して、沖縄周辺艦船と飛行場を攻撃した。台湾方面では、この日陸偵2機で黎明時の北飛行場攻撃を行ったにとどまった。[*204]

5月11日の陸海連絡で、陸軍は沖縄への空挺作戦（義号）について説明、海軍は、「太平洋においては敵は次期大規模作戦を準備中」と連絡した。[*205]

(3) 必然となった作戦方針の転換

●底をついた海軍の特攻兵力

従来陸海軍航空作戦としては沖縄周辺艦船の攻撃とともに、米機動部隊を求めて積極的にこれが撃破に努めてきた。これに対し、4月中旬以来のB－29の来襲が加わり、今後は米機動部隊迄が今迄の2カ月の沖縄周辺作戦を切り替えて直接九州に大挙するであろう。これは作戦方針の転換を画する一つのポイントとなった。元来、すでに底をついた海軍の特攻兵力は、この次の菊水7号作戦から練習機の白菊を特攻に使う予定になっていた。「機数を揃え、術力を練成して盛り返す」という第一線部隊の希望は叶えられる間もないまま、米軍の余裕を与えない進攻のため、終始、苦しい無理な作戦を行わざるを得なかったのである。[*206]

しかし、海軍総隊司令長官は5月14日、「総隊ハ指揮下航空兵力ノ全力ヲ投入　果敢ニ勝機ノ打開ヲ策セントス」と発電、丹作戦準備兵力を含む天航空部隊（第1機動基地航空部隊及び第7基地航空部隊を以って連合基地航空部隊を編成、天航空部隊（TFB）と呼称した。指揮官は第1機動基地航空部隊（第5航空艦隊）指揮官）全力をもって、13日以来九州に接近中の米機動部隊を攻撃し、第6航空軍に対しては、一部をもって敵機動部隊攻撃に協力、自余の全力を適宜沖縄周辺敵艦船攻撃に指向、陸上戦闘に策応すべし、と命じた。海軍総隊参謀長は、さらに第10方面軍参謀長に、第8飛行師団の全面協力を要請した。[*207]

●B－29による九州地方爆撃の終焉

米陸軍航空部隊（B－29）の九州爆撃では、期待された日本軍航空部隊による米第5艦隊に対する攻撃を阻止できなかった。つまり、空軍による攻撃を継続することは無駄であったとみなされたため、5月中旬、ニミッツ提督はルメイ将軍に対する要請を取り消し、B－29の部隊をもって日本の都市に対する攻撃及び日本の沿岸に対する機雷敷設を再開させた*[208]。

B－29部隊は、4月8日から5月11日まで九州と四国の飛行場に対して1600回以上の爆撃任務を実施して、望まない任務から解放された。カーチス・ルメイは回想録で、この任務は誤った着想に基づいていて、努力の価値はなかったと主張している。そして「B－29は、戦術爆撃機ではなかったし、そうであるふりをしたこともなかった。どんなにこれらの飛行場を叩いても、神風の脅威をゼロにすることはできなかった。ある割合で、脅威は常に存在した」と述べた*[209]。

●第32軍による航空作戦についての要望

第32軍の地上戦闘は、5月4日の攻勢失敗後も依然北面する現陣地により防御戦闘を継続したが、優勢な米第10軍の攻撃により逐次陣地を侵食される状況であった。5月16日、第32軍は航空作戦について、第10方面軍及び大本営陸軍部に概要次のようにその要望を伝えた*[210]。

1　武器なき二万五千の戦闘員に対する急速兵器の輸送
2　日航、満航、中華航空その他動員可能の全空輸機をもって精鋭歩兵数個大隊の緊急落下傘降下
3　連合艦隊、第8飛行師団のみによることなく、速やかに国軍全航空兵力を沖縄周辺の敵艦船撃破に投入

●伊江島から戦闘機による九州の攻撃（5月17日）

5月17日、長距離陸軍戦闘機P－47が伊江島から離陸して九州を攻撃した。いよいよ機動部隊によらなくても沖縄の飛行場から米陸軍戦闘機をもって九州を攻撃することが出来るようになったのである。戦闘哨空が沖縄の北方に設定され、延6700機以上が島の部隊や周辺の哨戒機を防護するため出撃した。5

月の大部は悪天候で、空中作戦を妨げ、日本軍にとっては有利であったにもかかわらず、日本軍機の撃墜されたものは369機に上った。この期間に（4月7日から5月31日）事故を含んですべての米軍飛行機損失の109のうち、わずかに3機が日本軍パイロットによって撃墜されたものであった。[*211]

●スプルーアンス提督、早期の勝利を断念

沖縄の戦闘が長引くとともに、スプルーアンス提督は速やかに勝利を得ることを断念した。そして7週間が過ぎたのち、カール・ムーア大佐にあてた手紙の中で、そのような暗い気持ちを書き綴っている。

特攻機は非常に効果的な武器で、我々としてはこれを決して軽視することはできない。私はこの作戦地域内にいたこともないものには、それが艦隊に対してどのような力を持っているか、理解することはできないものと信じる。それは安全な高度から効果のない爆撃を繰り返している我が陸軍の重爆撃機隊のやり方と全く対照的である。私は長期的に見て、陸軍のゆっくりとした組織的な攻撃法をとるやり方の方が、実際に人命の犠牲を少なくすることになるかどうか、疑問に思っている。それは同じ数の損害を長期間に出すに過ぎないのである。日本の航空部隊側が艦隊に対して絶えず攻撃を加えてくるものとすれば、長期になればなるほど、海軍の損害は非常に増大する。しかし、私は海軍の艦艇や人員の損耗について陸軍が憂慮しているなどとは思えない。時には、陸軍のやり方を、ホランド・スミスの猛烈な攻撃ぶりと比べて、我慢のできない思いをすることがあるが、我々としては何ともできない。

しかしスプルーアンスは、沖縄における陸軍の戦闘について、公的な立場からこのような考えを明らかにしたことはなかった。[*212]

5月17日、ターナー提督は、ハリーW・ヒル提督と、第51TF司令官の地位を交代した。そしてヒル提督は、沖縄の防空とその地域内の海軍部隊を指揮することとなった。またバックナー将軍は、陸上にいる部隊全部の指揮と沖縄方面における占領した陣地の防御と拡張の直接責任及びこの使命を達するための第51TF指揮権を与えられた。このため第10軍司令官は、今後は直接スプルーアンス提督に報告する立場になった。[*213]

⑷ 菊水7号作戦と義号作戦（5月18日〜）

●菊水7号作戦の延期

海軍総隊は5月18日、菊水7号作戦（X日を23日と予定）を下令し、天航空部隊及び第6航空軍に対し、天航空部隊は、X－1日沖縄艦船、基地の夜間攻撃、第6航空軍は義烈空挺隊を以て敵基地強行着陸、飛行場制圧封止を指示した。

菊水7号作戦はこのような状況で、義号作戦を主体として北、中飛行場の使用を一時封止し、その機に乗じて菊水作戦等を強行して沖縄周辺艦船を撃滅し、その戦果の拡大を図ろうとしたのであった。

当時の日本軍兵力について、菊水7号作戦の戦訓速報によれば九州方面の航空機数（作戦使用計画機数）は、２７０機であった。5月後半の作戦は、こうした状況で16日以来22日まで連日索敵及び状況許す限り攻撃を続け、天候の許す限り夜間の基地及び泊地攻撃の手を緩めることはなかった。[*214]

5月19日、第6航空軍は、軍主体の総攻撃を薄暮に実施予定であったが、天候不良のため延期した。第6航空軍司令官は、この日、飛行第60、第１１０戦隊長、義烈空挺隊長、第3独立飛行隊長の四部隊長を軍司令部に招致して、義号作戦について種々細部の協議を行った。

また、第6航空軍司令部では、午前に作戦会議が行われ、義号作戦の全貌が幕僚に伝達されるとともに、対機動部隊及び対新上陸を含む全般作戦の検討が行われた。その結果、義号作戦は敵の新上陸、または機動部隊出現の如何に拘わらず、5月22日に決行することに定められた。菅原軍司令官はこの日、義号作戦要領、「義号部隊をもって沖縄（北）（中）両飛行場に挺進し敵航空基地を制圧し、その機に乗じ陸海航空兵力をもって沖縄付近敵艦船に総攻撃を実施す」旨の計画を決裁した。

5月19日、第50振武隊の主力一式特攻9機は1603知覧出発、沖縄周辺の敵艦船に全機特攻攻撃を敢行した。通信情報により、「1825伊江島方面海面、1900久米島付近海面において突入し成功し、輸送船1を撃沈、輸送船1、艦種不詳2を撃破」したことが確認された[*215]。

5月21日は終日天候不良のため、陸海航空ともに攻撃を取りやめた。但し台湾方面の天気は比較的良好で、第8飛行師団は予定通り攻撃できた。この日の天気予報では、翌22日も依然悪天が予想され、第6航空軍の義号作戦はさらに1日から2日の延期が考慮された。この日、第5航空艦隊では菊水7号作戦の研究打ち合わせが行われた。その結果、義号作戦は主として天候回復時期の見込みから5月23日夜半に延期され、使用兵力は次のようになった。

一　義号部隊義烈空挺隊　5個小隊136名
　　第3挺進飛行隊重爆　12機32名
二　飛行場攻撃部隊　第6航空軍　四式重　12機
　　第5航空軍　九九双軽　10機
　　海軍戦闘機　12機
　　海軍爆撃機　12機以上
三　艦船攻撃部隊　海軍雷撃機　約30機
　　第6航空軍　特攻100機、重爆4機
　　海軍　特攻80機、桜花10機

5月22日の天候も依然不良であった。

5月23日、いよいよ義号作戦決行の日である。九州晴れ、沖縄薄曇り、台湾は雨であった。出発直前、福岡の海軍連絡班からの電話連絡で、海軍は天候不良のため総攻撃を1日繰り延べたと通報してきた。このため出発直前の義号作戦を中止させることが出来た。しかしこの時は、すでに奥山隊及び諏訪部隊の将兵は乾杯迄終わって飛行機に乗り込み出発直前であった。[*216]

宇垣の日記には、「本土の雨も大体とれて作戦地域天候回復せるをもって菊水7号作戦を明24日と決定し、本日より作戦を開始せり。……今次の作戦に対しお上は大いにご期待あらせらるる旨軍令部より電話連絡あり。成功を期す」とある。[*217]

●菊水7号作戦と義号作戦(5月24日)の実施

菊水7号作戦は5月24日に始められ、白菊、水偵、重爆、天山等約86機、続いて25日は約70機が戦闘機約120機の掩護のもとに進攻した。[*218]

この日1850、熊本基地を発進した義烈空挺隊第三挺進飛行隊(12機)は、2210〜2220の間にその8機が嘉手納基地の強行着陸に成功し、直ちに在地敵機・軍需品集積所・飛行場施設等を相次いで爆砕、敵を大混乱に陥れた。

陸海軍機はこの突入に呼応して飛行場周辺を制空・爆撃し、伊江島飛行場を夜間攻撃した。25日には特攻隊も出動して、敵艦船に突入した。第6航空軍の出撃特攻機は107機(うち帰還30機)に達したが、敵機動部隊の攪乱と、天候の悪化により、義号部隊の敢闘にもかかわらず大きな戦果を挙げ得なかった。[*219]

●義号作戦に対する米軍側の対応(米陸軍公刊戦史『沖縄:最後の戦い』から)

5月24日の夜は澄み渡った空に満月が輝いていた。2000、警戒警報が発令され、その解除されたのは2400以降であった。この間、沖縄には7次の空襲があった。第1回の敵機は潜入して読谷、嘉手納を爆撃し、第3、第4、第6次の爆撃機も飛行場に爆弾を落下するには一応成功した。第7次の襲撃期は、

５機の低空双発爆撃機からなり、これは伊江島の方向からほぼ２２３０に侵入してきた。

　高射砲は直ちにこれと交戦して、４機を撃墜、読谷飛行場に墜落炎上、他の１機は侵入して読谷の東北西南滑走路上に車輪を上げたまま胴体着陸した。少なくとも８名の重武装した日本兵が機から脱出して滑走路に沿い駐機していた米軍機に手榴弾と焼夷弾を投げ始めた。そしてコルセア２機、C－54輸送機４機、及びプライバテイヤ１機を破壊し、そのほか26機、すなわち、リベレーター爆撃機１機、ヘルモセット３機、及びコルセア22機に損傷を与えた。この日本軍空挺隊の着陸による混乱の中で米兵２名が戦死し、18名が負傷した。２３３８、読谷から部隊が到着して、当地作業部隊を防御し、また、後続空挺隊の着陸に備えて待機した。航空機33機の破壊損傷のほかに、６００個のドラム缶入り燃料集積所２か所（ガソリン７０００００ガロン）が、日本軍により点火炎上された。最終的調査が完了したとき、日本兵10名が読谷で戦死し、他３名が機内で絶命していることが判明した。破壊炎上した他の４機の低空双発爆撃機もそれぞれ14名の日本兵を乗せていたが、機と運命を共にし、合計69名の死体が数えられた。読谷飛行場は、滑走路上の残骸のため、５月25日の０８００まで使用できなかった。*[220]

義烈空挺隊の出撃
防衛庁防衛研修所戦史室『沖縄方面陸軍作戦』（朝雲新聞社、1970年）543頁

●陸軍の沖縄作戦への見切り
　――第６航空軍の航空総軍への復帰

５月25日の総攻撃に備えて第６航空軍が準備した特攻機は１

20機であったが、0700頃以降沖縄は雨で視界がはなはだ悪く、120機の特攻機中で発進できたのは技量に自信のある70機に止まり、そのうち突入を報じたものは24機に過ぎなかった。多大の日時と努力と人的犠牲を費やして遂行した義号作戦の成果も半ば空に帰した感があった。[*221]

この日、第6航空軍の知覧、萬世、都城から出撃した特攻機の未帰還は61機に及び、連合艦隊司令長官から全軍にその殊勲を布告された。台湾方面ではこの期間は天候不良のため作戦出来なかった。[*222]

義烈空挺隊の壮挙も地上戦線には特に影響がなかった。牛島軍司令官は27日首里から津嘉山に移動、さらに30日早朝、摩文仁南側89高地に到着する。軍主力は予定の通り、29日夜を期して撤退を開始し、31日首里は米軍に制せられた。[*223]

5月下旬頃、陸軍中央部は既に天号作戦の前途に見切りをつけていた。5月4日に実施された第32軍の最後の攻勢も失敗に終わり、その後の沖縄の地上戦況は日を追って悪化していた。5月下旬には首里の戦線も崩壊に瀕し、第32軍は喜屋武(きゃん)半島に後退を企図している状況で、沖縄の失陥もすでに時間の問題であった。大本営陸軍部としては、既に天号作戦に予定以上の航空戦力を投入し、これ以上続行しても戦力を消耗するだけで、その結果は本土決戦における航空作戦に支障をきたす虞(おそれ)が大であると考えていた。

大本営陸軍部は本土決戦遂行の全般統帥態勢を考え、もはや第6航空軍だけを海軍の指揮下に入れておく意味が認められなくなった。丁度その時、連合艦隊司令長官豊田副武海軍大将が軍令部総長に転じ、その後任に小澤治三郎中将が任じられた。小澤長官は菅原中将よりも後任であったので陸軍はこのこととも関連して第6航空軍を航空総軍に復帰させることとした。

沖縄作戦についての陸海軍の思想には相違があった。5月下旬、海軍はそれ以後も沖縄への攻撃に熱意を持ち続けた。海軍の一部ではなお沖縄への逆上陸さえ主張するほどであった。陸軍も沖縄作戦の重要性をよく認識していたので、同作戦に効果を期待できる航空戦力の大部を投入した。ただ最小限の本土防空能力、或いは練度または機材の性能上、沖縄に作戦出来ない兵力を本土決戦に拘置した程度であった。しかし、両軍間には、釈然としない感情が残った[*224]。

5月26日、第6航空軍は連合艦隊の指揮から除かれた。戦後、陸軍関係者（谷川一男少将―33期、当時大本営参謀兼連合艦隊参謀副長）は、「本土決戦遂行の全般統帥態勢を考え、もはや第6航空軍だけを海軍の指揮下に入れておく意味が認められなかったから」と回想しているが、陸軍がすでに沖縄作戦に見切りをつけた結果の措置であったとみられる[*225]。

●ハルゼー提督と幕僚、沖縄に到着

5月26日、ウィリアム・ハルゼー提督が旗艦の「ミズリー」で沖縄に到着した。そして幕僚たちは申し継ぎをした。ハルゼー提督の幕僚たちは、スプルーアンス提督の幕僚がやつれ果てているのを見てショックを受けたが、それと全く対照的にスプルーアンス提督が穏やかな顔をして落ち着いている様子を見て驚いたのであった。しかし、スプルーアンス提督も激しい緊張を経験していたのである。数年後、彼はマーガレット夫人に「私の胃がキリキリと痛んでいることは誰も知らなかった」と語っている。それほど日本の航空攻撃は米軍に圧力を加えていたのである。ハルゼー提督は5月27日にスプルーアンス提督と交代した[*226]。

(5) 菊水8号作戦と第9次総攻撃（5月27日～28日）

5月27日、第40回の海軍記念日（日本海海戦の日）であるこの日、第6航空軍の第9次沖縄総攻撃に呼応して菊水8号作戦が行われた。陸軍の第9次総攻撃に策応して重爆10機、銀河7機、天山4機及び白菊31機、零偵11機、零観4機は1845から発進して沖縄周辺艦船の雷撃及び特攻攻撃を行った。またこのほかに陸攻4機、銀河2機及び陸攻6機、夜戦2機で2218から発進して沖縄周辺艦船の夜間攻撃と伊江島飛行場爆撃を行った。

5月28日（晴れ）、彗星2機が沖縄飛行場の夜間攻撃を行った。夜間攻撃は銀河3機、天山4機と特攻機白菊5機がそれぞれ１９１３から発進、沖縄周辺の艦船を攻撃した。[*227]

●陸軍と海軍総隊の沖縄作戦の打ち切り

5月末から6月初めにかけて天気は梅雨空の曇雨の日が続いた。菊水8号作戦の戦果は、敵信傍受などによっても十数隻の撃沈破と判断された。それでさらに泊地艦船攻撃を強化することについて、海軍は第6航空軍と連絡して菊水9号作戦を計画するとともに夜間攻撃も極力続行した。[*228]

6月1日の海軍航空部隊の編制は、九州方面の実兵力は天航空部隊として、保有約１０００機、実働約５７０機、うち戦闘機保有３３０機、実働１６８機であった。台湾方面は6月15日現在として航空機保有１９１機、実働１４４機、搭乗員保有１９３組、実働１５６組であった。[*229]

6月2日軍令部第一部は、杉田一次大本営陸軍参謀から「沖縄の組織的作戦は終了せり」との陸軍部の判断と共に「沖縄航空作戦は依然これを続行す」等の連絡を受けた。海軍総隊においては5月末、「沖縄陥落必至の現状では主兵たる航空兵力の消耗及び生産の実状からみて、遺憾ながら沖縄地上軍の支援作戦を打ち切り、本土決戦の準備に転換せざるを得ない」との意見が部隊側にあった。[*230]

6月11日、上京した第6航空軍青木参謀副長は、この日、航空総軍司令部に連絡したが、司令部の空気はすでに天号作戦に見切りをつけ、決号作戦準備に重点を集中しており、第32軍のことに言及するのもはばかられるほどであった。[*231]

●5月中の第8飛行師団の戦果から見る特攻攻撃の成果

5月中の第8飛行師団の出動総機数は１６５機で、戦果は次の通り報じられた。

撃沈：巡洋艦1隻、駆逐艦1隻、輸送船1隻、艦種不詳5隻

撃破：空母２隻、巡洋艦２隻、駆逐艦２隻、輸送船６隻、掃海艇１隻、潜水艦１隻、艦種不詳11隻

これによれば５月中の師団が報じた戦果は、撃沈８、撃破25、合計33であり、航空機の損害86機に対して戦果は２・６機に１艦の割合である。師団の全作戦期間の損害と戦果の割合はおおよそ２機１艦であり、５月の戦果は沖縄敵艦船攻撃の初期に比し相当効率が低下していることがわかる。

その理由として第一に考えられることは、敵戦闘機の沖縄進出並びに敵の防空諸設備が逐次整ったことであった。なお師団の特攻攻撃は、初期にほとんど例外なく誘導掩護並びに戦果の確認に任ずる飛行機を特攻隊に随伴させていた。しかし４月下旬から５月に入るに従い師団戦力の低下とともに、これらの部署が確実には実施できなくなっていた。これが戦果の率が低下した第二の理由として考えられる。さらに特攻隊員の質が低下したこと、先島列島の基地が使用できなくなったこと等も攻撃効率低下の大きな原因であったと思われる。ちなみに比島特攻の戦果と損害の比率は、報告資料によれば１・６機に対し１艦の割合であり、第６航空軍の作戦全期間のそれは報告資料によればおおよそ４機に対し１艦の割合であった。[*232]

⑹　菊水９号作戦と第10次総攻撃

第５航空艦隊では、５月末から引き続き泊地艦船攻撃を計画したが、１日、２日は天候不良で作戦は思うに任せず、３日天候回復とともに第６航空軍の第10次総攻撃に策応して、菊水９号作戦を発動した。戦闘機64機をつけて九九艦爆特攻６機を出したが、制空隊が沖縄上空で一部空戦したほか、天候不良で引き返す機もあり、戦果は大して上がらず断念するほかなかった。[*233]

第６航空軍の第10次航空総攻撃は、特攻35機、直掩17機が主として中城湾の敵艦船を攻撃した。無線で突入を報告したものは９機であった。航空軍では別に特攻４機で輸送船を攻撃した。[*234]

６月５日、天候良好というので、再び１４００菊水９号作戦を発動した。天山、銀河、重爆等11機が沖

縄周辺艦船夜間攻撃に発進したが、途中また天候不良で全機引き返し天航空部隊は2245、菊水9号作戦中止を命じた。

6月6日には、沖縄方面根拠地隊大田少将が最後の決別電を発した。

6月7日、第5航空艦隊は、天山4機、瑞雲2機は沖縄周辺艦船の夜間攻撃を行い、陸攻3機、飛行艇1機、零水2機は夜間列島線東方の哨戒を行った[*235]。

一方、第6航空軍は7日、特攻7機で沖縄の敵輸送船を攻撃した。また重爆4機で第32軍への物量投下を企図したが、天候不良のため失敗した。8日、軍はこの朝、前日に引き続き特攻13機で沖縄の敵艦船攻撃を行った。全機突入の報告があり、うち戦艦に1機、輸送船に1機、艦種不明に6機であった[*236]。

6月7日に引き続き8日未明、彗星10機、零戦6機は伊江島飛行場を攻撃、小禄部隊へ補給のため、陸攻3機は0220頃糸満飛行場付近に手榴弾の緊急投下を行った（日本軍の手には入らなかった）。また夜間に入り、銀河、陸攻、天山、重爆、瑞雲等22機で沖縄周辺艦船及び基地の夜間攻撃を行った[*237]。

菊水9号作戦終了後、6月11日までは夜間の飛行場及び周辺艦船攻撃を行ったが、12日以後天候が悪くなり、中旬一杯航空作戦はほとんど行われなかった。

(7) 航空特攻作戦の終焉

●米機動部隊、沖縄の拘束から解放

6月10日までには神風特攻の衰退と、沖縄空軍力の充実強化及び中国やマリアナからのB－29の九州爆撃作戦の成功とが相重なって、58TFは沖縄水域を離れることのできる状況になった。7月には予定された一連の日本本土攻撃に備えるため、6月13日に高速空母部隊はレイテ湾に帰投した。その間実に92日間、海上に連続出動していたのである。砲撃支援部隊と護衛空母隊とは、日本軍守備軍の最後の拠点が奪取されるまで沖縄沖に滞在していた。[238]

●菊水10号作戦延期

６月12日以降、陸海軍航空部隊は、友軍地上部隊に協同、極力敵攻撃の機会をうかがったが、同方面の天候不良のため活発な作戦を実施し得なかった。[239]

６月14日、先島諸島を除き連日の雨である。飛行艇２機は１９００発進して九州南東海面の索敵を行ったが敵情を得なかった。また、海軍では菊水10号作戦を６月15日決行と定めた。この日、トラック島に英海軍の艦上機57機が終日来襲したと報ぜられた。15日、南西諸島の天候は回復したが九州が雨で、夜、瑞雲２機が古仁屋から沖縄周辺艦船を攻撃したにとどまった。雨続きで、菊水10号作戦は特命あるまで延期となった。台湾方面の作戦概要は、６月９日、陸攻４機、６月14日、天山３機がそれぞれ沖縄飛行場及び沖縄周辺艦船の夜間攻撃を行った。[240]

６月16日、戦場一帯が太平洋高気圧の圏内に入り、南西諸島は晴れであったが九州には雨が残った。第６航空軍司令官は、15日の第32軍通信途絶の事態に直面して、天候の許す限り極力沖縄本島南部の敵艦船を攻撃するよう部署したが、天候不良で実行できなかった。また物量投下に出動した重爆３機のうち、２機は不時着し、１機は沖縄に到着した模様であったが成果は不明であった。

６月18日、第６航空軍で兵棋演習が行われた。この夜演習参加の各部隊長を集めて会食が行われた。その直前、第32軍司令官から最後の決別電報が入電した。軍司令官はその感懐を「球部隊遂に斃る……球部隊長より最後の決別電を受領す嗚呼万事休す、只遂に希望の如く空中補給の出来ざりしを惜しむ　只15日（筆者：16日だろう）の分など当方の情誼的努力は牛島中将も認めたるべし……」と日記に記している。[241]

６月21日、第６航空軍は、振武第26飛行隊の四式戦特攻６機で沖縄周辺の艦船を攻撃した。戦果は戦艦に突入したもの２機、艦種不詳に突入１機と報じた。[242]

大本営海軍部は、沖縄陥落が明確となった6月21日、「沖縄方面昼間強襲は、21、22日の菊水10号作戦をもって打ち切り爾後は主として夜間攻撃をもって続行するの要あり」との判断のもとに、事実上沖縄航空決戦を断念して、ここに本格的に本土決戦準備に移行するの決意を固めたのである。*243

●菊水10号作戦

陸海軍航空機が大挙策応して沖縄攻撃を行う最後の作戦となったのが、6月21日の菊水10号作戦である。6月12日、天航空部隊は、第6航空軍の総攻撃に策応する作戦要領および実施細目を予令した。最初の予定日は15日であったが、以来連日の雨で延び延びになり、21日、晴天になってようやく発動を令され21日夜から22日にかけて陸海協同の航空作戦が行われたのである。海軍側は当時、艦船攻撃に充当する昼間特攻兵力を持たなかったので、特に桜花を主体にして爆戦の一部をこれに協同させて昼間特攻を行うことにした。ただ、天候の障害を考え、作戦をA法（夜間攻撃に引き続き昼間攻撃）、B法（昼間攻撃のみ）、C法（桜花を除き昼間攻撃決行）の三種に区分した。桜花作戦の必成を期するため次のことを予定していた。

- 前日夜半、沖縄基地制圧攻撃及び艦船攻撃決行。
- 戦闘機を全力使用し、紫電隊は喜界島上空制空と攻撃隊の収容に、零戦隊は桜花直掩とする。
- 桜花隊は南西諸島西方の迂回航路をとる。
- 電探欺瞞、偽通信により敵戦闘機を沖縄東方に誘致する。

こうして雨の晴れるのを待って、21日A法により作戦を行った。夜間の攻撃は予定のように行われ相当の成果を挙げたものと判断され、昼間攻撃はおおむね予定通り行動したが、成果ははっきりしなかった。

6月21日の夜間攻撃には1900から銀河、重爆、天山、瑞雲等のほか白菊、零観等の特攻を合わせて約60機が発進、周辺艦船及び基地を攻撃した。

6月22日、昼間攻撃隊は、桜花6機、爆戦8機で、これに零戦66機が掩護して0520～0600の間に発進した。重爆６機、瑞雲８機が２０２０発進、周辺艦船の夜間攻撃を行った。第６航空軍でも21日４機、22日11機の特攻が突入した。この日、午前中延約４５０機のＢ－29が、中部、近畿、中国の各地に来襲し、うち約３５０機は呉方面を爆撃した。[*244]

同22日、第５航空艦隊の菊水10号作戦に呼応して第６航空軍も四式戦特攻12機で沖縄の敵艦船を攻撃した。軍は遅れてさらに特攻５機を出撃させたが、天候不良のため引き返した。[*245]

７　航空戦における総合戦果

⑴　米軍の損害

沖縄作戦中、日本軍航空機の活動により28隻の艦船が沈められ、２２５隻が破壊された。そのうち駆逐艦は、他の種類の艦艇に比し最も命中率が大であって、戦艦、巡洋艦、空母もまた相当の打撃を受け、中には多くの人員損耗と大破損を蒙ったものもあった。駆逐艦と駆逐護衛艦よりなっているレーダー・ピケット艦は、艦隊の内でも比較的大きな損失を被った。沈没破損した船舶の大多数は、神風特攻機の犠牲となったもので、全作戦中の空中攻撃による沈没船舶28隻中26隻、破損船舶２２５隻中１６４隻は特攻機によるものであった。[*246]

特攻隊は沖縄沖のレーダー警戒艦や船団の中にその大部分の獲物を求め続けてきたが、高速空母部隊もまた目標となった。現にミッチャー提督は幕僚の大部分を失った。空母「バンカー・ヒル」と「エンタープライズ」が特攻機によって相次いで行動不能になった時には、３日の間に２度も旗艦を変更するの止むなきに至ったこともあった。沖縄の南東海面に遊弋した英任務部隊もまた絶え間のない神風攻撃に狙われるようになった。英空母は４隻とも命中されたが、装甲甲板のおかげで作戦の続行には差し支えなかった。

米国の飛行士たちや艦艇の乗員は、自分の艦が修理、整備、分解手入れ作業のためにウルシーか他の港湾に帰投中に、息抜きをしたり休息をとることが出来た。しかしながら、常に作戦海面に残っていなければならない第5艦隊の上級指揮官たちが、受ける緊張感はほとんど堪えられないくらい大きなものであった。[*247]

米航空機による地上支援の60％は海軍と海兵のパイロットによって遂行され、一方、第10軍の航空隊は主力を特攻機に対して指向した。毎日の飛行機の配当は、ターナー提督の後ヒル提督の旗艦上で、情報や部下指揮官の提供する資料に基づいて空中支援指揮部（CASCU）によって行われた。[*248]

⑵ 沖縄戦の終焉と戦果

沖縄に対する航空作戦は、菊水10号作戦を最後として後は大規模な航空作戦は実施できなかった。これから漸次決号作戦準備に移っていくのである。それで特別の場合の外は、一部の兵力で米輸送船団に対して好機に短節な攻撃を加えることを主とし、米機動部隊に対してもそれが攻略部隊を伴わない限り攻撃を行わず、兵力の温存に重点を置く方針がとられた。こうして6月下旬以後7月、8月中旬まで、少数機の特攻攻撃を交えた沖縄航空作戦が続いた。[*249]

結局、海軍延約8586機、陸軍延2千数百機合計約1万機を超える飛行機を投入した沖縄航空作戦も、遂に目的を達し得ず、終戦を迎えることになった。[*250]

3月18日の米機動部隊来襲以後、沖縄が陥落した6月22日の菊水10号作戦までの海軍作戦延機数は別表1の通りと推定される。なお、6月23日から8月19日までの海軍の沖縄方面作戦機数は、合計708機である。したがって、3月18日以来、沖縄作戦に使用された機数は、海軍約8276機である。なお、2月から3月中旬にわたる海軍作戦機数310機あまりを加えるときは、約8586機余となる。また、3月18日から6月15日までの天号作戦航空兵力使用損耗状況は別表2、3月8日から6月15日までの日本側から見た戦果判断は別表３の通りである。

一方、４月１日から６月22日までの第６航空軍及び第８飛行師団の沖縄攻撃成果は、以下の通りである。[*251]

別表１　**３月18日から６月22日の菊水10号までの海軍延機数**

期　間	海　軍		記　事
	九州（3.5.10AF）	台湾（1AF）	
3.18～3.21	695		九州沖対米機動部隊戦
3.23～4.19	2895	365	菊水３号　第３次総攻撃まで
4.20～5.22	1956	286	菊水６号　７次総攻撃まで
5.23～6.22	1266	105	菊水10号　10次総攻撃まで
小　計	6812	756	
合　計	7568 6.23～8.19を含め8276機		6.23～8.19迄の海軍の沖縄方面作戦機数、合計708機

別表２　**天号作戦航空兵力使用消耗状況並びに戦果判断**
（ただし作戦機数には制空、邀撃機数は含まれていない）

20.3.18～6.15		海　軍		陸　軍
		九州	台湾	
使用延機数	偵察哨戒	501	573 （内特攻38以上）	特攻　約 860 その他約1050
	攻　撃	4091 （内特攻1032）		
	計	4592		
	合　計	5165（内特攻1070以上）		1910
	総　計	7075（内特攻1930以上）		
	戦闘被害	1282 （特攻946）	152	特攻　約860 その他約260
	地上被害	230	27	
	その他	93		
	計	1605	179	
	合　計	1784		1120 （地上被害含まず）
	総　計	約2900		

別表３　**戦果判断　20.3.18～5.31**

	艦　種	隻数
大破以上の艦船船舶	空　母	11
	補空母	13～14
	戦　艦	5
	巡洋艦	29
	駆逐艦	93
	輸送船	77
	掃海艇等	33
	不　詳	109
	合　計	370～371

出典：防衛庁防衛研修所戦史室『戦史叢書　沖縄方面海軍作戦』（朝雲新聞社、1968年）675～679頁

・第6航空軍沖縄攻撃成果

1　特攻機突入　661機

2　一般飛行部隊出動　901機　同上　未帰還機　172機

※内訳　艦船攻撃　94機出動　51機未帰還

飛行場攻撃　116機出動　29機未帰還

制空　612機出動　79機未帰還

偵察　79機出動　13機未帰還

3　出動延機数（故障にて帰還の特攻機含まず）　1562機

未帰還合計　833機　出動延日数　60日

4　戦　果

轟撃沈　59隻、撃破　88隻、計147隻

・第8飛行師団沖縄攻撃成果

1　特攻機出動　延293機、221機未帰還

2　一般飛行部隊出動　263機、44機未帰還

※内訳　誘導　71機　30機未帰還

爆撃　87機　8機未帰還

制空　105機　6機未帰還

3　出動延機数　556機

未帰還合計　265機

出動延日数　45日

4　戦　果

轟撃沈　67隻、撃破61機、計128機

沖縄戦における米側の艦艇等の損害は「米海軍作戦年誌」によれば、沈没24隻、損傷349隻（損傷延380隻）で、このうち日本軍によるものは沈没24隻、損傷218隻（損傷延240隻）である。特攻機によるものは沈没15隻、損傷174隻（損傷延192隻）。ほかに、回天による損傷1隻及び水上特攻による損傷4隻で、日本側戦果の80％は、特攻機によるものであった（「米陸軍公刊戦史」では沈没26隻、損傷164隻、計190隻）。また、米艦艇乗員の戦死、行方不明4907名、負傷者4824名となっており、空母フランクリン等は1隻で800名以上の戦死者をだしている[*252]。『日本海軍航空史（1）用兵篇』には、米側から見た特攻機の戦果についての記録があり、これを列挙すると次の通りである。

1　いかに神風攻撃が有効であったかを、戦争の終わった時に知り得た。比島作戦においては、神風攻撃の26・08％が戦果を挙げている。即ち延650機のうち174機が命中又は至近弾となって奏効している。沖縄戦では比率は落ちて奏効率は14・7％であるが、機数が多く約1900機であったから、379機が戦果を挙げている。10か月の特攻期間に米海軍損傷艦の48・01％、全戦争期間44か月の沈没艦の21・3は神風の戦果である。

2　沖縄戦において米海軍は、その歴史上最大の損害を受けた。約1500隻の艦艇が沖縄戦に参加して、30隻の艦艇が撃沈され、223隻が撃破された。これは3か月間の神風攻撃による被害である。人員の損耗は4907名で全作戦期間の損耗の七分の一に当たり、その大部分は特攻によるものである。そのうちでも駆逐艦の損害が多く、12隻が沈没し、67隻が破壊された。

3　筆者（安延多計夫）が記録を調査した結果得た沖縄作戦における特攻奏効率は、特攻実施機数

（陸軍932機、海軍983機）、体当たり機数（133機）、至近となった機数（123機）、奏効率（13・4）、被害艦数（229隻）である。[*253]

戦争の長期間にわたり、ここまで多数の特攻機を使用した作戦は他に例がない。したがって、日本側の損害も米軍に与えた損害も類例のないものとなった。[*254]

アイスバーグ作戦指揮官であるスプルーアンス提督は、沖縄に拘束されている間の日本本土、台湾などからの日本の航空機、水上艦隊の攻撃を脅威としていたことが理解できる。

第3章　地上軍の血みどろの戦い

1　米軍の沖縄本島上陸

⑴　上陸前の人事異動

米軍の来攻近しと判断された昭和19年暮れ頃から20年3月にかけて、全軍の師団長、連隊長、幕僚級の重要人事の異動が大規模に行われた。沖縄においても軍兵器部長、航空主任参謀、第62師団長、歩兵第32連隊長、独立歩兵第14大隊長、独立歩兵第15大隊長、沖縄憲兵隊長、海軍沖縄方面根拠地隊司令官、同先任参謀、県知事、内政部長、経済部長等々徹底した異動であった。[*1] これら人事異動において、沖縄本島の防御の骨幹を担う第62師団長藤岡武雄中将、歩兵第22連隊長吉田勝中佐の着任は、米軍上陸の2週間前であり、部隊の掌握、地形の認識など極めて不十分のまま戦闘に突入した。これらはいずれも理由が明らかではなく、戦理に反し、統御の根本も違えているといわなければならない。また、単に定期的な異動によるものであったとすれば中央は現地軍が決戦を控えていることを理解しているのかを疑わざるを得ないものであった。[*2]

(2) 米軍上陸近し

●3月20日頃の敵情判断

連合艦隊では、昭和20年3月20日頃の全般状況から、3月24日〜26日に南西諸島に来襲し、4月1日頃には上陸するものと判断していた。大本営陸軍部第1部長宮崎周一中将は、3月20日の日記に次のように誌している[*3]。

・GF（連合艦隊）は一応左の如く決定的に判断しあり

1　20日夜空母は一旦洋上補給

2　24日〜26日沖縄来襲

3　27日〜29日沖縄に艦砲射撃

4　この頃空母　鹿屋　九州に遮断（九州来襲の意）

5　3月31日又は4月1日上陸決行

大本営では驚くほどにほぼ正確に米軍の上陸を見積もっていたのである。

●米軍の来襲（3月23日〜）

3月23日早朝から南西諸島、特に沖縄本島には米艦載機が来襲し、その機数は約500機に及んだ。0700、第32軍は、南西諸島全域に空襲警報を発令した。沖縄本島地区は0715から夕刻に至る間、米艦載機延355機の攻撃を受け、先島方面延46機、大東島地区延49機、奄美地区延27機とそれぞれ米艦載機が来襲した。これに対し第32軍は、機動部隊が上陸船団を伴うかどうかを特に注視したが、判明しなかった[*4]。

この時、『機密戦争日誌』には、「敵ノ南西諸島攻略企図明瞭トナルヲ以テ、作戦課ハ各課高級部員ニ対シ、左記事項ノ促進方要望セリ（イ）九州若クハ上海地区ニ対スル来攻ハ六月頃ノ算大トナレルヲ以テ作戦準備ハ六月初頭ヲ目途トシテ進ム」とあり、[*5] 同作戦課は、3月24日、本州、特に九州方面の作戦準備について6月初頭を目途として速やかに進めることを陸軍部各課に要望した。[*6] 明らかに大本営陸軍部は沖縄よりも本土決戦に軸足を置いていた。また、九州には米軍上陸2カ月後の6月上陸の可能性ありと沖縄の防衛についても大きな期待は持っていなかった。

3月24日0625頃、第32軍は警戒を厳にしていたところ沖縄本島南部の沖合に米艦艇を目視するに及んでいよいよ緊張した。米艦載機は0650頃から来襲し、南方の海上艦艇（戦艦以下約30隻）は0900頃から西航しつつ沖縄本島南部地区に艦砲射撃を開始した。第32軍司令官及び幕僚は首里城址の台上から艦砲射撃を観察し、米軍の上陸が間違いなく沖縄に行われると判断した。

軍参謀長長勇中将（20年3月1日昇進）はこの日、軍の戦闘指令所の洞窟入口に自筆の「天岩戸戦闘司令部」の木札をかけ、豪快な性格をむき出しにして意気軒昂な態度で司令部の士気を鼓舞した。軍首脳部は第2坑道口外の偽装網下に集合し、敵の上陸企図を検討した。海上の煙霧漸く晴れようとする7時頃、第44混成旅団長鈴木繁二少将から「知念半島沖に敵艦隊を発見す」との電話報告があった。ほとんど時を同じくして、第24師団長雨宮巽（あまみやたつみ）中将からも「喜屋武半島南方海上に、戦艦を交える大艦隊出現、徐々に西進中」との報告が来た。[*7]

第32軍参謀長　長勇中将

牛島軍司令官は泰然自若として平常と何ら変わらなかったものの、同日夜半、「25日0800以降甲号戦備に移行すべき」ことを命令した。甲号戦備下令に基づき各部隊は戦闘配備に移行し、陣地の補備増強、諸資材の整備、飲料水の陣内貯蔵、監視網の強化など作戦準備の完整に努めた。[*8]

米機動部隊は依然、沖縄近海にあって、この日も終日空襲が続き、延1200機以上に及び、朝から戦艦8、駆逐艦27隻が沖縄本島南部地区や中城湾に艦砲射撃を加えた。

連合艦隊はこうした状況から、沖縄方面根拠地隊司令官に、米軍の攻略開始までの作戦実施について留意事項を指示した。その要旨は、（ア）水上艦艇の砲撃には、海面砲台は隠蔽して応戦せず、（イ）近接する艦艇には「甲標的」を活用し、（ウ）上陸舟艇に対しても捜索近接に惑わされず、十分、本体が接近してから射撃して、（エ）偽陣地を強化して敵の攻撃の吸収に努めること、などであった。[*9]

●米軍の上陸準備

米軍による艦砲射撃は3月25日から始まった。当初、上陸作戦協力部隊は、南西海岸に砲撃を指向し、翌26日掃海の進行に伴い、さらに海岸に近接して熾烈かつ正確な射撃を実施した。米艦載機の来襲は延515機に上った。日本軍は、渡具知海岸に相当広大な海面に機雷を敷設していたため、この掃海作業完了迄は海岸付近への艦砲射撃はできない状況であった。渡具知海岸及びその付近の掃海を完了したのは、29日夕刻であった。[*10]

南西諸島方面の防備機雷の敷設状況は概要次の通りである。[*11]

沖縄島：九三式機雷700個、深度2米
石垣島：九三式機雷200個、深度2米
宮古島：九三式機雷200個、深度2米

また、25日午前、第32軍司令部は現地部隊から「0730米軍が慶良間列島の渡嘉敷（とかしき）、阿嘉（あか）、座間味（ざまみ）の各島に上陸」の報告を受け、慶良間列島の海上挺進隊に対し「慶良間列島付近の敵に対し打撃を与えるとともに、状況により那覇へ転進すべき」ことを命令した。午後、渡嘉敷島の海上挺進第3戦隊からの電報で誤報であることが判明した。[*12]

●独立混成第32連隊の沖縄派遣中止

独立混成第32連隊は、台湾の基隆付近に集結し沖縄への輸送を準備したが、23日以来沖縄は空襲を受け、24日艦砲射撃を受けるに至り輸送不可能の状況となったため、大本営陸軍部は、25日、第10方面軍に対し連隊の派遣を中止するよう指示した。第10方面軍司令官は、26日派遣中止を命令した。第32軍司令官は、独立混成第32連隊の派遣中止に伴い特設第1連隊を軍直轄とし、同連隊に対し「一部をもって座喜味付近、主力を以て読谷山（220高地）の既設陣地に拠り努めて長く北飛行場を制扼する」ことを命じた。

沖縄方面根拠地隊司令官大田實少将は、25日、米軍の上陸地点は糸満または北飛行場付近と判断し、運天港に配置してある第2蛟龍隊（甲標的丙型11隻）に攻撃を命令した。[*13]

●天号航空作戦の発動と慶良間諸島への上陸

3月26日、米第77師団は慶良間諸島に上陸した。同諸島には海上挺進第1～第3（水上特攻隊）が基地を展開していたが、直接の上陸防御準備はなかったので、挺進戦隊は各々艇を破壊して山中に退避せざるを得なかった。ここにおいて米軍の上陸企図は明らかとなり、同日、天号航空作戦が発動されて航空特攻作戦が開始されることとなった。

第32軍は、慶良間列島が地形の険しい狭い島々で航空基地の適地もないので米軍が沖縄本島攻略後に二次的に上陸することは考えたが、沖縄本島上陸に先立って上陸をすることは考えていなかった。このため米上陸船団を背後から襲撃する企図をもって海上挺進戦隊の約半数３００隻を慶良間列島に配置していたのである。

また、20年2月中旬、第32軍は戦闘兵力増加のため慶良間列島に所在する海上挺進基地大隊の主力を歩兵大隊に準じて独立大隊として臨時に改編し、慶良間列島から沖縄本島に移動させたため、慶良間列島には海上挺進隊及び海上挺進基地大隊の一部、作業援助要員として沖縄本島から派遣された戦力のない特設水上勤務中隊のみであり、地上戦闘力は微弱なものであった。このようなことから海上挺進戦隊は水上特攻の準備に専念し、地上戦闘の準備をする余裕も配慮もほとんどなかった。[*14]

米軍が慶良間諸島を攻略する目的は、沖縄本島上陸の1週間前にこれを占領して、そこに水上機基地と攻略軍に対する補給に任ずる船舶の泊地を獲得するためであった。さらにもう一つの目的は、本島上陸の前日、渡具知海岸に対し野戦砲をもってする準備砲撃のため、該海岸から11マイルの慶伊瀬島上に砲兵陣地を獲得するにあった。本作戦の任務は、〝西方諸島攻略部隊〟(Western Islands Attack Group)に課せられ、その上陸部隊には、A・Dブルース少将に指揮された第77師団を、慶伊瀬島に配置する砲撃部隊には、第420野戦砲兵群が充当された。[*15]

3月26日～31日の間、第77師団は530名の日本軍を制圧し、121名を捕虜とした。米軍の損害は、戦死31名、負傷81名であった。[*16]

●米上陸軍、本格的に艦砲射撃を開始

3月26日0700頃から米艦艇は沖縄本島の北飛行場地区及び以南の地区に艦砲射撃を加えてきた。また、沖縄本島周辺には戦艦6、巡洋艦10、駆逐艦38、輸送船12、その他12、計78隻が目視された。九州方面にはB－29約150機が来襲し、航空基地その他を攻撃した。

第32軍は26日、米艦隊の配置、船団の位置、掃海状況、慶良間島への上陸、海象などからして、米軍は明27日以降主力を以て沖縄本島南半部西岸、一部をもって南部湊川正面に上陸するものと判断した。そして軍は26日「第32軍司令官状況判断」として、「明27日以降主力を以て西岸、北、中飛行場正面及び小禄、糸満正面状況により南海岸湊川正面に上陸を企図するものの如し」との電報を関係方面に発した。[*17]

一方、3月26日、英海軍第5艦隊司令長官バーナード・ローリングス中将麾下の航空艦隊は、先島に対して攻撃を実施した。この艦載機は、345回の出動で81余屯の爆弾を投下し、ロケット砲弾200を発射した。英海軍は米上陸軍に寄与するため、日本機の先島基地からの活動を制圧した。[*18]

3月27日沖縄周辺の敵艦船はいよいよ増加し約100隻に達し、その艦砲射撃は早期から主として北、中飛行場方面及び南部湊川正面に指向され、北、中飛行場西方海面の掃海実施が見られた。湊川正面においては0700頃、米軍上陸用舟艇4隻が海岸のリーフの線まで来て引き返すことなどがあって緊張したが、軍は満を持して射撃は実施させなかった。

艦砲射撃の状況は、残波岬〜平安山地区約600発、小禄〜喜屋武地区約25発、摩文仁〜知念地区約350発であった。艦載機の来襲は南西諸島全域に及び、沖縄本島は500機以上、奄美大島地区は約300機であった。[*19]

●第32軍の敵情判断

第32軍司令部では、これら27日の艦船状況、艦砲射撃などから米軍の主上陸は本島南半部西海岸に、一部が湊川方面に行われると確信した。従来の米軍戦法が一点上陸が多いことから湊川正面は牽制陽動の算大なりとも考えられた。つまり、3月27日夕における軍の敵情判断は、「敵は主力を持って北、中飛行場沿岸に上陸するとともに、一部をもって、湊川正面に上陸するか、もしくは陽動し、主力の上陸作戦を容易ならしむるならん」というものだった。軍は、既定方針に従い、穏忍自重、沈黙を持した。[*20]

●第32軍作戦指導腹案

軍司令部は、米主力が北、中飛行場方面に上陸して前方部隊を排除しつつ南下し、主陣地に対し本格的攻撃を開始するまでには最小限10日を要する。この期間こそ主力に策応して南部の湊川正面に上陸する一部の敵を各個に撃破する好機と考えた。この考えに基づき、軍は北方陸正面の防備を厳にするとともに南部の湊川正面に上陸する敵を各個に撃破する方針のもとに湊川正面の態勢を強化した。

このため軍は作戦指導の腹案として、「敵は3月29日以降一部をもって湊川方面、主力を以て本島南半部西海岸正面に上陸を企図する算大なり、軍はまず湊川正面に上陸する敵を橋頭堡に撃滅する企図の下に第24師団、独立混成第44旅団及び軍砲兵隊主力を以て該正面に攻撃準備を完了自他は暫く持久す」と各部隊に示した。[*21]

●上陸正面の判断（3月28日）

3月28日、沖縄本島は早朝から艦載機の来襲があり、0800頃、南部湊川正面の米艦艇は艦砲射撃を行うとともに10数隻の上陸用舟艇は湊川正面のリーフの線に進出し、射撃と掃海を実施した後反転した。艦載機の来襲は約550機で艦砲射撃は2046発を数えた。

第24師団長は、28日午後北地区隊（小禄地区にある歩兵第22連隊基幹）を湊川方面の上陸に備え、東風平北方に転進する準備を命じた。

同28日1330頃、第8飛行師団の索敵機は、那覇南方150キロを北進中の空母4を含む輸送船約100隻の大船団を発見した。長参謀長は、27日同日の昼間における南部湊川方面の砲爆撃が閑散であったことから、同方面への敵上陸の判断について疑念を抱き、八原高級参謀に対し、「八原参謀、残念ながら敵の主上陸は嘉手納方面に間違いないぞ」と断じた。しかし、南部に1個師団くらいの上陸の算なしとせずとして軍は既定の方針通り湊川方面の上陸軍撃滅の部署を続けた。

また第32軍は同28日、第10方面軍、第6航空軍に航空特攻兵力を速やかに沖縄本島に投入展開することを「28日中に為し得る限り多くの特攻兵力を本島内に投入展開せられ度」と意見具申した。第6航空軍は当初の沖縄本島展開の方針を変更し、沖縄周辺の艦船攻撃は、直接九州及び徳之島から実施することとした。ただ、目標不明などのため沖縄本島に不時着し、さらに攻撃する特攻隊はあった。[*22]

参謀総長から上奏時における天皇陛下の御言葉として、「天一号ハ重大作戦ニシテ皇国運命ニ大ナル影響アリ、従来ノ如ク失敗ヲ反復セサル様」とあった。[*23] この御言葉に対し、28日、第32軍司令官は、「天1号作戦開始にあたり優渥なる御言葉を賜り恐縮感激に堪へす　軍の先鋒は既に特攻を以て赫々たる戦果を発揚しつつあり全員死力を尽して米敵を撃砕し忠節を尽すへし」と訓示した。

　昨28日午後１００隻の敵船団接近の報により、第32軍は29日の米軍上陸に備えていたが、朝来の来襲機も少なく上陸の気配は見られなかった。南部湊川地区は０７３０頃から艦砲射撃を受けたが、北、中飛行場方面の米艦艇は僅少であった。

　第32軍は０８００頃、「神風は吹き29日０８００敵未た上陸しあらす、敵艦船群は28日夕刻以来の陸海軍の攻撃により大なる損害を蒙り航空機活動極めて低調にして艦船は一般に視界外に退避せり」との電報を関係方面に発した。これは米機動部隊が九州方面攻撃中のためと思われたが、艦砲射撃は北飛行場地区約２５００発、中飛行場地区約８００発、北谷地区約１５００発、小禄地区約１０００発、湊川方面約１３００発であった。沖縄本島周辺の艦船は本島から目視し得るものは約80隻に達し、輸送船約２００隻は慶良間泊地、同西方、久米島北方、本島南方に所在した。[*24] 防御（島嶼における防御）においては、敵の主攻撃（上陸）正面を努めて早期に判定し、防御の重点を形成することが重要である。この時点で第32軍は嘉手納正面を主上陸正面と認定しつつも何も手を打たなかった。この状況判断、決心は防御の主動性を獲得するためにも重要であり、努めて早期に行うことが望ましかった。

●北、中飛行場使用不能（３月30日）
　３月30日、梅津美治郎参謀総長上奏時「南西諸島方面作戦部隊ハ各緒戦ニ於テ果敢ナル攻撃ヲ反復シ着々戦果ヲ収メツツアルハ寔ニ頼モシク満足ニ思フ」との御言葉があった。[*25]
　機動部隊が九州方面に行動中の関係か、沖縄本島地区への来襲機は昨29日と同様約３５０機の低調さであった。この日、米軍艦砲射撃の主火力は、北飛行場以南の西海岸に、一部火力は湊川方面に指向された。軍は昨29日以来、来襲機の減少と北、中飛行場西方洋上の米艦船の減少などからして米軍上陸の切迫感からやや解放された感じであった。しかし、湊川方面においては０８３０頃から艦砲射撃（巡洋艦以下７

隻）を受け、上陸用舟艇12隻は緊密に海岸状況を偵察したため、歩兵第89連隊長は、明31日1000（干潮時）頃湊川方面に上陸すると判断し、指揮下各部隊に注意を与えた[*26]。

また、軍は従来米軍上陸までは配備を秘匿するため、敵艦船に対する射撃を厳禁していたが、30日に至り軽快な機動力を有する戦車第27連隊の砲兵中隊（90式野砲4門）を誘導砲兵として、適時陣地を移動しつつ夜間近接した米艦艇を急襲射撃するように部署した。

伊江島飛行場は3月中旬以来破壊中であったが、3月30日、軍司令官は、特設第1連隊長青柳時香中佐から北及び中飛行場が使用不能との報告を受け、特攻の配置も絶望となったため、南飛行場の滑走路の破壊を命じた。この命令を受領した青柳連隊長は指揮下部隊に、飛行場を破壊するとともに読谷山の既設陣地を占領することを命じた[*27]。

また、この日、沖縄方面根拠地隊司令官大田實少将は、米軍上陸の切迫を前にしてその麾下に次の訓示を発した[*28]。

天1号作戦すでに発令せられ皇国防衛の大任を有する我ら正に秋水を払ひて決然起つべきの秋なり、夫れ元軍十万も恐る所なく、よく之を西海に撃退せし時宗の膽……真に皇国興廃の大任は吾等の双肩にありと言うべし　諸士良く各自の重責を思ひ尽忠更に訓練を重ね必勝の信念に徹し真摯自愛勇戦奮闘以て皇恩に副ひ奉らんことを期せよ

昭和20年3月下旬の沖縄本島の戦力概要は次の通りである[*29]。

陸軍兵力　約8万6400名　陸軍弾薬　歩兵弾薬0・6会戦分　砲兵弾薬0・8会戦分
陸軍糧秣　3月10日現在約9か月分
海軍兵力　約1万名　砲台（各種火砲約25門）、墳進砲約20門、迫撃砲約50門、各種機関銃約300

⑶　４月１日０８３０、米軍嘉手納正面に上陸

●米軍上陸準備完了（３月31日）

沖縄本島地区の空襲は３月28日以来低調であったが、31日は延約７００機が来襲して活況を呈し、奄美大島地区１４０機、宮古及び石垣方面各50機などの来襲があった。九州方面にはＢ－29約１５０機が来襲した。第６航空軍の索敵機は、31日１５３５那覇の南東約１３０キロ付近を北西進中の約１５０隻の大船団を発見した。[*30]

沖縄の連合軍上陸地点
Center of Military History *The War in the Pacific OKINAWA: THE LAST BATTLE* (United States Army Washington,D.C.,1984), p.82.

３月31日には、戦艦４及び駆逐艦、砲艦数隻は渡具知海岸における最後の水中障害物排除作業に協力した。午前中にこれを終わり、午後は砲火を海岸付近の断崖及びその背後の敵防御陣地に指向した。Ｌ日（上陸日）前の７日間に実施した艦砲射撃は、大口径（６インチ～16インチ）弾１万３０００発、５インチ砲弾数千発計５１６２屯を地上目標に指向した。海岸には若干の大トーチカを、沿岸及び内方には幾多の防御拠点を構築していたが、その大部には配兵はなかった。[*31]

沖縄上陸のための事前作戦は、戦術的並びに兵站的に綿密に検討され、かつ、長期にわたる苦心努力した準備の後就されたものである。太平洋方面、南西太平洋方面、中国戦場の米海空軍は、昭和19年10月から20年４月にわたる間、日本軍の航空及び海軍勢力を制圧するため激烈な戦闘を敢行し沖縄を孤立化した。３月下旬には、沖縄の主目標に対する徹底した破壊射撃を実施し、これを弱化させた。

毎日の攻撃の成果は、ウィリアム・ブランディ提督の旗艦エステス号上の支援部隊将校によって評価され、艦砲射撃と調整され、また翌日出撃のために改訂された計画が出された。3月31日の午後までに水陸両用支援部隊のブランディ提督は飛行機や艦砲射撃の効果を判定して「上陸の成功のための準備は十分である」と報告した。[*32]

58TF及び護衛空母群の航空機は、L日前に沖縄方面に対して総計3095回の出撃を行った。その主要目標は、飛行基地、次いで小舟艇及び特攻艇、ついで海岸備砲、野砲、浮遊機雷、通信施設、兵舎地区などに攻撃を指向した。[*33] 3月31日の米軍艦砲射撃は、北、中飛行場約500発、北谷方面約100発、那覇及び小禄地区約4200発、湊川方面約110発であった。

第32軍の米軍上陸点に関する判断は、従来と変化なくその主上陸は北、中飛行場方面と予想したが、湊川方面においては米艦艇の策動が続いたので、依然一部の上陸の算ありとし、軍はなお各個撃破の企図を堅持した。

3月31日夜、第32軍はその作戦構想に関連し航空作戦の指導について、「敵が北、中飛行場正面と湊川正面に同時に上陸する場合は、軍はまず前者において持久し、後者においては決戦指導を行うので、航空攻撃の重点もこれに即応するように指導されたい」旨を要望した。

3月31日0800頃、那覇西方10キロの神山島（配兵なし）に上陸を開始するのが望見され、沖縄方面根拠地隊がこれを報じた。神山島に上陸した米軍は重砲陣地（155加農10門）を構築し夕刻には沖縄本島に対し射撃を開始した。神山島の米軍に対し、牛島軍司令官は陸海軍砲兵をもって2400を期して砲撃を実施し、4月1日0200から同島に挺進斬込隊を派遣するよう部署した。4月1日0100神山島に対し那覇付近の戦車第27連隊砲兵中隊の2門などによって砲撃が実施された。神山島への挺進斬込隊の派遣は船舶工兵第26連隊に命令されたが、31日夜は実行されず、4月8日夜実施された。[*34]

●米軍上陸（４月１日、米軍側の資料から）

昭和20年４月１日、復活祭の払暁、各種艦船１３００隻からなる米艦隊は、沖縄本島渡具知に近接前進した。この日天気晴涼、東東北微風、海上穏やかにして渡具知海辺に磯波を見ない。諸条件は想像も及ばないほど絶好の上陸日和であった。

Ｈ時は０８３０と決定された。51ＴＦ指揮官リッチモンド・Ｋ・ターナー提督は、０４０６〝上陸部隊、上陸〟の信号を発した。０５３０、黎明20分前、支援砲撃隊（戦艦10、駆逐艦23、砲艇１７７）は、Ｈ時前海岸に向かって砲撃を開始した。その砲撃は猛烈にして、５インチ砲以上の砲弾４万４８２５発、ロケット弾３万３０００、迫撃砲２万２５００を発射した。水陸両用戦車は、距岸４０００ヤードに第１波勢揃いし、０８００旗艦信号に基づいて一斉に発信、高速４ノットで陸岸に向かって進行した。５〜７波からなる水陸両用車群は水陸両用戦車の直後に追随した。上陸海岸一帯は砲煙に覆われ、将兵たちは眼前の地形を識別する事さえできなかった。[35]

新しい攻撃波は、次から次へと進航した。１時間もたたないうちに、第３海兵軍団は、第６、第１海兵師団の攻撃諸隊を並立して比謝川北方地区に揚陸し、同川南方地区には第24軍団が第７、第96師団を並立して上陸した。海兵第６師団と第96師団は外翼に配置された。第一線各師団の各２個ＲＣＴ（連隊戦闘団）の各２個ＢＬＴ（大隊上陸チーム）、すなわち約１万６０００名以上の兵力が、最初の１時間で海岸に到着したのである。[36]

この本土上陸と同時に、トーマス・Ｅ・ワトソン少将の海兵第２師団は、南東海岸湊川地区に上陸陽動を実施した。その目的は、日本軍の予備隊をこの方面に牽制するにあった。この陽動は、万般について新上陸と同様の行動をとらせた。陽動部隊の先頭部隊は、３月25日、サイパンを出発し、主力はＬ日早朝沖縄に到着した。日本軍はこれを特攻隊をもって攻撃し運送船及びＬＳＴ（戦車揚陸艇）各々１隻に損害を与えた。煙幕展張のもとに、海兵第2師団の諸隊は、各々LCVP（車両人員揚陸艇）24隻からなる7線の攻撃波をもって海浜に向かい進攻した。第4攻撃波が０８３０——渡具知海岸に対する上陸のL時——出発線を通過したときに反転行動に移った。１５００までに全舟艇はその母船のもとに復帰した。この陽動に対し、日本軍は野砲をもってわずかに4発の一斉射で報いたのみであった。翌日もまた陽動を反復した後、海兵師団はその海面から離脱した。[37]

●米軍上陸（4月1日　日本側の資料から）

昭和20年4月1日、今日こそは米軍は必ず上陸を決行するだろうと、未明、牛島軍司令官、長参謀長をはじめとし、軍幕僚全員一団となって軍司令部洞窟を出て記念運動場に上り、戦場を大観した。4月1日時点における牛島中将以下軍首脳部は戦略持久の方針にいささかも疑念を抱かず、動揺はなかった。

今、首里山上から遠望する米軍の上陸作戦は、あたかも演習のようだとさえ感じていた。[38]

軍司令官は、4月1日０７２０の状況として、「敵は主力（LST大１５０、小60、輸送船20）を以て嘉手納、一部（LST大30、小70、輸送船20）を以て湊川正面に展開接岸しつつあり」と報じた。この頃、本島周辺には輸送船以上の大型艦船は目視し得るものだけで３００隻以上で、嘉手納沖は大小艦船が充満していた。次いで０８００過ぎ、軍司令部は「０８００敵は本島に上陸を開始す、嘉手納正面２〜３ケ師、湊川正面1ケ師内外」と米軍の上陸を報じた。米軍の嘉手納上陸正面に配置されていたのは、第62師団の警戒部隊賀谷支隊（独立歩兵第12大隊）と、飛行場大隊等を改編した第1特設連隊及び平安山と牧港の海軍12糎砲台だけであった。

北、中飛行場西方海岸には０８３０頃から米軍の上陸用舟艇が海岸に達着して上陸を開始したが、南部湊川正面においては０６００頃艦船群約60隻が出現し、０８００頃上陸用舟艇約20隻が煙幕の展開下に接近して射撃を加えた後反転した。[39]

第32軍司令官は、米軍の北、中飛行場方面の上陸は予期したところであり、同方面に対し特別に処置することはなかった。南部湊川正面に一時米軍上陸の報があったが、その後上陸しないことが判明した。軍司令部では湊川方面は陽動の算が濃厚であると判断したが、軍主力砲兵の配置を変更することなく依然湊川正面の戦備を厳にし、同正面に上陸する米軍の各個撃破を企図した。このため、第24師団の北地区隊（小禄付近の歩兵第22連隊基幹）は４月１日湊川正面への転進を準備した。*40

(4) 米軍の海岸堡設定と第32軍の対上陸戦闘

●第62師団北方陸正面の配備

第32軍の北方陸正面に対しては、北中飛行場正面には、青柳中佐指揮する特設第１連隊及び独立歩兵第12大隊長賀谷與吉中佐指揮する賀谷支隊、また南方主陣地帯には第62師団の歩兵第63旅団が配置されていた。歩兵第63旅団は、西から独立歩兵第13大隊、独立歩兵第14大隊を並列し、戦闘陣地の前縁は、85高地～我如古（がねこ）北側高地～北上原高地の線であった。またその前方、大山、神山、161・８高地にはそれぞれ前進陣地が設けてあった。第一線各大隊は、概ね中隊以下の拠点を、地形を利用して縦深に分散配置し、各拠点の間隙は火力をもって閉塞するように編成し、特に対戦車防御には重視して編成していた。また、独立歩兵第13大隊は嘉数（かかず）高地に、独立歩兵第14大隊は西原～棚原高地に、それぞれの大隊の複郭陣地を堅固に構築して、敵が陸海いずれの正面から来た場合でも、最後はここで強靭な戦闘を行う考えであった。

独立歩兵第12大隊長　賀谷與吉中佐

軍司令部は、米軍の揚陸作業が速やかに行われ、輸送船は夕刻には空船となるものと判断し、輸送船の攻撃は慶良間泊地に進入する前及び泊地においては午前中に攻撃し、その他の時期においては主として空母及び戦艦群を攻撃することを航空部隊に要請した。また、北、中飛行場を米軍が使用し得ない2～3日間に徹底的な大航空作戦の実施を関係部隊に要望した。[*41]

●米軍の攻撃前進と海岸堡の構成

上陸海岸は低い丘阜の登り斜面をなし、抵抗を受けることなく上陸した各部隊は奥地に向かい慎重に前進した。最初の目標は、約2km内方の嘉手納（中）及び読谷（北）飛行場であった。第7師団の17RCT（第17連隊戦闘団）は、1000嘉手納飛行場が廃棄されているのを知り1030滑走路を越えて前進し、数分後にはその向こう側約200mに達した。同様に、海兵第6師団の第4海兵連隊は、1130さらに良好な読谷飛行場を占領した。両飛行場には、破損した日本機や補給品が散乱していた。日暮れまでに海岸堡は、正面約14km、奥行き約4・5kmとなり、その兵力は攻撃師団の予備を含み5万名以上を海岸付近に集結させた。師団砲兵の全部は早朝に揚陸を終わり、直接支援に任じる大隊は夜暗前に陣地に侵入した。多数の戦車及び対空砲諸部隊諸勤務部隊1万5000名は、海浜に集結して任務についた。[*42]

米4個師団が終日前進して、この間の死傷は、ターナー提督への報告に依れば、戦死28、負傷104、行方不明27であった。[*43]

嘉手納飛行場は第1日夕までに不時着用に支障ないように整備された。第1海兵師団は、この夜間、伊良皆（いらみな）と牧原（まきばる）南方師団境界とを連ねる線上に位置した。第7師団は約5・4km奥地に突進したが、戦車3台を地雷により失った。南翼においては、第96師団は北谷南方の河畔を確保した。そこは桃原郊外の普天間北西の大地から、勢頭（せど）北西及び南西の丘阜帯である。この戦線には諸所空隙があったが、夜暗前、部隊又は火器をもってこれを閉塞した。[*44]

上陸の第1攻撃波が海浜からその前方斜面に進出すると、機を失せず、兼ねて数カ月の長期にわたって計画準備された各般の補給機関が活動を開始した。[*45]

●第32軍の対上陸戦闘

特設第1連隊は4月1日猛烈な砲爆撃下に米軍の上陸を迎えたが、砲兵もなく、夜間を待って斬り込みを実施する以外に打つ手がない状態であった。2日、青柳連隊長は、「特設第1連隊は国頭支隊長の指揮下に入り遊撃戦を実施すべき」旨の軍命令を受領した。

同日、歩兵第63旅団長は、賀谷支隊の戦闘を支援するため、軍砲兵隊の射撃開始を軍司令部に要請した。軍司令官は、軍砲兵の陣地を過早に暴露することを考慮し射撃を許可しなかった。[*46]

また、2日、米艦艇群の主力（戦艦、巡洋艦、駆逐艦各10数隻）は逐次南下して、大山、城間（ぐすくま）、天久付近に対し猛烈な艦砲射撃を加えてきた。軍はこの方向への上陸に対し警戒を厳にした。[*47] このため第32軍としては、まだまだ主上陸正面を決め切れなかった。

4月2日、梅津参謀総長の戦況上奏時、「沖縄ノ敵上陸ニ対シ防備ハナキヤ、敵ノ上陸ヲ許シタルハ敵輸送船ヲ沈メ得サリシニヨラサルヤ」旨の御下問があり、参謀総長は、「相当ヤッテハ居ル、相当ヤッテモ或程度カ上ルコトハアリ得ル　軍司令官ノ攻勢テ出ルコトモ考ヘラル　慶良間ノ基地ニ対シテハヤリニクイコトモアル　只今ノ処悲観的ニ見ル要モナイ、将来之ヲ沈メレハ敵ハコマル　其後ノ状況ノ進展ハ状況ニ依ル　目下ハ陸海共張リ切ッテイル　若干予想程ニハ行カヌ」旨を奉答した。[*48]

沖縄北、中飛行場が敵の上陸第1日で簡単に米軍に占領されたことは、航空作戦を重視する大本営陸軍部にとって重大な問題であった。天皇陛下も沖縄の戦況について深い関心を示された。参謀本部第2課（作戦）では2日夜、第32軍の作戦指導が極めて消極的に過ぎるとの懸念から、さらに積極的に米軍に出血を強要し、飛行場地域を再確保するよう要望電を起案した。これに対し宮崎第1部長は、「作戦開始以降においてかかる指導を行うことは、はなはだ干渉に過ぎる」との趣旨でこの電報の発電に不同意を表明した。しかしこの問題はこのままでは済まなかった。[*49]

2　米第10軍の内陸部への攻撃前進と第32軍への攻勢要望

(1) 第10軍司令官バックナー中将の決断

第3海兵軍団方面においては、第1海兵師団は4月2日、依然石嶺(いしみね)〜久得(くどく)の線及び茶谷に向かう前進を続行した。第6海兵師団は、読谷山（220高地）麓に向かい前進を続行し、渡具知海岸北西の半島を捜索し、沿岸部落長浜を占領した。また一部をもって残波岬（レーダー基地とするため）を占領した。[*50]

一方、湊川正面には3日朝も大小約20隻の艦艇が現出し、艦砲射撃を加えたが、上陸作戦の気配は見られなかった。賀谷支隊は3日朝、喜友名(きゆな)（普天間南西）、野嵩(のだけ)、中城城跡の線で米軍の南下を阻止していた。米艦艇は西方、南方のほか、津堅(つけん)島東方沖合から与那原（首里南東4キロ）及び大里(おおざと)（与那原南）付近をも砲撃し、1500頃本部半島の運天港沖に戦艦2、巡洋艦5、駆逐艦3、掃海艇80が遊弋した。[*51]

第10軍は、島を半分に分断するには最大15日かかると予想していた。[*52]

バックナー中将は、この段階で沖縄での戦闘を形作る二つの重要な決断を下した。その一つ目は、4月3日、第3海兵軍団長ロイ・ガイガー少将に部隊を沖縄北部に前進させ、アイスバーグ作戦の第1段階の終了を待たずに第2段階を開始することを許可した時である。

この大胆な決断は、米軍が上陸してから48時間後、日本軍抵抗の主力に遭遇する前に下されたもので、バックナー中将の積極性と柔軟性を示すものであった。彼は上陸後に計画を事実上覆し、予想よりも軽微だった日本軍の抵抗から生まれた勢いを利用しようとした。ガイガー少将は沖縄北部での勝利によって作戦を加速させ、第3海兵軍団を南部の強力な日本軍防衛に対する投入に十分に活用できるようにした。[*53]

〝貴軍の北部前進には一切の制限は除かれている〟旨の連絡が、バックナー中将からガイガー少将のもとへ達したのは4月3日で、おりしも米第6海兵師団が仲泊（なかどまり）～石川戦線に接近しようとしているときであった。この通信文は、沖縄作戦（アイスバーグ作戦）中の重要な変更を画したものであって、元来は、第2期作戦の一部として、本部半島の攻略と北部沖縄の制圧が、南部沖縄の攻略後に行われるはずだったからである。

バックナー中将の命令は、北部作戦を第1期に実施し、第3海兵軍団をして北方において敵を攻撃させ、一方、第24軍団は、南方において首里防衛軍と戦うことになった。北方攻撃を早期に実施するには十分の理由があった。北方攻撃を早めに実施すれば、それだけ日本軍に兵力の編成、陣地の構築の余裕を与えないからである。

国頭支隊長宇土武彦大佐は、沖縄住民を編成してゲリラ戦に用いようとしていた。また、北部沖縄の小港においては、ほかの沖縄諸島また本土から、日本兵が移動してきて逆上陸する恐れがあった。ただし、この恐れは、それら小港を確保することによって解消されるのである。[*54]

一方、4月3日、第24軍団は南方に向かって旋回した。ここにおいて、第24軍団はその第1線師団の作戦地境を変更した。翌4月4日、東方においては第7師団の第32、第184連隊、西方においては第96師団の第382、第383連隊を並立した。沖縄本島の真の戦闘はこのようにして開始されることとなった。[*55]

(2) 北、中飛行場への攻勢要望と第32軍の対応

●北、中飛行場への攻勢要望

4月2日、大本営の作戦連絡会議が行われた席上、小磯国昭首相から沖縄作戦の見通しについて質問があった。これに対して宮崎第1部長は、「結局米軍に占領され本土への来寇は必至」の旨を答えた。宮崎

第1部長は、制海制空権を絶対的に保有する米軍との離島作戦は我が方の増援、補給が不可能でその終息は時間の問題という考えを持っていた。[*56]

一方、4月3日、参謀総長の戦況上奏の際、天皇陛下から再び沖縄作戦について「現地軍ハ何故攻勢ニ出ヌカ[*57]」旨の御下問があり、同日午後、参謀総長は宮崎第1部長に対して「第32軍に所要の作戦指導を加える必要がある」との意見を述べた。ここにおいて宮崎第1部長は熟慮の末前日の第2課起案の攻勢要望電に同意し、発電しようとしたがその機を失して保留した。[*58]

北、中飛行場が簡単に米軍の手中に帰したことに対する反響は、海軍においても同様であった。3日午前、鹿屋第5航空艦隊司令部で軍令部、連合艦隊、第5航空艦隊の関係者の作戦打ち合わせが行われたが、この席上で第32軍の反撃が要望され、3日1205、連合艦隊参謀長名で次のように発電された。[*59]

宛　第32軍参謀長　通報　参謀次長、第10方面軍

敵の機動部隊（正規空母群）の行動期間は従来の例に徴するも約10日間を越えざる見込みにして此の点我の乗ずべき唯一の敵弱点なり、故に此の期間敵の北、中飛行場の使用を封止するに成功せば海陸軍航空兵力の整備並びに九州方面の展開は大いに進捗し敵機動部隊後退による敵上空直衛機並びに中間哨戒機の手薄に乗じ大兵力を投じて有効なる攻撃を加え、敵の後続補給を確実に遮断するとともに敵上陸軍に対し痛撃を加へ得る見込み充分なり、従って貴軍に於ては既に準備中とは存ずるも茲約10日間敵の北、中飛行場使用を封止する為あらゆる手段を尽くし右目的を達成せられ度、之が為主力を以て当面の敵主力に対し攻勢を取られんことを熱望する次第なり……

北（読谷）飛行場の滑走路は、上陸第1日、すでに清掃と弾痕補塡作業が行われ、同日夕には、南（嘉手納）飛行場の滑走路は不時着の用に供することが出来るようになった。砲兵観測用飛行機19機は4月2日にはCVF及びLSTから揚陸され、4月3日には行動を開始した。両飛行場の施設作業は、その翌日

４日から本格的に開始された。陸上基地の戦闘飛行隊が読谷飛行場に到達したのは４月７日で、その２日後には嘉手納飛行場にも到着し、空中活動に地域的統制及び補給のため、さらに飛行機の増援が行われた。[*60]

●４月３日の幕僚会議

飛行場が早期に敵手に入ったことに対する大本営、方面軍、関係航空部隊の反響は第32軍の予想に反し意外に大きく、４月３日以降、各方面から北、中飛行場奪回の攻勢を要望する電報が相次いで軍に到着した。この攻勢要求電報の殺到が第32軍首脳に与えた衝撃は非常に大きく、八原高級参謀の回想によれば、軍首脳は脳震とうを起こしたようになり、軍の執るべき処置に対する正常な判断が出来なくなるほどであった。

４月３日夜、長参謀長が軍の参謀を洞窟内の参謀長室に集め、軍の攻勢についての研究会を開いた。軍司令官は臨席しなかったが、軍司令官の居室は軍参謀長室の隣であり、会議の状況は聞知された。長参謀長は、各方面からの攻勢要領の電文を読み聞かせた後、「敵はまだ陣地攻撃の配置でなく、前進行動中であり大勢が浮動している。この浮動の戦機を利用して攻勢を採るべきである」などと提案して各参謀の意見を求めた。

この提案は長参謀長としては既に攻勢を実施する腹構えでなされたものであったが、まず攻勢か、守勢かの根本問題で議論が起こった。神直道少佐は航空主任参謀として、「今湊川方面に上陸しないことが判明したのに北方に対し攻勢を採らず無為に持久健在を策するのは論旨が通らない」、作戦主任である八原高級参謀は参謀長の攻勢案に反対する意見を「数か月間心血を注いで構築した洞窟陣地を特別の理由もなく捨てて出撃するのは自殺行為である」などと強硬に述べた。その他の参謀からは特別の発言はなかったが、結論的には攻勢に賛意を示した。このため長参謀長は多数の意見が得られたので、幕僚会議は攻勢に決定したとして会議を終了した。[*61]

一方、第32軍が計画に盛り込んでいた飛行場使用制限のための制圧射撃は、米軍には大きな影響を与えることはできなかった。ましてやこの時期、制圧射撃は行われていなかった。第32軍の飛行場制圧射撃の状況は、次のようである。棚原の北東2キロ付近に配備された15糎加農2門で6日から開始され射撃は主として夜間実施された。4月12日、米軍の迫撃砲弾により1門が破壊された。その後、第32軍は4月20日頃飛行場制圧のため新たに15加2門を幸地、高射砲2門を棚原に配置し、4月下旬まで射撃を実施した。米軍戦史によれば、日本軍の飛行場制圧射撃は精度良好であった。しかしその後の北、中飛行場への敵機進出状況から見れば、この射撃のみによる大なる基地推進妨害の効果は収め得なかったようである。

沖縄の防衛に任ずる航空の諸隊から、北、中飛行場奪回攻勢の要請電を受け、方面軍や大本営からも積極的攻勢を示唆あるいは命令された軍首脳、なかんずく軍司令官の心境は複雑であった。まして第8飛行師団長山本健兒中将の如きは、「眼前に航空要塞の建設を許し、新州を醜虜の翼下に曝しては、第32軍が沖縄南部に健在しても瓦全の外の何物でもあるまい」とまで極言しているのである。

第32軍の首脳は持久の実利にも大いに迷っていたのである。しかし翻って考えれば、大本営や方面軍が指摘するように、敵航空基地の推進破砕は第32軍に与えられた厳然たる任務であり、さらにこれは沖縄方面作戦の根本義である。軍がこのまま攻勢に出でず無為に防御に日を送り、眼前に敵航空基地の建設を許したのでは任務放棄のそしりを免れないばかりでなく、祖国防衛に対する軍の義務を怠ったとの自らの責めをいかんともすることはできない。軍首脳の苦悩は深刻を極めた。長時間にわたる討議の結果、名は実に勝った。

4月3日夜、牛島軍司令官は参謀に対し、「北、中飛行場方面への出撃を決定する」旨を申し渡した。八原高級参謀は、攻勢を実施すれば数日を出でずして全軍壊滅の悲運となるとの信念に基づき、さらに軍司令官に攻勢反対の意見具申をしたが容れられなかった。

第32軍司令官は、攻勢転移の日時を4月7日夜と決定し、4日、「軍は7日夜を期して北方に向かい攻勢に転ずる」旨を大本営、第10方面軍、航空部隊などに報告（通報）するとともに、航空協力などについて要請した。[*62]

なぜ第32軍首脳の根本思想にゆらぎが生じたのだろうか。その原因として第32軍の防御計画策定段階において軍の地位・役割の徹底的な議論がなされなかったこと、軍司令官が明確な企図を示していなかったことが考えられる。

(3) 前地の戦闘と第32軍の攻勢

●前地の戦闘（4月4日）

米軍は橋頭堡の完整に引き続いて南下を開始し、大山、神山の前進陣地は4月4日には米第24軍団の強圧を受けたので、歩兵第63旅団長は同夜これを主陣地内に収容した。賀谷支隊は4月2日夜以来、普天間南側〜中城城址の線を保持して極力敵の南下を阻止していたが、次第に両翼から浸透されて、4日、161・8高地の前進陣地で収容され、5日師団命令によって幸地付近に後退して予備隊となった。

4月4日1550頃、有力な艦艇群（戦艦以下約50隻）は中城湾に進入し掃海を実施するとともに知念半島及び勝連半島を砲撃した。軍は中城湾方面に敵が新上陸を企図するものと判断し、この方面に対する戦備も厳にした。[*63]

●軍砲兵への射撃開始命令

軍砲兵隊の射撃開始は過早の陣地暴露を不利として軍司令官は容易に認可しなかったが、賀谷支隊も新垣東西の戦に撤退し、米軍の南下も活発となったため、軍司令官は4日軍砲兵隊に射撃開始を命じた。しかし、弾薬使用が規制されているので十分な射撃は実施できなかった。軍砲兵隊主力は南部湊川方面上陸に対する火力指向を準備していたが、4日軍司令官から北方に対する作戦への転換を命ぜられ、4月5日から8日主として夜間を利用して北方作戦の陣地配備についた。第32軍としてはまだ正規の米軍の上陸がどこなのかを判定できていなかったが、ここでおおむね北方正面を主上陸と判断した[*64]。その結果、軍の有力な火力を南部から北方正面に向けたのである。

●第32軍の攻勢計画

4月4日、大本営海軍及び連合艦隊参謀を兼ねる瀬島龍三参謀が宮崎第1部長のもとを訪れ、連合艦隊の沖縄方面への航空総攻撃（菊水1号作戦）と残存艦艇をもってする海上特攻攻撃の企図を通報した。そこで大本営陸軍部第1部は、4日午後、沖縄作戦に対する3日の御軫念（陛下の御心配）の趣旨を伝達するとともに、北、中飛行場の制圧の要望を起案し、参謀次長名をもって第10方面軍司令官宛に次の通り発電した[*65]。

　北中飛行場の制圧は第32軍自隊の作戦にも緊要なるは硫黄島最近の戦例に徴するも明らかなり、特に敵の空海基地の設定を破砕するは沖縄方面作戦の根本義なるのみならず同方面航空作戦遂行のためにも重大な意義を有するをもって、これが制圧に関して万全を期せられたし

第10方面軍司令官安藤利吉大将は、かねてから水際撃滅の思想が強く、そこで方面軍は、4月3日頃参謀長電で、水際撃滅の好機に乗じて攻勢を取るように第32軍を指導していた[*66]。

軍司令官の攻勢の決心に基づき、八原高級参謀は長野英夫少佐を補佐として攻撃計画を策定した。その概要は次の通りである[*67]。

　第32軍攻勢計画の概要

　方針：軍は4月7日夜、全力を挙げて攻勢に転じ、北、中飛行場地区に上陸せる米軍を撃滅し、まず標高220高地東西の線に進出する。

・第62師団は、4月7日夜、全力を挙げて攻勢に転じ、敵を粉戦に導きつつ、まず島袋東西の線に進出する。同線進出後の行動は、当時の状況によるも、なしえる限り、一挙に北、中飛行場方面に攻勢前進することを予期する。

4月4日軍司令官はこの攻撃計画を決裁し、同日夕各兵団長を軍司令部に招致して攻撃計画を指示した。この際、各兵団長は攻撃に賛意を示したが、必ずしも全面的に攻撃成功に確信を持っていたわけでなく、第24師団長及び第62師団参謀長はその不安を軍参謀に洩らした。[*68]

また、安藤第10方面軍司令官は、4月4日、海軍からの通報によって連合艦隊の総攻撃を知り、第8飛行師団及び第32軍で全面的にこれに協力することに決め、同日2400次のように命令した。

第10方面軍命令

一、連合艦隊及び第6航空軍及び第5航空軍は主力を挙げて沖縄周辺の敵艦船攻撃を企図す、攻撃の時期は4月5日乃至6日と予定するも細部に関しては連合艦隊より通報する筈

二、第8飛行師団は連合艦隊の企図に連繋し現任務を続行すべし

三、第32軍は右企図に策応し本来の任務完遂に邁進すべし、特に海空部隊の壮挙に比肩する地上部隊の積極果敢なる行動に依り其の名誉を発揮せんことを期すべし

この命令を受領した第32軍司令部は、「空海部隊の壮挙に比肩する」という字句に対して不快の念を持ち、「地上部隊幾千の将兵が急造爆雷を抱き、連日身をもって敵戦車に突撃しつつある冷厳なる事実のもと、軍は既定方針に従い貴意に副うごとく努力しつつあり」と返電した。[*69]

連合艦隊（第6航空軍を含む）は4月6日を期して航空総攻撃（菊水1号作戦）を行うことを計画し、第32軍にも通報していた。第32軍はこの航空総攻撃の実施を、軍の攻撃開始日（7日夜）に関連するように1日繰り下げて7日朝から実施することなどについての要望を5日0230次のように発電した。

宛　第10方面軍、第6航空軍、第8飛行師団、第5航空艦隊　参考　参謀次長
当部隊の絶対攻勢に関連し航空攻撃を要望す
一、航空攻撃開始　七日朝とす
二、攻撃目標　第一空母、第二支援戦艦群
三、航空攻撃時期的重点は7日午後、8日午前（いずれも昼間）とす

この要請に対し、第5航空艦隊は繰り下げの要望に副い難い旨を返電した。[*70]

●第32軍の攻勢延期と方面軍の攻勢命令

4日夕、軍司令官から各兵団長に攻撃計画が指示されたが、4日夜半に至り「4日1630那覇南方150キロに空母3、輸送船50の部隊を発見」の情報が航空部隊から軍司令部に入電した。この情報により第32軍司令官は、軍の攻勢を一時延期することに決し、これを関係方面に打電した。[*71]

安藤第10方面軍司令官は、4日、第32軍の攻勢実施の報に接して満足するとともに、同軍の攻勢を支援するため、台湾からの増援等について幕僚に研究を命じていた。ところが5日、同軍攻勢中止の報を受けて、同夜、第32軍に対し8日夜地上攻勢を発起するよう、参謀長の依頼電報を発電させた。[*72]ここにおいて第32軍司令官は、改めて8日夜を期して攻勢を実施することに決し、関係方面に打電した。

八原高級参謀は、今、米軍は予想した地点である嘉手納沿岸に上陸し、予期した如くに南進しつつある。この時、この際、なぜに突拍子もなく根本方針を180度転換する必要があろう。そしてまた現在の状況において、攻勢を要望する大本営や方面軍のばかさかげんは何事であるか。過去数カ月の努力を、一朝にして放擲し、徒手空拳、敵と戦わんとするのは、戦略戦術両面より考えて実に狂気の沙汰と言わざるを得ない[*73]と考えていた。しかし、軍が八原高級参謀の考えを受け入れることはなかった。これも幕僚である八原高級参謀の限界といえる。

(4) 主陣地第一線地帯の戦闘（4月4日〜8日）

●米軍沖縄を南北に分断、海岸堡を設定

米第10軍は、上陸前、沖縄の日本軍兵力及び企図について明確にすることが出来なかった。在沖縄の日本軍兵力を実際より過少に判断していたのは、主として沖縄県民の兵役在籍者を算定外においていたためである。また、日本軍がその主力を首里付近に集結していること、及びその陣地が極めて堅固である状況も予測できなかった。しかし、4月4日から戦闘を交えるようになって、沖縄防御の状況が逐次判明してきた。

4月4日、第1海兵師団の全3個連隊は沖縄東海岸に達した。[*74] そして、第10軍は、幅5〜20km、長さ27kmにわたる広大な海岸橋頭堡を占領した。この海岸堡内には、素地優秀な北、中飛行場を含み、海岸は輸送船からの莫大な揚陸量に適応し、軍需品集積のための十分な地積があり必要な施設は迅速に建設設計された。かくて数カ月にわたり、営々努力した諸般の計画と準備とはここにその結実の第一歩を刻んだのである。[*75] そしてこの海岸堡には、4月1日から6月30日の間に200万容量屯、すなわち1日平均約2万2千屯の船荷を揚陸することになる。[*76]

●日本軍の主な抵抗線はどこか

米軍がかくも容易に上陸を完うし、沖縄に地歩を確保できたことは、第10軍司令官バックナー中将には新たに幾多の判断や疑惑を惹起する結果となった。それは、いったい日本軍はどこにいるのかという問題である。その答えとしては、①米軍に対応する準備は台湾のような他の島におかれたのであろうとするもの、②南方に対して実施した海兵隊の陽動によって、当該方面に兵力を集結したというもの、③日本軍は強大な戦力を拘置し、米軍の攻撃の矢が弦から放たれるや、機を逸せず断乎反撃に出るというもの、など

検討された。[*77]

これを明らかにするためにも米第24軍団長ジョン・リード・ホッジ少将は、4月4日、隷下両師団に対し、第7師団は東翼、第96師団は西翼となり、浦添村―178高地―和宇慶（わうけ）を目標に南方に攻撃前進することを命令した。[*78]

●前進陣地―161・8高地の戦い（4月5日）

161・8高地は、米軍が尖塔（ピナクル）高地と名付けたように、頂上に尖塔状の大きい岩をいただく四周に良好な視射界を有する高地である。ここには独立歩兵第14大隊の第1中隊が堅固な陣地を占領していた。各拠点は地下待避壕を設け、また地下交通壕で連接してあり、機関銃は墓地を利用していた。5日0900頃、米軍が近接してきたので、守備隊は近距離に引き付けてから急襲射撃を浴びせた。米軍（184連隊／第7師団）は迫撃砲を集中して攻撃したが、これを撃退した。翌6日0800頃から再び米軍の攻撃が開始された。まず砲兵の集中射撃が陣地全域に加えられ、砲撃が止むと歩兵が攻撃前進してきた。守備隊は、砲撃中は洞窟内に退避し、砲撃が止むと同時に射撃位置について射撃とともに手榴弾、爆薬等を投げて敵を撃退した。撃退すること7～8回に及んだが、1500頃砲撃間を利用して西側から迂回した敵に山頂を奪取され、中隊長以下壕に閉じ込められた。米軍は黄燐手榴弾、火焔放射器等をもって攻撃を加えたため、夜になり攻撃の間隙に脱出後退した。

161・8高地を守備する日本軍110名中、わずかに20名が南方へ退却することが出来た。この高地を奪取したことにより米第7師団は全線にわたり、南下前進を続行できるようになった。第32軍にとって161・8高地は、難攻の陣地ではあったが、後退することを前提とした前進陣地にすぎなかった。[*79]

●主陣地第一線地帯の戦闘（4月5日）

東翼において161・8高地の戦闘が行われている頃、西翼の独立歩兵第13大隊正面では、大山、神山

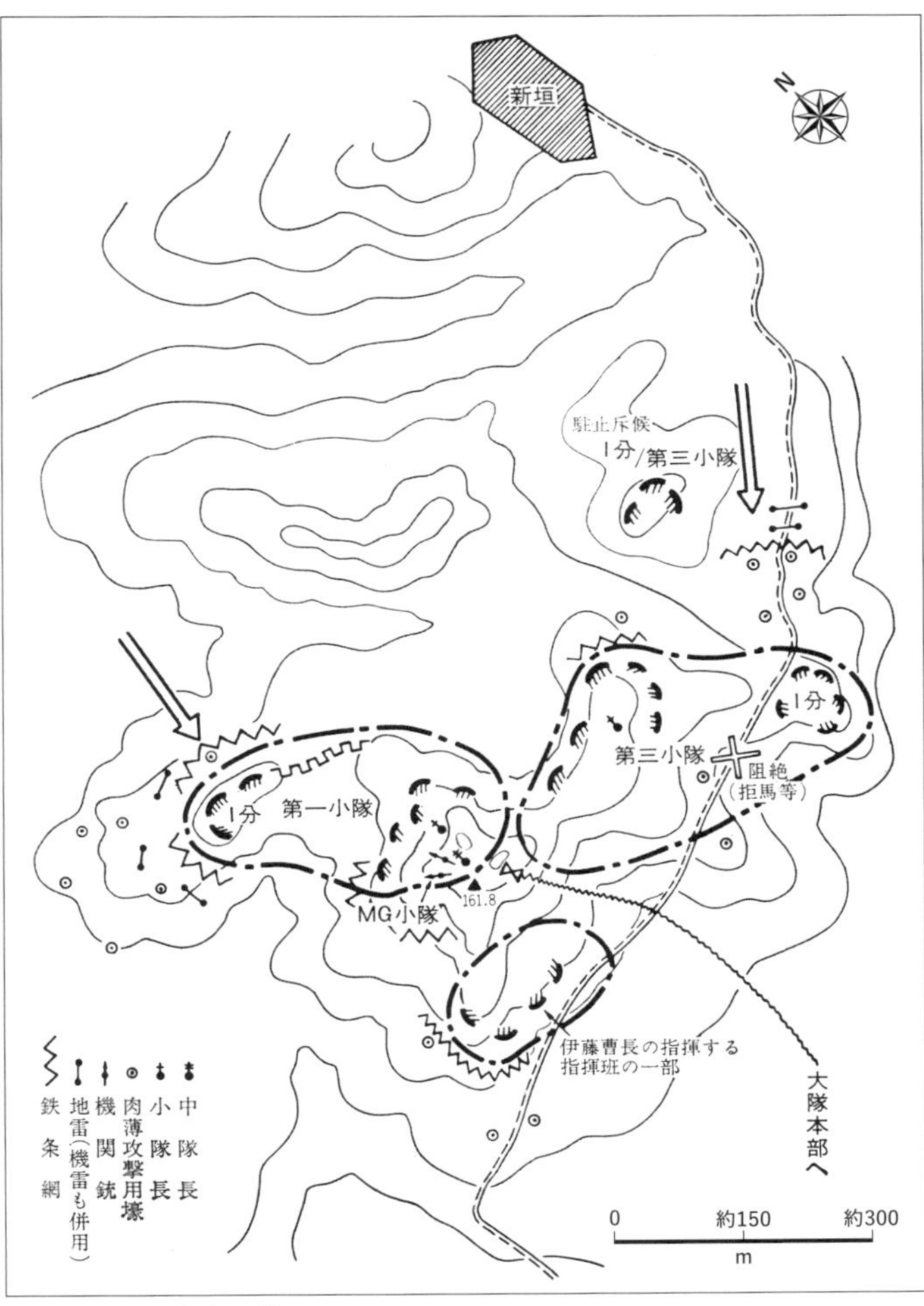

161高地前進陣地配備要図
出典：防衛庁防衛研修所戦史室『戦史叢書　沖縄方面陸軍作戦』（朝雲新聞社、1973年）298頁

の前進陣地の撤退に伴い、米軍は主陣地前面に進出して5日から真面目な攻撃を加えてきた。米第24軍団は4月5日、早くも南上原（みなみうえばる）—我如古—牧港の線の主陣地前面に出現したのである。この正面の攻防の焦

161.8高地（ピナクル）
Center of Military History *The War in the Pacific OKINAWA: THE LAST BATTLE* (United States Army Washington,D.C.,1984), p.109.

点となったのは、第3中隊の守備する85高地（現在削り取られて普天間飛行場の一部となっている。森川公園付近）である。

米軍が採用する攻撃方式において、第32軍が最も警戒したのは、米軍が欧州戦場における作戦を採用し、大戦車集団をもって軍陣地を一挙に突破し首里南方の縦深まで突進されることであった。しかし、今見参する米軍の攻撃法は、純然たる歩兵直協式で、その戦車は全線に分散活動していた。砲爆に密接な連繫を保持するこの種攻撃法は我が全線将兵を手古摺らせたが、戦車の集団攻撃を受けるに比べ、実に心安く対戦できると八原高級参謀は考えていた。[*80]

北正面の攻撃に相まって1550頃有力な艦船群（戦艦以下約50隻）は中城湾に進入し掃海を実施するとともに、知念半島および勝連半島を砲撃した。軍は中城湾方面に敵が新上陸を企図するものと判断し、この方面に対する戦備を厳にした。[*81]

●第32軍への総攻撃要請（4月5日〜）

4月5日夜、第32軍司令官は、第10方面軍からの攻勢督促の依頼電報もあったため、8日夜を期して攻撃を実施することに決して関係方面に打電した。[*82]

連合艦隊は、6日の菊水1号作戦の戦果極めて大なりと判断し、また、海上特攻隊の8日朝沖縄突入予定などを考慮し、6日夜連合艦隊参謀長電をもって第32軍に対し総攻撃を8日夜ではなく朝から決行することを要請した。これに対し第32軍は攻撃時期（8日夜）を変更できない旨を返電した。

4月6日午後、牛島軍司令官は、8日夜からの総攻撃に関する軍命令を下達し、7日、総攻撃に関し、

「皇国の安危は懸りて第32軍総突撃の成否に在り……僚友斃れ一人となるも敢為奮進して醜敵を滅殺すべし」と訓示した。[83]

ところが、米軍の前進をとん挫させている第62師団司令部では、自分たちの防御について「やった、これでいける」と自信を深めた矢先であり、「馬鹿な、何をとぼけているか！」というのが師団長、参謀長の第一声であった。早速強硬な反対意見を、師団長自ら軍参謀長に申し入れた。[84] 攻勢については第32軍司令部内でも意見が分かれていた。

●主陣地第一線地帯の戦闘（４月５日～９日）

米軍は５日から戦車を伴って攻撃を開始し、６日には航空機による爆撃も集中して、夕刻には遂に85高地を占領し、続いて７日には大謝名（おおじゃな）東側の第４中隊陣地に迫った。第62師団は、逐次増加配属された軍砲兵隊の迫撃砲を戦闘に加入させて防戦に努めたが、この頃敵の艦砲射撃も激烈で、独立歩兵第13大隊の第３中隊はほとんど全滅し、第４中隊も四分の三に達する損害を受けた。独立歩兵第13大隊長はやむなく７日夜、第３中隊、第４中隊を嘉数付近に後退させたが、残存兵力はわずかに約20名だったといわれる。かくして85高地一帯の主陣地第一線地帯は敵手に帰し、８日には米軍は嘉数高地に迫っていった。

嘉数高地などの第32軍の第一線は、これまでの１６１・８高地のような縦走地形上の前進陣地とは異なり、防御に適した横走地形の稜線上にある首里陣地帯の一部を形成した。上原高地の独立歩兵第14大隊正面でも、１６１・８高地前進部隊の撤退に伴い、７日から主陣地の戦闘が始まった。守備隊は東西に流れる稜線を利用して善戦したが、米軍の砲撃は猛烈で、８日には我如古北側～北上原高地一帯の第一線陣地を失うに至った。

４月７日までに米第24軍団は、第32軍防御の主陣地地帯に入りつつあることが明らかとなった。第24軍団長ホッジ少将は砲兵大隊の追加を要求した。バックナー中将は、第３海兵軍団砲兵は、北方には十分に使用できないことを知って、海兵の155ミリ部隊の大部を南部戦線に配属することを命じた。4月7日と8日、第8、第9砲兵大隊と第1、第3及び第6榴弾砲大隊が、第3海兵軍団から派遣されて第24軍団

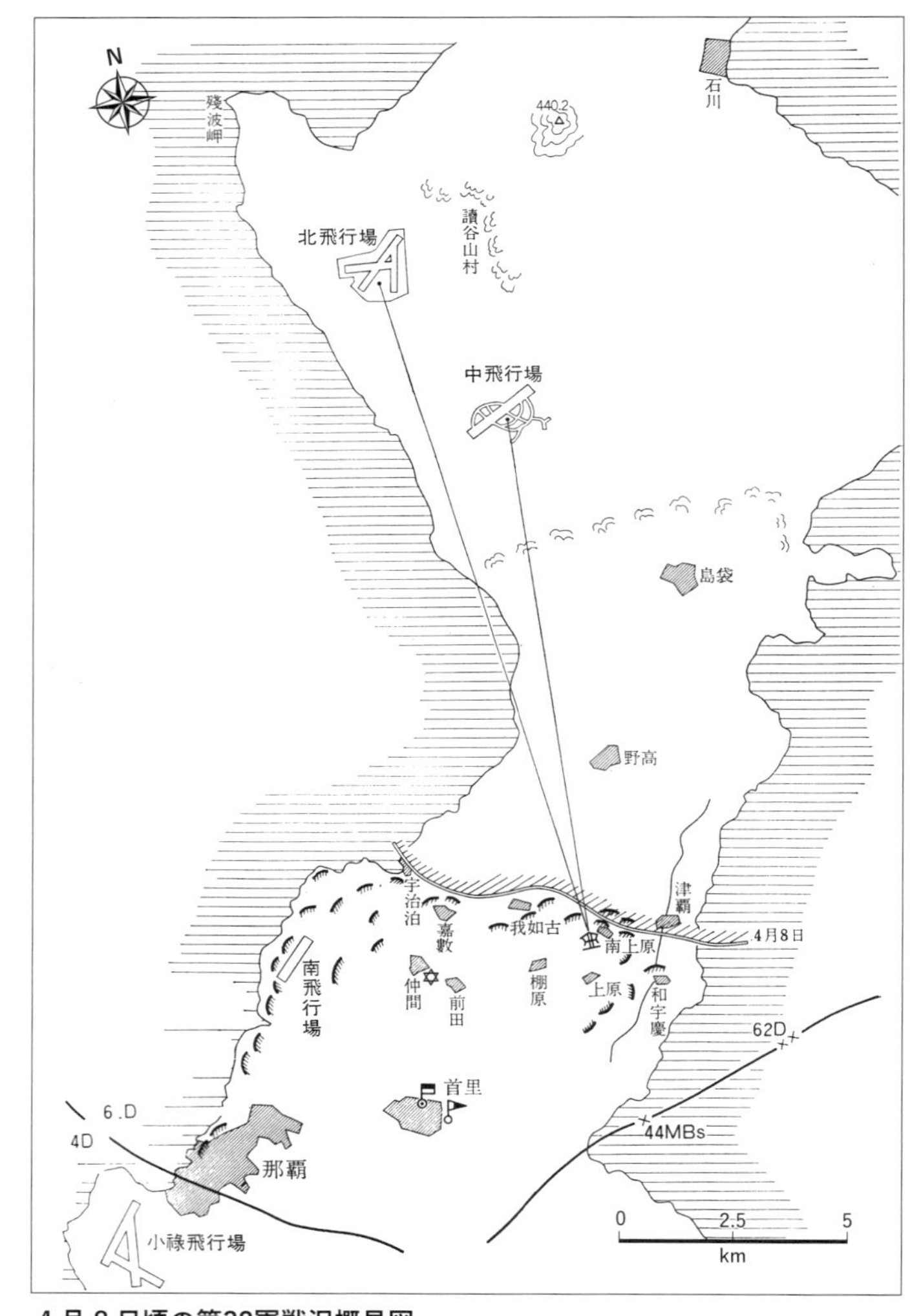

4月8日頃の第32軍戦況概見図

出典：防衛庁防衛研修所戦史室『戦史叢書　沖縄・臺灣・硫黄島方面方面陸軍航空作戦』（朝雲新聞社、1970年）474頁

の攻撃を支援するため南部へ移動した。榴弾砲大隊は、第４１９野砲グループに配属され、陸軍部隊とともに３つの火力グループとなり、それぞれの陸軍大隊長の指揮下に入った。[*85]

４月７日及び８日、米第３８３連隊は、航空機、軽、重砲、戦艦ニューヨークからの艦砲射撃等の協力のもとに嘉数高地を攻撃した。第３８３連隊長は、当時嘉数高地の日本軍の兵力に関しての情報はなく、７日及び８日、第１大隊の実施した小規模の攻撃は多大の損害を受けて失敗した。[*86]

●総攻撃を陣前出撃に変更

７日、沖縄本島南部周辺は米軍艦船に包囲され、艦砲射撃も激烈であった。艦上機の来襲は比較的少なく本島地区は約２００機であった。７日午後、浦添、那覇西方海上に戦艦３、巡洋艦４、駆逐艦２、輸送船90が出現した。軍司令部では、７日夕、情報部将校が一通の電報を開示した。「五、六十隻よりなる敵の新しい輸送船団が沖縄島西南地区に接近中」というのである。八原高級参謀は電報を手に、長参謀長を呼び止め、電報を読み上げた。長参謀長の表情が崩れた。長参謀長は弱々しい態度になり、「この新来のアメリカ軍は、軍主力が出撃するところに、戦場に到着する。もし万一我が左側背、特に南飛行場方面に上陸されれば一大事である。高級参謀、攻勢は中止しよう」といった。[*87] こうして軍は艦船及び艦砲射撃の状況からして、浦添方面に米軍上陸の企図濃厚なりと判断し、総攻撃の方針を変更し「一部を以て当面の敵を撃砕しつつ主力は陣前に敵主力を撃滅する」こととした。[*88]

●「天岩戸」軍司令部内の状況

第32軍司令部は、３月29日以来、陽光を見ない洞窟生活が始まっていた。坑道の開通に伴い軍首脳部は洞窟の北部から中央部に移転した。地下30メートル、延長千数百メートルの大洞窟、多数の事務室や居室、煌々たる無数の電灯、千余人の将兵を収容して、さながら一大地下ホテルの観があった。

軍司令部内の食生活は、関係者の努力で、千人以上の数カ月分の糧秣が洞窟内に集積してあり、当所のうちは不自由はなく将兵は三度の食事を定量とることができた。[*89]

洞窟内は、狭くて奥深い坑道内には、人間が充満しているから空気の流通が悪く、酸素が希薄だった。停電したときは、ろうそくの灯も途絶えがちである。温度は常時摂氏30度、湿度は100に近い。身体は気怠く、心気は朦朧（もうろう）となる。将兵の活動力を殺ぐこと甚だしく、とうてい長く人間の住める場所ではなかった。洞窟の中心部が一番条件が悪いので、ここに移動していた軍首脳部は、半月もするとすっかり参ってしまって、再び第一、第二坑道口近くの旧位置に復帰せざるを得なくなった。ここは出口に近く、比較的空気の流通がよいからである。[*90]

しかし、牛島軍司令官は、戦闘が始まってからもその態度は平素と少しも変わらなかった。一切を参謀長以下に任せて、自らは悠々としていた。決裁書類には、一字一句も修正しない。静かに読書している場合が多く、世間話の相手には、専門外の女子師範学校長西岡一義氏が選ばれていた。ある時将軍に「閣下はなぜ作戦指揮について、一言もされんのですか？　私がもし司令官だったら、とてもじっとしておれません」と問いかけると、帰ってきた将軍の返事は、「軍司令部にはそれぞれの専門家がおる。俺が彼是（かれこれ）いうよりは、その専門家たちに頼んでやってもらった方が結果がよいのだ」であった。[*91]

浦田国雄氏（元第32軍司令部情報班挺身隊長）は、牛島軍司令官のことを以下のように回想する。[*92]

牛島さんのサインは、富士山の山を書いて右肩にチョンチョンやるだけですけれども、閣下はどんな不利な戦況の時でもニコニコしてほかの話をされるんですよ。「お前は奄美大島の出身だというが、学校は鹿児島か」「鹿児島で受けました」「自分の郷里は種子島だよ」何の情報をもっていってもニコニコして「ご苦労だった」これだけなんです。現地の兵隊たちは皆、昭和の乃木将軍といって、心から慕っておりました

一方、長参謀長の仕事ぶりは、戦闘が始まるといよいよ賑やかで、しかも徹底していた。日常の業務は、

各責任者に委任していたが、信頼し得ないものや、あるいは何か失策した直後には、相当峻烈に突っ込み、遠慮なく修正を命じ、時には赤インキで根本的に変更される。戦闘開始後の参謀長の態度性行は、平素とさして変わりはないが、ただ一つ異なるものがあった。従来将軍は、中央部や方面軍に対しては、公然と率直大胆に批判されるのが常であった。ところが、戦闘開始後は、そのような言動がいささかもなかった。八原高級参謀は、平素根本理念としていた忠則尽命の主義を身をもって実践せんとする決意の結果であろうと考えていた。[*93]

●国頭支隊の配備

昭和19年11月末の配備変更によって、国頭支隊に与えられた任務は次の通りである。[*94]

1　国頭支隊は一部をもって極力長く伊江島を保持するとともに、主力を以て本部半島を確保して国頭郡内に策動し、本島南部の主作戦を容易にする。

2　遊撃隊をもって国頭郡内に遊撃戦を展開するとともに、軍主力方面特に中頭郡の飛行場地区の戦闘に協力する。

国頭支隊は独立混成第44旅団の第2歩兵隊（第3大隊欠）を基幹とし、その歩兵力は2個大隊に過ぎない上に、第2歩兵隊は沖縄に進出途中一度海没したので、現地召集者を多数補充して再編成した関係上、その質素は十分ではなかった。国頭支隊は、第1大隊を伊江島に配置し、主力を本部半島の八重岳を中心に拠点を占領、拠点内から15糎榴弾砲2門を以て伊江島飛行場の使用を妨害するように準備した。

本部半島以外の北部沖縄地区は遊撃地区とし、第3遊撃隊がタニヨ岳、久志岳（くしだけ）地区に、第4遊撃隊が石川岳、恩納岳地区に遊撃拠点を設けていた。

●第62師団主陣地の戦闘と夜襲（4月8日）

4月8日朝から、宇地泊（うちどまり）～嘉数～我如古～南上原～和宇慶の陣地は全線にわたって米軍の攻撃を受け激戦が展開された。また軍砲兵主力の北正面転換は8日朝までに完了し、8日以降北正面戦線に威力を発揮した。[*95]

軍は4月7日夜、総攻撃を中止したかわりに、第62師団に陣前の敵に対し夜間攻撃を実施することを命じた。このため第62師団長は、歩兵第63旅団長に8日夜の陣前出撃を命ずるとともに独立歩兵第２７２大隊及び独立歩兵第２７３大隊をその指揮下に入れた。歩兵第63旅団長は独立歩兵第12、第13、第14大隊に夜間攻撃を命じた。この際、独立歩兵第14大隊を独立歩兵第12大隊長賀谷中佐の指揮下に入れた。[*96]

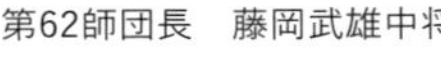
第62師団長　藤岡武雄中将

独立歩兵第13大隊長は、第5中隊に8日夜、85高地の奪回攻撃を命じた。同中隊は挺進斬り込み隊を編成して85高地に夜間攻撃を実施、一部は85高地に達したが天明とともに敵火により中隊長以下大部が戦死した。また、独立歩兵第12大隊の攻撃も格別の成果もなく、9日朝から米軍は全線にわたって攻撃を続行し、激戦が展開された。[*97] 各戦面が中城湾沿岸にも拡大しつつある間、一応中止となった攻勢論は、容易に収束しなかった。

4月8日、ホッジ少将の要請に基づいて第10軍司令官は、第27師団に沖縄に上陸して第24軍団の攻撃を増援するように命令した。[*98]

(5) 第32軍の総攻撃（4月8日～12日）

●長参謀長、新たな軍の総攻撃を提案

4月8日午後、8日夜の陣前出撃実施後の方策について長参謀長は「4月12日頃から第62師団、第24師団を並列して大規模な夜間攻撃による総攻勢を実施する」ことを提案した。

この攻勢案に対し八原高級参謀は絶対反対を表明した。軍参謀長は八原高級参謀の反対を退け、自己の構想に基づく攻撃計画の策定を八原高級参謀に命じた。この長参謀長の提案に対し、八原高級参謀は、「軍司令官、軍参謀長は、４月８日の総攻撃中止の関係もあり、成敗利鈍を超越し、軍の名誉にかけて攻撃を強行されるかに思えた」と回想している。[99]

牛島軍司令官は、大本営や関係各軍に対し、武士の面目にかけても、何らかの形で攻撃を実行しなければ済まないと考えていた。特に参謀長は、その気持ちが強く、４月８日、強圧的に八原高級参謀に対し、左記骨子に基づく夜襲計画の立案を命じた。

一、夜襲実施は４月12日夜とする。

二、夜襲使用兵力は、まず少なくも歩兵１旅団とする。

三、全線にわたり、小部隊群をもって、敵戦線深く楔入し、紛戦に導きつつ島袋東西の線―敵砲兵陣地帯の後端で、しかも北、中飛行場を制する戦術的要線―に進出する。

軍参謀長の夜襲実行の決意は牢固たるものがあり、八原高級参謀を始め参謀らをして、彼是議論する余地を与えなかった。

夜襲計画の要領は、まず、歩兵第22連隊（第24師団）はその主力２個大隊をもって、速やかに宜野湾街道以東第62師団の第一線近く前進して攻撃を準備し、12日夜、敵線深く侵入攻撃し、13日払暁までに島袋東方地区に進出する。次いで第62師団は、依然現主陣地帯を確保するとともに、歩兵約３大隊をもって、宜野湾街道以西の地区において、攻撃を準備し、12日夜敵線深く侵入攻撃し、13日払暁までに島袋西方地区に進出するというものだった。[100]

●主陣地第２線陣地帯の戦闘（４月８日〜11日）

４月８日夜、第62師団の一部をもって実施した攻撃は格別の成果もなく、９日朝から米軍は全線にわたって攻撃を継続し激戦が展開された。8日夕までの米第24軍団の戦死傷者は、1510名に達し、第96師団はこの損害の大部を占め、かつ嘉数陣地に対する攻撃の失敗により大なる犠牲を払うことになった。[*101]

4月9日払暁、独立歩兵第13大隊の守備する嘉数北側高地は米軍の奇襲攻撃を受けた。米軍は常用戦法である攻撃準備射撃を行わないで攻撃したのであった。0600頃守備隊が米軍の来襲を知った時、すでに有力な米軍が嘉数北側及び西側70高地の各頂上付近に進入しており、直ちに激烈な近接戦闘となった。独立歩兵第13隊隊長原宗辰大佐は、有効な迫撃砲火の支援下に果敢な反撃を行い、1000頃から逐次米軍を撃退し、夕刻には嘉数北側高地を奪回確保した。嘉数西側70高地に進出した米軍に対しても、果敢な反撃を加えてこれを奪回確保した。[*102] 嘉数の陣地のイメージは245、246頁の図の通りである。

守備部隊は頂上及び敵側と反対斜面に陣地を占領（反射面陣地）し、敵が砲爆撃を行う間は、構築した坑道陣地に隠蔽し、砲爆撃が終わり敵部隊の前進が開始されると監視員がこれを確認、迫撃砲などでこれを阻止するとともに、部隊は坑道陣地から出撃、頂上付近で近接戦闘を行うのである。

米軍は第一線陣地の奪取に引き続いて、嘉数から和宇慶の陣地正面に攻撃を続けた。特に西海岸の要点嘉数陣地には、4月9日、10日にかけて猛烈な攻撃が加えられたが、独立歩兵第13大隊（＋）は反射面陣地を利用して、全線これを撃退した。東海岸方面でも10日、11日、一部の敵は和宇慶部落まで進入してきたが、独立歩兵第11大隊が健闘して撃退した。これより先、第62師団長は7日頃、独立歩兵第272大隊、同273大隊を歩兵第63旅団に配属した。歩兵第63旅団長は、独立歩兵第273大隊を独立歩兵第14大隊に配属し、独立歩兵第272大隊を旅団予備として棚原付近に拘置していたが、嘉数高地の危急を見て9日、独立砲兵第272大隊を独立歩兵第13大隊に増加した。10日夜、さらに独立歩兵第273大隊の第2中隊を独立歩兵第13大隊に増加して嘉数正面の防備を強化した。13日には独立歩兵第273大隊主力も配属した。

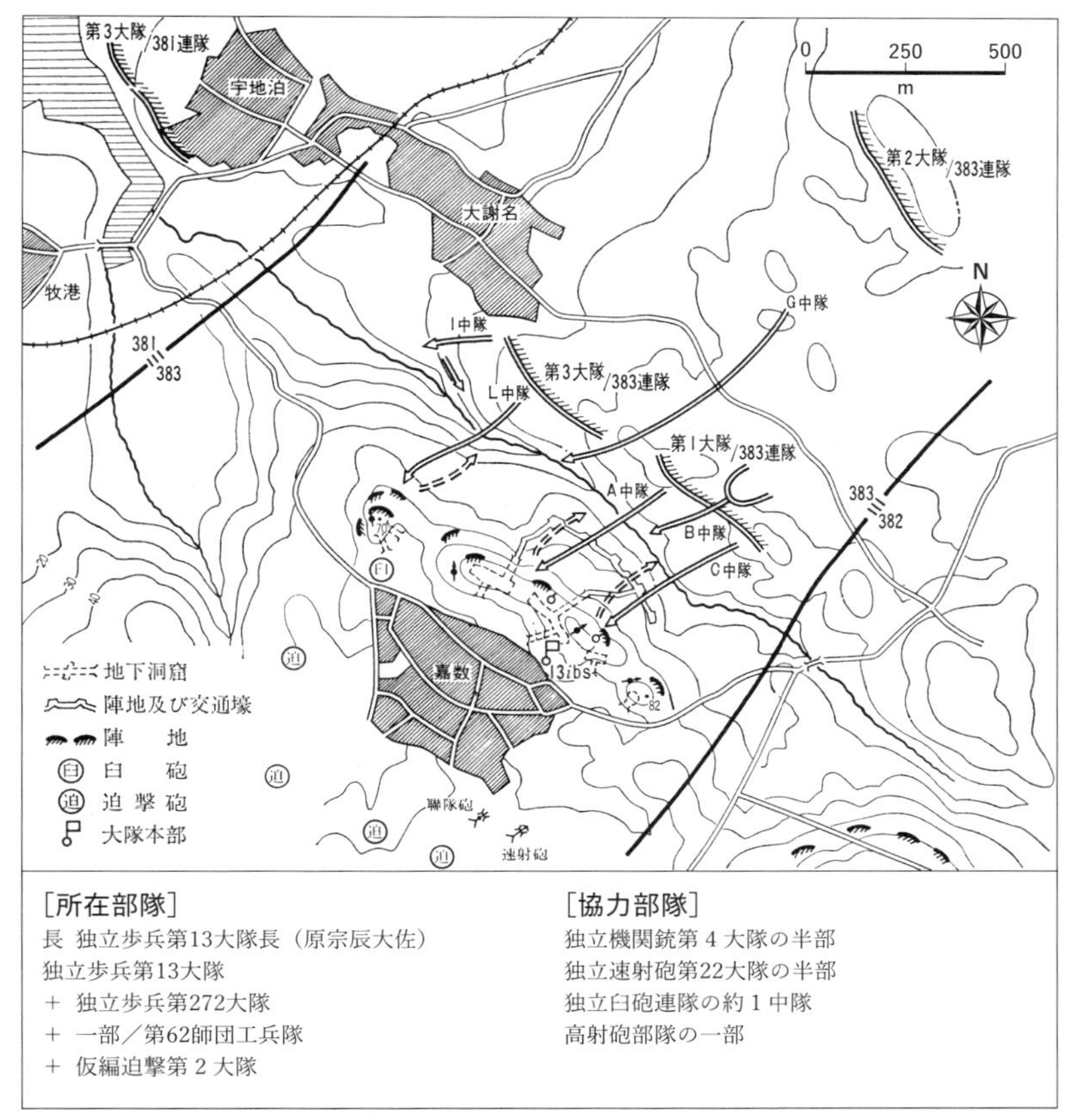

４月９日における嘉数付近戦闘経過要図

出典：防衛庁防衛研修所戦史室『戦史叢書　沖縄方面陸軍作戦』（朝雲新聞社、1973年）316頁

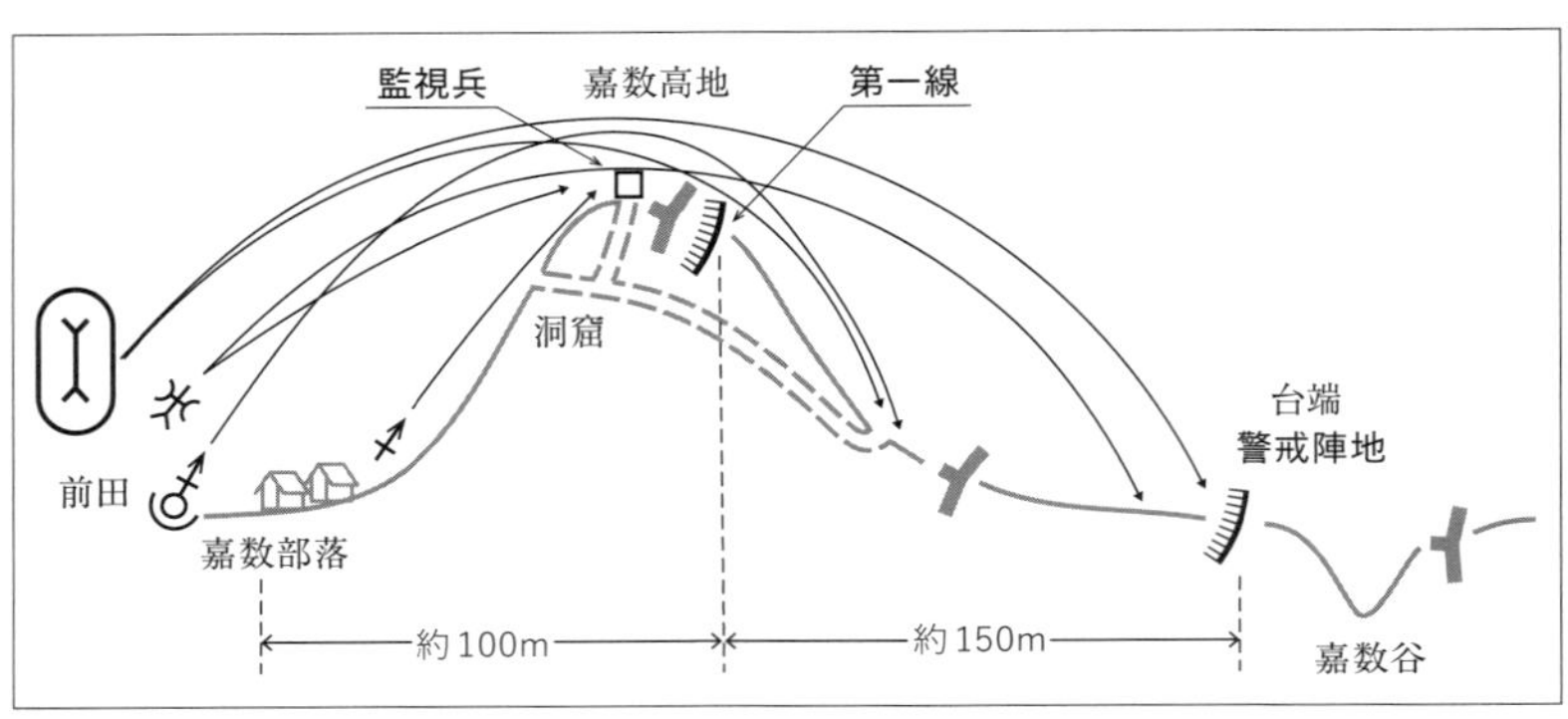

嘉数高地断面要図（筆者作成）

かくて第62師団は、大隊の第一線陣地帯（前進陣地）を失ったが、軍砲兵の本格的戦闘加入と相まって、善戦健闘米軍の突進を阻止し、嘉数〜南上原〜和宇慶の要線を確保することが出来た。

●第32軍の次期攻勢の決意表明

4月8日第32軍参謀が次期攻勢について研究したことは既述したが、4月9日、軍は、第32軍の今後の企図について次のように電報報告した。[*103]

第32軍は予定の如く第62師団を以て8日夜以降陣前に敵の撃滅作戦を開始せるも4月5日以降の真面目なる戦闘により戦力消耗せると又敵の空海勢力は依然大なる変化なきにより軍は更に決意を新たにし第24師団を第62師団の右翼方面に推進し陣前撃滅戦の続行を期しありて第24師団の第一線進出は4月11日払暁頃と予定しあり

4月8日の夜襲計画では、第24師団の歩兵第22連隊のみであったが、ここでは第24師団となっている。第24師団は、米軍の南部島尻からの上陸に対するため島尻地区の防衛を担当していたが、これを抽出して陣前の敵米第24師団を撃破しようと企図したことは、この時点では真面目に正面の敵第24軍団が上陸部隊の主力と判定し、決戦を挑もうと考えていたものと思われる。

●4月10日頃の戦況

4月10日は午後から豪雨となり、一面に泥濘化し、米軍の行動も困難を極めた。米第24軍団は、いよいよ日本軍の本格的な守備陣地に遭遇したものと判断して、攻撃を中止して改めて統一した総攻撃を準備することとした。

第62師団主陣地帯の激戦が続いている間に、北方本部半島の国頭支隊方面でも、米軍は7日夕、名護に進出して戦闘が開始され、また中城湾の津堅島にも6日約1個中隊の敵が上陸した。津堅島守備隊はこれを撃退したが、米軍は再度1個大隊をもって上陸した。守備隊は命令によって12日夜脱出し、勝連半島を経て主力に合流した。

嘉数高地においては昨9日、同高地頂上付近まで進出した米軍を激戦の末撃退したが、10日早朝から猛烈な集中砲火とともに0700過ぎから米軍歩兵は攻撃前進してきた。これに対し、我が砲兵及び迫撃砲は有効な集中化を浴びせ、北正面の攻撃は阻止したが、高地北西側から米軍は次第に侵入し接戦となった。[*104]

155高地（和宇慶北西）陣地は昨9日頂上付近を米軍に占領されたが、独立歩兵第11大隊、独立歩兵第12大隊の所在部隊は同高地南側陣地を保持してその進出を阻止した。

軍主力方面では、10日以来米軍の攻撃は次第に低調となり、沖縄周辺の艦船も著しく減少し、飛行機の来襲も少なくなかった。折から連合艦隊は菊水1号作戦の成果があったものと判断し、引き続き菊水2号作戦を決行することにした。

第62師団長は軍命令に基づき、10日夜、那覇地区から独立歩兵第23大隊（－）を抽出して攻撃準備を進めた。しかし、第一線の諸隊は既に戦力の大半を失い、また前回再三にわたり攻撃命令が中止されたいきさつから、気勢は必ずしも十分ではなかった。歩兵第22連隊も10日夜小禄地区を出発、11日弁ヶ岳付近に到着して第62師団長の指揮下に入ったが、未知の地形である上に敵火に妨害されて部隊の掌握は容易でなく、攻撃準備はなかなか進捗しなかった。さらに軍司令部内でも反撃の成功を危ぶむ参謀（八原高級参謀）もいて思想は統一を欠き、結局実施にあたっては、最初の計画よりもはるかに小規模のものとなった。

4月10日、牛島軍司令官は12日を期して陣前出撃を行うことを決定し、関係方面に打電するとともに、攻撃準備を命じた。[*105]

●国頭地区の戦闘（4月10日～16日）

4月10日、米第6海兵師団は運天港を占領した。ここは日本軍が潜水艦と水雷艇の基地を作っていた。放棄された装備や補給の大量が発見され、そして住民の言では150人の海軍軍人が山地の方に逃げたとのことであった。[*106]

国頭支隊主力は10日頃から東方の伊豆味、西方の渡久地両方向から米軍の攻撃を受けたが、14日頃からは一段と激しくなり、陣地は逐次崩壊していった。支隊長は、16日午後、各隊にタニヨ岳方面に移動して遊撃戦に転移するように命じ、組織的戦闘を終えた。その後、北部地区では第3・第4遊撃隊が主体となり遊撃戦を続けた。遊撃隊は基幹隊員のほか現地住民をもって組織したもので、各隊員は逐次部落に帰って一般住民に混入した。両遊撃隊とも隊長の人柄もあって住民の信望を集めており、その協力を得て終戦まで遊撃戦を続けた。

●4月11日の戦況

4月10日嘉数正面においては西側70高地頂上付近が米軍に占領された。また、11日早朝から嘉数地区は優勢な米軍の攻撃を受けた。70高地の米軍は南側への進出を企図し、その西方斜面方向から攻撃を受けた。守備部隊は逆襲を併用して米軍の進出を阻止し、夕刻にはこれを撃退して同高地を確保した。

東海岸方面においては、11日戦車を伴う有力な米軍が和宇慶部落北側に進出してきたが、守備部隊は対戦車障害と火力とによってこれを撃退した。軍は4月11日の状況を大本営に報告した。[*107]

国頭支隊の戦闘経過要図
出典：陸戦史研究普及会『陸戦史集９　沖縄作戦（第二次世界大戦）』（原書房、1968年）156頁

1　戦線変化なし、敵は東西両海岸方面より第一線に盛に兵力を増強し戦車装甲車等を以て陣前を強行偵察しつつあり

2　0900の艦船状況：戦艦5、巡洋艦13、駆逐艦10、掃海艇18、輸送船100、他80～90

3　地上総合戦果（　）は鹵獲（ろかく）

人6280、戦車178、自動車48、装甲車7、砲15、重火器30、機関砲（12）、機関銃（2）、幕舎4、上陸用舟艇16、飛行機撃墜22、同撃破57

4　地上損害

死傷2279名（戦死1174、戦傷1105）、別に津堅島、慶良間、航空地区隊等4200名連絡断絶す

米陸軍公刊戦史『最後の戦い』第5章第3節には、12日1600までの米第24軍団の損害及び戦果を次のように記述している。[*108]

・米第24軍団の損害：約2900名（戦死475、負傷2108名、行方不明241）

・日本軍の損害：戦死5750名、第24軍団が破壊した兵器は野砲17門、迫撃砲40門、擲弾筒32、対戦車砲20、機関銃79、小銃262

第32軍は4月11日海空情報の判断として、「……特に戦艦数の減少せるは沖縄本島の敵の主作戦終了せさる今日主力の敵艦艇の損害は相当甚大にして更に一撃を加ふれば之が撃滅を計り得へしと判断す」旨の参謀長電を発した。

●第32軍の夜間攻撃（4月12日）

軍の攻撃計画は、8日以来、長参謀長の指導のもとに八原高級参謀が作成していた。当初の構想では第62師団の右に第24師団主力を並列して攻撃前進することとされ、第24師団は4月10日首里南東地区に進出

の準備をした。その後、構想が変更され、第24師団の歩兵第22連隊を第62師団に配属して攻撃を実施することとなった。[*109]

10月9日の電報報告には、夜間攻撃を第24師団主力をもってするとしていたが、ここでまた第24師団の一部、歩兵第22連隊を第62師団に配属して行うということに変更している。なぜこのように考えを変更したのか。八原高級参謀の強い意志か、――８日の八原高級参謀作成の計画の内容にもどった――それとも軍司令官以下、八原高級参謀の強い意見具申に動かされたのか。いずれにしても軍司令官の考えがゆらいでいたのだ。

軍の攻撃計画

方針　：軍は12日夜有力な一部を以て当面の敵を全線にわたって攻撃し、これを紛戦に導きつつ戦果を拡大して島袋東西の戦に進出する。

兵力部署：第62師団長は歩兵第22連隊を合わせ指揮し、12日夕までに現戦線後方に攻撃準備を完了し、日没とともに攻撃を開始し、所在の敵を撃破浸透して天明までに一挙に喜舎場東西の戦に進出する。

軍砲兵　：４月12日１９００射撃を開始し、約30分間主として敵の後方地帯の擾乱、交通遮断に任じて攻撃の初動を容易にする。

八原高級参謀は夜間攻撃の成功に疑念をいだいており、特に歩兵第22連隊が緒戦であり、攻撃準備の時間も短く、その上錯雑した未熟知の夜間攻撃であるため、その混乱失敗を憂慮していた。このため八原高級参謀は、秘かに歩兵第22連隊長に対し一度に多数の兵力を第一線に投入することなく、小部隊毎に突貫突破方式がよいと思う旨を伝えた。[*110]

４月12日１９００、いよいよ軍砲兵隊は激烈な砲撃を開始した。夜間攻撃の開始である。独立歩兵第23

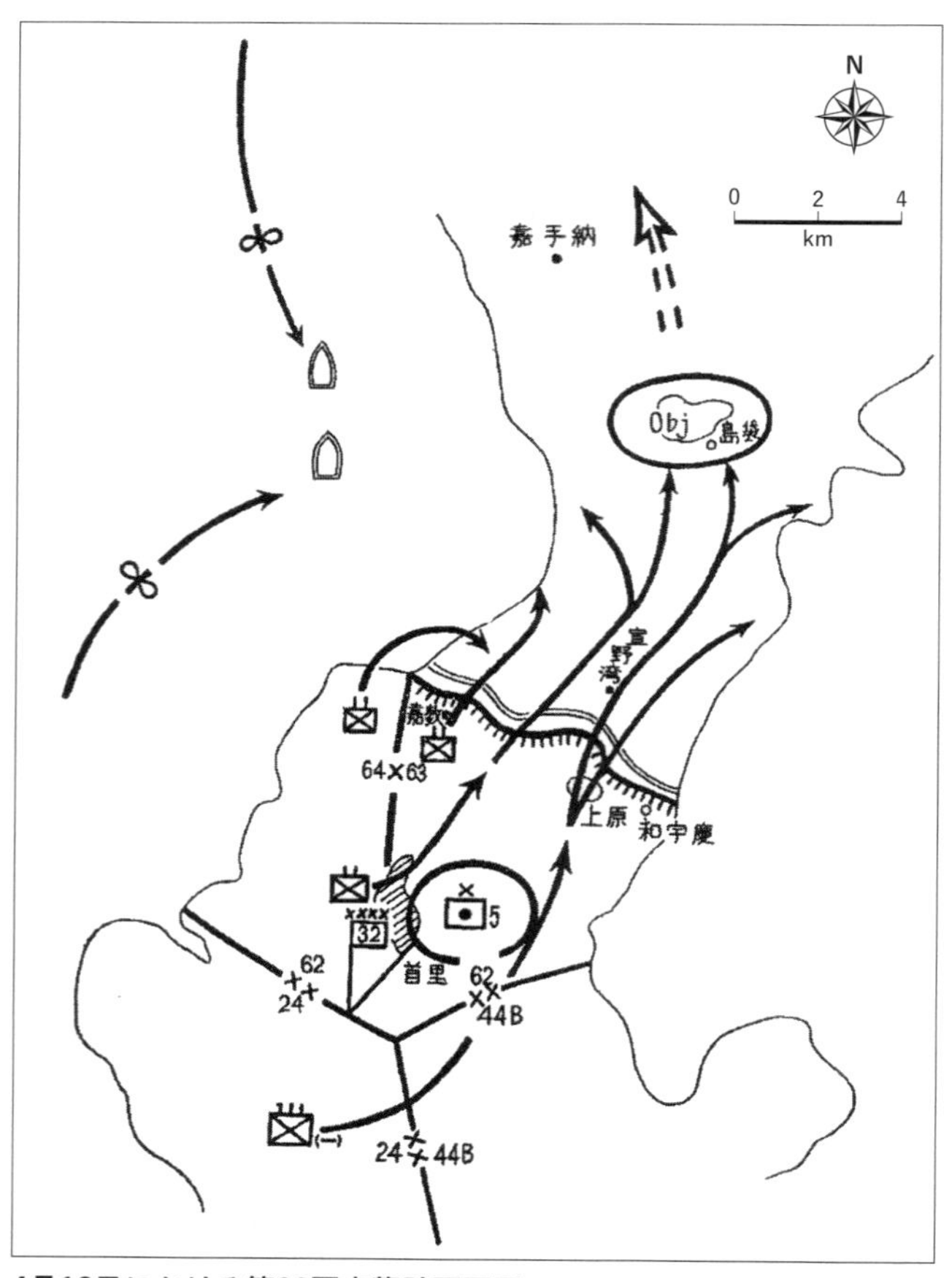

4月12日における第32軍夜襲計画要図

出典：松田祐武「沖縄作戦における32A の作戦計画（下・完）」『幹部学校記事』第55号（陸上自衛隊幹部学校、1958年３月）63頁

大隊から派遣された数組の挺身斬込隊は、巧みに敵線を突破して宜野湾付近まで進出したが、天明後包囲攻撃を受けて約半数を失い、日没後撤退した。独立歩兵第２７２大隊は、西部嘉数高地付近で突破を試みたが、敵火のために大隊長以下多数の損害を生じて失敗に終わった。歩兵第22連隊も一部による攻撃にと

どめ、主力は戦闘するに至らなかった。

この夜間攻撃により、全軍でわずか23個大隊の正規歩兵部隊中、１個大隊はほとんど全滅し、２個大隊は相当の損害を出し、歩兵第22連隊の２個大隊は緒戦において混乱した。軍砲兵もまた貴重な弾薬を浪費した[*111]。

軍は13日朝、攻撃が意のように進まない状況を報告した。いずれにしても軍として腹の決まらない攻撃は、中途半端に終わった。

●４月中旬における一般状況

４月12日夜の第32軍一部による反撃以後、連日各所で小戦闘は繰り返されたが、戦線に大きな変化はなく、米軍は大規模な攻撃を準備中と判断された。

４月13日、軍司令官は、昨12日夜の攻撃失敗の状況などを考え、攻撃を中止して戦略持久に転移することを決心し、各部隊に戦線の整理、防備強化を命じた[*112]。

第62師団は、その戦力の低下甚だしく、第一線大隊の戦力は14日頃三分の一〜二分の一に減少していた。そして13日戦線を整理し、北正面に対する態勢は次のようになった。

- 嘉数正面　　長　独立歩兵第13大隊長
  独立歩兵第13、第23、第２７２、第２７３大隊、第３大隊／歩兵第22連隊
- 南上原正面　長　独立歩兵第12大隊長
  独立歩兵第12、第14大隊、第２大隊／歩兵第22連隊
- 東海岸正面　長　独立歩兵第11大隊長
  独立歩兵第11大隊

４月14日、参謀総長が上奏の際、天皇陛下から「沖縄方面　空中モ地上モ健闘シ逐次戦果ヲ収メタル点

ヨクヤツテ居ル　但シ余リ元気ヨク出テ行ツテ後方ニ上陸スル時心配ハ無イカ」の御言葉があった。これに対し「其心配ハ御無用ナリ」と奉答した。[113] 天皇陛下が南部島尻への米軍上陸を心配しているのである。沖縄を国軍の戦いとしてとらえていたならば、この問題（南部島尻への上陸）は、国軍として何だかの対処をすべきところではあった。結局、沖縄戦は、国軍としての戦いではなく、国軍として統制者のいない陸・海・空、それぞれバラバラの戦いであったといえるのである。

4月15日、第32軍は4月1日から4月15日の総合戦果と損害を次のように報告した。

地上総合戦果：人員殺傷８５４０、飛行機撃墜23、撃破57、破壊炎上戦車１８０

我が方損害　：人員死傷３２５２（死１５５７、傷１６９５）、破壊砲６、高射砲５、連隊砲４、大隊砲３、速射砲６

(6) **伊江島の戦い（4月16日～21日）**

●国頭支隊との連絡途絶

4月14日、国頭支隊長宇土大佐から、「支隊主力は、14日夜暗、八重岳を放棄し、第3遊撃隊の根拠地名護東北方タニヨ岳に転進し、遊撃戦に移行す」との報告が到達した。その後通信途絶し、5月になって、村上大尉からの決死伝令が到着するまで該方面の戦況を第32軍司令部では知る術もなかった。[114]

本部半島の戦闘で、米第6海兵師団は戦死２０７名、負傷７５７名、行方不明6名を出し、２０００名以上の日本軍を戦死させた。かくて師団は、揚陸海岸の北方の主要な日本軍防御を破砕したが、組織的遊撃戦闘を実施する多数の日本兵が各地に散在していた。師団は5月、南部沖縄に移動するまで、本部及び北部沖縄における日本軍遊撃拠点を偵察し制圧するに努めた。

●伊江島（4月16日～21日）

伊江島は本部半島の西方約５㎞にあり、東西８キロ、南北３キロの面積約24㎢の島で、東部地区に伊江城山（１７２ｍ）があるほか西部は平坦で飛行場建設の適地である航空母艦のような島である。ここには東洋一と称されるほどの大飛行場が建設されていたが、米軍の上陸が迫った３月10日頃、日本軍はこれを長期にわたって確保することは到底不可能と判断し、米軍に使用させないように徹底的に破壊した。

米第10軍による本部半島の上陸に必要と思われた艦艇は、４月10日頃には伊江島占領のために使用可能となった。ターナー提督は、時を移さず命令を出して島とその重要飛行場の占領と確保を命じた。４月10日、彼は北部攻撃部隊を指揮するレイフスナイダー提督を、伊江島攻撃部隊の指揮官に指名した。上陸に選ばれた部隊は第77歩兵師団であった。その師団長アンドリュー・Ｄ・ブルース少将は、３月26日以来、自分の指揮船上にあって慶良間列島に残っていた。彼の幕僚とレイフスナイダー提督の幕僚は緊密に作業して、２日以内に作戦命令と戦闘序列を完成した。作戦第１日を４月16日とし、最初の上陸時間を０８００と予定した。[*115]

伊江島８０００人の住民中、沖縄本島に疎開した者は、わずか３０００人であった。それは連合軍空襲によって、沖縄諸島の船舶はほとんど全部喪失されたためである。[*116]

伊江島の兵士は、慶良間島の兵士とは異なり、住民の強力な支援を受けたのであって、その住民には幼児を抱えた婦女子さえもあり、皆斬り込み戦に参加し、あるいは洞窟とトンネルの防御など戦闘支援を行った。[*117]

伊江島には、第２歩兵隊の第１大隊（大隊長井川正少佐）を基幹とし、飛行場大隊等を含む約２７００の守備隊が配置され、城山を中心に堅固な洞窟陣地を構築していた。守備隊の企図秘匿は極めて厳重で、米軍は上陸直前２週間前にわたって連日行った超低空飛行偵察において、わずかに５名の人影を見たに過ぎず、日本軍はすでに撤退したのではないかと疑ったほどだったという。また大隊長井川少佐は極めて重厚な性格の人で、この困難な孤島の防備に黙々として力を尽くしたといわれる。

●伊江島への上陸

米第5艦隊の戦艦2、巡洋艦4、及び駆逐艦7は、4月16日の払暁、伊江島の猛砲撃を開始し、LCIはロケットと迫撃砲弾をもって揚陸海岸を掃射した。[*118]

伊江島地区隊長　井川正少佐

ブルース少将は、4月12日発令の作戦命令において、305RCT（第305連隊戦闘団）に対し4月16日、伊江島の南海岸上Red1、2に上陸すること、また306RCT（第306連隊戦闘団）は、同島の南西端のGreenbeachに同時に上陸することを命じた。[*119]

米第77師団は、4月13日から組織的な上陸準備砲爆撃を行い、15日伊江島南方7～8キロの水納島に砲兵（3個大隊）を展開した後、16日早朝から島の西南岸に上陸を開始して飛行場地区に進出した。翌17日後続部隊が南岸に上陸し、城山の陣地に攻撃を加えてきた。

守備隊は寡兵よく善戦敢闘して一歩も退かず、洞窟ごとに敵を阻止し、小部隊をもって果敢な潜入反撃を加え、夜間潜入して擾乱する等、あらゆる手段を尽くして出血を強要した。しかしながら守備隊の戦力も次第に消耗して、20日夕刻には遂に城山を中心とする半径300mの陣地に圧縮された。井川少佐以下の残存部隊は、21日未明敵陣に突入して玉砕を遂げた。約3000名の住民は、守備隊と一体となって戦闘に参加し、婦人までが銃をとって戦い、多数が軍と運命を共にした。

4月21日1330、「一切の組織的抵抗は破砕された」と、ブルース少将は報告した。ただし非組織的抵抗はなお続いた。そして、1730、伊江島は完全に占領したと宣言された。[*120]

次の4日間、第77師団は残敵掃討を行ったが、日本軍はまだ抵抗の配置にあった。第77師団は、掃討戦で日本人88人を殺し、30人を捕虜とした。4月21日の段階で合計、戦死4706、捕虜149となった。井川少佐の守備は、師団の勝利のため第77師団に大きな代償を払わせた。第77師団の戦死239、負傷879、行方不明19であった。[*121]

伊江島上における最後の顕著な戦闘は、4月22日―23日の夜間に起こった。1群の日本兵と住民が（婦女を含めて）全員小銃、手榴弾、及び爆破薬をもって武装し、城山の洞窟から306RCTの前線に向かって突進してきたのであった。しかしその全員は撃破され、米軍部隊には損害はなかった。戦闘間も戦闘後の死体検査の際も、日本兵と住民の区別は極めて困難であった。1500名の住民が武装されて、日本軍の軍服を支給されていたものと推定された。また、若干のものが米軍の制服を着ていた。4月24日までの米軍の人員損耗は、戦死172名、負傷902名、行方不明46名、計1120名と報告された。[*122]

●新たな米軍の上陸兆候（4月17日）

この頃、中城湾に進入した敵艦艇の行動は活発となり、東海岸に対する新上陸の公算が大きくなってきたので、第32軍は17日、第62師団に配属中の歩兵第22連隊を第24師団に復帰して運玉森を占領させ、運玉森南側付近にあった戦車第27連隊を第24師団長の指揮下に入れて、東海岸の防御を担任させた。米軍は既に4月3日頃から、北、中飛行場を観測機用に使用し始め15日頃には北飛行場に110機、中飛行場に90機の小型機が見られた。[*123]

3　米第10軍の本格的攻撃と北正面への第32軍主力の転用

(1)　米第24軍団の総攻撃

4月14日から19日までの彼我の第一線は、大した変化がなかった。この間米軍戦線の背後では攻撃準備が活発に行われ、膨大な弾薬が砲側に集積された。米軍は空陸からの偵察により日本軍の陣地や施設を確認し、状況図は日増しに詳細に完成されていった。この間、日本軍の追撃砲や砲兵の陣地は発見され、次第に砲撃を受けた。洞窟、壕、補給所、弾薬集積所などはもれなく米軍の攻撃準備射撃の目標に選定された。

米軍は、4月中旬、新鋭の第27師団を戦線に投入し、第96師団の西翼に配置し、15日には第96師団の前線の一部と交代した。2個師団並列から3個師団並列としたのだ。またこの間、第7師団、第96師団にはそれぞれ1200名の補充があり戦力の強化を図った。

新たに投入された第27師団の前面には牧港の入江が横たわっていた。低い平地は水田に覆われ、細流によってそれぞれ分断され開かつしていた。左側には嘉数の丘陵地帯があり、行動はここから瞰制（かんせい）された。一方、牧港付近は、歩兵第63旅団と歩兵第64旅団との戦闘地境となっており防御配備の弱点を呈していた。

第27師団師団長ジョージ・W・グライナー少将はこの攻撃正面の地形的な弱点を補うため総攻撃を予定している19日の前夜、夜間攻撃を行い、この900m以上の開かつ地を通過することを計画した、夜間攻撃を選定したのは押収した日本軍の記録に「米軍は一般に夜間射撃は行うも夜間攻撃を敢行するのはまれである」とあったからであった。

グライナー少将の計画は、西側の第106連隊が4月18日から19日にかけて、夜間攻撃をもって前進し、昼までに浦添村に到達する。その後、嘉数高地の背面にある南西方の浦添高地を奪取、その左側からは第105連隊が19日朝から嘉数手前から攻撃、嘉数集落を掃討し、第106連隊と連携して浦添高地を奪取するというものだった。第96師団の前面には棚原断崖の険しい壁面や我如古東側高地や西原高地が、第7師団の前面には178（157）高地と和宇慶一帯の稜線がそびえていた。

●牧港正面の奇襲（4月18日）

４月18日昼頃から、一部の米軍が牧港入江を渡って牧港付近に進出し、陣地を構築し始めたのが確認された。牧港付近は南方の浦添断崖、東方の嘉数高地から見下ろされる低地で、付近には水田があり、戦車の機動には適しなかった。

浦添断崖に配置されていたのは歩兵第64旅団の独立歩兵第21大隊で、牧港付近は歩兵第63旅団との接際部にあたる。歩兵第64旅団は主として海正面に対して陣地を占領しており、低地方向から米軍が攻撃してくる公算は低いと見ていた。

米第１０６連隊は、18日夜、入江に１１７ｍの徒橋を19日未明に組み立て橋を完成させ、これを通過、同正面の独立歩兵第21大隊はやや海正面の防御から北向きの陸正面の不備に乗ぜられたかたちとなり、早くも同正面の要地48・９高地の北麓を失うこととなった。これは米軍の夜間攻撃によるものであった（米軍は沖縄戦において、この牧港の外、４月９日の嘉数高地、５月22日の雨乞森攻撃、６月12日の国吉台及び八重瀬岳攻撃等、未明の攻撃を行い天明後の戦闘を有利にしようとしたことがあった）。

４月18日、梅津参謀総長上奏時、「沖縄方面上陸最中ニ攻撃撃破シ得サルヤ」との御言葉があり、「大ニ努メタルモ各種ノ事情ニ依リ成果意ノ如クナラス」とお答えした[*124]。

●米第24軍団の総攻撃開始と第62師団西翼の崩壊（４月19日〜）

米第24軍団は、攻撃開始までに約１週間以上の準備を整え、東から第７、第96、第27の３個の師団を並立して、一気に首里陣地を攻略しようと一大強力な攻撃を企図していた。第24軍団長ホッジ少将の構想は、首里周辺の日本軍の複雑な防御組織を撃破して、該盆地を占領し、那覇―与那原道に到達するにあった。第７師団は東方において１７９高地を奪取し、事後、その作戦地域を那覇―与那原道に向かい攻撃前進する。第96師団（歩兵第３８３連隊欠）は、直路首里中央部に向かい突進し、首里及びその南方の公路に至る地区を占領する。以上、両師団の攻撃発起日時（Ｈ時）４月19日０６４０に規定された。Ｈ＋50分、第

27師団は、前夜占領した陣地から攻撃を発起する。その任務は、嘉数高地、浦添村断岸の西部、その南方の丘阜地帯及び海岸帯の那覇―与那原道に至る地区を占領する。野戦砲27個大隊（うち9大隊は海兵隊のもの）は戦線のいずれの方面に対しても、集中砲火の準備を命じられた。準備砲撃は、最初の20分間日本軍の前線に火力を集中し、次いで射程を延伸し、10分間にわたり敵後方地帯を制圧し、敵をしてその地下掩蔽部から進出させるように努め、H時になる最後の10分間は、再び敵の最前部に火力を転じる。準備砲撃間、飛行機及び海軍艦砲は、敵の後方地域に攻撃を指向する。首里の第32軍司令部の施設に対しては、ロケット及び1000ポンド爆弾の攻撃を指向する。また0600南部湊川沖に戦艦以下約10隻、輸送船30隻の上陸部隊が、飛行機及び艦砲協力のもとに南部沖縄の東南海岸に上陸作戦実施の欺騙行動を実施するというものだった。[*125]

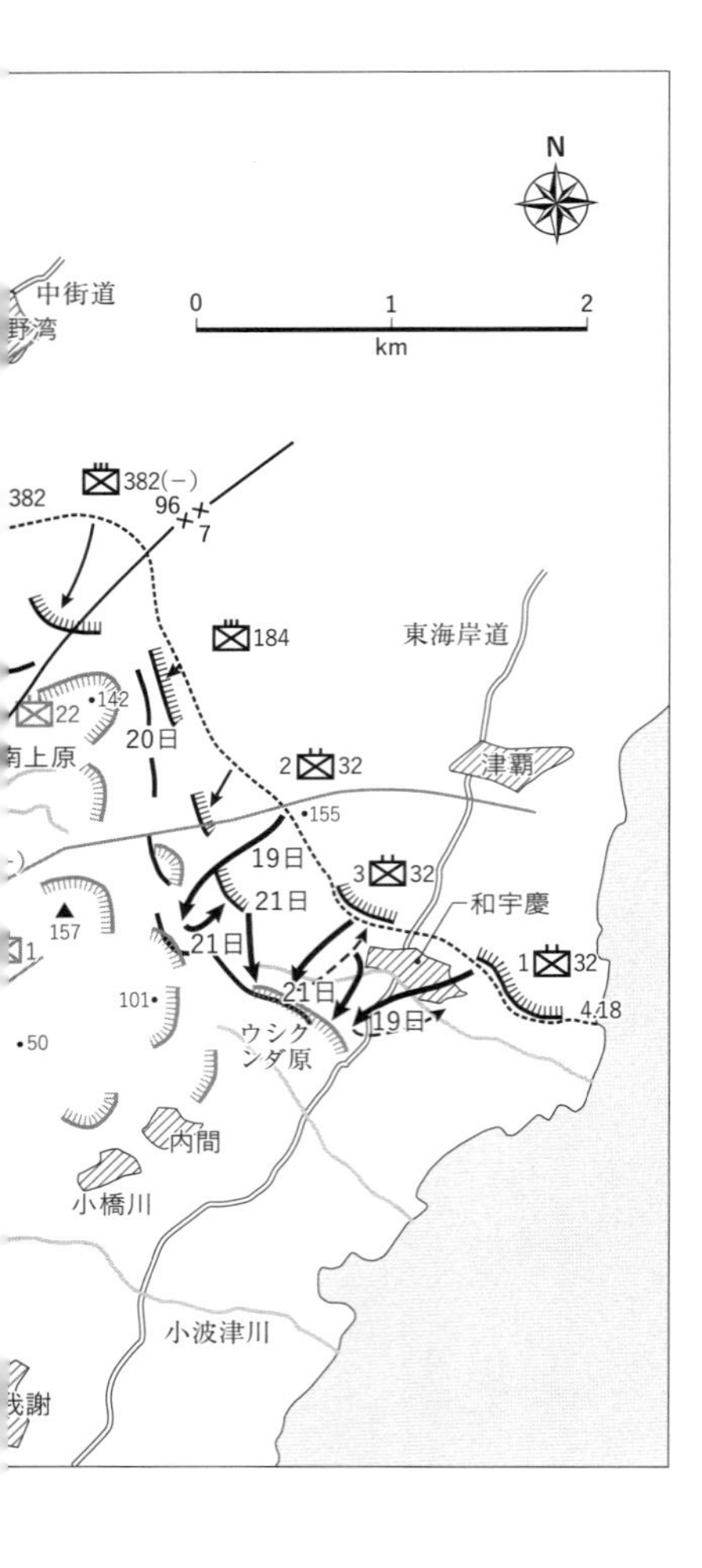

首里周辺の攻防（４月18日～24日）

出典：陸戦史研究普及会『陸戦史集９　沖縄作戦（第二次世界大戦）』（原書房、1968年）付図第５

合計650機に及ぶ海軍並びに海兵航空部隊が爆撃し、ロケット、ナパーム、機銃掃射した。第5艦隊の戦艦6、巡洋艦6及び駆逐艦6はその砲火をもって空中及び地上砲火を増強した。太平洋戦争中の最大の集中砲撃は、天明とともにその序曲を奏し始めた。軍団及び師団の27個大隊に属する326門の砲、105㎜乃至8インチ弾砲は、0600の第1弾を射ち出した。この集中砲火は戦線1マイル平均に75門の割合であるが、実際における射弾集中は、東より西に逐次集団的に実施されるので、さらに有力なものであった。かくて米軍砲兵は、40分間に19000発の弾丸を日本軍戦線に打ち込んだ。攻撃に当たる諸隊は莫大な鉄量と炸裂によって敵は撃滅されてしまったことを期待して前進した。[*126]

第24軍団の総攻撃は、弾薬船の沈没、前線の消費の拡大、荷下ろしの遅延により、補給所は予備弾薬の集積が出来なかったため、4月19日まで遅れた。以後の作戦においても常に砲兵弾薬の不足はついてまわった。

4月19日天明とともに、多数の航空・艦砲の支援の下に全線にわたって米軍の攻撃が開始された。

嘉数正面では、戦車30両を伴う米軍が来襲したが、守備隊はよく歩戦分離に成功して、多大の損害を与えて撃退し、じ後22日に至るまでこの要点を確保した。

独立歩兵第13大隊長原大佐は、嘉数地区の防御において、米軍の戦車と歩兵とを分離して撃滅するため、左頁図のように対戦車火力の調整された火網を構成していた。4月19日米軍は早朝から嘉数地区に猛烈な砲撃を加え、0730頃から嘉数正面に攻撃前進してきた。0820頃嘉数高地北側谷地に米軍部隊が進入するや、臼砲、迫撃砲、機関銃の集中砲火を浴びせて前進を阻止した。0830頃3～4両ずつの米戦車群（計約30両）が嘉数と西原の昼間道を南下してきた。地雷によって2～3両が擱座したが、戦車群は縦隊となって路上を南下した。この戦車に対し速射砲、連隊砲、高射砲などの射撃を集中するとともに歩兵の肉薄攻撃も加え、たちまち数両を擱座させた。残余の戦車群は西進して嘉数部落に進入したが、これ

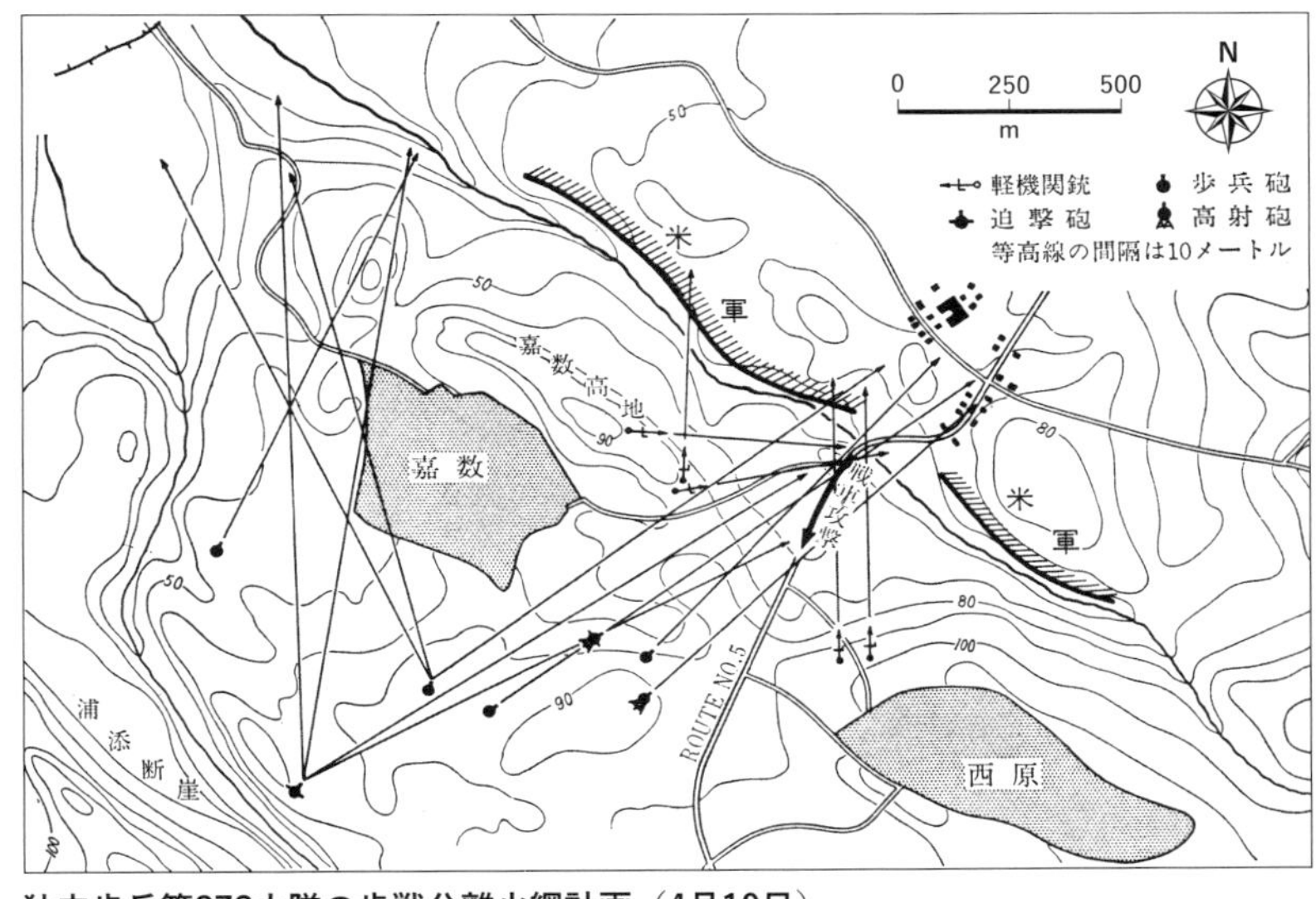

独立歩兵第272大隊の歩戦分離火網計画（4月19日）
出典：防衛庁防衛研修所戦史室『戦史叢書　沖縄方面陸軍作戦』（朝雲新聞社、1973年）414頁

に対し引き続き攻撃を加え約20両を擱座させた。また一部の米軍歩兵を嘉数部落北側に誘致して包囲攻撃するなど、極めて計画的な戦闘によって多大の損害を与え、夕刻までに米軍を撃退した。嘉数高地周辺に行動した30台の戦車は、午後帰還するもの僅かに8台のみであった。4月19日の戦車22台の喪失は、沖縄における作戦中、戦車部隊が1回の出撃で払った犠牲としては最大であった。戦車隊は全く歩兵の協力なしに作戦した。22台中の4台は火焔射撃用であって、この日が最初の戦闘参加であった[*127]。

しかしながら東西の両翼方面では、必死の防戦も甲斐なく、次第に陣地が侵食されていった。東海岸、南上原正面では優勢な敵が火焔戦車を先頭に攻撃してきた。守備隊は反射面を利用して稜線台上に進出する米軍と壮絶な争奪戦を繰り広げたが、次第に戦力を消耗して、22日頃までには和宇慶、南上原一帯の高地を失い、わずかに棚原～157高地の一角に踏み止まるのみになった。

●北正面における第32軍の防御態勢強化

4月19日頃、この際、軍として新たにとるべき処置はないか八原高級参謀は考察していた。第一の案は、軍の主力である第24師団と混成旅団をもって、宜野湾街道以東の地区から攻勢に転じ、宜野湾街道以西の地区にある米第96、第27両師団の左側背に進出し、まずこれを撃滅する。第二の案は、第24師団を目下激闘中の第62師団の第一線陣地に増加し、防御態勢を強化することが考えられた[*128]。

第32軍が考えていた軍の作戦の根本方針は、努めて長く努めて多くの敵を沖縄に抑留し、かつ努めて多くの出血を敵に強要し、もって本土決戦に貢献することであった。八原高級参謀は、そう考えれば南上原の高地帯がいかに重要だと言っても、これに軍の全力を投入し、争奪を争う必要はない。首里東西の線以北において新たなる防御線の構成は可能であり、かつ十分な地域の余裕もある。したがって一要線一地点の確保に全力を投入するのは、愚策であるとの結論に達した。また、米軍は必ずしも正面からの力攻に拘泥せず、随時軍側背に上陸する公算があり、軍としては常にこれを顧慮する必要があった[*129]。八原高級参謀は決めきれずにいた。

米軍は、日本軍戦死者から地雷原を記入した地図を入手したので、21日牧港から伊祖道が啓開され、午後戦車、自走砲が進出して、戦況はようやく進展したかに見えた。

●4月20日〜22日の戦況

4月20日、米軍は第62師団の全正面に猛攻してきて、全戦線に激戦が繰り返された。西海岸正面の米第27師団第106連隊は20日朝から兵力を増強し、伊祖北側から南西方に向かって猛攻してきた。城間方面においては、米軍と近接戦闘を交えたが陣地を確保し南進を阻止した。

4月21日、米第27師団は引続き全正面を攻撃してきた。城間、伊祖(いそ)、安波茶地区では終日死闘が繰り返されたが、城間陣地と安波茶陣地を確保して米第106連隊の進出を阻止した。嘉数陣地は21日午前、午後の２回にわたり米第１０５連隊の攻撃を受けたが撃退した。西原高地は昨20日頂上北側に進出した米第３８１連隊と早朝から近接戦闘を展開し、一時頂上付近を占領されたが撃退した。東海岸方面においては、昨20日和宇慶西方１キロの高地を占領した米第32連隊は、21日朝から同高地を東に下る稜線の陣地を攻撃してきた。守備隊は敢闘したが、遂に夕刻には全稜線を占領された。

４月22日、米軍の攻撃は依然全正面で続いた。

西海岸道方面においては城間、伊祖、安波茶地区で戦闘が繰り返されたが、部隊は各陣地を確保した。嘉数高地は22日の米軍の攻撃は活発でなかった。西原高地においては22日、依然として頂上付近至近距離で米第３８１連隊と戦闘を交え、敢闘して米軍の進出を阻止した。１４２高地は22日午前、近距離から15糎砲の射撃と同時に、戦車、火焔戦車を伴う有力な米第１８４連隊の攻撃を受けたが、有効な軍砲兵、迫撃砲の支援火力を得て米軍を撃退した。東海岸方面の独立歩兵第11大隊正面の米軍の攻撃行動はあまり活発ではなかった。

●伊祖高地の戦い（４月19日～22日）

嘉数西方、伊祖高地方面においては、牧港南方の浦添断崖台端を占領した米第１０６連隊は、さらに牧港から伊祖道方面からも攻撃して、伊祖城址は「馬乗り攻撃」を受けた。第62師団長は伊祖高地を失えば、主陣地に致命的な影響が及ぶと判断し、歩兵第64旅団に対し、即時逆襲を実施して陣地を奪回すべきことを命じた。しかし歩兵第64旅団長は、独立歩兵第21大隊長が「大隊独力で大丈夫である」と答えたので、独立歩兵第21大隊に独力で逆襲を命じた。

独立歩兵第21大隊は、19日夜、主力（第３、第４、第５中隊）を挙げて伊祖高地に逆襲を行い、近接戦闘が天明まで繰り返されたが、多数の損害を生じて陣地の奪回はならなかった。

米第１０６連隊は引続き空海からの支援下にますます兵力を増加して伊祖方向及び城間方向に進出して

きた。第62師団長はこの敵を撃攘するよう重ねて歩兵第64旅団長に強く要望した。歩兵第64旅団長は、独立歩兵第15大隊を抽出して、20日夜、独立歩兵第15大隊を安波茶方向から、また、独立歩兵第21大隊を城間方向から逆襲させた。

逆襲を敢行した独立歩兵第15大隊は、その一部は伊祖城址及び伊祖東側高地にかろうじて突入したが、熾烈な敵火のために損害は累増し、連絡・補給また思うに任せず、ついに攻撃を中止せざるを得なかった。また独立歩兵第21大隊はこれまでの戦闘で戦力を消耗し、各中隊は平均40名程度に減少していたので、この方面も逆襲は不成功に終わった。かくて22日には伊祖付近一帯の高地は完全に敵手に帰した。

第62師団は奪回企図を断念して、独立歩兵第15大隊をもとの陣地に復帰させた。嘉数高地はなお独立歩兵第23大隊等が確保していたが、伊祖高地を米軍が奪取したため、その側背を敵に暴露することになったので、22日夜、一部を嘉数南側の当山付近に残し、主力を安波茶に後退させて同地の防備を強化したものの独立歩兵第13大隊の陣地編成ならびに防御戦闘はまだ継続していた。

(2) 防御の重点形成に関する第32軍司令官の決断

●第32軍主力の北正面転用決心

4月20日、軍司令部においては、米軍の猛攻により第一線第62師団の戦力が低下し、特に左翼である城間、伊祖方面の戦況は憂慮すべきものがあった。このままでは第62師団正面が包囲突破される恐れがあり、第24師団などの北部戦線投入により、軍の北面する防御陣地の強化が研究され、20日、第24師団司令部などと協議連絡していた。

今や北部第62師団の陣地は崩壊の危機にあり、南部方面からの米軍の新上陸も懸念される状況であって、第62師団の北正面に軍主力を投入して防御の重点を形成するのか、それとも南部島尻における新たな上陸

第24師団長　雨宮巽中将

に対処するため危険な北正面を現状のままにして現体制を維持するのか、まさに軍司令官としては重大な決心の時であった。軍高級参謀八原大佐は、第24師団北部投入案の外に「首里戦線は依然第62師団に担任させ、状況已むを得ざる場合は首里複郭陣地に拠らしめ、第24師団は与座岳、八重瀬岳を拠点とする喜屋武半島陣地、独立混成第44旅団は糸数（いとかず）高地を拠点とする知念半島陣地に拠り、三拠点防御を実行する。軍砲兵隊その他軍直轄部隊は分割して各兵団に配属する」案を検討した[*130]。

しかし今や決断の時である。参謀長に縷々（るる）状況判断を具申した。ところが、長参謀長は実にズバリと軍主力北上に断を下した。平素の勇断明快な性格が躍如として出現したのだ[*131]。

八原高級参謀は戦略持久一本やりの方針で、北上後の軍主力の配置を概要次のように立案し、そのまま軍司令官の決裁を得た。軍としては、米軍の主上陸正面は嘉手納と判断していたものの、これをもって断定したのだ。これで今まで首里を中心に大きな円陣防御を行っていたものを、米軍の主上陸正面、つまり北正面に軍の主力を集中して対処することとなった。牛島軍司令官は長参謀長の判決を認可したのだ。軍としては大きな決断であった。269頁図のように北正面の防御の担任地域を第62師団としていたものを、第62師団と第24師団を並列して担当させることになったのである。その要領は次の通りである（骨子のみ）[*132]。

一、第24師団は第62師団の右翼第二線陣地を占領する。主陣地の前縁は、我謝（がじゃ）、小波津（こはつ）、幸地、前田の線とし、与那原付近にある戦車第27連隊、第2歩兵隊第3大隊、独立速射砲第7大隊の一部は、第24師団長の指揮下に入れる。

二、独立混成第44旅団は、第62師団の左翼第二線に陣地を占領する。主陣地帯の前縁は、真嘉比（まかび）以西、安謝（あじゃ）川南岸の線とする。

理由としては、①米軍としては危険な新上陸作戦を我背後に行うことなく、その得意とする巨大な物量を思い通りに使用して現在の攻撃に専念続行するのは一案であろう、②これほど優勢な米軍に対し、単に第62師団のみをもって対抗することはできない、もし軍側が背後に対する新上陸を恐れ軍主力を以前南部海正面に配置し、第62師団正面をそのまま放置すれば、その崩壊の危機は急速に迫り、二兎を追って一兎も得ない結果となるであろう。今や一般の状況は軍が一大決心をするときである、以上のことから軍は軍主力を北方陸正面に投入し、あくまで首里戦線を確保する必要があり、背後海正面は極力部署の変更を秘匿し、米軍に乗ぜられないように努めるとともに、万一米軍が新上陸を企図する場合は、全戦線を収縮して首里を中心とする円形複郭陣地に拠ることとする[*133]などを挙げた。

そして軍は4月22日、以下計画をもって軍主力転用に踏み切った[*134]。

1　方針：第32軍は主力を北方陸戦線に投入し、戦略持久作戦を続行する。敵がもし我背後に新たに上陸してきた場合は、全戦線を収縮し、首里を中心とする円形複郭陣地に拠る。

2　部署の大要

(1)　第24師団：右第一線兵団として、我謝～小波津～幸地～前田の線を占領する。

(2)　第62師団：極力現在線の保持に努め、已むを得ざるに至れば、左第一線兵団として、第62師団の後方に第2線陣地帯を構築する。

(3)　独立混成第44旅団：第24師団の転進進捗に伴い、首里西側天久台から那覇海岸を占領して、第62師団の後方に第2線陣地帯を構築する。

(4)　海軍部隊：依然小禄飛行場正面を守備する。

(5)　軍砲兵隊：第24師団及び独立混成第44旅団の砲兵をも統一指揮して、依然第一線各兵団の防御戦闘に協同する。

(6)　島尻警備隊：第1特設旅団長（兵站地区司令官）は、特設部隊及び第24師団、独立混成第44旅

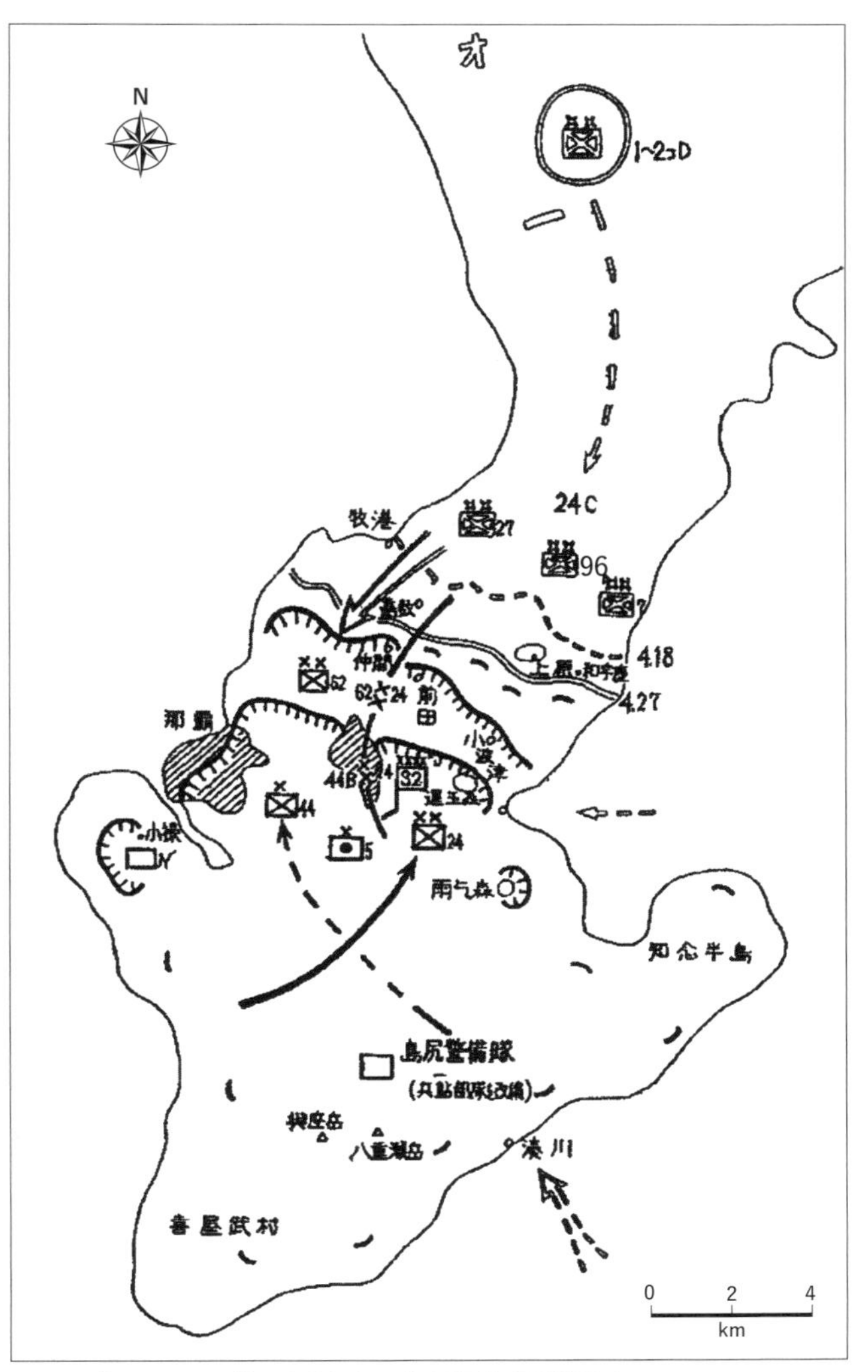

４月下旬における第32軍主力の陸正面転用状況図

出典：松田祐武「沖縄作戦における32Aの作戦計画（下・完）」『幹部学校記事』第55号（陸上自衛隊幹部学校、1958年３月）64頁

団の残地部隊を指揮して島尻警備隊となり軍の背後、海正面の警備に任ずる。

ここでも戦略持久の最終態勢（核心）をどこにするのかは、明示されていない。

(3) 第32軍側背への上陸に関する米第10軍司令官の決断

●米第10軍内から南部沖縄への第2次上陸案浮上

一方、米第10軍においても第32軍の防御力はきわめて強力で、米軍の保有していた強力な兵器と物量をもってしても、これを覆滅させるためには高価な代償を必要とするであろうと考えられていた。この事態は、いやが上にも首里戦線南方に新たな戦線として上陸作戦を実施する問題を提供した。4月19日の十分に調整された攻撃の失敗は、日本軍防御線を速やかにかつ容易に突破するという期待を一掃した。首里防御陣地の第1環を撃ち破るため、4月19日から行われた激戦と多くの死傷者とは、沖縄作戦に勝ち抜くためには実に容易ではないことを悟らせたのである。さらにこの作戦の最初の3週間半の進捗をもってすれば首里に到達するには長時日を要することは明白であった。[*135]

●第32軍主力の北正面への転進状況(4月23日)

4月23日、米軍は全戦線にわたり攻撃を続行した。これに対し第62師団は、城間北側陣地及び安波茶陣地を依然確保して米軍の突破を阻止した。嘉数高地は23日米軍の攻撃を受けなかった。西原及び棚原の高地帯においては激戦が続き、独立歩兵第12、第14大隊基幹の戦力は極度に低下していたが、辛うじてその陣地を保持した。東海岸の独立歩兵第11大隊正面においては同日米軍の攻撃行動は活発でなかった。

軍司令官は、23日、第24師団に幸地以東地区の防衛を、第62師団に前田高地以西の防衛を担任するよう命令した。これにより第62師団長は嘉数、西原、棚原、157高地にあった守備部隊を23日夜、軍砲兵の支援下に仲間、前田地区に撤収させた。[*136]

第24師団は既に北方の戦闘に加入していた歩兵第22連隊をもって、幸地〜翁長の線を占領して師団主力の転進を掩護させ、また歩兵第32連隊の第1大隊を小波津に、第89連隊の第3大隊を運玉森付近に急派して同地を占領させるとともに、師団主力は23〜24日間逐次首里東南側に転進して集結した。第62師団は第

24師団の進出に伴い、23日夜歩兵第63旅団の陣地を仲間～前田付近に集約させた。歩兵第64旅団は依然安波茶から城間の線で激闘を続けていた。戦車27連隊は運玉森南側地区において与那原方面に対し師団の右側背を掩護できるように配置した。

4月23日、前田高地においては、南上原高地帯を放棄した賀谷中佐を長とする独立歩兵第11、第12、第14大隊の生存者、並びに後日増加された歩兵第32連隊の志村大隊が、旧歩兵第63旅団司令部及び付近の洞窟に拠り、地上を占領する米軍を反撃し、激闘を続けた。他方、仲間、阿波茶付近においては、独立歩兵第23大隊、独立機関銃第14大隊、歩兵第22連隊田川大隊、海軍中村防空隊の一部などが堅陣を布き、米軍に多大な損害を与えつつ、効果的な戦闘を続けた。[*137]

●米第77師団長による第10軍司令官への意見具申

伊江島の戦闘が終結に近づいた時、第77師団長ブルース少将は「沖縄の南東岸湊川の真北の海浜に第77師団を上陸させるよう」強力に具申した。ブルース少将は、いやしくもこの冒険を成功させるためには、上陸10日間以内に当時首里の北にあった米軍との連携を果たすことが必要であると信じた。しかし、バックナー中将はこの考えを却下した。G－4課長は、当時においてはこのような企画に対しては食糧は補給できても弾薬は補給できないと述べた。湊川海岸は、第1次上陸の立案に際し徹底的に検討されたが、1個師団に対してさえ十分な兵站支援を供与できていないために却下されたのであった。危険な暗礁があり、海浜は上陸に不適であり、またこの地域は敵の強力なる攻撃にさらされていた。[*138]

バックナー中将は、南東海岸への上陸は極度に損害多く、アンツィオ（逆上陸したものの孤立し主戦線に寄与しなかった）の再現で、しかも、一層惨烈なものになるであろうと感じていた。将軍は、地上軍主力との連携を上陸後48時間以内に取れる可能性がないならば、この計画を支持することはできないと考えていた。このような短時間内の連携は明らかに不可能なので、将軍の不認可は明白であった。当時、バックナー中将にとって第77師団をどこへ起用するかの問題よりも、さらに大きな問題となったのは、南部沖縄の占領のため、北部沖縄の第1及び第6海兵師団をいかにして最も効果的に使用するかの問題であった。[*139]

●バックナー第10軍司令官の決断

伊江島と沖縄北部の占領後、第77歩兵師団と第3海兵軍団の両方が自由に再配置できる4月下旬にバックナー中将は、湊川の首里線の背後を包囲する上陸案を放棄し、代わりに3個師団を首里を攻撃中の第24軍団を救出するために派遣することを決断した。ポスト将軍は、「当初、バックナー中将は湊川の南岸に上陸することを強く望んでいた」と回想している。バックナー中将はこの問題を徹底的に研究し、ターナー提督や関係する指揮官たちと長時間議論した。そしてすべての要素を検討したうえで初めて彼はその計画が危険すぎるとして却下した。ターナー提督はバックナー中将の決定なら何でも支持する用意があった。彼はバックナー中将の決定は正しく健全だと考えていた。バックナー中将は、湊川上陸作戦は、「もう一つのアンツィオ作戦だが、もっとひどいものになるだろう」と結論していた。[*140]

また、中城湾沿岸の上陸は実行不可能と考えられていた。その理由は、知念半島および首里東方の丘陵上の日本軍砲兵は、この地域を完全に瞰制しており、海軍の支援砲火艦艇の湾内への侵入は不可能であるということによるのである。[*141]

バックナー中将は、新鋭兵力は既に戦線にある損害大なる師団と交替させるため、首里戦線において最も必要だと信じていた。この決断をバックナー中将は参謀の助言を信頼して、4月17日から22日までの間のある時期に行った。この後、このことは再び問題になったことはあるが、第10軍にとっては真剣な考慮は払われなかった。第2次上陸の却下の主な理由は、兵站的な理由であった。すなわち、南部の上陸は補給が不可能であるとの判断であった。また、考慮されたもう一つの主要事項は、その橋頭堡もその地域の強力な日本軍によって牽制されてしまうかもしれないという危険があった。ターナー提督も、さらにもう

1か所の停泊地を掩護するに足る戦闘艦船の不足のために、2次上陸に反対である旨発言した。[*142]

その後（23日から24日）、ニミッツ提督は、バックナー中将及び所在のその他の指揮官たちと会同するために、参謀とともにグアムから沖縄に飛んでこの決定に同意した。しかし当初、第10軍による攻撃の進展が遅く、飛行場の使用が制限されていたため、ニミッツ提督は、バックナー中将に急ぐよう促した。4月22日、ニミッツ提督は、バックナー中将に「私は1日に1・5隻も失っているんだ。それゆえ、もしこの戦線が五日以内に前進しないのなら、我々は前進させるため、だれかをここに呼ぶことになるだろう。そうすれば、これらばかげた空襲から逃げ出すことが出来るんだ」といっていた。[*143]

バックナー中将及び参謀は、その決定によって、沖縄に対する戦闘のもう一つの基本戦術を採用した。すなわち首里戦線に2個軍団で正面攻撃を行い、首里の両翼包囲をなす方法をとったのである。この方策は、慎重な案であった。この策をとったことによって、第2次上陸に付随する必然的な危険を避けたのであった。このため第3海兵軍団を北部沖縄から、第77師団を伊江島から移動させてくることが決められた。また、次回の総攻撃に必要な兵站準備を促進するための努力がなされた。充分な兵力及び補給品が整うまでは、第10軍は利用できる人員資材の許す兵力で、首里防御線に攻撃を続行することになった。[*144]

しかし後に戦況は湊川正面への上陸作戦に好都合となる。第24師団と独立混成第44旅団は、4月23日から5月4日まで当初の湊川正面、知念半島の陣地から首里戦線に転用されたのだ。さらに5月4日〜5日の日本軍の攻勢は、南部方面の防備を放棄して行われた。つまり南部の防備は空であった。南部方面上陸作戦の成功の見込みは、このようにして5月5日から21日までの間に大いに増大した。補給さえ続いたとしたら、この時の上陸は合理的であったろう。しかしながら、この時までには、第77師団、海兵隊は既に首里戦線に起用されていたし、5月21日に、米第10軍が第32軍の右翼運玉森正面を迂回包囲した後には、もはや第2次上陸を行う必要はなかったのである。[*145]

米第10軍バックナー中将の首里第24軍団正面からの攻撃継続の決断と第32軍牛島中将の北（第62師団）正面への第32軍主力投入の決断とほぼ時期を同じくしている。つまり、4月23日頃、前田高地の戦い頃から日米両軍の主力と主力が正面からぶつかり合うこととなったのである。

●米軍側から見た日本側の好機

一方、米第10軍からみた場合、第32軍にも米第10軍に一大痛撃を与える機会はあった。4月19日夜から22日へかけて、嘉数地区で日本軍が米軍に大損害を与えた。この機会ほど第32軍、航空部隊が沖縄において利用できる機会はなかったのである。日本軍がこれを利用できなかったのは、その歩兵の予備隊（第24師団、独立混成第44旅団、第27戦車聯隊など）のほとんど全部がまだ島の南部にあったことによる。米第10軍が4月19日の攻撃に合わせ南部東海岸へ上陸するように見せかけたのは、この予備隊を南部に抑留するために計画されたのであった。[*146]

しかし第32軍はこの機会を捉えることができず、計画通り4月23日夜の第62師団の戦線整理は、24日朝までにはおおむね順調に終了し、第24師団主力の夜間機動は米軍の夜間砲撃のため非常な困難があったが、24日朝までには所命の位置に前進して概略の配置についた。米軍は第一線の後退に伴い、24日嘉数、西原、棚原、157高地付近に進出した。

●米軍の戦術戦法の検討

バックナー中将は、最初の上陸直後に、日本軍が沖縄の南部にその兵力を集中し、該地に主戦場を選定したことを知得したが、当時これら防御の実際の規模についてはわからなかった。首里要塞の戦力は、4月8日から23日の間の激烈な戦闘において、日本軍の陣地が強烈な米軍の猛攻に対し堅持されて初めて、その全貌を明らかにすることが出来た。ここに最小限の損害と時間をもって日本軍の抵抗を打破するための戦術戦法について、再検討を必要とすることとなったのである。[*147]

特に今回の沖縄戦において、日本軍の抵抗のうち、米軍に最も脅威を与えたものはその砲兵の戦力であった。今迄、嘗て太平洋における戦いにおいて、このような日本軍砲兵の大部隊及び効果的な用法、特に歩兵攻撃と調整された使用に遭遇したことはなかった。日本軍砲兵は、通常米軍の爆撃及び砲兵の損害を避けるため、分散されていたにもかかわらず、首里防御の一般戦術計画と密接に調整されていた。首里周辺の第32軍防御戦術の基調となるものは、火力の調整による相互支援であり、第32軍はその重要性を強調していた。[*148]

一方、沖縄戦における米海軍の支援砲火は、史上未だその例を見ない長期かつ強大なもので、戦線が本島南部の狭小な地域に移り友軍を砲撃する危険を生じるようになるまで、陸上砲兵を増援したのである。沖縄においては、米海軍火力支援艦艇は、通常次のように割り当てられた。すなわち、各前線連隊に対し1隻、各師団に対して1隻、軍団命令の包括的支援任務では1隻またはそれ以上であった。使用可能の場合においては、常に追加の艦艇が東海岸に沿って知念半島の日本軍の砲兵陣地を無力化し、また中城の全海岸線及び第24軍団の左側面を制圧した。夜間照明弾の射撃は、砲火とほとんど同じ基準で与えられた。すなわち、1個連隊に対し1隻のほか、特別照明のために軍団の使用に供するべき追加艦艇があった。日本軍の前線は、夜間も昼間とほとんど変わることなく照明されることがしばしばであった。日本軍にとって夜間の逆襲を探知されることなく企てることは非常に困難であった。[*149]

さらに全戦闘間を通じて、天候状態が飛行機の行動を許したときにおいては、艦載機及び陸上機の両方により、航空支援が地上部隊に与えられた。第1週においては、全航空支援は艦載機によるものであった。しかし、嘉手納及び読谷飛行場の活動開始後は、海軍戦闘機は、毎日これら飛行場から支援を実施した。[*150]

4　日米主力による真面目な戦い（4月22日～5月初旬）

⑴　米第24軍団の攻撃と部隊交代

●首里防衛第2線陣地に対する攻撃

米第24軍団は4月24日、容易に嘉数、西原、178高地等の要点を占領し、19日以来、頑強に抵抗した首里第1陣地帯を奪取した。23日夜は、日本軍砲兵が記録破りの激しい砲撃を加えてきたがそれは第1陣地帯からの撤退を掩護するためのものであることが24日になって判明した。第96師団、第7師団は、散在する日本兵を撃破しつつ前進し、178高地―棚原―143高地―浦添断崖前面に進出して、事後の攻撃のための陣地を構築した。しかし、一方、米第27師団は、アイテムポケット（城間）地帯で激しい混戦を続けていた。第32軍は米軍が19日に攻撃を開始して以来5日間、頑強に戦い、日に数ヤードしか土地を与えず、嘉数地区などでは日に一歩も地を占めさせなかった。しかしながら、23日夕刻にはその陣地も多くの点で突破され、戦力が極端に消耗し、急転直下支え難い状況に立ち至ったので、これらの陣地で戦うことはもはや無益となってしまったのである。

4月24日、第24軍団長ホッジ少将は、その各師団長に無電をもって「本日戦闘の結果によれば、敵は、その死守しようとした強力な守陣地から部隊を撤退させたことが判明した」と述べ、なお敵の新陣地を判明させるため、積極的偵察を命じた。同日午前11時、将軍は各師団長に部隊を再編成し、積極的行動、すなわちそれぞれの前線のあらゆる有利な地点を奪取し、敵の前哨に接触し、各師団の陣地を改善するよう指令し、4月26日を期して行われる予定の総攻撃を準備した。

首里防衛の第2線陣地に対する攻撃の進行中、4月末、米第7師団前線を除く全線上において、疲労した米軍の再編成が実施された。西部にある第27師団は、第１海兵師団によって交代され、前線中央の第96師団は、第77師団によって交代された。これらの変更は、４月30日までに完了した。第７師団は、第96師団が、その10日間の休暇の後で交代するまで前線に止まることになった。４月末までに前線兵士の交代が必要となっていた。日本軍陣地はなお堅固で、急速にそれを攻略できる兆候はなかった。[*151]

米第６海兵師団は、北部沖縄における任務を解かれるまでは、南方戦線には起用不可能であった。しかしながら、第１海兵師団は、随時南方へ移動し、前戦に参加することが出来た。[*152]

太平洋戦争中、特に沖縄作戦においては神経症、すなわち「戦闘による精神疲労」（war fatigue）の患者が多く、かつ程度が重かった。これら患者は、日本軍の強烈な砲迫の射撃とともに、主として戦闘期間が長く、また激烈だったことに起因する。３０００～４０００名の患者が流れ込んだ野戦病院は一杯となり、そのため島から病院への流れを遅らせると同時に、治療を一層有効にすることを望んでなるべく早めに治療を始めた。神経患者のための休養所は、軍団施設のほかに各師団もこれを設立した。４月25日、第10軍はこのような患者を取り扱う野戦病院を開いた。[*153]

⑵ 前田高地の戦い

●４月25日の戦況

４月24日夜、戦線を整理した第62師団の４月25日頃の配備は概略次の通りであった。独立歩兵第12大隊、前田北側高地に陣地占領、独立歩兵第13大隊、末吉～石嶺にわたって陣地占領、独立歩兵第15大隊、仲間～経塚にわたる地区に陣地を占領、独立歩兵第21大隊は城間、屋冨祖（やふそ）、安波茶地区において激戦中、歩兵第22連隊第３大隊は安波茶付近において戦闘中。

４月24日、西海岸の城間地区の陣地は終日米軍の猛攻を受けて激戦が展開され、城間部落は米軍に占領されたが、独立歩兵第21大隊基幹は残存拠点を固守して頑強な戦闘を続けた。仲間、前田の高地に対し、25日米軍は猛攻撃を加え、飛行機によるナパーム攻撃を行った。全般には米軍は次の攻撃準備中と観察された。

4月24日、西翼のアイテムポケット（城間）を除き、首里第1陣地帯は占領された。26日から総攻撃を再考するため、25日はその攻撃の準備が行われた。

●前田の戦い（4月26日）

米軍は第62師団の後退に追尾して、26日から第24師団、第62師団の新陣地に緊迫し、特に前田高地に対しては戦車多数を伴って猛烈な攻撃を開始した。

4月26日、前田断崖に対する攻撃が開始された。米第96師団は、第381連隊、第383連隊を並列して攻撃を開始した。歩兵は前方を大して困難なく登ったが、第381連隊のG中隊が断崖の頂によじ登ると、数分後に18名の死傷者を出した。前田断崖の部隊は、反射面防御の戦術を完全に行ったのだ。その土地の前方斜面を占領するのは困難ではなかったが、頂上と後方斜面は禁制の地であった。Needle Rock（為朝岩）のF中隊は人梯子により断崖頂上に配兵しようとしたが、頂上に達しようとした兵は機関銃でたちまち殺された。*[154]

この状況を憂慮した第32軍司令官は、26日1600、第62師団長に対し、「戦車を伴う敵は1300以降前田の南方及び東方地区に進入しつつあり、第62師団長は、諸隊を急派し前田に進入中の敵を攻撃し徹底的に撃攘すべき」旨を命令し、また同時に牛島軍司令官は第24師団長に対し、「第24師団長はその作戦地境に拘わらず第62師団の戦闘に協力すべき」旨を命令した。牛島軍司令官は前田付近に進入した米軍を撃滅するため、同日夕第24師団長に対し「軍は前田付近を突破せる敵を粉砕せんとす。第24師団は今夕首里北東方地区に主力を集結すべし」との旨を命令した。*[155]

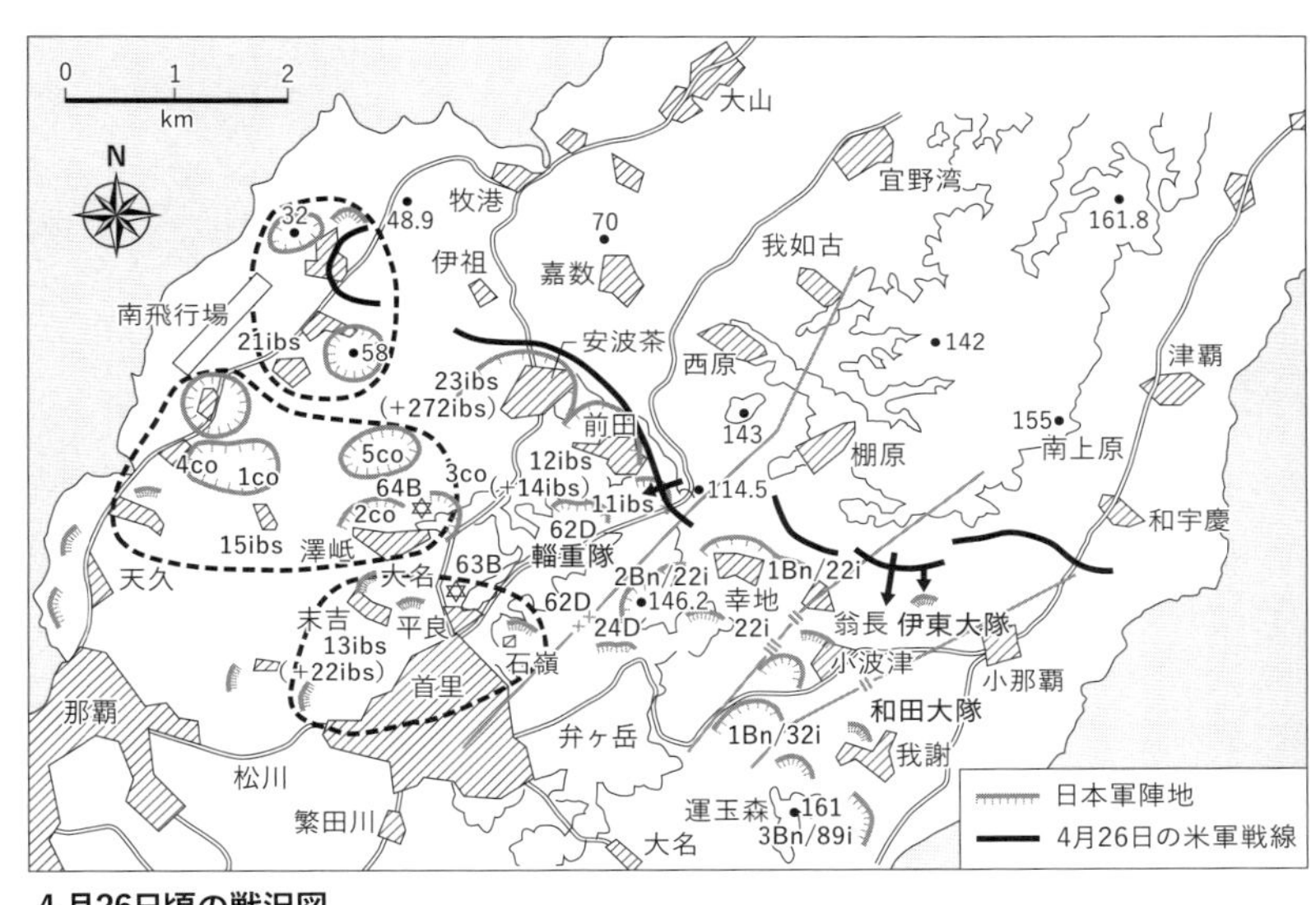

4月26日頃の戦況図

出典：防衛庁防衛研修所戦史室『戦史叢書　沖縄方面陸軍作戦』(朝雲新聞社、1968年) 433頁

西海岸同方面においては、26日城間陣地は米軍の包囲攻撃を受けて苦戦に陥り、陣地の大部を米軍に占領された。第24師団長は軍命令に基づき26日夜、歩兵第32連隊長に対し、「1個大隊（筆者：志村大隊）を前田高地に派遣して同高地を占領確保し、連隊主力は首里北側地区へ進出すべき」ことを命じた。

前田断崖は浦添断崖の東部に当たり、ここを確保すれば日本軍・首里陣地内部は勿論、攻撃している米軍の内懐まで展望の利く首里内郭陣地に対する中央接近経路上の最も重要な絶対の緊要地形であった。しかしながらここには第62師団の段列地域として物資用の洞窟等はあったが、あらかじめ準備された戦闘陣地の設備はなく、また岩石地帯のため工事の急造は困難であった。

●宮古島作戦の中止

4月9日、米第10軍は沖縄の地形を詳細に偵察した結果、この島には「長距離爆撃機」のための飛行場敷地があることが判明したとニミッツ提督に報告した。その結果として、ニミッツ提督は、統合参謀本部に対して沖縄と硫黄島のための一層強力な建設プログラムに賛成して、長距離爆撃機用基地を作るため宮古島を奪取する計画を放棄するよう献言した。統合参謀本部はこれを是認し、宮古島作戦は、4月26日に中止されることになった。[156]

沖縄軍上陸後の偵察により、沖縄は航空基地としての発展性は、従来考えられていたよりもはるかに大きな潜在力があるということが判明した。それで全作戦の戦略的判断は、再考慮されるに至った。4月26日、ニミッツ提督は第10軍に打電して「第3段階の宮古島作戦は、ワシントンの統合参謀本部によって無期限に延期された」と通報した。すなわちバックナー中将は、第3海兵軍団を沖縄本島で全面的に使用できる状態となったのである。[157]

●第32軍戦略持久体制の強化を図る（4月27日）

4月27日、米軍は早朝から引き続き全正面に攻撃して各所に激戦が展開された。

前田高地東側為朝岩以西の独立歩兵第12大隊（＋独立歩兵第14大隊）正面は断崖が険しく、主兵は反射面を利用して米軍に稜線以南への進出を許さなかったが、為朝岩以東の独立歩兵第11大隊正面は傾斜がやや緩やかで、戦車の登坂が可能であったため、米軍はこの方面から侵入して27日には前田部落に達し、前田高地守備兵は後方からも敵の攻撃を受けて敵中に孤立し、次第に洞窟内に閉じ込められる状態となった。

前田高地頂上付近は昨日と同じように彼我争奪の死闘が続けられ、戦車を伴う有力な米軍は前田北東高地から前田部落に進入して同部落付近を占領し、前田高地を背後から攻撃した。前田高地付近の部隊は苦戦しながらも頂上及

前田高地から北方、嘉数、読谷、棚原方面を望む（筆者撮影）

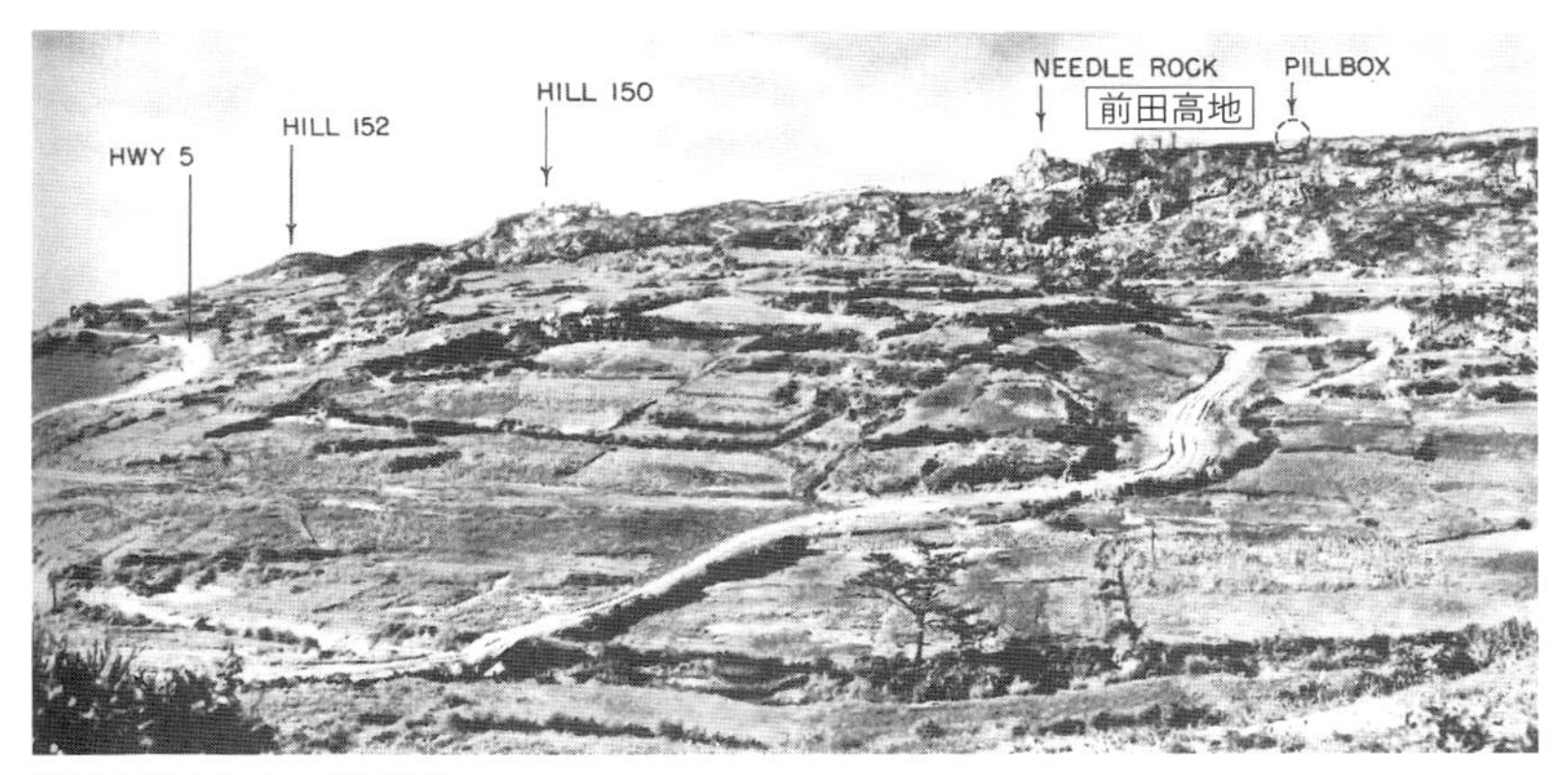

嘉数東側から見た前田高地
Center of Military History *The War in the Pacific OKINAWA: THE LAST BATTLE* (United States Army Washington,D.C.,1984), p.277.

び南斜面を確保した。幸地及び小波津正面にも戦車を伴う有力な米軍が来攻したが、守備部隊は善戦して撃退した。城間地区は27日、引続き戦車を伴う有力な米軍の攻撃を受け、陣地の大部は破壊された。第24師団長は27日、歩兵第32連隊長に前田高地への進出を命ずるとともに、歩兵第32連隊に連繋して前田東方高地の占領を命じた。

４月27日、第32軍司令官は、４月29日を期して軍主力を首里周辺地区に集結することに決し、「首里周辺地区ニ主戦力ヲ集結シ戦略持久態勢ノ強化ヲ図ルト共ニ　機ヲ見テ決戦敢行ヲ企図ス」との方針のもとに、緊縮した新配備に移行することに決し、右から第24師団主力、第62師団全力を第一線に並列し、米軍を破砕する、独立混成第44旅団を首里周辺地区に転進するという部署を取った[*158]。

このため第32軍司令官は同日、独立混成第44旅団主力及び歩兵第89連隊主力の北部方面転進を命じた[*159]。

4月28日米軍は早朝から前線に猛砲撃を加えて攻撃してきた。前田高地及び前田部落地区においては終日近接戦闘が行われ、多大の損害を生じながらも前田高地を保持した。

前田高地の奪回を命ぜられた歩兵第32連隊は前田進出を図り、その第2大隊（志村大隊）は、28日夜米軍の間隙を突破して独立歩兵第12大隊と合流することが出来たが、連隊主力は多数の損害を生じて幸地奪回は成功しなかった。（志村大隊は事後、独立歩兵第12大隊の戦闘を継承し、独立歩兵第12大隊が5月9日夜後退したのちも敵中に孤立潜伏して終戦まで遊撃戦を続けた。）

幸地、小波津正面に対する米軍の攻撃も猛烈であったが、幸地正面の歩兵第22連隊の第1大隊、小波津正面の歩兵第32連隊の第1大隊がともに善戦して敵を撃退した。

第32軍主力の北方転用は28日頃おおむね完了したが、要衝前田高地は敵中孤立してかろうじて保持しているにすぎず、死力を尽くして奪回に努めたけれども次第に圧倒されつつあった。

5　第32軍の攻勢（4月29日～5月6日）

(1) 牛島第32軍司令官の攻勢決心

● 第32軍司令官攻勢決行を決心（4月29日）

軍主力の北方陸正面転用は4月29日に概ね予定の通り完了した。

前田高地では米軍と近接戦闘を交えながらも、その頂上及び南斜面を確保した。独立歩兵第12大隊、歩兵第32連隊第2大隊（志村大隊）などは、前田高地の確保に努めるとともに前田部落付近の米軍を攻撃したが、我が方の死傷続出し撃退できなかった。

幸地、翁長方面は戦車を伴う有力な米軍の攻撃を受けたが、善戦してこれを撃退し、米軍と近く相対した。

第32軍はこれまで戦略持久方針を採ってきたのであるが、過去1カ月の戦闘で主陣地を失い、このまま推移すれば逐次戦力を消耗して、遠からず組織的な作戦は困難になるであろうことは明らかであった。

軍司令部では、この局面打開について連日方策が練られたが、積極的に攻勢に転ずる案と、現方針を堅持する案とがあって容易に決しなかった。

八原高級参謀の戦後の手記にはこの当時の司令部内の雰囲気が記されている。[*160]

4月1日敵の上陸以来わが軍はその力戦奮闘に拘わらず平均日々百米内外陣地を蚕食せられつつありて、戦局の前途、軍の運命に対し司令部首脳部の憂色すこぶる深刻となれり。過去1か月間の戦闘において約二粁の縦深に亘り主陣地帯を奪取されぬ。第62師団の戦力二分の一以下に減少せることは現たる事実なり。然れども我も亦敵に甚大なる損害を与え、軍主力たる第24師団、独立混成第44旅団、軍砲兵隊その他後方諸部隊は未だ無傷なり。太平洋開戦以来未だ曾って余裕綽々（よゆうしゃくしゃく）1ヶ月に亘り組織的戦闘を継続し、しかも、今尚厳として主力を保有しあるが如き戦例何処に在りや、自信力を増大せよ、憂ふるなかれ、戦いは今後に在りと激励するも悲観的空気去るべきもあらず。

天長の佳節である4月29日、長参謀長は、八原高級参謀をはじめ、木村正治中佐（後方）、神直道少佐（航空）、薬丸兼教少佐（情報）、三宅忠雄（みやけただお）少佐（通信後方）、長野英夫少佐（作戦補佐）の各参謀を集め、「今後の戦況の見通しと軍の攻勢」について幕僚会議を開いた。[*161]

長参謀長は、「現状を以て推移すれば、軍の戦力はローソクの如く消耗し、軍の運命の尽きることは明白である。よろしく、攻撃戦力を保有している時期に攻勢を採り、運命の打開を策すべきである」との意見を提案した。各参謀は軍参謀長の提案を熱烈に支持したが、八原高級参謀ただ一人が従来の戦略持久の作戦方針を堅持すべきであると主張し、攻勢案に強く反対した。

その理由としては、①劣勢な我が軍が絶対優勢な米軍に対し攻勢を採れば、米軍一の損害に対し、我が方は五の損害を生じ、攻勢は失敗する、②南上原の高地帯（棚原地区の高地）を我が保有していた間ならまだ地形的に局部的成功の希望はないでもなかった、③攻勢を採れば失敗必定であり、失敗すれば戦略持久は出来なくなり、本土決戦のための持久日数も短少となる。また、我が航空作戦に寄与する段階は既に終了している、というものであった。

一方、軍参謀長の趣旨とするところは、「戦法を考え、準備をすることにより勝利の可能性がある。いやしくも可能性のある間は努力すべきである」というにあった。その作戦構想は、戦力すでに消耗した第62師団をもって攻勢の支とう（仲間、前田）を確保させ、第24師団、独立混成第44旅団をもって軍砲兵の支援下に右翼方面から攻撃を決行しようとするものである。[*162]

攻防の論争は、4月8日の全軍出撃、同12日の大夜襲の際にもまして白熱化した。攻勢反対論者は八原高級参謀一人である。4月29日朝、長参謀長が、八原高級参謀に「とうとうこの沖縄で、二人は最後の巻頭に立たされてしまった。君にも幾多の考えがあるだろうが、一緒に死のう。どうか今度の攻勢には快く同意してくれ」といい落涙した。攻勢の失敗はあまりにも明瞭と思っていた八原高級参謀は、この参謀長の言を受け「承知しました」と答えたのである。もっとも、従来の太平洋戦争における日本軍のいずれの部隊にも勝るとも劣らぬ戦績をすでに残したとの自慰もあった。[*163]このように長参謀長は八原高級参謀に攻勢に賛成すべきことを熱烈に説得し、遂に同意させ攻勢案が採択された。

牛島軍司令官は29日、この幕僚案として提示された攻勢案に同意し、攻勢を決断した。[*164]攻勢決行は5月

４日と予定され、第32軍の全兵力の使用が計画された[165]。

４月29日、第24師団司令部は津嘉山から首里の軍司令部洞窟に移動した。また、独立混成第44旅団主力は４月26日以来、知念半島地区の防衛を逐次知念支隊（重砲兵第７連隊、船舶工兵第23連隊、独立第29大隊）に移譲し、28日夜から転進を開始した。

⑵ ハクソーリッジ（前田高地の戦い）

４月29日、米第１線の第96師団は第77師団と交代を開始した。右翼においては第３０７連隊が第３８１連隊と４月29日に、左翼では第３０６連隊が第３８３連隊と４月30日に交代した。第77師団長は、４月29日１２００、第96師団の任務を継承した。交代を受けた時、第３８１連隊はその戦闘力が40％に低下しており、第96師団は「死の師団」といわれるほど消耗していたのである。交代した第３０７歩兵連隊第１大隊では、36時間に８人もの中隊長が負傷した。大隊は、４月29日に８００人の兵力で前田断崖に上ったが、５月７日にこれを降りた時には３２４名であった。一方、第77師団は、反対斜面の攻略の７日間の戦闘で、３０００名以上の日本兵を殺したと算定した。

前田反斜面をめぐる戦闘で、最も目覚ましかった出来事の一つは、第３０７連隊Ｂ中隊に配属された治療手デスモンド・ドス（Desmond. T. Doss）１等兵の働きであった。ドス１等兵は、７日の中にキリストは蘇るというキリスト再帰論者であって銃をとろうとはしなかったが、他の者たちが追い払われたのち、内斜面の頂に居残り、負傷者をロープ担架で斜面をつり下ろしていた。陣地を襲撃しようとしてやられた兵士たちに救急手当を与えるため、幾度も洞穴の近くまで行き、日本軍の銃の直前で負傷者を安全な所へ運んだ。この勇敢さのために、ドス１等兵は、のちに議会名誉メダルを受けた（これはのちに『ハクソー・リッジ』という映画となり公開される）[166]。

(3) 牛島軍司令官の強固な意志

●第32軍攻撃計画（4月30日）

4月29日夜、伊東大隊（第32連隊第1大隊）と交代した小波津地区の歩兵第89連隊第1大隊陣地は、30日未明から米軍の攻撃を受け、小波津西側高地の第一線陣地は遂に米軍に占領された。

幸地付近は30日朝から米軍の攻撃を受けたが善戦して陣地を保持した。

前田高地は終日接戦激闘を交え、多大の損害を生じながらも勇戦して確保し、前田部落付近の米軍の南下も阻止した。歩兵第63旅団長は、30日旅団予備の独立歩兵第２７３大隊を前田に進出させて独立歩兵第12大隊長の指揮下に入れた。

仲間付近の陣地は戦車を伴う有力な米軍の攻撃を受けたが、独立歩兵第23大隊基幹は、安波茶東西の戦を確保して米軍の南下を阻止した。

軍司令官の攻勢決定に伴い八原高級参謀は、攻撃計画の策定に着手し、4月30日軍司令官はこれを決裁した。軍の攻撃計画の概要は次の通りである。[*167]

攻撃計画（4月30日命令下達）

1　方針：第32軍は総力を結集して5月4日、黎明から攻勢を開始し、重点を右翼第24師団正面に保持しつつ突進し、普天間東西の線以南において敵第24軍団主力を捕捉撃滅する。

2　兵団部署の大要

(1) 左逆上陸部隊（船舶部隊約７００）：5月3日夜大山付近敵後方地帯に上陸

(2) 右逆上陸部隊（船舶部隊約５００）：5月3日夜津覇（つは）付近に上陸

(3) 第62師団：極力現陣地特に前田～仲間高地を保持して、攻勢の支とうとなる。軍主力の攻勢進展に伴い、これに連繋して攻勢に転ずる。

(4)　第24師団：５月４日０５２０攻撃開始、まず南上原高地帯を攻略し、引き続き普天間東西の線に進出する。

(5)　独立混成第44旅団：首里東北地区に集結して予備。第24師団の南上原進出後、第24師団、第62師団の中間地区に投入予定。

(6)　軍砲兵隊：５月４日０４５０～30分間、主として第24師団正面に対して攻撃準備射撃、爾後主力を以て第24師団の攻撃に協同。

第32軍司令官は、軍の攻勢に関連する航空攻撃の協力について、４月30日、関係方面に次の電報を発した。その構想及び攻勢に対する航空の協力要望は次の通りであった。

第32軍攻勢移転構想

一　主力はＸ日（４日と予定）黎明右正面より攻勢に転じ、大規模なる各方面の攻撃開始と相まって連続北方に対し攻撃を続行、普天間東西の線に進出、敵第24軍団主力を撃滅す

航空攻撃に関する希望

一　二日、三日両日嘉手納沖、中城湾の戦艦、巡洋艦、なし得れば駆逐艦の徹底的掃滅

二、攻撃開始前北、中飛行場の強度制圧

三、攻撃開始後も右に準じ直接的攻撃の持続

なお、第32軍からは海岸付近敵軍需品集積所の爆撃も併せて要請した。[*168]

第５航空艦隊司令長官宇垣中将は、４月30日夜「沖縄の総攻撃に策応し、５月４日航空の総攻撃（菊水５号作戦）を決行する」旨を第32軍に電報した。５月２日には第６航空軍、第８飛行師団からも航空協力の通報が到着した。[*169]

●牛島軍司令官の強固な攻勢意思と攻撃準備（5月1日～2日）

右翼小波津付近の陣地の一角は昨30日米軍に占領されたが、歩兵第89連隊第1大隊、丸地大隊は5月1日米軍の占領地拡大の阻止に努めた。1日夜、一部の米軍が運玉森北東側高地に攻撃してきたが撃退した。幸地地区は火焔戦車をともなう米軍の攻撃を受けたが撃退した。

前田高地においては依然その頂上争奪の激戦が展開され、部隊は多くの損害を生じながらも健闘して陣地を保持した。この頂上付近では、米軍の砲迫の集中火を受ける間は壕内に待機し、米軍歩兵が頂上付近に現れると壕から出てきて反撃するという状況が繰り返された。前田洞窟の志村大隊は前田東方高地の奪回を企図したが、出撃の都度多数の死傷者を生じ成功しなかった。

安波茶、沢岻北側、内間、仲西（南飛行場南）の地区は戦車を伴う有力な米軍の攻撃を受けた。

5月1日、牛島軍司令官は、八原高級参謀を呼び「貴官は攻勢の論議のたびに反対し、また軍司令官が攻撃に決心した後も、なお浮かぬ顔をして司令部内の空気を暗くしている。既に軍は全運命をかけて攻勢に決したのであるから、よろしく気分を一転し、全軍の気勢を殺がぬよう注意せよ」と戒めた。[*170]

八原高級参謀は、「これは無意味な自殺的攻撃にすぎぬものと思います。しかし、すでに閣下がご決心になったことでありますので、私としてはもちろん、その職責に鑑み、全力を尽くしております。また私の態度については今後十分注意します」と答えた。将軍はこの言に対し、怒った様子もなく、「もちろん玉砕攻撃である。吾輩も、最後には軍刀をふるって突撃する考えである」と言葉静かにいった。[*171]

各兵団は軍命令に基づいて準備に着手したが、重点師団たる第24師団は、米軍と戦闘を交えつつ準備しなければならない状況で容易なことではなかった。前田高地は孤立して危機にあり、中央同方面では28日以来、戦車を伴う米軍部隊が真志堂付近まで進入してきて、所在の第62師団輜重隊（しちょうたい）等が漸く撃退したが、真志堂東方の146高地は、29日とうとう敵に占領されてしまった。

第24師団は、この方面の戦況を重視して、第32連隊に小波津にあった第1大隊を復帰させたほか、歩兵第89連隊の第2大隊をも配属して146高地、120高地の奪回を命じた。

第32連隊第1大隊は、30日夜、146高地の奪回に成功したが、120高地は奪回できないまま総攻撃を実施することとなった。幸地正面では歩兵第22連隊が引き続き米軍を撃退して陣地を確保していたが、小波津は3日敵に進入された。また西翼方面では、戦力の大半を消尽した歩兵第64旅団が、かろうじて仲間〜勢理客(じっちゃく)の線を保持していた。

5月2日も雨の中で戦闘が続けられたが、米軍機の攻撃はほとんどなかった。小波津に進入した米軍は、兵力を増強して地歩の拡大を図ろうとしており激戦が展開されたが、概ね現陣地を保持した。幸地地区においては、火焔戦車を伴う攻撃を受けたが善戦して陣地を保持した。

前田高地においては引続き頂上争奪の死闘が繰り返され、部隊は前田部落方向からの米軍戦車の射撃に苦しみながらも勇戦して頂上付近を確保した。

●軍攻勢に伴う軍司令官訓示と戦勝前祝（5月3日）

5月3日、米軍の攻撃は全正面とも活発であった。幸地地区は早朝から強力な米軍の攻撃を受けたが有効な砲迫の支援もあって撃退して陣地を確保した。前田高地の争奪戦の死闘は終日続き、頂上付近に進出してくる米軍に対し、手榴弾、擲弾筒、迫撃砲による攻撃を加え撃退した。安波茶付近においては０８００頃から戦車を伴う有力な攻撃を受け、激戦の後撃退して陣地を保持した。

このように米第24軍団の全正面を通じて日本軍による抵抗の猛烈さは減じなかった。米第24軍団では、古兵部隊が減員になれば、後方から補充が来て、また新しい歩兵部隊が第一線に現れるということが繰り返された。4月19日の攻撃開始のとき、ホッジ少将が予言したとおり、「彼らをヤードごとに撃破しなければ日本軍を追い出すことはできない」という状況は的中しつつあった。[*172]

5月3日、軍司令官は、軍として攻勢に移行する前に「皇国の安危懸りて此の一戦に在り、全員特攻忠則盡命の大切に徹し醜敵撃滅に驀進（ばくしん）すべし」と「軍攻勢に方り各部隊長に与ふる訓示」をした。[*173]

5月3日夜、軍攻勢の前夜、第32軍の首脳部は首里軍司令部洞窟内に勢ぞろいした。左右両逆上陸隊が、粛々として暗夜の海上を、決死進撃の最中の5月3日夜、戦勝前祝会が牛島、長両将軍の居室になっている壕内で開催された。参会者は将軍のみで、軍司令官以下、海軍の大田少将も含め9名である。歓談数刻、「天皇陛下万歳、第32軍万歳」の唱和を最後として宴は散じた。[*174]

八原高級参謀は、命令起案紙の端に、いたずら書きをした。

「将星の集うて飲めばなんとなく　勝つような気がする今宵かな」

八原高級参謀はその夜、終夜眠れなかった。[*175] 軍は、同夜次のように関係部隊に電報した。

本夜間沖縄本島陸海軍将星を天之岩戸軍戦闘指令所に会し、恩賜の御酒を酌交し皇国の天壌無窮を確信戦勝の御祝いす

(4) 帝国陸軍最後の攻勢

● 攻勢開始（5月4日）

5月4日午前4時50分、第32軍砲兵数百門が一斉に砲門を開いた。一瞬轟々たる砲声は敵を圧し、沖縄の全戦野に響き渡った。[*176]「帝国陸軍最後の攻勢作戦」の開始である。[*177]

前日3日の夜、逆上陸部隊はそれぞれ敵の後方に上陸を決行し、傍受電話によれば、敵は相当に混乱を生じた模様であった。4日黎明から、軍砲兵隊は猛烈な砲撃を開始し、今日ばかりは真に攻守所をかえた。黎明延長のために大規模に使用した煙幕が戦場を覆い、彼我の砲声は天地を震撼して壮絶を極めた。しかしながら時とともに米軍の火力は再び優勢となって砲兵は次第に圧倒されていった。

第24師団の第一線諸隊も、戦力の低下や、部隊の掌握困難等のために、必ずしも生々たる攻撃を実施することが出来なかった。右翼第89連隊は、０５００頃から前進を開始し、友軍の攻撃準備射撃の射弾を自

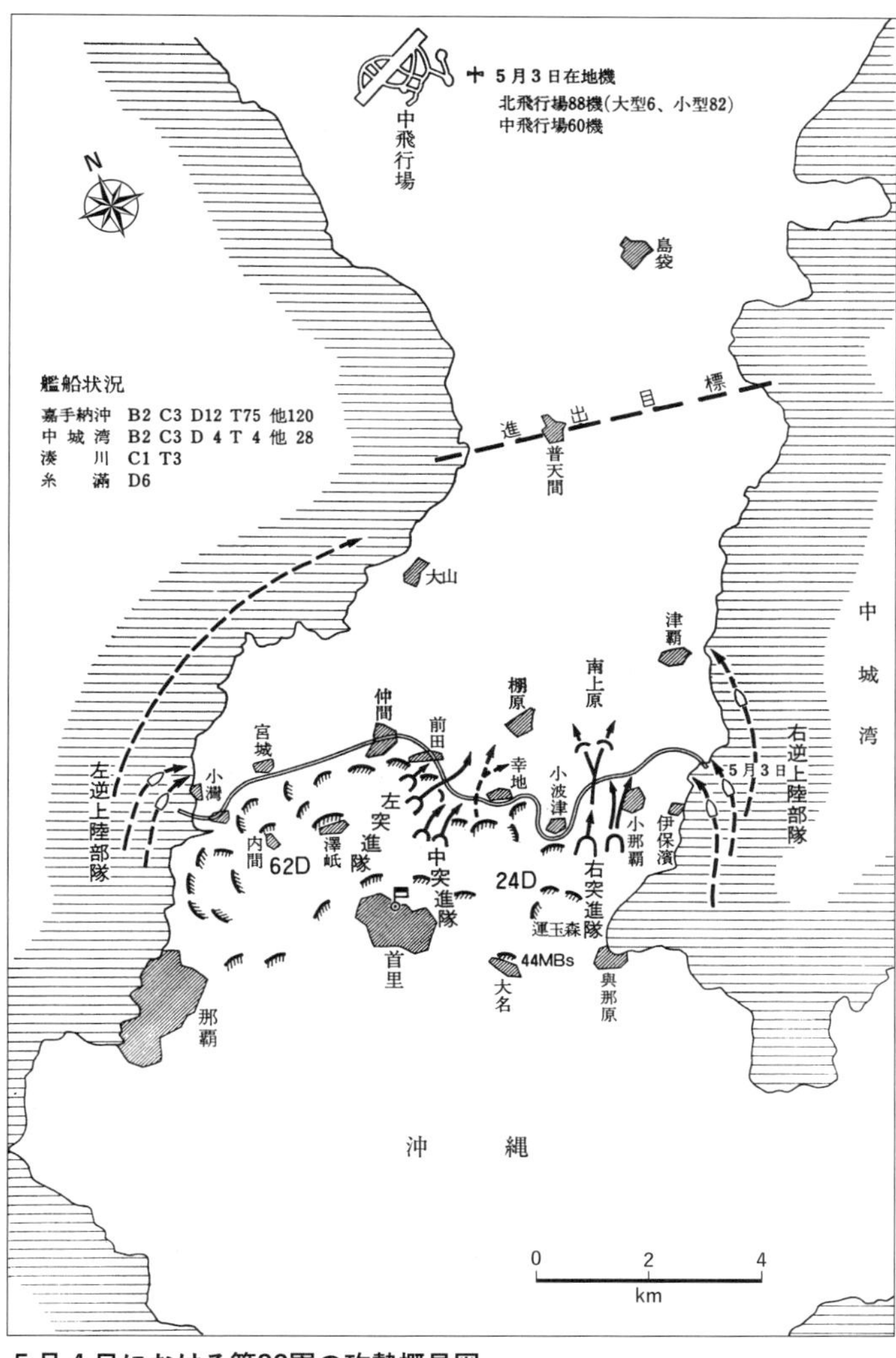

５月４日における第32軍の攻勢概見図

出典：防衛庁防衛研修所戦史室『戦史叢書　沖縄・臺灣・硫黄島方面方面陸軍航空作戦』（朝雲新聞社、1970年）541頁

ら浴びるぐらいにして敵陣に奇襲突入して、一時は棚原東南側高地まで進出した。しかしながら天明とともに猛烈な集中化を受けて壊滅的な損害を生じ、攻撃を中止せざるを得なかった。

中央歩兵第22連隊は、幸地付近の防御に接戦を続けていて、攻撃の余力はほとんどなかった。師団の攻勢にあたって第11中隊をもって翁長西北台を攻撃して歩兵第89連隊の攻撃に協力させたが、戦車の攻撃を受けてほとんど全滅し、連隊主力は天明後優勢な米軍の攻撃を受けて防戦一方となった。左歩兵第32連隊は、連隊主力を以て前田高地を攻撃したが、既に戦力を失って前進できなかった。戦車第27連隊も、中央道沿いに120高地及び幸地方向に攻撃したものの、戦車の大部分を失って攻撃は失敗に終わった。

●攻勢開始2日目

5月4日参謀総長の沖縄作戦戦況奏上に際して、天皇陛下から御言葉があり、現地軍に電報された。軍司令官はそれを次の通り各部隊に伝達した。この電報は5日頃第32軍司令部に到着したものと推定される。[*178]

4日参謀総長戦況上奏に際し軍攻勢の初動順調に進捗しあるに関し深く御満足の御模様にて「今回の攻勢はぜひ成功せしめたきもの」との御言葉を拝せり、右謹みて伝達す　軍司令官

5月4日夜各部隊は軍の攻撃続行の命令に基づき攻撃の再行に努めた。しかし各部隊の戦力は極度に低下しており、ほとんど見るべき成果はなかった。ただ、歩兵第32連隊第1大隊（伊東大隊）だけが4日夜米軍陣地を突破し、約2・5㎞を挺身して棚原北側高地を占領した。

日本軍の棚原高地占領は、米軍の後方、特に補給に対して重大な脅威を与えた。しかし、当初その占領の状況は米軍によくわからなかった。午後になって米第17連隊長は予備隊をもってこれを攻撃させ、夕方その頂上を奪回したが、伊東大隊はなお頑強に抵抗し、攻撃した米軍は甚大な被害を被った。棚原高地が米軍により完全に再占領され、掃討が終わったのは、6日の夕方であった。棚原付近で日本軍462名の死体が発見された。

●軍司令官、攻勢中止を決心

5月5日、攻撃再興後、軍司令部で入手する戦況報告は不利なものが多く、午後6時、軍司令官はついに攻撃を中止し、戦略持久に転移することに決した。当時の軍司令部の状況を神参謀は次のように戦後回想する。[*179]

突然、まさに突然、軍の攻勢の中止が下令された。参謀たちがそれを知ったのは、命令下達直後の午後6時であった。第24師団の連隊本部にいて戦況を観望していた三宅参謀が帰来して、第一線連隊本部に攻撃中止の命令が伝達されたのは16時であった。また、軍砲兵隊は午後に至るといつの間にか射撃を中止していた。恣意的な射撃中止はありえないことであった。軍参謀長は若手の参謀たちを集めて、滂沱(ぼうだ)たる涙を流しながら、「わしが悪かった。堪忍してくれ」という。むしろ参謀たちの方があっけにとられ、一言も発することのできない雰囲気であった。

第32軍からは次のように中央に報告した。[*180]

第32軍は5月3日、敵の第一線後退の機に乗じ、5月4日以降、攻撃を続行せるも、攻勢戦力の損耗甚だしく現戦力にては攻勢目的の達成至難となるを以て攻撃を中止し、現態勢に復帰するに決す　戦力　第62師団　四分の一（歩兵六分の一）、第24師団　五分の三（歩兵五分の二）、独立混成第44旅団（4個大隊）　五分の四、軍砲兵　二分の一（弾薬三基数）

そして、各隊は、現戦線を保持しつつ、7日夜までに態勢を整理した。

5月5日1800、牛島軍司令官は、八原高級参謀に対し、

八原大佐、貴官の予言通り攻撃は失敗した。貴官の判断は正しい。開戦以来、貴官の手腕を掣肘(せいちゅう)し続けたのでさぞかしやりにくかったであろう。予は攻撃中止に決した。みだりに玉砕することは予の本意ではない。予が命を受けて、東京を出発するにあたり、陸軍大臣、参謀総長は軽々に玉砕しては

ならぬと申された。軍の主戦力は消耗してしまったが、なお残存する兵力と足腰の立つ島民とをもって、最後の一人まで、そして沖縄の島の南の涯、尺寸の土地の存する限り、戦いを続ける覚悟である。今後は、一切を貴官に委せる。予の方針に従い、思う存分自由にやってくれといった。[*181]

日本軍攻撃中の米軍死傷者も甚大であった。５月４日には、３３５名死傷（これは日本軍の地上攻撃に加わっていない第1海兵師団の３５２名の死傷者を含まない）であり、５月５日には、逆襲及び突破で最も損害を受け、第７及び第77師団は、３７９名の死傷者を出した。これら損害は以前、嘉数稜線の最激戦及び４月19日から実施された総攻撃の最初の23日に被った損害に匹敵する。

しかし日本軍の攻撃中に受けた甚大な損害にもかかわらず、該して米軍は、日本軍に対する防御戦闘よりも攻勢で受けた損害の方が少なかった。例えば、５月４日、日本軍の陣地を攻撃していた米第1海兵師団は、日本軍攻撃による被害はほとんどなかったものの、その日の損害は、第７、第77師団が受けた死傷者の合計よりも多かった。その大部分は、牧港飛行場の西側で、強力な日本軍防御陣地を攻撃中に受けたものである。[*182]

５月５日、参謀総長の上奏時、天皇陛下から、「沖縄方面ノ戦況ハ順調ナルモ　イツモ最初ハヨロシキモ最後ハ不良ナリ　何トカ力ノ不足ヲ付ケルコト弾薬其他ノ補給ハ空輸、兵力ノ投入ハ南北両方面ヨリ実施スルコトニ努メ度シ」との御言葉があった。これを受けた宮崎第1部長は、「義号ノ実施モ研究」と義号（空挺）作戦を検討することとなる。この段階で天皇陛下は沖縄にあきらめがつき、また、宮崎第1部長は義号を前向きに考えるようになったのだろう。そもそも宮崎第1部長はこの攻勢について、「球〈第32軍〉ハ四日払暁攻勢開始後夕刻迄ニ損害多出シ攻撃ヲ断念シ旧陣地ニ帰還シ　出血持続作戦ニ転移ス大体ノ見透ハ如此（かくのごとき）モノナルヘシト予察セラレタリ」と期待しておらず予察したような結果に終わったまでのことであった[*183]。これは陸軍中央の爾後の沖縄作戦への期待を決定的に断念させるものであった。またこの作戦は、一旦上陸した敵を撃壊する事が、絶対に不可能に近いことを示すもので、本土決戦においては、洋上撃滅思想に徹底して、不可能を可能にする覚悟がいることを痛感させた[*184]。

同５日、米軍は、前田の南斜面を取り、洞窟を爆破閉塞し、また守備隊による数次の逆襲を撃退し、日本軍に大きな損害を与えた。この日をもってほぼ前田断崖の戦闘を終わり、翌６日からはさらに南方に攻撃前進できるようになったのである。

(5) 攻勢失敗後の新たな態勢

●バックナー第10軍司令官、両軍団の直接指揮を執る。

５月６日攻撃部隊右翼の歩兵第89連隊及び歩兵第22連隊正面は、米軍の活発な攻撃行動がなく、攻勢失敗後における配備の立て直しに幸いした。前田高地帯は６日完全に米軍に制せられ、独立歩兵第12大隊、歩兵第32連隊第２大隊などは、果敢に反撃したが、同高地南側の洞窟に封じ込められる状況となった。

５月６日、米第10軍各隊は、第32軍の首里陣地破壊のため、全力をもって前進を開始するという旨の作戦命令を受け取った。５月７日０６００、ガイガー少将は第24軍団正面の第１海兵師団の指揮を執るよう指示された。同時にバックナー中将は２個軍団の攻撃の直接戦術指揮を執ることとなった。ガイガー少将はさらに第６海兵師団を知花（ちばな）付近の集結地から南に動かして、第１海兵師団地帯の右を引き継がせるよう指示された。軍攻撃の調整を準備するため、第３海兵軍団と第24軍団は前進して、安謝から沢岻を経て首里北東９００ｍの道路交差点にわたり、次に我謝の外囲に南東に伸びる線に出発線を占領するよう命を受けた[*185]。

第32軍の攻勢失敗から、バックナー中将は、５月中に首里防御陣地に対する総攻撃を始められると考えていた。5月7日、第24軍団長ホッジ少将は、この調整された第10軍総攻撃の準備として安謝――沢岻――我謝の線に前線を推進するため、5月8日までにこれらを奪取するよう命じた。しかし、第32軍の損失は、その防御能力を直ちに減少することはなかった。第24軍団は、第32軍の攻撃の失敗から生じた首里防御の弱点をどこにも見いだすことはできなかった。[*186]

●第32軍の次期持久作戦指導方針

第32軍は攻勢失敗後の持久作戦において、首里を中心とする円形複郭的な態勢とするか、概ね現戦線を保持して防御戦闘を続けるかなどについて研究した。首里を中心とする複郭陣地は持久困難であるばかりでなく、米軍に行動の自由を与え、米軍の継戦意思の破砕は期待し得ないとの結論に達し、「首里を包含し、両翼を東西両海岸に依託する現陣地に拠り、米軍に出血を強要しつつ、あくまで持久し、長期にわたる航空作戦の成果と相まって米軍に継戦を断念させる」ということが軍の方針として6日頃改めて決定された。なおこの際、軍は今後の戦況の見通しとして、「現戦線による軍の組織的戦闘は今後二週間は確実なり」と判断し、この間に我が航空攻撃により米軍艦船に痛撃を加え、米軍の継戦意思を断念させるを要すとの判決を得た。[*187]

軍は5月6日以降、現在軍が保持している第一線である運玉森―桃原(とうばる)(運玉森北側)―幸地南方500mの高地―前田南方1000m部落(勝山)―経塚―沢岻北方50高地―内間北側―安謝川河口を連ねる線を第一線とすることとし、概要次の通り部署した。[*188]

・第24師団：概ね大名(おおな)(首里北側)―前田西端を連ねる線以東地区の防衛
・第62師団：概ね松川(首里西側)―57・3高地(松川北800m)―末吉を連ねる線以東地区の防衛
・独立混成第44旅団：第62師団の左側西海岸にわたる地区の防衛

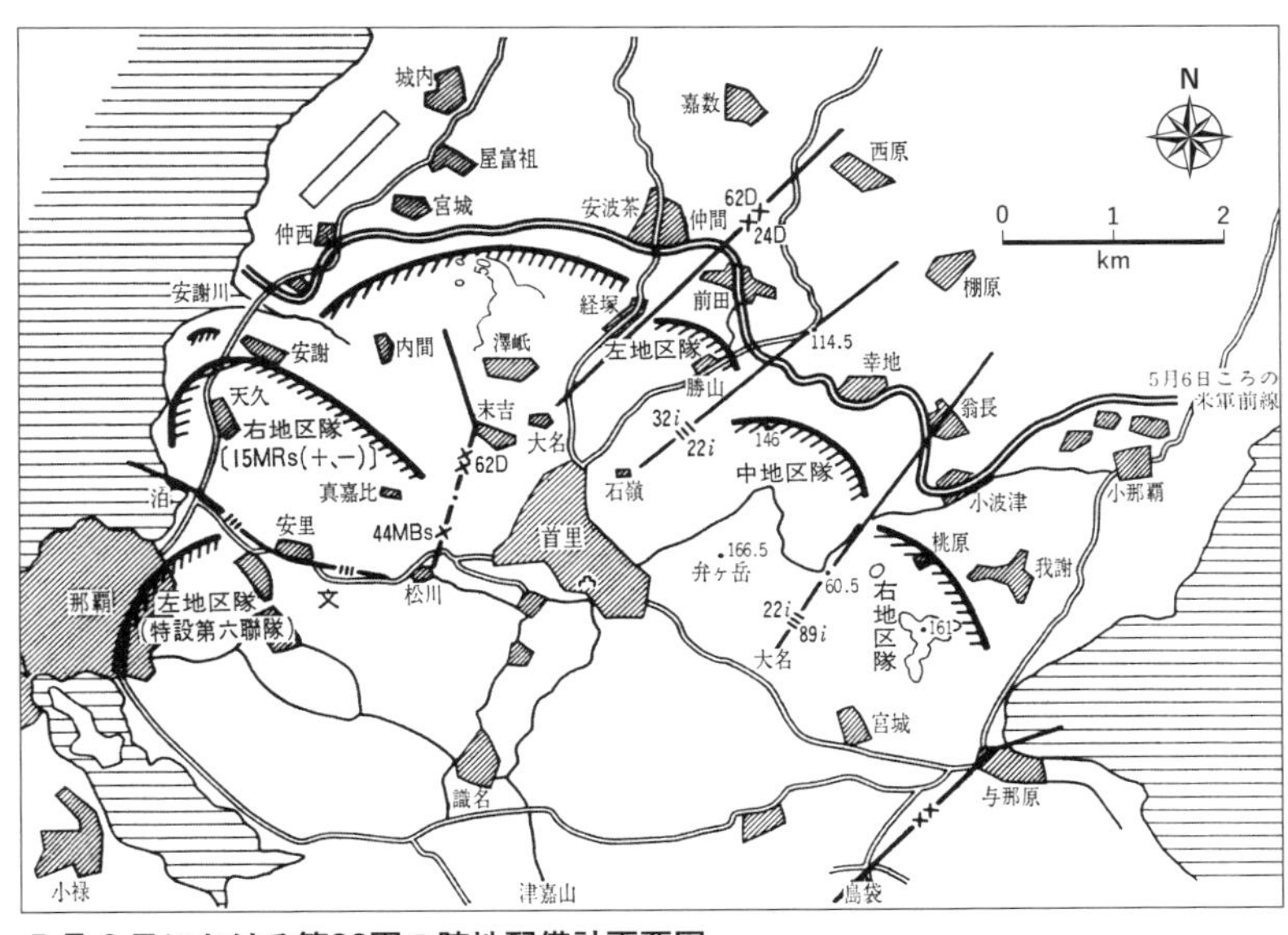

５月６日における第32軍の陣地配備計画要図
出典：防衛庁防衛研修所戦史室『戦史叢書　沖縄方面陸軍作戦』（朝雲新聞社、1973年）491頁

- 海軍部隊：小禄村、豊見城村一帯の防衛
- 軍砲兵隊：概ね攻勢発起前日に転移して全正面に対し火力支援

第32軍の５月７日までの地上の損害は１・８万、別に慶良間で約２０００、国頭で約３０００が消息不明と報ぜられた。牛島軍司令官は７日夜、第10方面軍司令官に対し、「地上は総力を挙げて持久し、敵未だ地上攻略の成否に関して疑念を懐きある此の短期間に於て国軍航空の主力をもって敵艦船主力を撃滅し敵をして沖縄作戦の継続を断念せしむ」と具申し、参謀総長と連合艦隊司令長官に参考電として送付した。また報告した軍の構想としては、円形複郭態勢を採らず、北方に対する防御に徹底して最小限二週間持ちこたえ、この間航空集中作戦を遂行しつつ精強な歩兵部隊の増強を図る、というものであった。[*189]

6 首里死守か撤退か——第32軍の状況判断（5月6日〜20日頃）

⑴ 天久台（52高地、シュガーローフ）の戦闘

●独立混成第44旅団の配備

独立混成第44旅団は、4月下旬、知念半島〜天久正面に進出したが、第32軍の攻勢にあたり、首里東北地区に移動して予備隊となった。軍の攻勢中止に伴って再び天久正面に転進し、5月7日朝独立混成第15連隊を以て、真喜比〜天久の線に陣地を占領した。那覇市の海正面に対する防御を担任していた特設第6連隊（船舶部隊改編）も、独立混成第44旅団長の指揮下に入れられた。

そのころ第62師団の左翼歩兵第64旅団は米第3海兵軍団に圧せられ、かろうじて沢岻北方高地から内間を経て、勢理客の線に踏みとどまっていた。天久台の戦闘は、内間、勢理客の陣地を突破し、安謝川を渡って南下する米海兵軍団と、弁ヶ岳付近から駆け付けたばかりの独立混成第44旅団との間に、半遭遇戦的に始まった。[*190]

天久台は、首里陣地帯の左翼に位置し、もしこれを奪取されるとここを足掛かりとして首里後方への突破を許す緊要地形である。そして天久台は、安謝川畔から南方に向かって緩やかな傾斜をなす台地で、米軍の艦砲射撃に暴露し、戦車の行動も自由であるが、首里高地の瞰制下にあった。独立混成第15連隊はこの地形の特性を利用して、台上及び前方斜面を捨て、52高地の反射面に陣地占領した。

天久台陣地は、理想的な反射面陣地を形成し、反射面に隠掩蔽する歩兵は米側の砲撃に対し、比較的安全なのに、米側の占有する台上は、首里、識名(しきな)、国場川南岸の諸高地から手に取るように瞰制される。これら高地による軍砲兵隊、旅団砲兵隊、並びに海軍砲隊の観測射撃が第一線歩兵の戦闘に協同したことが

シュガーローフ陥落後、日本軍の陣地からシュガーローフを望む
Center of Military History *The War in the Pacific OKINAWA: THE LAST BATTLE* (United States Army Washington,D.C.,1984), p.324.

天久台の持久に多大なる貢献をした。だが砲兵弾薬は、5月4日の攻勢でほとんど消耗していたので、その威力は瞬間的な効果しか望みえなかった。[*191]

天久台（シュガーローフ）攻略の困難性について米海兵隊戦史『沖縄：太平洋の勝利』には次のようにある。

> シュガーローフ陣地の三つの相互支援の丘が、付近平地に聳えている。シュガーローフの両側と後方は、南東三日月形高地と、南馬蹄形高地からの無数の洞窟やトンネル陣地からの射撃で掩護されていた。第6師団の地形分析は次の通り述べた。――馬蹄形の内には急峻な凹地があって、直接照準の小銃や手榴弾以外には如何なる火器も近づくことが出来ないような迫撃砲陣地となっている。東西からの迂回によってシュガーローフを奪取せんとする如何なる企図も、直ちに支援地形からの射撃に暴露される。同様に、馬蹄形または三日月形を奪取しようとすると、シュガーローフ自体からの射撃に暴露する。その上、三つの位置はトンネルで連結され、予備隊が遮蔽して動ける。この陣地の最も強い要素は三方が断崖となって道路がないことである。戦略的な位置からも、戦術的な強さからも、これ以上有力な陣地は考えられない。これらを総合して、この陣地を攻撃する部隊はその左と左後方の首里高地にある敵砲火の明瞭な的となることは冷厳な事実であろう。[*192]

●運玉森（コニカル）正面の戦闘

独立混成第44旅団長　鈴木繁二少将

歩兵第89連隊は、軍攻勢の際、第1、第3大隊は大損害を受けて、各中隊はそれぞれ10名内外となったので、攻勢に参加しなかった第2大隊で運玉森北側を確保させ、第1、第3大隊は宮城付近に後退させて再編成を行わせた。両大隊はそれぞれ兵員の補充を受けた後、7～10日頃再び前線に復帰して配備についた。配備の重点は運玉森西北方1キロに隣接する安室西側高地であった。運玉森一帯の高地は、首里陣地帯の右翼に位置し、もしこれを奪取されるとここを足掛かりとして一挙に首里後方、87高地（黄金森）、津嘉山方向への突破を許す緊要地形である。

●第32軍正面の収縮（5月8日～10日）

5月8日、東方の運玉森方面においては米軍の攻撃行動は活発ではなかった。幸地地域は、昨日に引き続き強力な米軍の攻撃を受けたが健闘して陣地を確保した。前田高地洞窟には依然独立歩兵第12大隊、歩兵第32連隊第2大隊などが米軍の包囲下に残存していた。安波茶、沢岻北側地区でも接戦が行われ、苦戦を続けた。

第32軍の攻勢中止に伴い、米軍は全正面にわたって攻撃を続けて、各正面で接戦、奮戦が続けられた。

第24師団は、概ね運玉森北側～幸地南側高地～勝山（前田南側の中央道沿いの部落）～経塚の線を保持していたが、敵中に孤立した要衝、前田、仲間高地帯は遂に放棄のやむなきに至り（守備隊は9日夜脱出）、

黄金森（首里南方約３Km、87高地）から首里〜運玉森〜大里一帯を望む（筆者撮影）

幸地正面でも主陣地を10日夜、弁ヶ岳東北方の１４０高地、１５０高地の線に後退せざるを得なかった。

第62師団は、前田高地に孤立していた歩兵第63旅団の独立歩兵第12、第14大隊等を、９日夜漸く脱出させることが出来たが、歩兵第64旅団正面でも戦力の低下著しく、次第に陣地を失って５月10日安波茶は危機に瀕し、米軍は安謝川南岸まで進出してきた。

●前田高地からの撤退（５月９日）

５月９日、運玉森正面の米軍の攻撃は活発でなかった。幸地地域は昨日に引き続き強力な米軍の攻撃を受け、同高地頂上付近は米軍に占領された。幸地南西５００ｍの閉鎖曲線高地付近では近接戦闘が行われ、米軍は勝山部落南端付近まで進出してきた。安波茶付近においても米軍は不断の圧迫を加え続けていた。沢岻北西の50ｍ閉鎖曲線高地は９日、米軍に占領され、内間付近も強圧を受けつつあった。前田部落南側においては、一進一退の近接戦闘が続けられ、米軍は勝山部

同９日、第62師団長は、今や前田高地奪回の望みもなく、また、独立歩兵第12大隊などの戦力が極度に低下しているので整理する必要があると考え、前田洞窟に残る独立歩兵第12大隊長に対し、米軍を突破撤退すべきことを命じた。独立歩兵第12大隊長賀谷中佐は、所在各隊長に各隊毎に集結して平良（たいら）町付近に撤退することを命じた。[*193]

一方、第32軍は、陸軍兵力が逐次損耗し、戦力低下が甚だしいので、

海軍部隊から逐次抽出投入することを計画した。

⑵ **米第10軍の総攻撃**

●米第10軍総攻撃を命令（5月9日）

5月4日、第32軍が陣地を捨てて攻勢に転移したことを受け、第10軍参謀長エルウィン・ポースト准将は、次のように言明した。「状況は重大にして即時攻撃開始を要す」と。バックナー中将は好機到来と感じた。かくてバックナー中将は、5月9日、11日の第10軍総攻撃命令を下した。[*194]

米第6海兵師団は、5月10日早朝、徒橋によって安謝川を渡って南岸に進出した。守備隊は挺進隊をもって一度は徒橋の爆破に成功したが、米軍は11日戦車をも進出させて、艦砲の支援の下に攻撃を加えてきた。

歩兵第22連隊正面では、逐次米軍が両側から溢出してきたので、10日頃、戦線を弁ヶ岳～140高地～150高地の線に後退させた。米軍は12日頃からこの陣地に対して攻撃を開始し、戦力の低下した各大隊は苦戦に陥った。また、同日頃から中央道沿いに、石嶺、平良正面に対しても有力な戦車を伴う敵が反復攻撃してきたが、所在部隊特に第24師団に配属されていた戦車第27連隊は、90式野砲（75粍砲4門）で敵戦車を撃破して陣地を確保した。

●航空部隊と地上軍の役割の一致

5月10日、海軍総隊参謀長草鹿龍之介中将は、沖縄方面の作戦に関する海軍総隊の方針を第32軍参謀長宛に電報して激励した。[*195]

総隊今後の作戦方針は、航空可動全力を以て主として沖縄周辺艦船に対し執拗なる攻撃を継続してこれを掃滅せんとするものにして、状況有利に進展せば奄美大島群島及び先島群島に航空基地を推進対艦船攻撃を強化するとともに敵輸送船を沖縄南東方面洋上に捕捉撃滅し沖縄所在の敵を孤立せしむること可能なりと認めあり……従って当方としては貴軍が急速なる兵力の消耗を避け、堅陣に拠りて敵を吸引して飽く迄靭強なる作戦を実施し進展を待たれんことを切望する次第なり

本電に対し第32軍は10日夜次のように返電した。

……全員特攻の精神を昂揚して長期持久的撃滅に邁進す、貴隊の御期待に添ふ事を期す……

連合艦隊の要望が、飛行場の制圧から作戦の継続、長期持久へと移行している。第32軍が長期持久によって米艦隊を沖縄近傍に拘束することを期待しているのだ。航空部隊は考えを変えざるを得なくなったのである。第32軍としては図らずも当初の考えがここに陸、空と一致したのだ。ここにきて陸上部隊の役割が航空部隊の期待する役割と一致したのである。第32軍としては長期持久方針への根拠を得たのである。

ここで軍司令官は、5月10日、神直道参謀に東京への連絡を命じた。*196

●米第10軍の機動計画（5月11日）

5月11日、北部の米第3海兵軍団（第6海兵師団及び軍団諸部隊よりなる）は、第27師団と交代し、南部戦線の右翼に加入した。ガイガー軍団長は、4月下旬から第24軍団に配属されていた第1海兵師団の指揮を再び執ることとなった。そこで第24軍団の戦闘地域は、第1海兵師団地境の東から与那原までとなった。第6海兵師団、第1海兵師団、さらに第77、第96両師団が西から東へ並列されることとなった。第7師団は、第24軍団の予備となり、休養と戦力回復の機会を得た。

攻撃計画によれば、第10軍は2個軍団を並列し、すなわち第3海兵軍団を右翼に、第24軍団を左翼に配して、首里防御陣地に対し攻撃を再開するよう定めてあった。当初の機動計画は、海兵諸師団が西方から陸軍諸師団が東方から首里を包囲し、同時に中央において強力な牽制攻撃を行うようになっていた。第10軍の参謀部は、日本軍陣地は右翼において脆く、したがって新鋭海兵諸師団は外側面において速やかに突

破でき得る公算があると信じていた。米軍にとって地形は西側において一層有利であった。[*197]

沖に位置する戦艦5、駆逐艦13、巡洋艦6に課せられた艦砲射撃は、第10軍の攻撃を支援することが出来た。TF58、TF51及びTAFからの飛行機は、絶えず攻撃任務と火力支援強化の任務を帯びて在空していた。攻撃は11日0700に全線にわたって開始され、そして部隊は激しい抵抗を排除しつつ徐々に前進していた。[*198]

当初の間は全戦線にわたり調整が保たれたが、西部、中央部、東部でそれぞれ個別の地点を奪取しようとする激戦に分裂し、少々異なった様相を呈するようになった。[*199]

5月11日の第10軍の攻撃は、首里防御の破壊を目指す調整ある、しかも集中的な攻撃であった。それは数千の人命を奪う血戦、近接戦闘の2週間の始まりでもあった。首里を争って攻撃する各師団は、それぞれ違った名前の地形において戦った。第96師団の前には運玉森（コニカル）高地が聳えていた。第77師団は首里に向かって戦った。第1海兵師団の目標は、沢岻（ワナ）谷地であり、第6海兵師団の目標は、天久台（シュガーローフ）の奪取にあった。[*200]

内間、安謝付近を制した米軍は、引き続き歩兵第64旅団の複郭陣地たる沢岻陣地に迫った。守備隊は兵力の差はいかんともしがたく、独立歩兵第23大隊はほとんど全滅し、独立歩兵第15大隊も壊滅的損害を受けて13日夕、沢岻は敵手に落ちた。

牛島軍司令官は、11日、海軍部隊に対し、主力をもって首里付近の戦闘に参加するように命じた。海軍は、16日夕方までに5個大隊（1個大隊約400名）の戦線投入を準備していたが、12日午後第32軍は急遽夕刻までに2個大隊を陸軍部隊に配属するよう命じ、またさらに4個大隊の抽出と斬込隊20組の派遣を命じた。[*201]

5月11日、米第96師団は、安室西側高地と我謝北側54高地正面から攻撃を開始した。安室西側高地正面

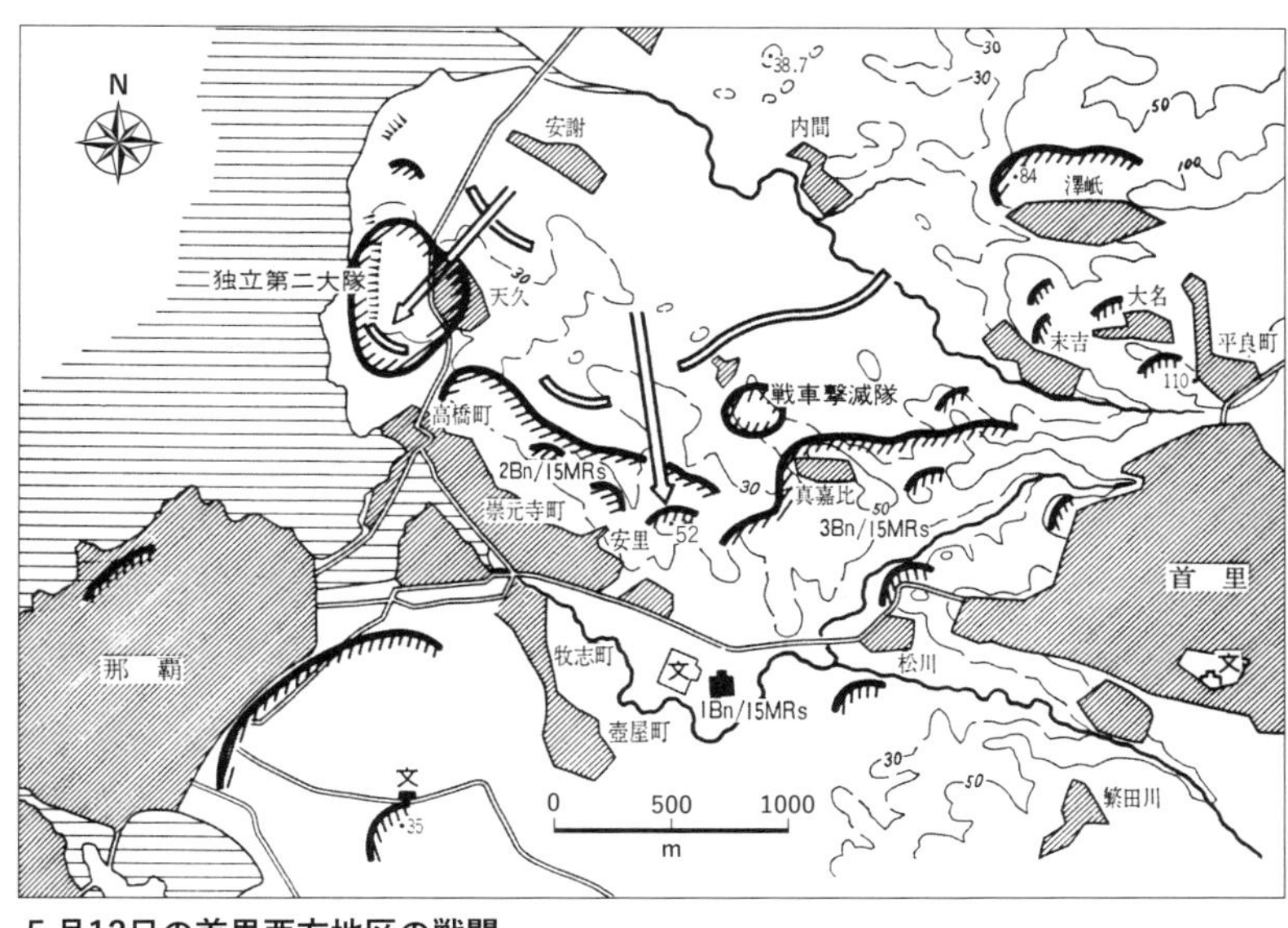

５月12日の首里西方地区の戦闘
出典：防衛庁防衛研修所戦史室『戦史叢書　沖縄方面陸軍作戦』（朝雲新聞社、1973年）502頁

では、稜線上に進出する敵と猛烈な手榴弾戦を演じて阻止したが、54高地の1個小隊は12日玉砕した。

運玉森方面（歩兵第89連隊守備）においては、運玉森北西８００ｍの１００ｍ閉鎖曲線高地北側高地は米軍の猛攻を受け、同高地守備の第7中隊は勇戦したが、陣地の一角を占領された。

●勝敗の岐路、今日、明日中にあり
（5月12日〜13日）

5月12日、西方の天久台及び安里正面は戦車を伴う強力な米軍の猛攻を受けた。第6海兵師団が、艦砲の支援を受け、2個海兵連隊を天久台（シュガーローフ）に投入して攻撃したのである。安里北側52高地に突進してきた米軍は不意急襲され、多大の損害を受けた。一方、天久台方面の独立歩兵第2大隊の陣地は米軍の馬乗り攻撃を受け、接戦激闘を交えたが、天久台上の大部は米軍の占領する所となった。独立混成第44旅団長は、右地区隊

（独立混成第15連隊）強化のため、旅団予備であった独立混成第15連隊第1大隊（野崎大隊）を右地区隊に増加した。[*202]

運玉森方面においては、運玉森北西８００ｍの１００ｍ閉鎖曲線高地付近で近接戦闘が行われたが陣地を確保した。

いよいよ危機が迫ったと感じた第32軍司令部は12日１３５５、「彼我勝敗ノ岐路ハ将ニ今明日中ニ在リ、陸海連合ノ全力ヲ速急ニ本島周辺ニ投入シ、勝敗ヲ一挙ニ決セラルルコトヲ切望ス」と各方面に打電した。[*203]

5月13日、首里西方の真喜比、安里、天久台地区は、13日早朝から艦砲、地上砲火、航空攻撃に支援された戦車を伴う強力な米軍の攻撃を受けた。天久台の一角を固守する独立第2大隊、機関砲第１０３大隊などは奮戦したが、天久台上は完全に占領され、独立第2大隊長以下の残存者は洞窟陣地に拠って夜間斬り込みを実施して奮闘を続けた。

沢岻高地地区では13日引続き激戦が展開され、第64旅団の中堅として勇戦敢闘して名指揮官とうたわれた独立歩兵第23大隊長山本重一少佐以下多数の戦死者を生じ、沢岻高地は完全に占領された。

前田部落南側地区では13日依然混戦が続き、米軍の沢岻高地進出により左側方面は圧迫を受け、右側勝山南側にも米軍の一部が進出してきたが、陣地の大部は確保された。13日夜、第62師団命令により、独立歩兵第11大隊及び独立臼砲第1連隊が首里北側に撤退した。

石嶺東方約1キロの１３０高地、１４０高地、１５０高地方面は、13日、戦車を伴う強力な米軍の攻撃を受けた。歩兵第22連隊は勇戦して大部を撃退したが、１４０高地東側２００メートル付近高地を占領された。石嶺地区の戦車第27連隊は側方から歩兵第22連隊に密接に協力した。特にその砲兵中隊（90式野砲4門）は対戦車戦闘に威力を発揮した。

運玉森方面においては従来戦況活発でなかったが、13日、運玉森北側に対し米軍は活発な攻撃行動を開始してきた。運玉森守備部隊は逆襲も行って奮戦したが、運玉森頂上北側50ｍ近くまで米軍に進出された。運玉森北西８００ｍの１００ｍ閉鎖曲線高地も強力な攻撃を受けたが撃退した。13日、海軍の勝田大隊が歩兵第88連隊に配属され、与那原西方地区に配備された。

第62師団長は、軍の指示に基づき、歩兵第63旅団長中島徳太郎中将を首里防衛司令官として首里地区の防衛強化を命じた。中島旅団長は指揮下部隊、後方増加要員などを整理して概要次のように部署した。総員約６７００名であった。

独立歩兵第12大隊：首里北側の大名南側〜石嶺にわたり第２線陣地を占領
独立歩兵第13大隊：首里西側外部の防衛
独立歩兵第22大隊：首里北側平良町方面の防衛
第62師団輜重隊：５月15日以降首里南端赤田町付近の防衛
旅団予備：首里市内の防衛

５月13日以降、米軍の攻撃は続けられ、西岸台地を守備した特設第２大隊（海上挺進基地大隊改編）の陣地は逐次敵に奪取されたものの、52高地正面では、砲兵の火力が有効に運用されて米軍の前進を許さなかった。同日、海軍部隊で選抜した丸山、山口両大隊が独立混成第44旅団に増加され、さらに15日、第１特設旅団（兵站部隊改編）から選抜された伊藤大隊が増加されたが、この間に西岸台地の特設第２大隊の陣地は危急に陥って、15日夜総員斬り込みを敢行して玉砕した。

５月13日、梅津参謀総長上奏時「沖縄方面へ補給ノ途ナキヤ」との御言葉があった。[*204] また宮崎第１部長のもとに海軍軍令部の課長以下が、「沖縄作戦ノ成果ト将来戦況好転ニ処スル奪回作戦ノ一構想ニ就テ研究案ヲ紹介シ来ル」と沖縄奪回に関する研究案を紹介してきた。[*205] 海軍はまだ陸軍の協力があれば、航空作戦と合わせることにより沖縄を奪回できると考えていた。

(3) 首里陣地帯前面の戦い

●運玉森（コニカル）高地の争奪（5月13日〜）

我謝西南、与那原北方の運玉森の高地の争奪は、第32軍陣地右（東）翼に対する米軍の突破が成功するか否かの鍵であった。この高地占領に成功することは、米軍の次の与那原への突進、ひいては第32軍右側背包囲への道を開くものであった。米軍はこの高地をコニカル（円錐形）高地と呼び、海軍は100万ドルの正札をつけて、中城湾から砲弾を浴びせかけた。

暑くて晴れ渡っていた5月13日は、沖縄争奪戦における一つの転換点であった。米第96師団第383連隊の第2大隊は、12日に桃原と安室へ向けて走っている運玉森（コニカル）稜線の北の突出部に小さな足場となる地形を得た。そして東海岸正面の日本軍陣地があまり堅固でないことを発見した。その夕方、第24軍団長ホッジ少将は、直ちに第96師団長ブラドレイ少将に電話し、重点を同方向に変換し、北からコニカル高地への正面攻撃を押し出すことを指示した。ホッジ少将は彼の幕僚に「もし彼がそれに成功したら、我々は首里防御への鍵を握るだろう」といった。

バックナー中将は13日11時に、コニカル高地攻撃中の第383歩兵連隊長メイ大佐のOP（観測所）を視察した。メイ大佐は、第2大隊長リーモーリス中佐にE及びF中隊をもって、コニカルを正面から攻撃、TKを歩兵に随伴させ高地上へ進撃させることを命じた。*206

●天久台（シュガーローフ）の激戦開始（5月14日）

首里西方地区においては14日早朝から全正面にわたって米軍の攻撃を受け、特に安里東側の52高地地区（シュガーローフ）で激戦が展開された。夕刻52高地北方約200mにある40m閉鎖曲線高地付近は米軍に占領されたが陣地の大部は確保した。薄暮一部の米軍が52高地地区に攻撃してきて52高地東側高地にとりついたが、15日天明時、迫撃砲火を集中し逆襲を加えて撃退した。

●沢岻高地の放棄（５月14日）

沢岻高地を制した米軍は、14日沢岻南側の大名高地を北西から攻撃し、その一部は大名高地中腹まで進出してきたが、逆襲を加えて夕刻には撃退した。沢岻の洞窟陣地には死を決した歩兵第64旅団長有川少将以下が依然として頑張っていた。第62師団長は、有川旅団長を撤退させることを考え、軍司令部とも連絡し、軍司令官からの撤退の示唆を得て、14日夜師団長の親書持参の連絡将校を派遣して後退を命じた。有川旅団長以下は、14日夜全員斬り込みを準備中のところ、師団の撤退命令が到着したため、斬り込みを中止し、所在部隊に撤退を命ずるとともに、旅団長以下血路を開いて15日未明首里北側に後退した。独立歩兵第15、第21、第23大隊、第２歩兵隊第３大隊なども14日夜沢岻から首里北側地区に後退した。[*207]

第32軍は14日、沢岻高地の失陥に伴い、北正面の戦線を運玉森～弁ヶ岳～１４０高地、１５０高地～石嶺～平良～大名～末吉～天久の線に整理した。

●首里北側１４０高地、１５０高地の戦い（５月14日～15日）

第24師団は、第32軍命令によって、14日夜、第32連隊を首里北側に後退させて戦線を整理したが、歩兵第22連隊正面の戦況に鑑み、同方面に増援を命じた。歩兵第32連隊の第１大隊は、18日頃から石嶺東約１㎞の１４０高地、１５０高地に進出し、20日頃迄米軍の進出を阻止したが、戦力の大半を失った。歩兵第22連隊の陣地１３０高地、１４０高地、１５０高地は、14日戦車を伴う有力な米軍の攻撃を受け、守備隊は勇戦したが、１５０高地南側の一角は米軍に占領された。

５月14日、運玉森方面においては、運玉森北西８００ｍの１００ｍ閉鎖曲線高地頂上の争奪戦が行われ、その一角が米軍に占領され、同高地と運玉森との中間地区にも米軍が進入してきた。

５月15日朝、安里東方の52高地の米軍は撃退したが、真喜比及び安里北側高地は米軍の強圧を受け、真喜比北側高地の一部及び安里北側高地の一部は米軍に占領された。

第24師団の中地区隊（歩兵第22連隊）の守備する130、140、150の各高地は15日戦車を伴う強力な米軍の攻撃を受け、150高地東側高地東側半部は米軍に占領された。歩兵第32連隊長は、140、150高地奪回攻撃を第1大隊（伊東大隊）に命じた。大隊長伊東孝一大尉は夕刻になって「本夜140高地を確保し、150高地を奪回せよ」との連隊命令を受けた。大隊が出発準備を終わった時は日没となり、夜暗の中を130高地を経て140高地に到着した。伊東大隊長は第1中隊に150高地の攻撃を命じ、同高地西半部を占領し、米軍と30～40メートルの近くで相対して天明となった。[*208]

●第32軍増援の要望（5月16日）

5月15・16日と激戦が続き、右翼及び中央では応戦して侵入を阻止したが、左翼では敵の鋭鋒を阻止できず、16日夕、第32軍は航空作戦について次のように要請するに至った。[*209]

一　軍は、敢闘中なるも現戦線の保持逐次至難となり将に組織的戦略持久は終焉せんとす
二　此の重大転機に於いて航空作戦従来の大戦果を拡大之を勝利に導くためには……左の如き策残されありと存ぜられ至急方面軍及び中央の作戦方針率直に披露され度
(1)　武器なき2万5千の戦闘員に対する急速兵器の輸送
(2)　日航、満航、中華其の他動員可能の全空輸機をもってする精鋭歩兵数個大隊の緊急落下傘投下
(3)　連合艦隊、第8飛行師団のみに拠ることなく速やかに国軍全航空兵力を本島周辺の敵艦船撃破に（以下不明）

宮崎第1部長は、20日帰京して第32軍の要請電報について研究した。兵力増強の実施は沖縄方面の制空の可能性がなく、また、空挺作戦は戦略的持久の要素とはならないと判断され、結論として「兵力増強はしない、義号作戦だけは決行し、これを中心として沖縄周辺の艦船に大規模な航空作戦を実施する」こと

に決定された。[*210]

第6航空軍では、5月上旬、すでに海軍とも協議し「義号部隊をもって沖縄北、中飛行場に挺進し敵航空基地を制圧しその機に乗じ陸海軍航空兵力を以て沖縄付近敵艦隊に対し総攻撃を実施す」という義号作戦の方針を策定していた。義号作戦は、その目的からすると航空特攻作戦のためのものであって、第32軍のためを考慮したものではなかった。

5月20日、第6航空軍は連合艦隊の企図に基づき、22日夜半に義号作戦を実施することに決した。海軍側も21日午後、これに策応する「菊水7号作戦」の打ち合わせと兵棋を行ったが、天候不良のため作戦実施は24日に延期された。[*211]

(4) 天久台（52高地、シュガーローフ）奪取される

●天久台（52高地）（5月16日～17日）

米軍は16日、52高地及び真喜比東側の連隊砲山（独立混成第15連隊の連隊砲陣地があった）に対して調整攻撃を集中し、凄惨な近接戦闘が続けられた。17日天明には、独立混成第15連隊第1大隊大隊長が率先先頭に立って52高地の米軍を逆襲し同高地を確保した。０８３０頃から米軍は猛烈な砲爆撃の支援下に戦車を伴って52高地、真喜比地区に猛攻を開始した。52高地は包囲攻撃を受け接戦激闘が続き、米軍を撃退したが、我が損害も多大であった。真喜比北側高地は米軍に占領され、真喜比東側の連隊砲山（独立歩兵第15連隊の連隊砲陣地）も米軍の馬乗り攻撃を受ける状況となった。同連隊第3大隊は連隊砲陣地の奪回攻撃を行ったが失敗した。この日は海軍の1個大隊（伊藤大隊）を独立混成第44旅団長鈴木繁二少将の指揮下に入れ、牧志町（安里南側）付近の防備を強化させた。

首里北側及び北西部は17日、戦車を伴う有力な米軍の猛攻を受けた。平良町台地、大名高地、末吉北側

及び南側地区の部隊は善戦して来攻した米軍の大部を撃退したが、平良町台上の一角は米軍に占領された。
第32軍は天久戦線が潰れても、さらに首里山に連携し繁多川（はんたがわ）、識名、国場川の線に至る縦深地帯に拠り、あくまで戦闘を続行する決心であった。このため、特設第1旅団中、最精鋭の集成大隊（長野戦兵器廠廠員伊藤少佐）を、旅団の右翼松川北側高地に増派して、これが頑守に努め、さらに海軍部隊で編成した3個大隊を独立混成第44旅団長鈴木少将の指揮下に入れ、識名、国場、古波蔵（こはぐら）の高地線を占領させた。この線を保持すれば、首里が半包囲の状態になっても、軍の生命線である津嘉山方面は安全で、右翼第24師団の弁ヶ岳、運玉森の線確保と相まって、依然首里戦線は陣地として成立するのである。[*212]
この激戦のさなか、第10方面軍から敵側のラジオ・ニュースが送られてきた。「天久台の戦闘に参加中の敵海兵師団の損害は甚大で、250名の中隊が炊事当番まで繰り出して戦い、ついに戦闘員は8名になった」等々であり、これを聞いた第32軍首脳は狂喜した。[*213]
海軍砲隊を指揮して国場川南岸高地上から敵情を観測していた仁位（にい）少佐は、52高地付近の第32軍歩兵の敢闘振りを激賞して次のように報告した。

52高地付近の我が守備隊は、敵砲爆の集中間は、洞窟陣地内に待機し、そのやんだ瞬間硝煙渦巻く高地上に散開し、砲爆に膚接して緊迫する敵と格闘これを撃退しつつあり

52高地の争奪戦は、高地の頂上を挟んで、実に1週間以上にわたって継続した。[*214]
一方、石嶺高地は17日未明有力な米軍に奇襲され、0600頃同高地頂上付近の戦車第27連隊本部壕付近まで進入された。戦車連隊は主力を挙げて反撃し、接戦激闘が彼我の砲弾下で終日続き夕刻当地台上から米軍を撃退したが、我が損害は多大であった。
石嶺東方の130、140、150の各高地は17日終日激戦が続き、140高地上は一時米軍に占領されたが夕刻には撃退した。石嶺高地と130高地の中間地区の高地（西部130高地と称していた）にも

一部の米軍が進出した。

運玉森方面においては運玉森北西の１００ｍ閉鎖曲線高地付近で接戦が行われたが、その他の地区では米軍の活発な攻撃はなかった。

●スプルーアンス提督、上陸作戦の終了を宣言（５月17日）

５月17日、スプルーアンス提督は、沖縄の上陸作戦時期は終わったと公表した。[*215]

米海兵隊戦史『太平洋の勝利』によるとこの間、ターナー提督の部隊は、日本軍との地上戦闘において、日本軍５万５５５１人を殺し、８５３人を捕虜とした。また、日本軍機１１８４機を撃破した。Ｌ－ＤａｙからＬ＋45日まで（５月16日）に弾薬１２５万６２８６屯を沖縄の海浜に揚陸した。５～16インチの掩護部隊の砲は、第10軍の支援とＴＦ51の艦船援護のため、２万５０００屯の弾薬を消費した。第10軍は、５月17日までに３９６４人の戦死、１万８２５８人の負傷、３０２人の行方不明および戦闘外での死傷９２９５人を失った。ターナー提督の海軍部隊は、１００２人の戦死、２７２７人の負傷、１０５４人の行方不明者を出した。防空部隊は、82機を失い、ＴＦ51は敵による沈没あるいは損傷１５６隻を算し、内25隻は沈没、86は大破、そして45は損傷を受けてなお使用に堪えるものであった。[*216]このように沖縄への上陸作戦は米陸海軍に対して大きな代償を払わせていたのである。

●天久台（52高地、シュガーローフ）占領される（５月18日）

安里東側の52高地地区は、18日早朝から猛烈な砲迫の集中火と戦車を伴う強力な米軍の攻撃を受け勇戦したが、１０００頃には52高地頂上付近は米軍に占領された。同高地守備の独立混成第15連隊第１大隊（野崎大隊）は18日夜奪回逆襲を行い、19日０２３０頃には米軍を52高地頂上付近から撃退したが、死傷続出し奪回は不成功に終わり、大隊は19日黎明安里北側台地に後退する状況となった。

５月18日、連日の攻撃により逐次第32軍陣地は破壊されていった。５月18日０９４６、遂に52（シュガーローフ）高地は占領された。また、シューホースの一部とクレセント高地北斜面も奪取された。18日夜及び20日に日本軍の逆襲が行われたが、阻止された。

5月19日、シュガーローフを占領するに要した10日間に第6海兵師団は、2662名の死傷者と128 9名の戦闘疲労症（精神病）者を出した。第22及び第29海兵連隊においては、3名の大隊長と11名の中隊長が死傷した。[*217]

大名高地は18日も引き続き米軍の攻撃を受けたが、独立歩兵第22大隊第2中隊は巧妙な陣地配備によって米軍を陣内に誘致導入して撃退した。末吉南側地区は、戦車を伴う強力な米軍の攻撃を受けたが、奮戦、これを撃退した。石嶺高地の戦車連隊は、昨17日の戦闘で特に多大の死傷者を生じ、この頃戦車連隊の戦力は四分の一となり、砲兵も1門のみ健在という状況となった。戦車連隊は18日夜新たに配属された特設第4連隊の第2大隊（鈴木大隊）を第一線に配備して陣地の強化を図った。

石嶺東方の130、140、150の各高地は戦車を伴う強力な米軍の攻撃を受け18日終日激戦が続いた。130高地は馬乗り攻撃を受け、所在部隊（独立歩兵第29大隊基幹）は洞窟陣地に拠って敢闘した。140、150高地は、その背後に進出した米軍戦車から背面攻撃を受け、各頂上付近は米軍に占領され苦戦に陥った。150高地の伊東大隊は、対戦車戦闘の火器がないので擲弾筒で応戦した。

運玉森方面では、同高地北西の100m閉鎖曲線高地で接戦が続き、運玉森頂上付近では米軍と近く相対していた。運玉森東側の米軍は、南方に進出して右側背に迫ろうとしたため、同方面守備の歩兵第89連隊第3大隊基幹は、この米軍の南進阻止に努めた。

このような中、第32軍は5月18日夜、米軍の増援部隊に関する中央の緊急放送として「20日前後沖縄本島方面に対し強力な増援乃至奄美島就中喜界ケ島状況により先島方面等に新に上陸を開始の算大なり、その兵力は2箇師団内外と推定す」旨の参謀長電を各部隊に通報した。この報に接した徳之島の独立混成第

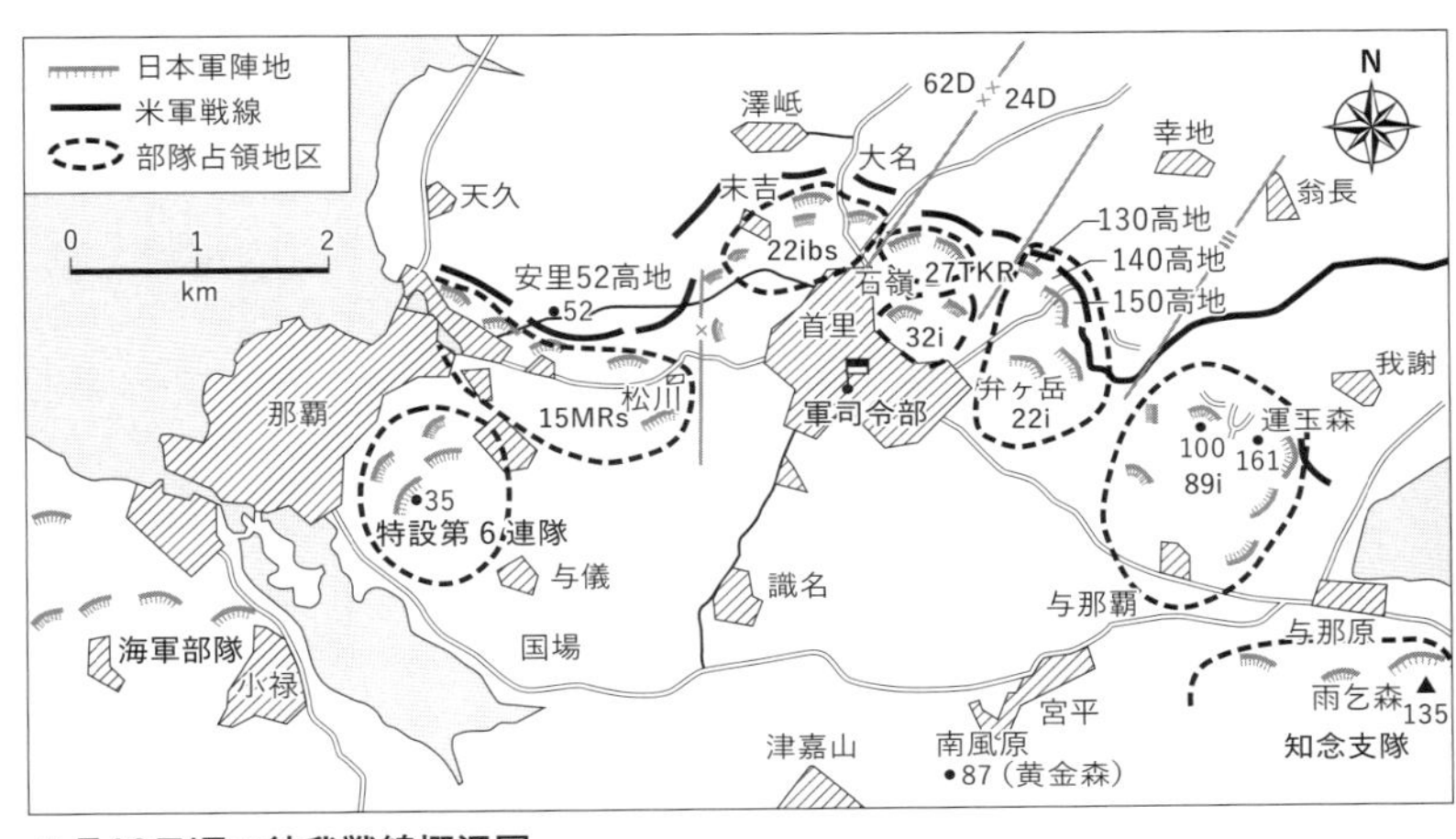

5月19日頃の彼我戦線概況図

出典：防衛庁防衛研修所戦史室『戦史叢書　沖縄方面陸軍作戦』（朝雲新聞社、1968年）521頁

64旅団長高田利貞少将は、19日0400奄美全地区に甲号戦備を下令し、対上陸戦闘の準備を実施した。しかし、第32軍は翌20日、この増援兵力は沖縄本島に対する増援と判断される旨を電報した。[218] 第32軍にとっては、この増援が首里南方、軍の後方に上陸されることが最も恐れられていたものの、自らの防御戦闘の成果を表すものでもあった。

●海軍砲台の射撃

5月18日1100頃、海軍砲台は、霧のため小禄飛行場西方2キロの珊瑚礁に座礁した米駆逐艦を砲撃し爆破炎上させ（浅瀬のため沈没せず）付近にあった曳船1隻及び油船（約200トン）を合わせて撃沈した。[219]

●5月19日の戦況

5月19日、那覇北方地区の米軍の攻撃は比較的緩やかであったが、52高地が米軍に占領されたため、安里からその西方の崇元寺町方面にわたって陣地占領中の独立混成第15連隊第2大隊は右翼からの攻撃を受け苦戦に陥り、損害も多くなった。しかし独立混成第15連隊の健闘は軍首脳の感嘆する所であった。

大名高地及び末吉南側高地は19日、米軍の攻撃を受けたが善戦して陣地を保持した。石嶺高地においては、米軍と40〜200mを隔てて終日戦闘を交えた。石嶺東方の130、140、150高地の陣地は昨18日と同様、米軍戦車から背面攻撃と高地上からの攻撃を受け、130高地の歩兵第22連隊第2大隊（平野大隊）の本部洞窟も馬乗り攻撃を受けるに至った。150高地の伊東大隊は同高地西側斜面において苦戦を続けた。

　運玉森方面においては、19日、運玉森北西の100m閉鎖曲線で接戦が続けられたほかは大きな動きはなかった。

●義号作戦への期待

　義号作戦実施の通知を受けた第32軍は、19日、次の要旨の球参電第667号を発した。*220

> 第32軍は計8個師団の敵と相見え、我が損害甚大とはいえ、すでに敵5〜6個師団の攻撃力を完全に破砕した。諸情報を総合すると、敵有力船団は一両日以来逐次本島方面に到着中であって、さらに兵力資材を増強中のようである。この時にあたり義号作戦を実行されるのは、まさに機宜に適したもので、飽く迄必勝を信じ、徹底的に総戦力を結集し、本島周辺の敵艦船群に一大痛撃を加えたならば、敵の作戦企図を破砕することは難しくない。軍は義号作戦の成功を確信、士気軒昂、挙軍渾身の勇を奮い、新たな敵の攻勢を断固破砕することを期待している

●御嘉賞を賜う

　第32軍は5月19日参謀総長から、5月18日の戦況上奏に際し、「第32軍が来攻する優勢なる敵を邀え軍司令官を核心とし挙軍力戦連日克く陣地を確保し敵に多大の出血を強要しあるは洵に満足に思ふ」との御嘉賞の御言葉を賜った旨の電報を受けた。*221 この御嘉賞は、現在の本土決戦のための出血持久を強要する戦略持久を目的とした軍の防御態勢に自信を与え、第32軍にはこの態勢を継続することが中央の意図にこたえる正しい道だということを改めて認識させた。

●5月20日の戦況

那覇北側高地においては全正面米軍の攻撃を受けた。安里から崇元寺町方面の防衛にあたっていた独立混成第15連隊第2大隊は連日の米軍の猛攻に勇戦したが、戦力の低下著しく、20日1400頃、井上大隊長は最後の決別電報を連隊長美田千賀蔵（みたちがぞう）大佐に送り、20日夜、主力を率いて斬り込みを敢行、大隊長以下大部は戦死し、残存兵力は約30名となった。

第32軍は20日、那覇正面が突破された場合に対処するため、独立混成第44旅団長に首里南西台地に第二線の防御陣地を準備させた。[*222]

末吉南側の高地帯は、20日、戦車を伴う米軍の猛攻を受け、同高地帯の陣地は多大の損害を生じ、馬乗り攻撃を受けるに至った。石嶺東方の130高地（独立第29大隊基幹）、140高地（歩兵第22連隊第2大隊）、150高地（歩兵第32連隊第1大隊）は、20日、完全に米軍の制圧を受けて陣地は破壊され、洞窟は封鎖される状況となった。20日夜、各大隊は脱出を命ぜられ後退した。

5月20日、運玉森南側地区においても激戦が展開され、運玉森高地の南東側斜面は米軍に占領された。夜間逆襲を行ったが撃退できなかった。運玉森北西の100m閉鎖曲線高地の洞窟陣地では依然接戦が繰り返された。

5月20日早朝、米艦艇は久高島（くだかじま）（知念半島東方）を砲撃し、0630頃湊川東方の奥武島（おうじま）に一部の米軍が上陸して1000頃撤退した。また、小禄正面においては、昨19日米軍がリーフの破壊作業を行い、砲爆撃の激しいことから新たな上陸に対する警戒を要するものがあった。軍司令部は、知念半島方面における米軍の行動及び新船団の到着状況などから、知念半島方面への米軍の新上陸の算大なりと判断し、目下全兵力を北方戦線に投入している現状から、この方面の艦船に対する航空攻撃を要請した。[*223] しかし、特別のことはなかった。まだ主正面以外からの上陸を恐れているのだ。しかしこれも島嶼作戦の大きな特性であろう。

7 首里戦線の崩壊と南部への撤退（5月22日頃）

(1) 運玉森正面の戦い

●5月21日の戦況

那覇北側地区においては、21日安里東側地区及び安里南側高地の陣地が米軍の攻撃を受けたが、我が有効な砲迫の支援火力もあって米軍の攻撃を撃退した。大名高地は昨20日に引き続き米軍の攻撃を受け、高地南方の背面からも米軍の猛射を受けた。部隊は善戦して米軍を撃退したが、大名高地の一部は米軍に依然占領されていた。21日夜、独立歩兵第22大隊長は、大名高地の一角にとりついている米軍に逆襲を実施したが、多大の損害を受け失敗に終わった。平良町北側高地の陣地も、21日米軍の攻撃を受けたが勇戦して陣地を保持した。石嶺地区は昨20日に引き続き、至近距離で米軍と接戦を交えたが、陣地は確保した。第32連隊は、130高地、140高地、150高地南西地区で米軍の進出を阻止した。

第24師団長は、21日、捜索第24連隊長（才田勇太郎少佐）に弁ヶ岳右正面を守備している特設大隊を合わせ指揮して弁ヶ岳地区の防衛にあたらせた。

●運玉森方面の活発化

5月21日、運玉森南側稜線に連なる陣地は米軍の猛攻を受け、運玉森頂上南側から与那原北西700mの高地にわたる稜線の東斜面は米軍に占領され、稜線を挟んで接戦となった。運玉森南西500mの6.8高地付近に有力な米軍が侵入してきたが撃退した。運玉森北西の100m閉鎖曲線高地においては、部隊は洞窟によって奮戦を続けたが、損害はいよいよ増大した。

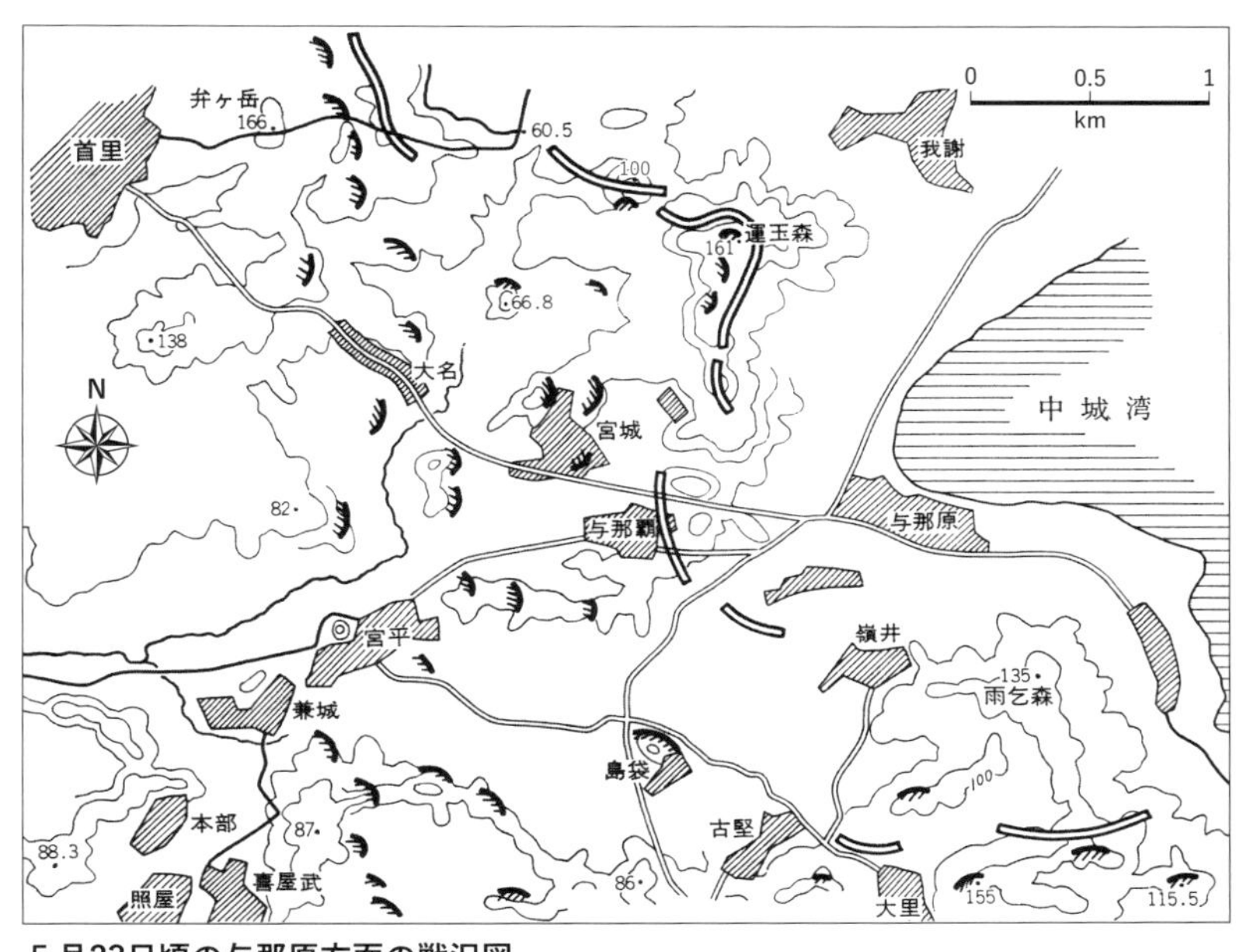

５月23日頃の与那原方面の戦況図
出典：防衛庁防衛研修所戦史室『戦史叢書　沖縄方面陸軍作戦』（朝雲新聞社、1973年）537頁

米第96師団が、運玉森（コニカル）高地の急峻な山背の南端にあるシュガー高地（運玉森頂上から南約７３０ｍの尾根の南端）とコニカル高地東正面を奪取したとき、日本軍戦線の右端を中心として側面機動を行うため１本の前進路を準備した。包囲部隊は、この縦走地形を経て与那原を通り、一旦与那原渓谷上流を西方に通過すれば後方から首里を包囲することが可能である。そこで日本軍の主力を袋の中のネズミとすることが出来る。第24軍団はこの計画を５月21日夜暗とともに実施しようとして準備していた。[*224] この迂回包囲の任務が米第７師団に与えられた。

標高１６１ｍの運玉森高地は、軍の後方部を瞰制できる要点であり、これに連絡する与那原、雨乞い森高地の線を失えば、米軍は一挙に首里陣地の背後、87高地、津嘉山地区に殺到することになる。

よって軍が現戦線を保持するためにもどうしても運玉森をできる限り長く保持しなくてはならなかった。[*225]

⑵ 運玉森を突破されたらどうするか、第32軍の苦悩

●軍首脳部の首里撤退研究

軍首脳部は5月21日、軍の組織的防御力は今や破断階に達しつつありと判断した。左翼那覇方面においては、たとえ那覇市に進入されても首里南西側台地の与儀、国場、識名の縦深陣地により全陣地の崩壊を阻止し得るが、右翼方面においては、運玉森を攻略され、一挙に首里南方の津嘉山付近に殺到されれば全陣地の組織は崩れると憂慮した。従って軍は運玉森方面の戦況を重視し、運玉森の確保と与那原地区への浸透を阻止するように、第24師団及び軍砲兵隊を督励した。[*226]

冷静に戦局の推移を達観すれば、軍の運命が、いよいよ最後の段階に近づきあるのを否むことはできなかった。この頃の参謀部の業務は激甚を極めていた。

現在までの軍首脳部の漠然とした考えでは、首里において玉砕することになっている。だが八原高級参謀は、彼我一般の情勢より判断して、喜屋武半島地区に後退し、新しい陣地に拠り、最後の抗戦を試みるのが軍の根本目的に照らし妥当であるとの印象を強めつつあった。[*227]

第32軍は主陣地の戦闘開始以来、50日にわたって強靭な戦闘を続け、米軍に1日平均１００ｍの進出しか許さなかったのであるが、このままでは与那原正面を突破されて、首里は東翼から包囲される。第32軍は第24師団に対し、海軍陸戦隊等可能な限りの兵力を増加して、与那原方面に進入し

首里高地から南部島尻一帯を望む（筆者撮影）

た敵の撃攘を督励したが、軍全体としての弾発力は既に尽き果てていた。

第32軍司令部では首里を中心とする複郭陣地に拠って最後まで戦うべきか、あるいは首里を放棄して本島南部に残された喜屋武半島または知念半島に後退して新持久作戦を試みるかについて検討を進めていたが、いよいよ決定を迫られることになった。首里高地上から南部島尻地区を遠望すると、左手に知念半島の錯雑した地域、正面には八重瀬岳、与座岳の壁のような防御を行う陣地線に適する地形が横たわっているのである。

八原高級参謀は次のように考えていた。首里複郭案は最初からの構想で、陣地もこれに応じて構築されていた。しかしながら首里地域は直径２キロ内外に過ぎず、ここに第32軍全部を入れることは、いたずらに敵の物量攻撃の餌食となる恐れがあった。

喜屋武半島案は、陸正面に対しては与座岳、八重瀬岳の拠点があり、海正面は断崖で良好な防御地帯である。地籍も十分で、かつ第24師団が従来準備した洞窟も多く、軍需品も相当に残されていた。

知念半島後退案は、四周ほとんど断崖と海に囲まれて対戦車戦闘には有利であるが、洞窟陣地の数が少なく軍の残存兵力を収容するには僅少であり、まして現彼我の態勢上から軍主力を知念方面に撤退させることは極めて困難である。

もし第二（喜屋武）、あるいは第三（知念）の案をとった際、米軍が攻撃してこないような場合はどうなるか。米軍としては、首里当面の要線が

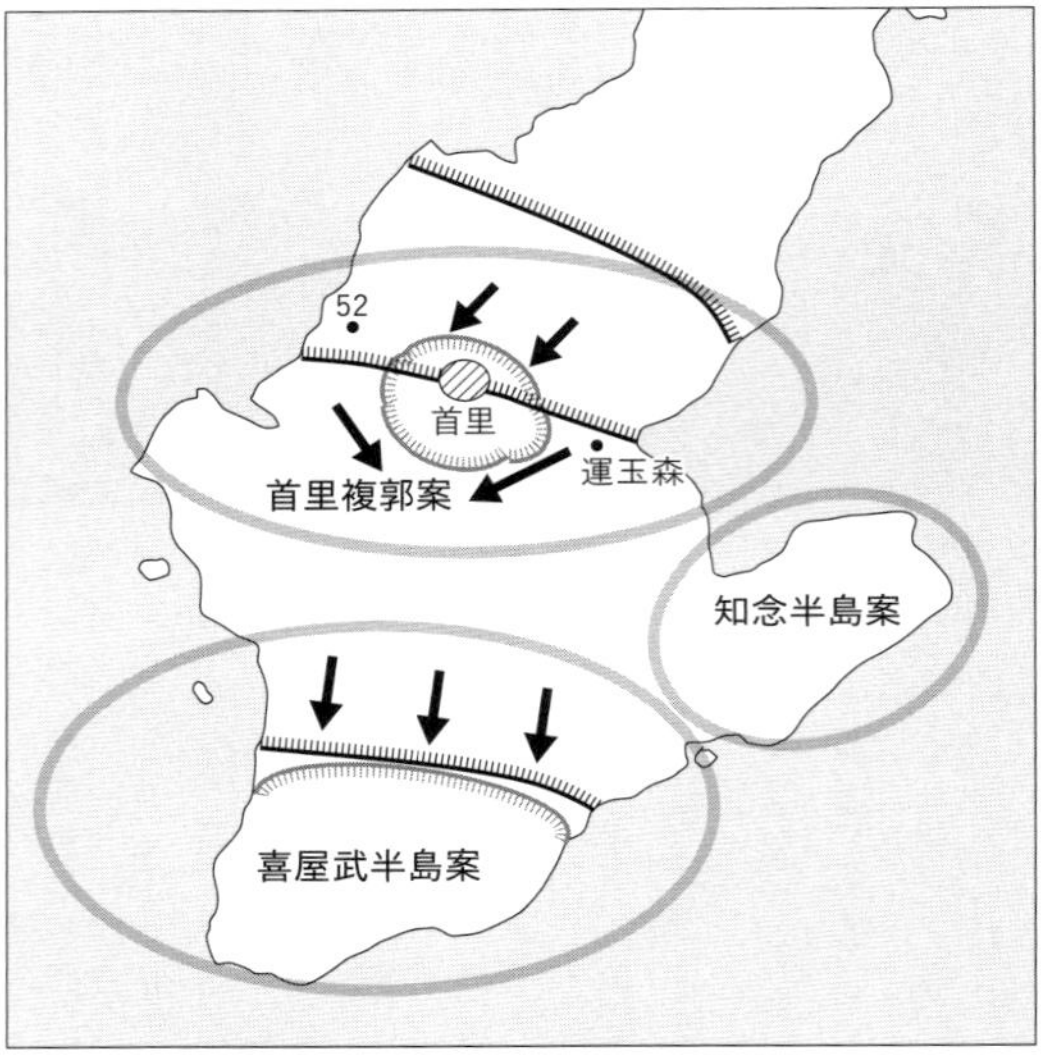

5月21日頃検討した行動方針要図（筆者作成）

手に入れば、沖縄全島を領有したのと同じであるから、敢えてさらに犠牲を払って攻撃前進する必要はないのではないか、という疑問が出てくる。しかし、沖縄南部の地形から判断して、米軍が首里東西の線に踏みとどまることはあり得ない。沖縄を日本本土攻撃の基地とするためには、沖縄南部を完全に掌握する必要があることは言をまたない。[*228]

　牛島軍司令官は、依然首里案が念頭にあるのか、なかなか態度が煮え切らないようにみえた。牛島軍司令官は、八原高級参謀を呼び、「軍爾後の作戦をいかに終末に導くかは、重大問題である。貴官はいかに考えるか」と問うた。八原高級参謀は上記、各案の利害を説明したのち、「首里案は、かねてから一応頭の中で描いていた案で、相当未練がありますが、後退案、特に第一案である喜屋武半島案も有力な一案と存じます」と答えた。将軍は「貴官が首里案がよいというのなら、それもよいが……」とつぶやいた。やはり責任ある軍司令官として最も重要である軍の最後をいかに導くか、容易に決せられないのだ。

　ここで八原高級参謀は、長参謀長に「今回の作戦案は、全軍の最後を定めるものでありますから、各兵団の参謀長を承知して、その意見を聞いたうえで決定したらいかがでしょう」と具申した。軍司令官は直ちにこの意見を採用した[229]。

5月21日夜、各師団参謀長ならびにこれに準ずる人々は、砲爆の間断を利用して参集した。参集者は、軍司令部：八原高級参謀以下参謀全員、第62師団：上野貞臣参謀長、北島之等之参謀、第24師団：木谷美雄参謀長、杉森貢参謀、混成旅団：京僧彬参謀、軍砲兵隊：砂野芳人高級部員、海軍根拠地隊：中尾静夫参謀、集合場所は軍司令官の居室に隣接した軍参謀の寝室にした。軍参謀長が出席されると忌憚のない意見が出ないので八原参謀が主催した。

第62師団の上野参謀長は、「今となっては、軍が後方に下がるという法はない。師団は軍の方針に従い、首里複郭陣地を準備した。これを捨てて後退するとしても、師団には輸送機関がない。数千の負傷者や集積軍需品を後送する術がない。師団ははじめから、首里で討ち死にと覚悟している。祖国のために散華した数千の戦友や、さらに同数の負傷者を見捨てて退却するのは情において誠に忍びない。われわれはここで玉砕したい」と、戦友の血をもって彩った戦場を去ることはできぬ、との言葉は座にいるすべてのものの心に響いた。第24師団の木谷参謀長は、優しい小さな声で、軍主力の喜屋武半島後退案に賛成した。独立混成第44旅団の京僧参謀は、知念案を支持し、砂野高級部員は、軍砲兵運用の見地から喜屋武陣地案に同意する。海軍は別に意見はない。各兵団、それぞれ自己の旧陣地に拠るよう主張し解散した[230]。

八原高級参謀は、参謀長が見えないので、軍司令官の方を盗み見すると、牛島将軍は薄暗い電灯の光で、書見していた。以下、八原『沖縄決戦』から牛島軍司令官が喜屋武案に同意したと思われる場面を引用する[231]。

私（八原高級参謀）は、司令官の存在を考慮に入れつつ、語を続け、「軍の最後の陣地は、喜屋武案でなければならぬ」と結んだ。その瞬間、司令官のあてどないような表情が、急に動いて嬉しそうな顔つきに一変した。将軍は黙しておられるが、心ひそかにこの案を希望しているな、と推断し私はしめた！と心に喜んだ。やがて居室に帰られた参謀長に、会同の事情を報告し、「第62師団の意見もあるが、これは人情論である。彼我一般の状況に鑑み、首里城を中心とする複郭陣地に移るのは至難である。本土決戦を少しでも有利ならしめるためには、あくまで抗戦を続けるべきである。ひと思いに死んでしまうといった野蛮人的感情論で、軍今後の作戦方針を決めるのは極力避けるべきである。この意味において、喜屋武半島後退案こそが最も現実的で、軍本来の作戦目的に適うものだと思います」と今度は断固たる態度で意見を申し上げた。参謀長もすでに十分考慮されていたらしく、素直に私の意見に同意された。

●喜屋武半島へ後退決定

軍は、22日1800の戦況を「19日以来敵後続兵団の戦線投入は逐日其の戦力を増加し、昨日来敵の攻撃は再び本格化し朝来全線激戦中にして我が部隊は首里東西陣地の戦を保持し懸命の努力をなしあるも今や新たに投入し得る戦力なく敵の浸透を余儀なくせられつつあり……」と報告した。

5月22日夕刻牛島軍司令官は、喜屋武半島への後退案を決心し、第一線の後退は5月29日頃と予定し、傷者及び軍需品の後送を直ちに開始するよう命令した。軍司令部からは22日夜管理部長（軍高級副官葛野隆一中佐）の指揮する軍司令部各部の将校以下約25名が摩文仁（八重瀬岳南4キロ）に先遣された。[232]

5月23日朝、第62師団長から軍参謀長宛に、「軍の一高級参謀が、各兵団の参謀長をみだりに招致して軍の重大な作戦を論議し、しかも我が師団の希望に反する案を押し付けるがごときは専断も甚だしく、生意気である。一体昨夜の会議は、軍司令官、参謀長の許可を得て実施したものか承知したい」との旨の書簡が届いた。『沖縄決戦』には八原高級参謀は、「藤岡将軍は何か勘違いをされている。前夜の会議は、軍司令官の許可を得て開いたのはもちろんである。しかも各兵団への親切心から特に開催したものである」と記してある。[233]

しかし、この決断は、本来、県知事や各師団長を招致して作戦の必要性のみではなく、作戦実行の可能性の他、行政面、特に住民対処等、国土防衛戦の特性を踏まえ、国軍としての大局的な観点から軍司令官主催の作戦会議を行うべき重大事項であった。

●喜屋武半島新防御計画

5月22日未明、雨乞森付近の陣地は、雨中を冒して接近してきた米軍に奇襲突入されて奪取されてしまった。今や首里防衛戦は与那原正面を突破されて、東翼から米軍に包囲される態勢に陥ってしまったのである。同方面防衛の船舶工兵第23連隊は所在部隊をもって反撃を加えたが撃退できなかった。雨乞森西側稜線にあった野戦重砲兵第23連隊第2大隊の観測所は、米軍が観測所に迫ったため、砲列に対し観測所を目標として射撃することを命じ、その掩護下に高平に後退する状況であった。*234

5月22日に策定された軍の新防御計画の概要は次の通りである。

1　方針：軍は残存兵力をもって、八重瀬岳、与座岳、国吉、真栄里の線以南、喜屋武半島地区を占領し、努めて多くの敵兵力を牽制抑留するとともに、出血を強要し、もって国軍全般作戦に最後の寄与をする。陸正面においては、八重瀬、与座の両高地を拠点とする主陣地帯に全力を投入して抗戦することを主義とする。

2　部署の概要

(1) 第24師団：与座岳〜国吉〜真栄里〜名城の線を占領

(2) 独立混成第44旅団：主力を以て玻名城〜八重瀬岳の線を占領し、一部をもって海正面を警戒

(3) 第62師団：名城から摩文仁に至る海正面を占領、随時独立混成第44旅団、第24師団正面に進出しうるように準備

(4) 警戒陣地線：具志頭〜富盛〜瀬名城〜西原屋取〜糸満の線

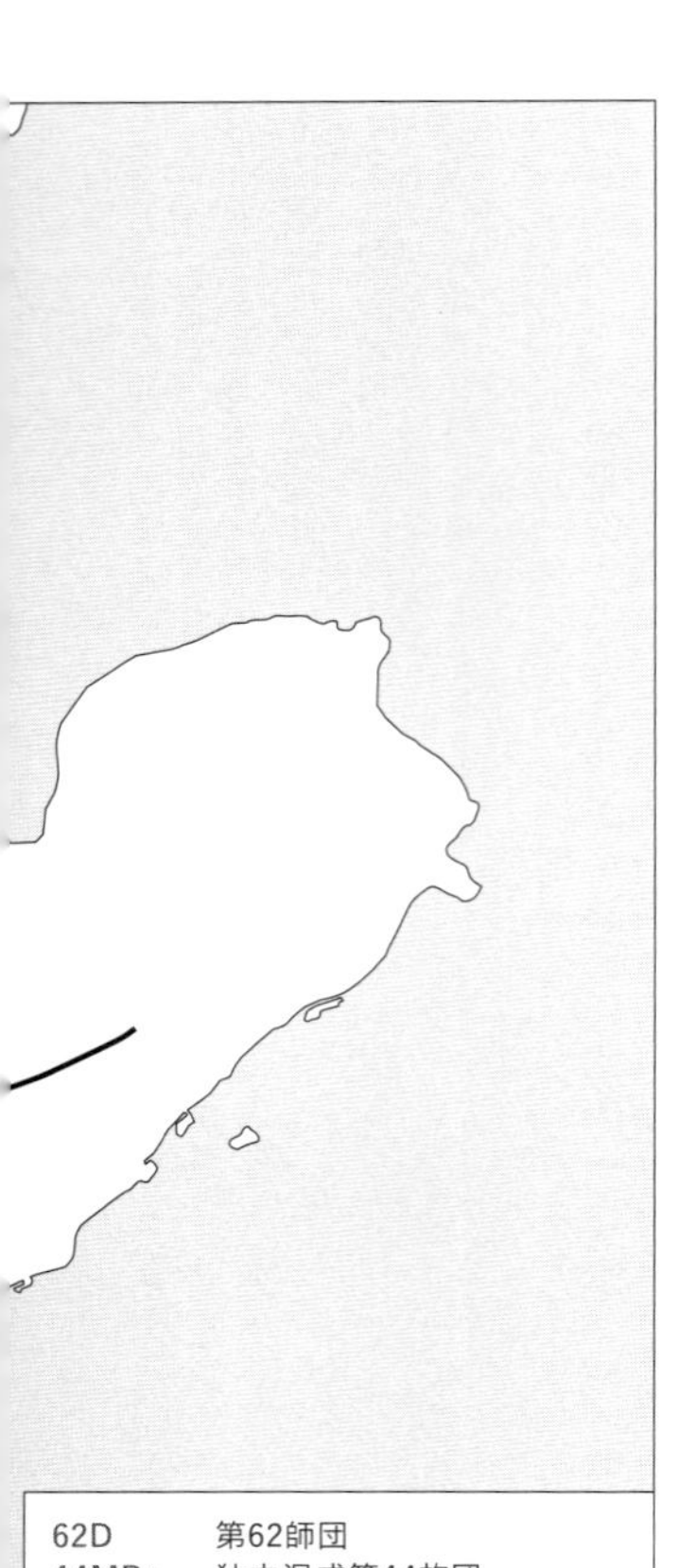

(5) 軍砲兵隊：米須(こめす)、真壁、真栄平(まえひら)地区に陣地占領
(6) 海軍部隊：第32軍占領地域中央付近と予定

●後退作戦指導要領

５月22日策定された島尻南部の新配備につくまでの後退作戦指導要領の概要は次の通りである。[*235]

１　方針：第32軍は企図を秘匿しつつ現戦線を離脱し、一挙に喜屋武半島陣地に後退する主義とするが、有力な一部を各要線に残置して地域的抵抗を行う。

２　部署の概要

(1) 第62師団

ア　５月25日夜首里を出発し、津嘉山東南地区に移動して、与那原方面から突進する敵を攻撃

イ　やむを得ない場合においても、敵の突進を現在線以北に阻止し、軍主力の後退を掩護

(2) 第24師団

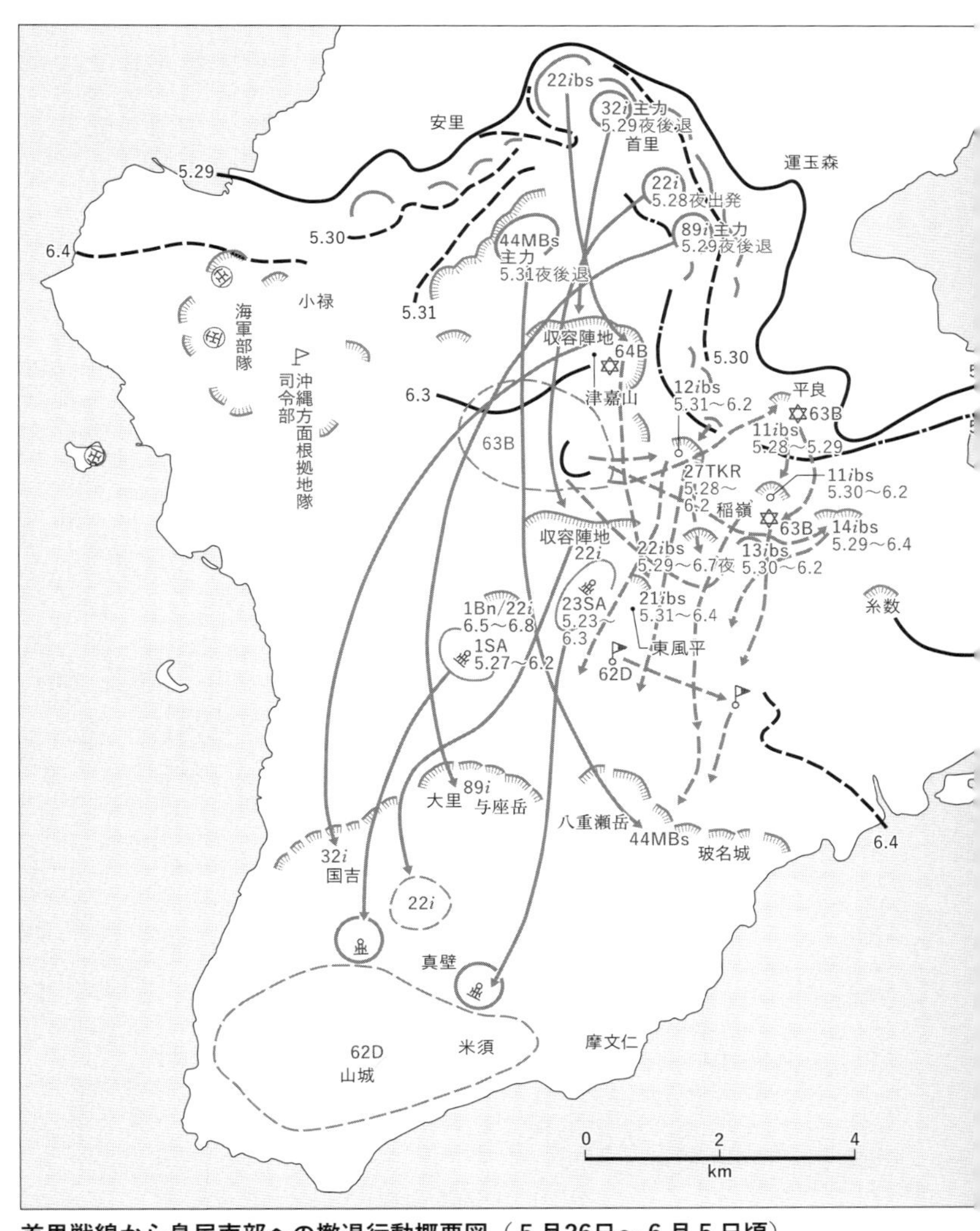

首里戦線から島尻南部への撤退行動概要図（５月26日～６月５日頃）
出典：防衛庁防衛研修所戦史室『戦史叢書　沖縄方面陸軍作戦』（朝雲新聞社、1973年）付図

ア　5月29日夜、主力をもって現在線を徹し、新陣地に後退する。
イ　各々有力な一部を次の要線に残置し、逐次敵の前進を遅滞させながら後退する。
現陣地線――5月31日夜撤退
喜屋武～津嘉山～国場川の線――6月2日夜撤退
饒波川（のはがわ）の線――6月4日夜撤退
(3)　独立混成第44旅団
5月31日夜、一挙に現陣地を徹して新陣地に後退
(4)　軍砲兵隊
ア　現任務を続行し、特に与那原方面に対する反撃に協同
イ　全砲兵の撤退は、30日払暁までに完了
(5)　海軍根拠地隊
ア　現陣地の外有力な一部で長堂西方高地を占領して軍主力の後退を掩護
イ　撤退時期は別命

8　第32軍司令部津嘉山に開設（5月29日）

(1)　**米第10軍の情報見積**

当時、米第10軍高級幕僚は、日本軍は最後まで首里において頑強に戦闘するだろう、と判断していた。各人は、戦闘は首里正面において非常に長引き、明らかに日本軍防御部隊は最後の一人が死ぬまで続くであろう、という意見を持っていた。5月19日、第10軍の幕僚会議において、情報部長ルイス・B・イーリ

ー大佐は、日本軍は首里において最後まで戦う様子であると報告した。5月22日夕刻、別の幕僚会議において同大佐は、第7師団の運玉森（コニカル）東方通過に際し、強力な抵抗がないことに注意して、このことは「日本軍は首里に立てこもる」という見方を示しているものであると述べた。同時に、バックナー中将は「本官は、日本軍第1線部隊全部が首里陣地に止まるものと考える。日本軍が後方へ撤退するとは思われない」と述べた。[*236]

この時の米軍は雨のために攻撃を停止せざるを得ない状況にあった。ほとんど絶え間ない土砂降りの雨のため、大名谷は泥と水で充満して、洪水のような観を呈していた。戦車はぬかるみに埋没して救うべくもなかったし、水陸両用牽引車も沼地では切り抜けることもできず、これら車両に依存して悪天候下に補給品を前線へ輸送していた諸部隊も、補給品と負傷者を手搬送するほかなかった。前線諸部隊の生活状況は、筆舌に尽くしがたいほど悪いもので、粘土斜面に掘った各個掩体は、絶え間ない浸水のため壕内は繰り返し水を汲みださねばならなかった。被服と装具と人体は、数日間も濡れたうえに、日本兵の死体が掩体外に横たわって腐乱して蠅が覆っていたという状態で、衛生状態は乱れ、兵士はしばしば空腹を訴え、睡眠もほとんど不可能であった。海兵隊の大名高地に対する攻撃は間もなく停止するようになった。[*237]

こうした状況下にあっては、攻撃も全くできない。兵員はただ生存することだけで、他に何もできるものではなかった。これはどこの正面も同様だった。攻撃行動をとらない時間全部は、生存の根本問題解決に費やされたのである。5月下旬の激しい戦闘は、すでに疲労困憊した兵士にとっては不可能なことであって、部隊は単にその場所に止まるのが精一杯であり、前線は各所において泥土に足を取られた形となった。[*238]

(2) 撤退までの戦い

●5月23日の戦況

与那原方面に進入した米軍は5月23日、雨乞森高地沿いに南下し、同日夕刻には大里（与那原南1キロ）西側高地付近に進出してきた。同方面守備の船舶工兵第23連隊は23日払暁主力を以て雨乞森の奪回攻撃を実施したが、死傷者多く米軍を撃退できなかった。

与那原から西進を企図する米軍は23日、与那覇（与那原西５００メートル）付近に進出してきたが、所在部隊（歩兵第89連隊、海軍勝田大隊、独立歩兵第27大隊）は奮戦して西進を阻止した。運玉森は接戦をしながらもかろうじて保持していた。

西方那覇方面においては、23日午後有力な米軍が安里付近で安里川を渡河南進してきた。特設第6連隊基幹は壺屋町付近を保持して阻止に努めた。

首里北側の大名、石嶺、弁ヶ岳正面における米軍の攻撃は、昨22日以来一般に低調であった。弁ヶ岳東方高地の米軍に対し、23日夜第24師団の一部が強力な反撃を加え、米軍を撃退して陣地の一部を奪回した。

第32軍は23日１８００の戦況を、「……明24日天候回復せは再ひ全線猛攻を予想せられ軍は最後の勇を奮ひ菊水7号及義号作戦の成果を刮目しつつ尚首里東西の線にて之が破砕を企図しあり」と、まだ健在していることを報告した。[239]

5月の下旬の10日間の雨量は平均毎日3㎝に達し、5月26日の大豪雨は合計9㎝もあった。第24軍団長ホッジ少将は、のちに沖縄作戦中、この期間ほど、同将軍を悩ましたことはほかになかったと述べている。[240]

●5月24日の戦況

東岸与那原方面及び西岸那覇方面は米軍の攻撃が続けられたが、中央正面の米軍は活発でなかった。また東岸、雨乞森南方約８００ｍの大里東方に進出した米軍に対し、船舶工兵第23連隊が再び24日払暁反撃を行ったが成功しなかった。西方においては、有力な米軍が那覇市に進入し、那覇市東側台地に陣地を占領する特設第6連隊（平賀部隊）と相対し、松川西方地区においては来攻した米軍に多大の損害を与えて撃退した。

牛島軍司令官は、第24師団が与那原方面の米軍を撃退できないのを見て、海軍陸戦隊の一部（津嘉山警備隊）、軍砲兵隊編成の歩兵部隊（約1個大隊）、電信第36連隊の1個中隊、末吉方面の戦闘に従事している第2歩兵隊第3大隊（尾崎大隊約１００名）などを第24師団に増加した。また、知念半島の重砲兵第7連隊及び船舶工兵第23連隊を第24師団長の指揮下に入れ、与那原正面の米軍を撃退するように督励した。[*241]

東部の与那原方面においては、西進を企図する米軍に対し、所在部隊（海軍勝田大隊、特設第3連隊、第2歩兵隊第3大隊）が勇戦して与那覇付近で阻止した。与那原正面を突破した米軍は、引き続き突破口の拡大を図り、所在部隊の必死の防戦もその甲斐なく25日には運玉森頂上、大里城址一帯は奪取され、米軍の先頭は平良、島袋付近に達し、さらに津嘉山方向への包囲が危ぶまれた。

西部の那覇正面においては、米軍は壺屋町付近の陣地（平賀部隊）を攻撃してきたが、多大の損害を与えて撃退した。首里西側の松川正面にも戦車をともなう米軍が来攻したが、独立混成第15連隊第3大隊、第62師団輜重隊などが善戦して撃退した。

中央部戦線においては接戦が続いたが大きな変化はなかった。

5月25日、牛島軍司令官は、第62師団主力（約３０００名）を首里地区に転用し、悪天候泥濘のため米軍の戦車、空軍、艦砲の活動困難、物量補給の不十分に乗じて与那原方面に攻勢を採り、なるべく長く首里戦線を保持することを決定した。軍司令官は、第62師団長に独立歩兵第２７２大隊、同２７３大隊、戦車27連隊、特設第3、第4連隊などを配属して後退掩護のための攻撃を命じ、第24師団長に独立歩兵第22大隊を配属して首里正面第62師団の守備地域の防衛を担任させた。[*242]

第62師団は軍命令に基づき、25日夜、まず歩兵第64旅団を主力を津嘉山東側高地に先遣して喜屋武〜宮原の線を確保させ、師団主力は26日夜、現戦線を徹して津嘉山南方地区に転進し攻撃実施できるよう攻撃個中隊以下といえる程度であった。[*243]しかし、現状において各部隊の戦力は極度に低下しており、連隊及び大隊の戦力は実力1

部署を定めた。

●航空作戦と「義」号作戦

航空部隊は5月11日まで、第6次までの総攻撃を行った。しかしながら5月に入ると、米軍の迎撃態勢が整い、陸海軍特攻機は途中で撃墜されるものが多くなり、次第に米艦船への突入が困難になった。空挺部隊をもって沖縄の飛行場を一時制圧し、その機に乗じて航空総攻撃を敢行するため奥山大尉の指揮する「義烈空挺隊」120名は、5月24日夜、爆撃機12機に分乗して健軍飛行場を発進し、北、中飛行場に強行着陸して奮戦した。米軍資料では、北飛行場に5機が進入し、4機は撃墜したが、1機が強行着陸して飛行機33機が破壊され、燃料集積所2か所が炎上したとある。この義烈空挺隊による沖縄北、中飛行場強行着陸という壮挙は、残念ながら南部地上戦線にはその影響らしいものは与えなかった。

航空部隊は、25日（第7次）、27~28日（第8次）と総攻撃を行った。

●第32軍、新たな主陣地帯構成を大本営に報告（5月26日）

軍は5月26日に至り、第32軍の戦力が極めて低下し、現戦線の保持困難となったため、島尻南部の玻名城、八重瀬岳、与座岳各北端、国吉の線及び海岸要点に新たに主陣地帯を構成する旨を大本営、その他に報告、通報した。[*244]これへの返信の記録はみあたらない。

5月26日、与那原方面においては豪雨の中で激戦が続いた。米軍は与那覇地区から西方及び南西方の87高地（津嘉山東2キロ）方面に猛攻してきた。所在部隊は善戦して米軍に多大の損害を与えて撃退した。雨乞森南方地区の米軍は逐次南方に浸透しており、松川、末吉、大名、石嶺、弁ヶ岳の中央戦線では戦闘があったが、現陣地線は保持されていた。

●日本本土進攻作戦を米大統領認可

5月25日、統合参謀本部立案の日本本土進攻準備に関する太平洋各指揮官に対する指令が承認された。マッカーサー将軍は、5月28日、対日進攻作戦計画概案を示した。それによれば、南九州進攻作戦（オリンピック）を昭和20年11月1日、関東進攻作戦（コロネット）を昭和21年3月1日に開始する。両作戦は、日本列島内で組織的抵抗が終了するまで続行され、かつ、その規模を逐次拡大する。[*245]

米統合参謀本部としては、すでに沖縄戦については終わったものとして、日本本土進攻作戦を計画したのである。すでに大局的、地勢的には沖縄は米軍の手中に陥（おち）ったも同然であったのである。

●米第10軍が察知した第32軍南下の兆候

これより以前に米軍は、日本軍戦線背後に宣伝ビラを散布して、〝沖縄住民は白衣を着て、銃撃と爆撃を避ける識別とするよう〟注意した。5月24、25日の両日、第10軍は空中偵察によって人間の南進が続いているのを知っていたが、その移動者は住民であると考えていた。しかし、この見方について疑問が持たれたのは、5月26日であった。その日の午後、珍しく空が晴れ渡ったので、空中偵察において前線から島の南端へ延びる縦列を発見した。小禄半島と那覇―与那原渓谷から南の本島中部との間に、約２０００名の兵隊が移動中であると推定された。１８００には、３０００〜４０００名が首里の真南を行軍しつつあるのが見られ、また約１００両のトラックが八重瀬岳前面の道路上にあった。正午には、２両の戦車が砲を引いているのが発見され、さらに、１時間後には1両の牽引車が別の砲を引いているのが発見された。

そしてその午後、さらに7両の戦車が南と西南に移動中であるのが見られた。パイロットは、移動する縦列を銃撃して、曳光弾が人間の移動の流れを直撃したとき、若干の兵隊が爆発したように思われた。これはおそらく日本兵が梱包爆薬を担いでいた証拠である。偵察機の誘導のもとに、火砲と艦砲は移動交通の集中箇所を直撃して効果を上げた。津嘉山の南の諸村においては、艦砲射撃だけでも５００名の日本兵を殺傷し、砲1門と戦車5両を破砕したと見られた。[*246]

5月26日の空中偵察による日本軍移動の報告があったのち、バックナー中将は、5月27日に「両軍団は直ちに協力して呵責なき圧迫を開始して、公算多き敵意図を確認し、かつ常に敵軍の均衡を破って、新陣地に安全に定着させてはならない」と指令した。この命令は、警告的なものであり、また米第10軍司令部としては、当時日本軍が首里から撤退しているという点について疑問をもっていなかった。[*247]

5月26日午後、スプルーアンス提督を引き継いだハルゼー提督はバックナー中将と相談するために陸上に出向いた。提督が取り上げた問題の一つは、多くの早期警戒レーダー局を建設する陸軍の仕事についてであった。この建設の遅れが海軍の損失の原因になっており、またスプルーアンス提督が不平を述べていたものだと、バックナー中将はこの時初めて知らされたのであった。バックナー中将は直ちに状況を改善すると約束した。[*248]これはのちの6月25日、久米島攻略で具現される。

●第32軍司令部、津嘉山に戦闘司令部を開設(5月27日)

5月27日、与那原方面においては米軍の攻撃も緩やかで戦線に変化はなかった。那覇正面においては、那覇市方面に米軍の増加がみられたが活発な攻撃行動がなく、また、首里北方の中央部の戦線も現状維持という状況であった。

第62師団主力の与那原方向への攻撃行動は、雨天悪路のため兵力転用も意のようにならず、そのうえ兵器、弾薬、糧食を僅少な自隊兵力で運搬しなければならないので、活発な行動は不可能な状況であった。[*249]

軍司令官は5月27日首里から津嘉山に移動して戦闘司令部を開設し、その他大部は直路摩文仁に向かった。薄暮頃から第1ないし第5梯団に区分された司令部将兵は、梯団順序に次々と首里洞窟を後にした。第1ないし第3梯団は、直路摩文仁へ、直接戦闘指揮に必要な人員からなる第4、第5梯団は、まず津嘉山に向かった。第4梯団は軍司令官、高級参謀その他約50名、第5梯団は参謀長、長野参謀ら同じく約50名である。……「第4梯団は第5坑道に集合」の声に、牛島軍司令官は地下足袋、巻脚絆の軽装で、扇子片手に自室を出た。……そして一切の書類は後始末された。[*250]

撤退作戦で牛島軍司令官が最も注意した事項は二つであった。第一は、後退する各兵団の行動を的確に規制して、戦線に破綻を生ぜしめないことであり、第二は、持久抵抗に力を入れすぎて、新陣地への後退が遅れ、防御準備が疎（おろそ）かにならぬようにすることであった。[*251]

撤退中、軍司令部として警戒を怠らなかったことがもう一つあった。それは沖縄南岸地域に、新たに敵が上陸することであった。もちろん喜屋武陣地を決定するに際し、南岸地域一帯は数十メートルの断崖が連接しているので、敵の上陸は困難であると判断していた。しかし上陸は不可能ではなく、もし、軍主力が新陣地を占領する以前に、背後に上陸されれば、万事休すである。独立混成第44旅団長鈴木少将が、八重瀬岳、具志頭の線を占領する時間の余裕を得るために、再三再四第62師団の持久抵抗を強化せよとの意見具申があったにかかわらず、これを採用しなかったのは、この背面の脅威に対応するためであった。[*252]

第32軍の南部後退は、折からの豪雨によって秘匿されたが、もし気象条件が回復し、航空偵察等により明らかになった場合には急追を受け、直ちに瓦解する危険をはらんでいたのである。

●5月28日の戦況

5月28日は快晴となった。那覇方面においては、米軍の活動はやや活発となり、その一部が那覇南側の奥武山公園方面に進出してきたが撃退した。松川高地は配備の弱点を突かれて28日に占領された。一方、首里北側の大名高地は早朝から来攻した米軍と激戦を交え、一時110高地を占領されたが、守備部隊（独立歩兵第22大隊第2、第5中隊など）は米軍を撃退して陣地を保持した。

石嶺、弁ヶ岳正面は米軍と接戦しながらも陣地を保持した。

東正面においては、運玉森の一角を保持し、宮城、与那覇西側の線及び与那覇南西方の宮平、87高地、仲間（与那原南西3キロ）の線を確保して米軍の西進を阻止した。雨乞森南方においては、米軍が船舶工兵第23連隊、重砲兵第7連隊を圧迫して逐次南下していた。

軍司令部が移動中であったためか、喜屋武半島における新たな防御の態勢を報告した26日の軍電報が大本営に到着しなかったようで、28日の大本営陸軍部の戦況手簿は、「海軍情報を総合するに本日における彼我の戦線は大里、宮城、石嶺、大名、那覇東端にあるが如し……」とある。[253] 大本営はまだ第32軍の喜屋武半島への後退を承知していなかったと思われる。

●海軍との齟齬による錯誤

軍の島尻南部への退却計画においては、小禄海軍部隊の撤退は、6月2日以降と予定し、軍から命令することとなっていた。ところが海軍部隊は命令（電報）を誤解し、5月26日から南部への移動を開始し、26日沖縄方面根拠地隊司令部も真栄平（与座岳南2キロ）に移転した。この際、携行困難な重火器類の大部は破壊された。

軍司令部はこの状況を28日に知って驚くとともに如何にすべきか苦慮した。海軍の小禄地区撤退は、軍が後命することになっていた。小禄地区に海軍が健在することは、軍全体の撤退作戦に重要なことであった。海軍のかかる行動は軍命令の誤解に基づくものと推断され、軍としてこれを黙過するか、あるいは復帰を厳命するか、至急態度を決定しなければならなかった。[254]

混乱も予想されたが、28日海軍部隊主力の小禄地区再復帰の軍命令が出された。沖縄方面根拠地隊司令官大田少将は、軍命令を受けて根拠地隊が命令を誤解していたことを知り、海軍の名誉に関する事でもあり、28日夜直ちに大田司令官以下主力は小禄の旧陣地に復帰した。[255]

●第24師団の撤退

軍の撤退命令を受けた第24師団長は、28日、師団の撤退命令を下達した。その指導要領は、「師団は、国場川南側高地及び饒波川の線に収容陣地（筆者：退却部隊を掩護する陣地）を設け、軍全体の退却掩護に任じつつ島尻南部に後退する。第一線部隊は、一部の兵力を５月31日夜まで概ね現戦線に残置し、主力は29日夜撤退を開始する」というものであった。[*256]

●先島集団、第10方面軍直轄へ

第10方面軍司令官は、第32軍の南部撤退の報告を受け（５月26日）また、通信状況の不良などを考慮し、５月28日先島集団（第28師団長指揮下部隊）を５月30日零時を期して第32軍司令官の指揮下を脱して軍直轄とした。先島集団を宮古周辺地区部隊（長第28師団長納見敏郎中将）と石垣周辺地区部隊（長独立混成第45旅団長宮崎武之少将）に区分して軍直轄とした。[*257]

●米第10軍の状況判断

５月28日、第10軍情報部は、幕僚会議において「日本軍は首里北側の戦線を固守することが最良の方策であると考えているように見える。それで我が方は漸次首里陣地を包囲することがよいのではなかろうか」と述べた。この会議の席上、バックナー中将は、左翼の第７師団に対する日本軍の反撃を心配して、「アーノルド将軍は反撃に対して、いかに準備しているか」と質問するほどであった。

ところが同日、海兵隊斥候は、首里の西の日本軍陣地から最近敵が撤退しているという証拠を発見した。５月29日は天候が悪く空中偵察は行われなかった。翌日29日、バックナー中将は、「日本軍は南へ引き揚げようとしているらしいが、事態はもうすでに遅い」と語った。30日は敵戦線背後に何の動きもなかった。[*258]

９　第32軍の新たな防御地域への撤退と米第10軍の状況判断（５月29日頃〜）

⑴　米第10軍首里占領

●第62師団の反撃

第62師団主力（歩兵第63旅団基幹）は、26日夜津嘉山付近に転進し、次いで28～29日頃から高平、稲福付近に進出して大里方向に向かって反撃するに努めた。しかしながら第62師団の戦力は既に極度に低下して、統制ある攻撃を行う余力なく、敵に大きな打撃を与えるには至らなかったが、残置部隊としてよくその前進を阻止して軍主力の後退を掩護した。

5月28日、軍司令官は、全般の状況、特に第62師団の攻撃が意のように進まないので、予定通り29日夜を期して喜屋武半島に後退することを下令した。[*259]

5月29日夜、第24師団主力は転進を開始し、第32軍司令部も同夜津嘉山を出発して30日朝までに摩文仁南側89高地の自然洞窟に移転した。この間の米軍の攻撃は緩慢で、諸隊の行動は比較的整然と行われた。

那覇方面においては、払暁から牧志町及び35高地地区で激戦が展開された。35高地付近は確保したが、牧志町方面においては壺屋町付近まで米軍が進出してきた。

29日午前、米軍の一部は首里西側から配備の間隙を縫うようにして首里城址の一角にとりついた。この付近は26日までは第62師団の防衛担任であったが、その後同方面の守備兵力は抽出され、わずかに特設警備第２２３中隊が防衛にあたっているだけであった。

中央部の大名（首里北側）―平良―石嶺―弁ヶ岳―大名（首里南東）の線は戦況に大きな変化なく陣地を保持した。

東方の与那覇及びその南西方地区は米軍の猛攻を受けたが、宮平東側高地―87高地地区―仲間の陣地線を確保した。雨乞森の高地沿いに南下した米軍は29日眞境名（与那覇南２・５キロ）付近に進出してきた。

輜重兵第24連隊は、連隊長中村卯之助大佐の周到適切な処置により、今なお80両の貨物自動車を保有し、しかも完全にその任務を尽くしていた。軍の撤退作戦が成功したのも、この連隊の現存に負うところが極めて大であった。

八原高級参謀の見積もりでは、軍は、喜屋武陣地に全軍の1カ月分の糧秣を準備しており、これに各部隊、各個人が携行したものを加算すれば、さらに余裕を生ずる見込みである。もし給与量を半減すれば、2カ月は持久できるはずである。弾薬はすでにその大部を消耗したが、兵器の損耗もまた甚大なので、一銃一門あたりに考察すれば、歩兵弾薬は0・3会戦分、砲兵弾薬は0・2会戦分を保有しあるものと推算した。[*260]

後方整理に当たって最も苦慮したのは、傷者の処置であった。……5月末、首里、津嘉山付近はもちろん全戦線にあった負傷者の総数は1万に達したと思われる。多少でも歩行し得るものはよい、そうでない重傷者をいかにして新陣地に後送するかは重大問題であった。本問題に関する軍参謀長の指示は、「各々日本軍人として辱しからざる如く善処すべし」であったと八原高級参謀は記憶するという。事実、大多数の傷者は、平素教えられた如く――軍参謀長の指示をまつまでもなく、「天皇陛下万歳」と三唱し、手榴弾、急造爆雷、あるいは青酸カリのごとき薬品をもって自決したという。また、軍医が、そっと薬品注射を行い、自決を補助した部隊も少なくなかったといわれる。[*261]

●第32軍司令部摩文仁へ

5月29日夜、牛島軍司令官は、第24師団司令部が津嘉山に到着し、師団の後方処理などは順調に進行中と報告を受け、また第62師団の攻勢は絶望であるが津嘉山から高平（与那原南南西3キロ）北方地区に一連の戦線を構成しつつあることを知った。また、摩文仁に先遣された木村参謀及び三宅参謀から「摩文仁の洞窟は軍の戦闘指令所としての機能を発揮せず」との電報が到着したが、軍司令部は予定の通り津嘉山を発して摩文仁に向かうこととした。軍司令官以下は、2100、兵器廠の自動車2両によって出発の予定であったが、自動車の到着が遅れ、出発したのは30日零時過ぎであった。そして無灯火で四周に砲弾の落下する中を南下した。津嘉山―友寄（ともよせ）―東風平―志多伯（したはく）―大里―真壁―米須道を進み、米須から徒歩（軍司令官以下歩きたいと希望）で摩文仁89高地に夜明け前無事到着した。途中、数回砲撃を受け危険な場面もあったが、摩文仁付近は艦砲射撃もなく戦場とは思えないほど平静であった。[*262]
新司令部は断崖の海に面した自然洞窟であったため、壕内は狭隘であったものの涼風が吹き抜けていた。

(2) 米第10軍の状況判断

●米第10軍、首里占領

5月29日0730、第5海兵連隊第1大隊は、首里高地に向かい前進を開始した。この首里高地は、前日斥候が敵戦線の弱化した兆候があると報告したところで、同高地は容易に占領された。首里城は、首里の南端に横たわる高地上に在り、ただそこまで歩いていけば奪取可能のようであった。大隊長は直ちに、軍団境界を越えて首里城にはいる許可を連隊長に求めた。要求は承認された。午前中、第5海兵連隊A中隊は、沖縄において長い間日本軍の象徴とされていたこの地点に向かい前進し、1015、首里城はA中隊が占領した。同海兵隊は、日本軍の首里撤退の途中、独立混成第44旅団の独立混成第15連隊第3大隊の後退によって生じた掩護部隊間の間隙を通って首里に入ったものであった。

それ以外の首里周辺では、どこでも日本軍は依然として前線のそれぞれの掩護陣地を固守していた。しかし、首里城の占領は、首里高地の占領を終了したことを意味しなかった。[*263]

第5海兵連隊A中隊は、中隊長ドウゼンブリ大尉が率いていた。A中隊は、城門に掲げる米国旗を持ち合わせていなかった。しかし、大尉は、サウス・カロライナ州のフローレンスの生まれで、鉄兜の中に南北戦争のときに使った、南部連邦の旗をしまっていた。大尉は代用にこの連邦旗を掲げた。首里城に初めて翻った旗は、米第10軍のバックナー中将の旗ではなく、南北戦争当時のリー司令官の旗であった。[*264]

●5月30日の戦況

5月30日、再び降り出した雨の中で米軍は全戦線にわたって活発な攻撃をしてきた。東方の与那覇方面の米軍は首里南側を包囲するように西方に向かって猛攻してきた。夕刻には宮平東側高地は米軍に占領され、部隊は宮平北側高地、兼城（かねぐすく）87高地と、仲間の線を保持して米軍の進出を阻止した。雨乞森南方地区の米軍は活発ではないが浸透を続けていた。

弁ヶ岳、石嶺高地、大名高地方面も30日攻撃を受け、残置部隊は奮戦したが、米軍は逐次浸透してきた。独立歩兵第22大隊長は、首里城址に進入した米軍を撃攘するため、第2中隊長に第2、第5中隊、機関銃中隊を合わせ指揮させて首里城址の米軍攻撃を命じ、31日5時頃首里城址の一角を確保して部隊の撤退行動を容易にした。

那覇方面においては、30日、強力な米軍の攻撃を受け35高地は馬乗り攻撃を受けるに至ったが、与儀周辺の高地、松川南側の高地を保持して米軍の進出を阻止した。

●米第10軍、初めて第32軍の撤退を確認

日本軍の移動が何を意味するかについて、米軍首脳は、5月30日、ようやく結論を得た。第10軍情報部は、第3海兵師団と第24軍団の情報部と会合した後、5月30日夕刻の幕僚会議において次のように報告した。「敵は一つの外郭をもって首里戦線を固守しているが、部隊の主力は別のところにいる。そして『首里ポケット』と称せられることになりそうな地域に約5000名の敵兵がいることと思われる。しかし、日本軍の主力がどこに居るのかは不明である」と述べた。[*265]

こうして、首里前線主要陣地のいくつかが、米軍に奪取されて、日本軍はこれ以上後衛活動を有効に行うことが出来ないということが明らかになった。そこで初めて米軍は日本軍が首里から撤収したとの確信を持ったのであった。[*266] しかしその主力がどこなのかはわかっていなかった。

南部沖縄における米軍の勝利は、いまだ高地や岩礁山地の小面積に限られていた。これでは4月1日奪

取された読谷、嘉手納飛行場以外には日本本土諸島攻撃に何ら重要価値を持つものではなかった。この両飛行場と伊江島の広大な平地、及び航空基地開発に適する中部沖縄の若干の沿岸地帯には、すでに陸海軍の建設諸大隊が押しかけて作業をなし、沖縄島を日本本土に対する最後の空襲を展開するための巨大な不沈の空母とする任務に携わっていた。しかし、これはただその途に過ぎず、大部分の大目的物、すなわち那覇港、中城湾の大碇泊地、与那原、首里、那覇飛行場及び南部沖縄の沿岸平地は、米軍が攻略を企図して以来久しく、未だ、その期待は達成されなかった。[*267] つまり米第10軍は八原高級参謀が考えたように、撤退した第32軍を撃破するため、沖縄島の南端まで攻撃を続けなければいけなかったのである。

●5月31日の戦況

5月31日、津嘉山東方地区は引続き猛攻を受け、兼城北側高地、喜屋武東側87高地、高平北側高地は米軍に占領された。同日、首里はほとんど米軍に制せられ、津嘉山北側高地に収容陣地を占領した歩兵第32連隊は首里南東方地区に進出してきた米軍と交戦するに至った。

第24師団の第一線残置部隊は、31日各方面から浸透した米軍の包囲を受け苦戦したが、31日夜米軍の間隙を縫って撤退した。

与那覇方面においては与儀地区、松川南側高地は戦車を伴う強力な米軍の攻撃を受け、同日夕刻には与儀南東57高地南北の線、繁多川西側の線に進入された。鈴木独立混成第44旅団長は、島尻南部の陣地占領を考慮し、29日夜、一部部隊を新城(あらぐすく)（首里南南東8キロ）付近に撤退させて旅団の陣地占領を掩護する陣地を占領させて、また同夜旅団工兵隊も具志頭（新城南2キロ）地区に後退させて陣地及び対戦車障害の構築を命じた。旅団長は6月1日摩文仁の北東約2キロの108・7高地に到着し、旅団主力は6月2日南部に撤退した。旅団砲兵隊は6月3日頃迄平良付近で撤退掩護に任じた後島尻陣地内部に後退した。[*268]

●第32軍撤退をめぐる米第10軍の状況判断

５月31日夕に開かれた幕僚会議においては、「敵は、西は那覇港と小禄半島から東方は与那原の南の馬天港に至る高地を次の戦線となすであろう」ということが提言された。しかし、この会議の席上、バックナー中将は「牛島将軍は既に首里撤退の決定を行った。我々は２日遅すぎた」と述べた。[*269]

バックナー中将は、日本軍第32軍に対する追撃と最終的撃破のため、その部隊を再編成した際、「牛島将軍は、首里戦線からの撤退のチャンスを失った。今や作戦は、その残存拠点を掃討するほかすべては終わった。このことは今後頑強な戦闘がないという意味ではなく、日本軍は再び組織的な戦線を立て直すことが出来ないだろうということである」と宣言した。この楽観論は、間もなく大部分根拠ないものと判明する。第32軍はその主力を首里から有効に撤退させて、南部に新戦線を編成したことが判明したのである。[*270]

５月31日、バックナー中将は、第24軍団、第３海兵軍団、両軍団の境界を喜屋武、伊覇、具志頭の各村をつなぐ道路沿いに延長して、両軍団に対し、残存日本軍部隊を大きく二分させるため首里の包囲を完了するよう命じた。米軍首脳部は、第32軍主力を孤立させて、なおも首里からの撤退防止を期待したのである。このようにして両軍団は、「首里の敵主力を袋のネズミとするため」喜屋武に集中するよう指令された。そこで第３海兵軍団は那覇とその飛行場を確保し、一方、第24軍団は迅速に東南に進撃して日本軍が知念半島に退避するのを阻止しようとした。バックナー中将は、日本軍が技術者もなく、適当な輸送通信施設もなく、また泥濘化した道路に妨げられて、その後退は極めて困難で無秩序になるであろうと判断していた。[*271]

●首里の占領

５月31日、米第77師団は、大名谷の東端の１００メートル高地上を歩いて首里に入った。首里城附近の海兵隊は、日本軍の抵抗を受けることなく粉砕された廃墟の市街を占領した。一夜にして日本軍はひそかに退去していたのである。[*272]

沖縄第2の都、首里は、全壊のまま横たわっていた。沖縄諸島の中でこれほどまでに完全に破壊された市町村はほかにはなかった。那覇もすでに荒廃し、嘉数、沢岻、幸地、新垣などの第32軍防御陣地中に拠点として存在した若干の村落も、そのうえで戦闘が行われて何物もない平坦地と化していた。しかし、そのいずれも琉球の古都首里とは比較にはならなかった。約20万発の大砲、艦砲射撃が首里に集中打撃を与えたのであって、無数の空襲によって1000ポンド爆弾も落下されていた。また数千発の迫撃砲弾も首里市街に打ち込まれた。市中南西隅の大きな師範学校と中央部の1937年に建てられた小さいメソヂスト教会のただ二つの建物は、共にコンクリート造りであるが、今はただ外壁だけが立ち残って、天空に影を投げていた。これ以外は一切平坦化した瓦礫である。高性能爆薬で焼けただれ、砲弾の漏斗孔が至る所にできた狭い舗装と土砂の街道は、いかなる車両にも通行不能であった。このように全体が月の噴火口のような眺望を呈し、漂うものは耐え難いほどの腐乱した死臭であった。首里の南端の小円丘上に首里城が立っていたが、今やその重厚な城壁も、米海軍艦砲の14インチと16インチ砲弾によって破壊され、2、3か所、わずかにそのまま残っているに過ぎなかった。首里城跡の残骸の中から、砲弾により傷つけられて凹凸のできた2個の大青銅鐘が兵隊によって掘り出された[*273]。

この時期、米軍指揮官の主なる関心は、泥土であった。第10軍の両翼部隊は、後方から前方集積所へ補給品を輸送するのに、舟艇か水陸両用牽引車を使用していたが、水辺から前線掩体に糧食や弾薬を移動する問題に依然として直面していた。中央の諸師団は、なお大なる緊張を感じていた。多くの弾薬、糧食、水は主として予備隊、時に突撃中隊の人員により前線へ運ばれたのである。バックナー中将は、「我々は何時も新たな行動を始めると同時に悪天候に見舞われ、全く運が悪い」といった[*274]。参謀副長も「泥土は大規模の敵の反撃と同様に非常に、攻撃の妨害になるものだと思う」と付け加えた。

(3) 5月末までの日米の損耗

太平洋における戦闘と、欧州における戦闘の間の大なる差異を明確に説明するには、沖縄における軍事捕虜が少数であるという事実ほど好適な例はない。5月末に第3海兵軍団はわずか128名の日本兵を捕虜としたに過ぎない。第24軍団は5月末において、わずか90名の軍事捕虜を捕らえたに過ぎなかった。4月下旬から5月末まで戦線の中央にあった第77師団はその期間にわずか9名を捕らえただけであった。捕虜の大部分は、重症か意識不明であったので、自決や進んで投降することはできなかった。こうした捕虜の数からみても、第32軍の士気は旺盛であった。日本兵は倒れるまで戦ったのである。つまり第32軍の人員損耗には1種類あるだけであった。すなわち死者だけである。

5月末において、米第10軍においては、日本軍は6万2548名が戦死とみなされ、別に9529名が戦死と推定された。また、北部沖縄の3214名と伊江島の4856名を差し引き約6万4000名は首里要塞地帯の戦闘において戦死したと報告されている。師団報告書によれば、日本軍の戦死約1万2000名は米第1及び第6海兵師団によって、4万1000名は第7、第27、第77及び第96師団によって第24軍団指揮下の戦線において戦死させられたことになるのである。その最大の数は、第96師団によるもので、1万7000名となっている。[*275]

米軍側の人員損耗も太平洋戦争で最大であった。首里前線において約1カ月の戦闘をなした海兵2個師団の5月末損失は、戦死1718名、負傷8852名、行方不明101名であり、第24軍団は、主に首里戦線における2カ月の戦闘において戦死2871名、負傷1万2319名、行方不明183名であった。両軍団合計人員損耗2万6044名の損害を受けたが、米軍の戦死は日本兵10名につき約1名割である。非戦闘員損耗も極めて大であった。その大部分は、神経精神病、戦闘疲労症であって、両海兵師団は5月末現在、6315名を出しており、陸軍4個師団の方は、7762名であった。その最大の原因は、言うまでもなく大量の敵砲兵射撃と迫撃砲火であって、太平洋戦争において経験した最大の集中射撃であった。人員の神経を破壊した今一つの原因は、狂気のような敵との近接戦闘であって、神経症の罹患率は、これまでの太平洋諸作戦中、最大のものと推定される。日本兵は一般に激しい砲撃間地下壕深く入っていたのに対して、米兵は通常浅い掩体や、遮蔽内に、また攻撃中は山地の斜面上乃至頂上に暴露されていたのである。[*276]

地上戦闘において非常に重要な役割を果たした米軍戦車部隊も甚だしく損害を被った。5月末現在、海兵隊戦車の損失を除いても、陸軍の4個戦車大隊と装甲火焔放射大隊において、221両の戦車損害を生じ、このうち94両は、完全破壊であった。日本軍の地雷は64両を破壊損傷させ、111両は射撃における損害であった。またキャタピラを外されたり、あるいは悪地形中に埋没した事故の損害は38両で、うち25両は、主として戦闘後破壊又は損傷されたものである。この221両の戦車損害は、沖縄の陸軍戦車の総計の57%を占め、その中には貴重な交換不可能の装甲火焔放射戦車が少なくとも12両含まれていた。[*277]

⑷ 第32軍、新たな陣地を占領

●6月1日の戦況

6月1日、国場川北方の首里高地帯はほとんど米軍の制する所となり、津嘉山地区は東方及び北方から米軍の攻撃を受けた。識名、国場付近では海軍の丸山大隊が奮闘した。津嘉山地区に収容陣地を占領中の歩兵第32連隊、歩兵第64旅団（独立歩兵第15、第22大隊、特設第3連隊など）は善戦して米軍の進出を阻止した。津嘉山南東方地区の神里付近では戦車27連隊及び独立歩兵第12大隊が、また高平付近では独立歩兵第11大隊が奮戦し、米軍の南進を阻止した。

●皇軍の精髄を切望

河邊虎四郎参謀次長は、6月1日、牛島中将から参謀総長宛の最後の決別を告げる意の報告電報を受領した。河邊虎四郎『市ヶ谷台から市ヶ谷台へ』には、「この日から中央部との通信が途絶えた。中央に座していてはなはだ相済まぬ思いながらにいずれはと予期せぬわけにはいかなかった状況の下に、遂にこの悲報を接受した。あたかも参謀総長がその朝出発して大連に出張、私は代理として参内上奏をした。予期して御前に出たのであったが、私の申し上げたことを聴こし召されて、天機はなはだうるわしからず、御下問も少なかった」とある。[*278]

一方、第10方面軍司令官安藤利吉大将は、6月1日第32軍司令官に対し、

第三十二軍司令官宛　驕敵進攻以来既に二ヶ月此の間勇戦？？？なる敵を攻撃し航空の戦果と相俟つて未曽有の大出血を強要し帝国全般作戦に寄与せる所甚大なるものあり？？？此の時に当り帝国陸海航空の主力を挙げて義号及……を決行せらる　これ実に沖縄作戦の帰趨を決すべきものにして只管偉大なる戦果を祈念して止まざるものなり　今や貴軍将兵は只々精神力に依りてのみ敢闘せらるる状況なるも愈々挙軍一体死力を尽し以て皇軍？？の精髄を発揮せられんことを切望す　本電受領せば返電あり度　第十方面軍司令官

の激励電報を送った。（本電に対する返電資料は不明[*279]）すでに陸軍中央も第10方面軍も第32軍を見守るしかできなかった。

●掃討戦の始まり（6月1日〜）

6月1日朝は、濃霧が南部沖縄を覆っていた。視界はわずかで、泥土はくるぶしまでとどく深さであった。このような困難を冒して米軍は、日本軍が新防御線を固める時間の余裕を与えぬよう、その後退に追尾して南進を強行しようとした。

6月1日に南方への攻撃が始まったとき、第3海兵軍団は、日本軍を孤立させるより、残存の敵を撃破

する考えのもとに計画を策定した。第3海兵軍団斥候の報告から首里付近には外郭の薄い防御線しか残っていないことを確認したので、ガイガー少将は、小禄半島の麓を封鎖するため、第1海兵師団を直接南へ押し出すこととし、また第6海兵師団が同半島の突端に上陸作戦を行う計画を定めた[*280]。

そして4日には、米第10軍は、第24、第3海兵、それぞれの軍団間の境界を6月4日正午に伊覇―具志頭を結ぶ道路の線から、伊覇―与座―大里―米須を結ぶ道路に変更した[*281]。

●新主陣地の占領（6月2日〜3日）

津嘉山地区は6月2日、米軍の猛攻を受け、津嘉山地区の陣地は逐次米軍に進入されつつあった。津嘉山付近の収容陣地の保持は6月2日までの計画であり、四周に米軍が浸透してきたので、歩兵第64旅団及び歩兵第32連隊は2日夜陣地を徹して南部に後退した。

歩兵第32連隊主力は6月3日夕までに糸満南東方の国吉地区に到着して陣地占領に着手した。

神里付近も6月2日、米軍の猛攻を受けた。同地付近の戦車第27連隊は多大の損害を受け、2日夜命令により将校以下31名が米須に向かって後退した。

第62師団司令部は、5月29日夜、津嘉山〜東風平に移動し、30日夜、新城に転移して戦闘を指導し、6月1日夜、新城から山城（やまぐすく）（摩文仁西4キロ）に撤退した。歩兵第63旅団長は、目取真（めどるま）に位置して作戦を指導していたが、6月2日夜独立歩兵第11大隊（高平南側）、同第12大隊（神里）、同第13大隊（目取真）、戦車第27連隊（神里）、特設第4連隊などに島尻南部への撤退を命じ、旅団司令部も同夜後退した。歩兵第64旅団司令部、独立歩兵第15、第22大隊は6月3日、島尻最南端の喜屋武地区に到着した。

大里、稲福方面から湊川方向に対する敵の追撃は急であったが、その他の正面の追撃は活発でなく、我が残置部隊はおおむね饒波川の線を確保して軍主力の陣地占領を掩護した。かくて6月4日夜、第32軍主力は喜屋武半島に新陣地を構成することが出来た。

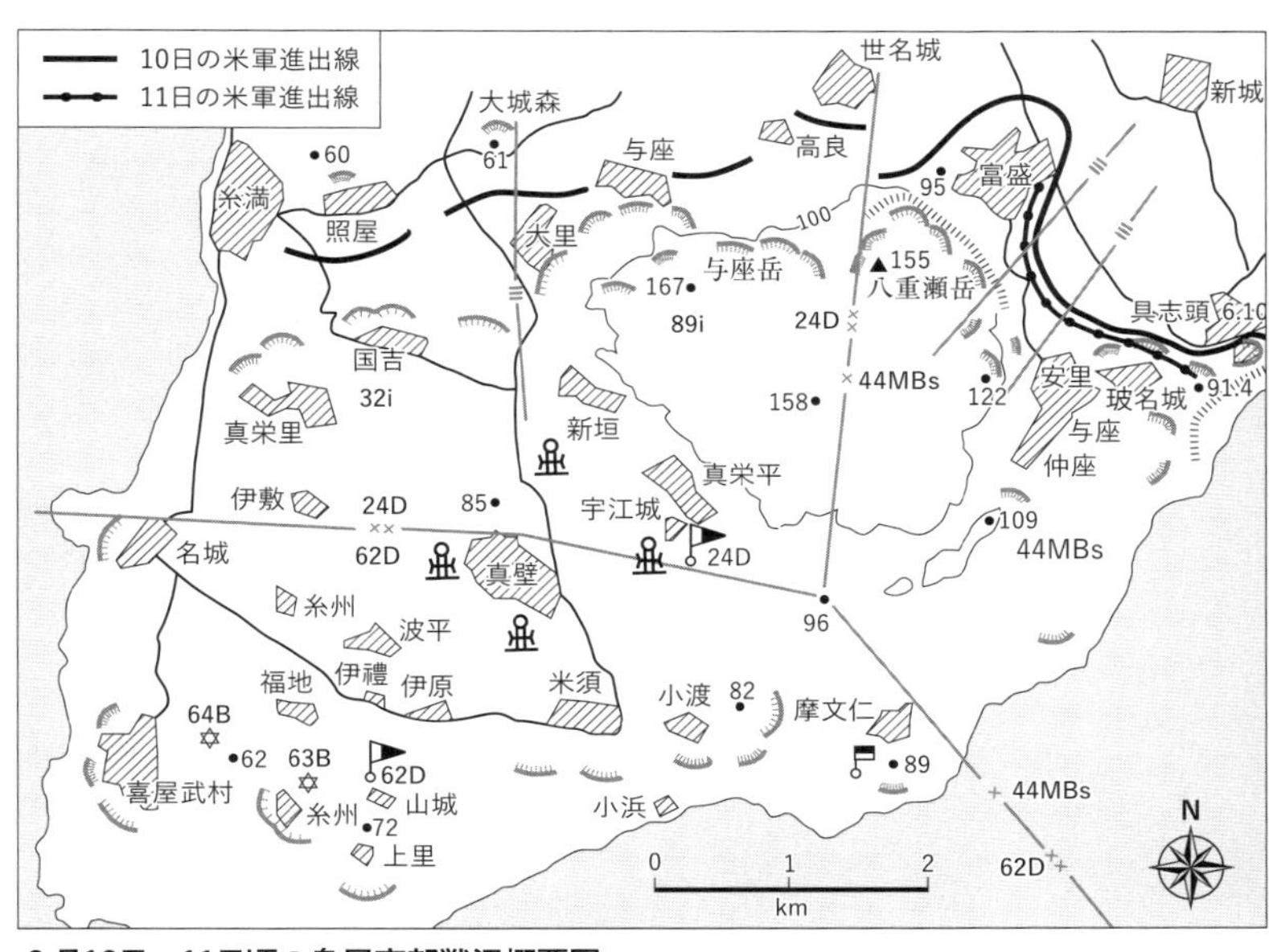

６月10日〜11日頃の島尻南部戦況概要図

出典：防衛庁防衛研修所戦史室『戦史叢書　沖縄方面陸軍作戦』（朝雲新聞社、1968年）586頁

●独立混成第44旅団正面

独立混成第44旅団は、６月３日までにおおむね転進を完了し、右地区隊（歩兵第15連隊基幹）をもって具志頭〜安里北側高地を、左地区隊（特設第６連隊、海軍丸山大隊等）をもって八重瀬岳を占領させた。

知念半島方面からの米軍の追撃は急で、５日頃からまず具志頭正面で戦闘が開始され、次第に全正面で激しくなっていった。

●第24師団正面

第24師団は、与座岳から糸満海岸に向かって流れる稜線の断崖を利用して、歩兵第89連隊を与座岳に、歩兵第32連隊を国吉台に配置し、歩兵第22連隊を予備として第２線に拘置していた。この正面は小禄に海軍部隊がいたこともあってか、米軍の追撃は急でなかった。

●第32軍後退後の兵力

首里戦線より喜屋武半島に後退した際、いくばくの兵力を集結掌握し得るかは、作戦上最も重大な問題であった。八原高級参謀は、首里退却時、陸軍兵力約4万、退却中における損耗約1万、喜屋武陣地に集結し得た兵力3万と判定した。第24師団同配属部隊1万2000、第62師団同配属部隊7000、混成旅団同配属部隊3000、軍砲兵同配属部隊3000、その他5000、合計3万、である。その状況は以下の通りである。[*282]

一、兵員の質素：師団及び混成旅団の戦闘員の85%は損耗した。連隊、大隊、中隊の人員の大部は未訓練で質素不良な臨時転属された後方部隊や防衛召集者

二、幹部：中隊長以下の下級幹部は約85%の損耗を受けているものの、大隊長以上の損害は極めて少ない。第24師団（大隊長5、独立大隊長2）、第62師団（参謀1、大隊長4）、混成旅団（大隊長1、独立大隊長1、速射砲大隊長1）、その他、船舶団長、船舶工兵第26連隊長、特設第3連隊長、特設第4連隊長、高射砲大隊長1、海上挺進第26ないし29戦隊長であり、軍が現在なお比較的良好な指揮組織を維持し、秩序ある作戦指導をなしえるのはこのためである。また、兵器は、歩兵自動火器は概ね五分の一、歩兵銃火器は概ね十分の一、砲兵は損害比較的少なく約二分の一である。軍砲兵隊が新陣地に集結した砲は、15糎加農2門、15糎榴弾砲16門、高射砲10門である。その他、諸隊が問題としたのは築城用機材のなくなったことである。新陣地に下がっても、表土は琉球石灰岩に覆れて堅い、土工器材は少ないで、悲鳴をあげざるを得なかった。

10 沖縄方面根拠地隊の最後（6月4日〜11日）

(1) 小禄の戦闘

米第6海兵師団による小禄半島に対する海上機動による上陸移動は、好適の上陸地があり、また支援砲

兵の最良使用が可能である方向に指向された。第6海兵師団長シェパード少将は、第4海兵連隊がまず上陸し、続いて第29海兵連隊が上陸するように部署した。小禄陣地攻撃のための計画策定と編成は、6月3日夕刻には完成した。翌4日0445に支援砲兵は1時間の準備射撃をはじめ、その間に4300発の砲弾が小禄の水際正面の高地に打ち込まれた。第4海兵連隊の第1大隊は、水陸両用戦車を先導として安里川の北方集合地区から乗船して、小禄半島の北端に向かい南進した。日本側の射撃は軽小でもあったので、最初の部隊は6時2、3分前に上陸し、兵員は急いで内陸へ進んだ。そして後続部隊の上陸のための十分な広さの橋頭保を占領した。[*283]

沖縄方面根拠地隊は当初約1万名であった。大田司令官は部隊を概要次の通り区分して防衛を担任させた。（小銃は各隊の三分の一、その他は槍持参）

小禄地区　：沖根部隊（沖縄方面根拠地隊基幹1500名、D地区（豊見城一帯））、巌部隊（南西諸島海軍航空部隊基幹3000名、A地区（小禄飛行場一帯））、山根、礎部隊（第226設営隊基幹3000名、CC地区（小禄、翁長一帯））、護部隊（第951海軍航空隊小禄派遣基幹800名、B地区（宇栄原一帯））

沖縄方面根拠地隊司令官　大田實少将

国頭地区　：600名、国頭地区

陸軍派遣隊：500名、陸軍所定地区

また、5月中旬、勝田大隊、丸玉大隊、山口大隊、迫撃砲隊などを陸軍部隊指揮官の指揮下に入れ、約100組の斬り込み隊など総計約2500名、軽火器の約三分の一、迫撃砲の大部が小禄地区から抽出されていた。

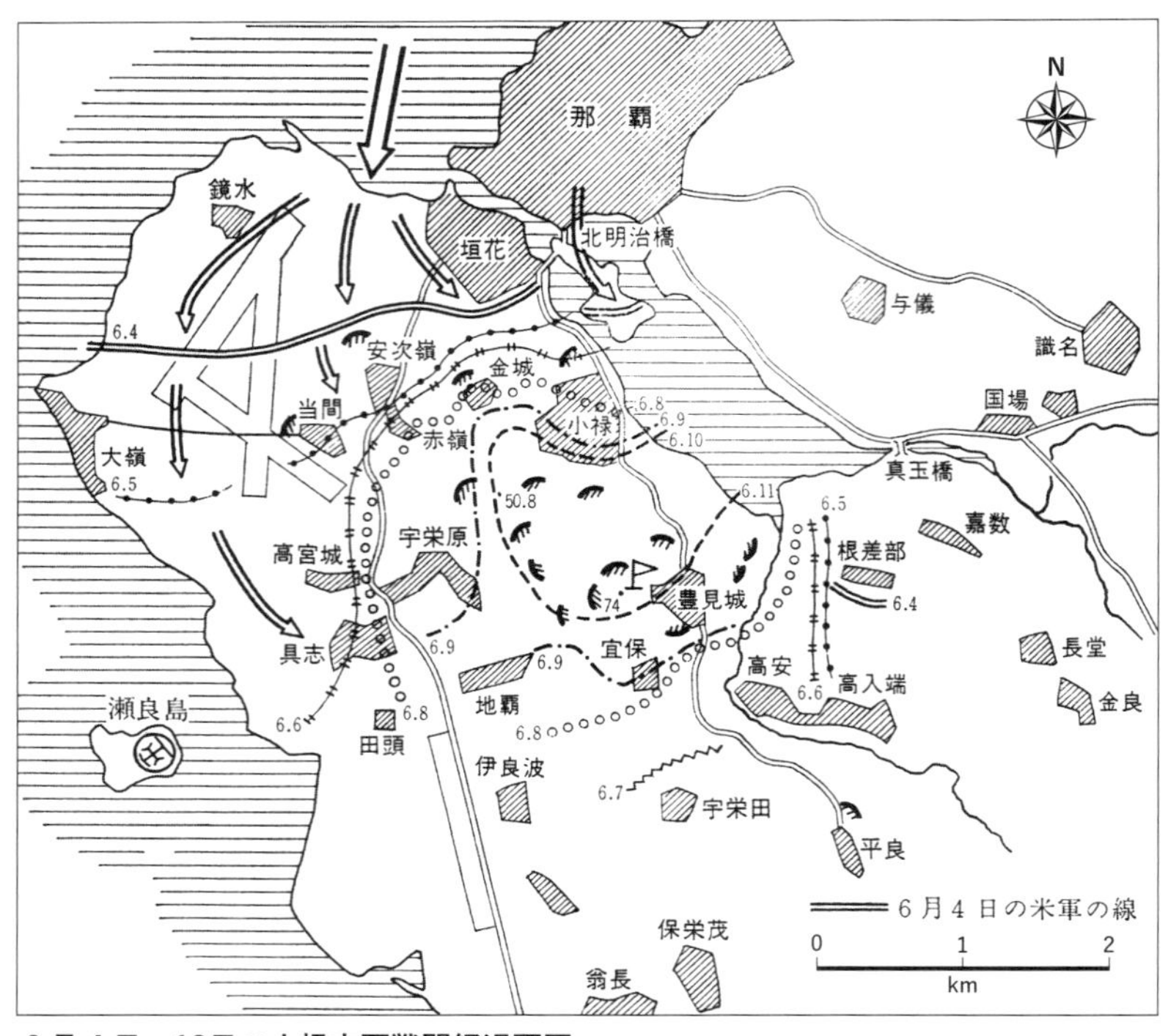

6月4日～13日の小禄方面戦闘経過要図

出典：防衛庁防衛研修所戦史室『戦史叢書　沖縄方面陸軍作戦』（朝雲新聞社、1973年）571頁

第32軍は海軍との連絡を密にするため、20年5月3日第32軍司令部付西野弘二少佐を、また、5月12日、慶良間から奇跡的に帰還した第5海上挺進基地隊長三池明少佐を5月14日付をもってそれぞれ沖縄方面根拠地隊参謀として連絡業務にあたらせていた。*284

6月4日早朝、沖縄方面根拠地隊司令官大田少将は、「0500垣花(かきのはな)付近（筆者：那覇南側）に敵上陸を開始す」と報告、関係方面に「……海軍部隊は最後の一兵に至る迄小禄地区を死守せんとす、本職は三日司令部を小禄第九五一空戦闘指揮所に移転作戦指揮導中」と打電した。*285

1800頃、上陸した米軍は赤嶺及び小禄西側地区に進出してきた米軍に対し夜に入って各隊は果敢な斬込を行った。

５日も戦車約70両を伴う強力な艦砲の支援の下に攻撃してきたが、進出を阻止した。特に赤嶺付近の拠点による南西諸島航空部隊は敢闘した。東正面においては、米軍が高入端付近に進入してきたので、平良方面に増援部隊を派遣し進出を阻止させた。

摩文仁に後退した牛島軍司令官は、軍主力の撤退が完了したため、計画に基づき海軍部隊の島尻南部への撤退を命令していたところ、６月５日、大田司令官から、第32軍司令官に対して戦況を報ずるとともに、「海軍部隊は既に包囲されて撤退不可能なため、小禄地区に最後まで闘う」旨の電報を受けた。

作戦上の見地から観察すれば、海軍部隊の小禄陣地固守は米軍の那覇港及び小禄飛行場の使用を長く阻止するとともに軍主力方面への米軍の接近及び攻撃準備を妨害する効果がある。しかし、全軍の運命すでに決した今日無力な海軍部隊にわずかな作戦的効果を期待して、軍主力と指呼の間に孤立無援の中に全滅させることは、軍首脳部として忍び難いものがあった。そこで第32軍司令官は、海軍部隊を孤立のまま玉砕させるに忍びず、親書を送って撤退を促した。しかし海軍は、すでに骨幹戦力を抽出された残存の部隊で、未知の地域で戦うよりは、多年ゆかりの深い小禄地区の心血を注いだ陣地に拠って最後を飾り、もって第32軍の持久作戦に最大限の寄与をなさんと決意を変えなかった[*286]。

６月６日早朝から天候が回復し、０６００頃から米軍機の行動は活発となり、那覇沖からする艦砲射撃も激烈を加えた。小禄西側、金城、赤嶺付近では激戦が続いた。

赤嶺付近の陣地（第９５１海軍航空隊小禄派遣隊戦闘指揮所及び大田司令官所在）は米軍の馬乗り攻撃を受ける状況となり戦況は切迫した。夕刻、小禄部落西側高地は米軍の侵入を受け、一度は逆襲奪回したが再び占領された。瀬永島の海軍砲台は米軍を背射して主力の戦闘に協力した。

⑵「沖縄県民斯ク戦ヘリ」、大田實少将の最後の電報

6月6日夕、大田司令官は、「戦況切迫せり、小官の報告（通報）は本電を以て此処に一先づ終止符を打つべき時期に到達したるものと判断す　御了承あり度」と電報し、次の辞世を送った。[*287]

身はたとへ沖縄の辺に朽つるとも　守り遂ぐべし大和島根は

大田司令官は6日夜（推定）、赤嶺から豊見城の旧沖縄方面根拠地隊司令部（豊見城西側74高地）に移動した。

そして沖縄県民の献身的作戦協力について海軍次官あてに次のように電報した。

> 沖縄県民ノ実情ニ関シテハ県知事ヨリ報告セラルベキモ　県ニハ既ニ通信力ナク　第三十二軍司令部又通信ノ余力ナシト認メラルルニ付　本職県知事ノ依頼ヲ受ケタルニ非ザレドモ　現状ヲ看過スルニ忍ビズ　之ニ代ツテ緊急御通知申上グ　沖縄島ニ敵攻略ヲ開始以来　陸海軍方面防衛戦闘ニ専念シ県民ニ関シテハ殆ド顧ミルニ暇ナカリキ　然レドモ本職ノ知レル範囲ニ於テハ県民ハ青壮年ノ全部ヲ防衛召集ニ捧ゲ　残ル老幼婦女子ノミガ相次グ砲爆撃ニ家屋ト財産ノ全部ヲ焼却セラレ　僅ニ身ヲ以テ軍ノ作戦ニ差支ナキ場所ノ小防空壕ニ避難尚砲爆撃下□□□風雨ニ曝サレツツ　乏シキ生活ニ甘ンジアリタリ　而モ若キ婦人ハ率先軍ニ身ヲ捧ゲ　看護婦炊事婦ハモトヨリ　砲弾運ビ挺身斬込隊スラ申出ルモノアリ　所詮敵来リナバ老人子供ハ殺サルベク　婦女子ハ後方ニ運ビ去ラレテ毒牙ニ供セラルベシトテ親子生別レ娘ヲ軍衛門ニ捨ツル親アリ　看護婦ニ至リテハ軍移動ニ際シ衛生兵既ニ出発シ身寄無キ重傷者ヲ助ケテ□□真面目ニシ（ママ）テ一時ノ感情ニ馳（ママ）セラレタルモノトハ思ワレズ　更ニ軍ニ於テ作戦ノ大転換アルヤ自給自足夜ノ中ニ遥ニ遠隔地方ノ住民地区ヲ指定セラレ　輸送力皆無ノ者黙々トシテ雨中ヲ移動スルアリ　之ヲ要スルニ陸海軍沖縄ニ進駐以来終始一貫　勤労奉仕物資節約ヲ強要セラレテ　御奉公ノ□□ヲ胸ニ抱キツツ遂ニ□□コトナクシテ本戦闘ノ末期ト沖縄島ハ実情形□□一木

一草焦土ト化セン　糧食六月一杯ヲ支フルノミナリト謂フ　沖縄県民斯ク戦ヘリ　県民ニ対シ後世特別ノ御高配ヲ賜ランコトヲ

６月８日、小禄部落、金城、赤嶺、具志の地区で激戦が続いた。小禄西方高地を奪取した米軍は豊見城方面へ攻撃してきたが、海軍部隊は撃退した。平良地区の２個小隊は、昨６日夕刻以来約５００名の米軍と交戦中であったが、７日１５００全弾を打ち尽くしたので、大田司令官は宜保（ぎぼ）方面へ後退を命じた。米軍は後退に追随して宇栄田付近に進出してきた。６日以来米軍を背射して検討していた瀬長島砲台（短20糎砲１）は７日０９３０米艦砲射撃によって破壊されたので、大田司令官は伊良波（いらは）方面へ後退することを命じた。

６月７日午後、大田司令官は指揮下各部隊に「……今や当地区の決戦段階に入り諸子益々強靭作戦に徹し短兵功を焦ることなく極力敵出血を強要し予（か）ねて覚悟したる小禄死守に海軍伝統の発揚と戦果獲得に全力を致さんことを望む　予は74高地に在り」と訓示した。すでによりどころは海軍の伝統しかなかった。

小禄地区増強のため、第５航空艦隊は陸攻機３機を以て８日０２１３〜０３３０の間に手榴弾１０８０発の空中投下を実施した。３機中１機は投下前に撃墜され、２機は投下に成功したが、部隊は入手できなかった。

６月８日、軍令部総長の戦況上奏の際、沖縄方面根拠地隊の奮戦に対し御嘉賞の御言葉を賜った。[*288]

６月９日、東正面の宜保付近の陣地は０６００頃から米軍の攻撃を受け激戦となり、西方においても激戦が展開された。また、南正面からの米軍の攻撃も強化されつつあった。１５２０に宜保陣地は遂に米軍に占領され、西方においては金城（かなぐすく）、赤嶺、宇栄原方面に米軍が相当深く侵入してきた。

⑶ 大田少将の最後

6月10日、米軍の攻撃は四周からの強力なものであり、沖縄方面根拠地隊司令部の所在する豊見城西側の74高地が戦闘の焦点となった。牛島軍司令官は大田司令官に対し、真情を吐露する電報（原文不明）を送った。これに対し大田司令官は10日、「……海軍部隊が陸軍部隊と合流する能はざりしは真に已むを得ざるに出でたるものにて固(もと)より小官の本意に非ず　従って南北相分かるると雖も陸海軍協力一体の実情に於ては聊(いささ)かの微動あるものに非ず　今後は貴殿に従って益々柔軟なる持久戦をもって敵に大出血を強要せんとす……」と返電した。また、佐世保鎮守府司令長官から10日夜第32軍司令官に対し感謝を述べるとともに「万事の措置は現地指揮官に一任致し度　御了承を得度　切に貴軍の御健闘を祈る」の電報があった。[289]

6月11日には包囲攻撃を受け、豊見城西方74高地の司令部を中心とする狭小な地域を残すのみとなった。ここにおいて大田少将は、11日午後第32軍参謀長宛に、遊撃戦を遂行するため相当数の将兵を残置する旨を通報した。これは脱走などと誤解されないためのことも配慮したものと思われる。

大田司令官は、11日夜、「早朝より司令部に対する包囲攻撃熾烈となり司令部全力及び951空一部を以て夕刻に至る迄陣前に邀撃、弾薬尽きるまでに戦闘を交え多大の出血を強要せり　司令部陣前にて2000迄に収めたる戦果人員殺傷約1000」と報告した。そしていよいよ最後の段階に入ったものとし、牛島軍司令官宛に「敵戦車群は我司令部洞窟を攻撃中なり。根拠地隊は今11日2330玉砕す。従前の厚誼を謝し、貴軍の健闘を祈る」旨を電報した。小禄海軍部隊の組織的戦闘は、この夜をもって終了したものと推定される。

6月12日から14日にわたり拠点に残存する海軍部隊は依然頑強に抵抗し、大部は戦死したが、一部は遊撃戦に移行した。沖縄方面根拠地隊司令官大田實少将は、13日0100司令部壕内で自決したといわれる。[290]

(4) 米軍資料に見る沖縄方面根拠地隊の最後

6月11日、小禄、各方面から進撃する米軍部隊が残存のポケット陣地に肉薄したとき、日本軍（沖縄方面根拠地隊）は高地から脱出して、那覇入江の近くの平地へ撤退しなければならなくなった。そしてあるものは最後まで戦い、あるものは自決し、また梱包爆薬上に横になり空中高く自爆した者も数名あった。6月12日、13日には、159名が降伏した。これは日本人捕虜としてはこれまでの最高であった。大田少将は、その部隊の破滅がほとんど決定的となったとき自決した。6月15日、海兵隊斥候が小禄陣地の最後の掃討を行ったとき、大田少将とその幕僚5名の死体が地下通路の1段高くなった畳敷きの台上に発見された。皆その咽喉部を切っており、室内の模様から見て、自決後、副官が死体を整頓し、清めていたことが明らかであった。その司令部内には200名の死体が発見された。司令部の施設は沖縄において最も精巧さを極めたものであった。1500フィート以上もの長さのトンネルが、事務室を連結しており、各室それぞれ換気装置がよくできており、電気を通じ、戸口や壁はコンクリート造りであった。

小禄半島の攻略は、戦闘が10日間も続き、海兵隊は死者総計1608名を出した。この損害は、首里の戦闘中牛島将軍の歩兵部隊によって被ったものに比べて大きなものであった。[*291]

11　最後の戦い（6月5日頃〜）

(1) 新陣地に対する米軍の攻撃（6月5日〜）

●6月5日〜6日

与那原方面から南下した米第24軍団は、第62師団の撤退に伴い、早くも6月5日独立混成第44旅団正面の具志頭付近に出現（約200名）してきた。そして、新城南方の警戒部隊及び具志頭の前進陣地は5日から米軍の攻撃をうける状態となった。

八重瀬岳と与座岳の前面に進出した米第24軍団にとって、第32軍の新たな防衛線は、険阻な八重瀬岳と与座岳の高地が起立して障害を形成し、東方の95高地から一大長城をなしていたと見えたのであった。また雨季が終わったばかりで戦車は作戦行動がとれず、補給は空中投下に依存せざるを得ない状況であった。

6月6日朝、世名城（せなぐすく）（八重瀬岳北方）に浸透した有力な米軍が八重瀬岳北側に向かって攻撃してきた。所在の船舶部隊、海軍丸山大隊などは来攻した米軍に急襲火力を浴びせ多大の損害を与えて撃退した。

●6月7日の戦況

6月7日、米第24軍団は八重瀬岳地区に猛烈な砲爆撃を加えるとともに、独立混成第44旅団正面に猛攻してきた。新城南方の警戒陣地（第2歩兵隊第3大隊）は夕刻には馬乗り攻撃を受けるに至った。東風平南東地区にあった警戒部隊（海軍丸山大隊の一部）は、5日以来米軍の重囲の中で奮戦し、7日夜八重瀬岳陣地に撤退した。志多伯の警戒部隊として配置された歩兵第22連隊第1大隊は、7日包囲攻撃を受け、陣地は馬乗り攻撃を受けるに至り、7日夜陣地を徹して真壁に後退した。

西方正面においては、7日一部の米軍が糸満北東方の座波（ざは）付近に出現してきた。

当初、軍は、南部陣地は北正面からの米軍（第3海兵軍団）の強圧を予想し、砲兵の主火力を第24師団正面に指向するよう準備したが、小禄の海軍部隊の行動とも関連し、戦闘は独立混成第44旅団の東部正面（第24軍団）から展開した。このため軍砲兵隊は急いで同方面に火力を指向して鈴木旅団の戦闘に協力しなければならない状況となった。

第32軍は、7日夕の戦線を、具志頭、友利、瀬名城、小城（こぐすく）（志多伯北西）、武富（志多伯北西2キロ）、108高地（志多伯北西2・5キロ）、饒波川、小禄、松川（豊見城西1・5キロ）の線と報告した。*292

●6月8日の戦況

具志頭の独立混成第44旅団正面は昨7日に引き続き8日朝から米軍の猛攻を受けた。新城南方の警戒部隊（第2歩兵隊第3大隊）は洞窟陣地に立てこもって陣地を固守した。具志頭台上の独立混成第15連隊（美田連隊）第1大隊も多大の損害を受けながらも陣地を保持した。同右地区隊（美田連隊）の前進陣地（富盛南側の田原付近、美田連隊第2大隊）は多大の損害を受けたため、連隊長美田大佐は8日夜同部隊を玻名城南方に後退させて連隊予備とした。

西方においては、米軍が照屋北側、座波南方、世名城に進出し、我が前方警戒部隊と接触するに至った。

6月8日、湊川付近においては、米軍の揚陸作業が行われ、これを偵知した軍としては砲撃撃沈を企図したが、15糎加農が使用不能のためできなかった。

●6月9日の戦況

6月9日、第24軍団の真面目な攻撃が開始された。第96師団は、その与座、八重瀬岳正面傾斜地の敵陣地の覆滅に主力を注ぐことにその目標を限定された。艦砲射撃、空襲、戦車の火力を八重瀬岳と与座岳に集中して、終日高地線に攻撃が続いた。第7師団地区での重要目標は、95高地（海岸にある）と八重瀬岳の南東端であった[*293]。

右翼の独立混成第44旅団正面は戦車16両を伴う有力な米軍の攻撃を受け、新城南方の警戒陣地（第2歩兵隊第2大隊）は包囲され多大の損害を受けながらも防戦に努めたが、鈴木旅団長は9日夜、新城南側の警戒陣地に後退を命じた。

具志頭台地の美田連隊第1大隊地区にも一部の米軍が侵入してきたが、夕刻には撃退した。安里北側地区の美田連隊第3大隊の主陣地前に米軍は逐次浸透してきた。

独立混成第44旅団は、米軍戦車に対する速射砲、連隊砲もなく、旅団砲兵の10糎榴弾砲3門があるのみであったので、旅団は軍砲兵による対戦車射撃と爆薬の補給を強く要望した。

●6月10日の戦況――米軍の戦車参戦

6月10日、統合参謀本部は、マッカーサー将軍、ニミッツ提督、アーノルド将軍に対し、対日進攻作戦に関する指令を発した。いよいよ米国の目は沖縄から日本本土へと向きを変えたのだ。

6月10日朝から戦車も狭い道路沿いに砂塵を上げて徐々に前線に向かい発進した。第7師団支援のため完全な1個大隊が使用でき、2個中隊は第96師団とともに作戦し、その朝、八重瀬岳に対し攻撃を開始した。

戦車の出現で戦闘の性格が変わった。本作戦の終わりまで、戦車は一層行動の自由を得、機動的に利用されるようになった。天候と地形がさらに有利となり、そして火焔放射戦車が日本軍の岩礁洞窟陣地にとどめを刺す解決策となった。有効な砲迫火力の支援のもと歩戦チームの協同が、経験を経るごとに緊密になっていった。視度がよくなってきたので、砲兵射撃と空中攻撃の観測が有利となった。沖縄南端の戦闘は、かくしてオレンジ色の火焔の棒が燃え、また機関銃、砲弾、ロケット、爆弾が雷鳴のようにとどろいたのである。*294

こうして右翼独立混成第44旅団正面、特に具志頭、玻名城、安里付近は10日早朝から戦車を伴う強力な米軍の攻撃を受けることとなった。

米軍は具志頭陣地を制し、玻名城東側の91高地前方に進出してきた。具志頭陣地(美田連隊第1大隊基幹)は分断孤立の状態となり、安里北方台地にも米軍が進出し安里正面は危険な状況となった。八重瀬岳北側からも米軍の攻撃を受け、大部は撃退したが、八重瀬岳北側断崖下の台地が占領された。

左翼正面においても米軍の行動が活発となり、糸満、照屋、大城森などの前進陣地は猛攻を受け、米軍は10日夕、国吉北側、大里北側、与座西側、世名城の線に進出し、第24師団主陣地と戦闘を交えるに至った。第24師団長は、歩兵第22連隊第3大隊(緒方大隊)及び野戦病院の一部を歩兵第32連隊長に配属して左翼の強化を図った。

軍砲兵は10日、15糎榴弾砲15門が顕在していたものの、弾薬が絶対的に不足していた。大本営陸軍部は第32軍に対し兵器類の空中投下を企図し、第6航空軍にその実施を5月26日頃指示していた。第6航空軍は28日、重爆4機を出発させたが、1機のみ投下に成功した。6月10日には第32軍に対する補給を空中投下のみならず強行着陸によることを決心し、重爆3機の着陸補給、重爆5機による空中投下を計画したが失敗、12日重爆4機による空中投下に成功した。投下物量は第32軍が入手したが、僅少のため大きな力とはならなかった。

●降伏要請ビラ投下される

米第10軍は、3月25日から組織的戦闘の終わりまで、航空機は約8百万枚の宣伝ビラを島に散布投下した。6月中旬まではこれらビラの狙いは、住民と兵隊の信用を得ること、また広がりつつある敗北ということを知らしめるものであった。6月10日朝、敵戦線背後に投下した書簡形式の次のビラは、バックナー将軍が牛島将軍にあてたもので、日本軍の全面降伏の端緒にしようとしたものであった。「貴下の指揮下部隊は、これまで勇敢によく戦った。また貴下の歩兵戦術は、貴下の相手側の尊敬を勝ち得ている。小官と同じく貴下も歩兵戦闘には長い学校教育と経験を経ている歩兵将官であるが、――それゆえに小官と同様貴下も明瞭におわかりと思うが、本島における全日本軍の抵抗は単に時日の問題であると小官は信じる――」と、バックナー将軍は、牛島軍司令官に降伏の交渉に入るように要請した。*295

●6月11日の戦況

具志頭、安里付近は11日も引き続き米軍の猛攻を受け、玻名城東方の91高地頂上付近米軍に占領され、玻名城部落、安里部落、安里北部断崖に続く独立混成第44旅団主要陣地をかろうじて保持する状況となった。鈴木旅団長は、91高地の奪回攻撃、安里方面の増援などの処置を執ったが、91高地の奪回は出来ず頂上付近で米軍と近く相対した。具志頭陣地で抵抗を続けていた美田連隊第1大隊はいよいよ兵力損耗し、大隊長野崎直彦大尉以下20余名は11日夜旅団に決別電を発して総員斬り込みを敢行しほとんどが戦死した。

第24師団正面においては、主陣地の各方面は米軍の本格的攻撃を受け、一部の米軍が与座部落付近に進出し、また戦車3両を伴う米軍が照屋の前進陣地を制圧して照屋南側に進出してきた。

6月11日具志頭守備隊は玉砕し、また12日未明、濃霧を利用して侵入してきた米軍に安里北側の断崖を突破されて八重瀬岳は孤立に陥った。

6月11日午後中、米第10軍の代表は糸満を見下ろす第2大隊観測所にあって昨10日に投下したビラに記した降伏交渉のための日本軍の一行を待った。1700第7海兵連隊地区のすべての砲火は止み、白旗の現出を待った。1740鉢巻をした日本兵15名がA中隊の前面に現れたが、すぐに分散した。1802、日本軍6名がC中隊に降伏した。しかし状況は2分の後、敵迫撃砲弾側が陣地に落下した時、再び悪化した。連隊長スネデッカー大佐は、2000最後の攻撃再開を発令し、その時期を6月12日0330とした。[*296]

●6月12日の戦況

6月12日未明、南部一帯に深い霧が立ち込めた。あたかもこれを利用するかのように米軍の一部が八重瀬岳東方122高地北方地区に進入、独立混成第44旅団司令部（109高地）と左地区隊（平賀部隊）との連絡は断絶した。91高地、玻名城、安里地区でも終日激戦が続き、陣地は逐次浸食され、91高地西側斜面、玻名城部落、安里部落、122高地の線をかろうじて保持した。

牛島軍司令官は藤岡第62師団長に対し、すでに準備を命じてある2個大隊を独立混成第44旅団長の指揮下に入れ、師団主力を以て随時東方に移動し、混成旅団を合わせ指揮して軍の右翼戦線を担任する準備をする軍命令を下達した。独立混成第44旅団長は、配属された独立歩兵第13大隊を旅団の右翼正面に、同第15大隊を左翼八重瀬岳方面に増加するよう部署した。しかし、第62師団の2個大隊を独立混成第44旅団に増加したものの同正面の崩壊を食い止めることはできず、15日頃には戦線は既に統一を失って、諸隊は安里、仲座付近の各拠点にそれぞれ孤立して死闘を続ける状況となった。

6月12日、糸満南方に水陸両用装軌車が上陸し左翼方面への攻撃準備がみられた。また左翼第24師団正面の米軍も本格的攻撃を開始して激戦が展開された。一部の米軍は国吉台地北西の一角にとりついた。

第32軍は、数日来右翼混成旅団正面のみが激闘を続け、第24師団方面の戦況が緩やかであるので、同師団正面の米軍と戦闘しないうちに、右翼を突破した米軍から背面攻撃を受けて壊滅することを憂慮し、右翼方面の強化に努めた。今第24師団が正面から米軍の本格的攻撃を受けるに及んで、軍首脳部は重荷を下ろした感を持った。

第1海兵師団第7海兵連隊の前面には、国吉台地が横たわっていた。この断崖の山は、沖縄の最後の堅固な陣地の西端の拠点となっていた。台地は前方と反対側の斜面に無数の洞窟陣地や墓地があった。この恐るべき要害と第7海兵連隊との中間地区は広い畑の谷であり、前進する歩兵に何らの遮蔽も与えない。支援戦車の通路は2つに限られていた。1つは谷を横切って嶺の中央に通じるもの、もう一つは海岸に沿う道路であった。この二つの道は速射砲で掩護されていた。[*297]

国吉正面は、6月10日頃から次第に活発となり、12日早朝から全線にわたって激しい攻撃を受けた。同正面の第1大隊を中心とする第1線部隊は、苦心して収集した火器をもって巧妙な火網を構成し、数次にわたる敵の攻撃を撃退した。

第24師団長は、13日、歩兵第22連隊を西翼真栄里方面に増加して、歩兵第32連隊の戦闘正面の収集を図った。この間与座岳の歩兵第89連隊は、八重瀬岳方面より絶えず側背に脅威を受けていたが、遂に15日、戦車を伴う米軍に与座岳、八重瀬岳の中間地区を突破されてしまった。

6月12日、機上からまた30000枚のビラが散布された。今度は、牛島将軍が降伏を拒否したこと、同将軍が全軍破滅のために兵を使用するということは、将軍は利己的であることを強調して、部下将兵が自発的に投降することを勧告した。この訴えは、6月14日にも行われた[298]。

このように米軍は以前のどんな太平洋の戦場にもまして、日本軍を説得して戦いを諦めさせようとした。降伏の誘いは日本軍将兵と民間人両方に向けられた。飛行機は何十万枚というビラを投下した。拡声器がジープやトラック、哨戒艇に積まれ、日系アメリカ人の通訳が呼びかけを行った[299]。

●6月13日の戦況

右翼独立混成第44旅団正面は、13日依然として激戦が続き、91高地方面、与座部落、122高地北方地区には逐次米軍が浸透してきて右翼戦線は危機を告げた。独立混成第44旅団長は、第一線に兵力を増加して陣地の保持に努めたが、火器特に対戦車火器がなく、米軍戦車の傍若無人の活動を許し、損害は刻々と増加し、戦線は危機に陥った。玻名城を死守した特設第3連隊の大部が戦死し、旅団司令部と左地区隊とは以前連絡が途絶したままであった。

6月13日午後、米軍戦車は、八重瀬岳南方約1キロの158高地付近に出現するようになった。

左翼第24師団正面においても、昨日に引き続き強力な米軍の攻撃を受け、左翼国吉台附近（歩兵第32連隊第1大隊）においては、糸満─国吉堂を前進してきた米軍戦車を砲撃により阻止したが、歩兵約150は、国吉台地西方を迂回し、左大隊（歩兵第32連隊第3大隊）との中間から国吉部落付近に進入した。第24師団長は、13日、歩兵第32連隊の左に師団の予備隊であった歩兵第22連隊（第3大隊欠）を左第一線として真栄里地区に配置して歩兵第32連隊の防御正面を縮小させた。

与座岳及びその西方の大里付近では終日激戦が展開され、歩兵第89連隊及び工兵第24連隊などは善戦して米軍に多大の損害を与えたが、大里付近には一部の米軍が進出してきた。

第32軍は、13日の戦況を「……海空傍若無人の敵に対し全員切歯憤慨志気愈々軒昂敢闘中」とまとめ報告した。[*300]

●６月14日の戦況

右翼、独立混成第44旅団正面は14日依然死闘が続いた。米軍の浸透を受けた後も、91高地及び玻名城付近の拠点に残存して抵抗を続けていた独立混成第15連隊第４大隊も大隊長以下ほとんどが戦死した。旅団の左地区隊長平賀又男中佐も孤立の中に奮戦していたが、14日頃地区隊本部が爆破されて戦死するに至った。

独立混成第44旅団は仲座南側台地、仲座部落、１２２高地、八重瀬岳１５６高地の線を保持した。14日夜、第62師団の独立歩兵第13大隊が仲座南側に到着して鈴木旅団長の掌握下に入った。

左翼第24師団正面においても14日終日激戦が続き、与座岳及び大里付近は米軍の猛攻を受けたが善戦して与座岳及びその西方高地を確保した。

最左翼国吉、真栄里方面においては米軍は戦車及び空中投下による補給を実施しつつ攻撃前進してきた。国吉台地及び真栄里北側台地はともに保持したが、米軍は両台地の中間から逐次浸透し、同台地の部隊を背後から攻撃する状況となった。

第24師団長から軍司令部に対し師団の右側背（八重瀬岳の崩壊）が危険であるので独立歩兵第15大隊による早急な八重瀬岳への攻撃を要求する電話があった。これに対し、第32軍司令官は、直接独立歩兵第15大隊長に対し「即刻、八重瀬に向かい攻撃前進すべき」旨の軍命令を下達する場面もあった。しかし、独立歩兵第15大隊は、14日夜真栄平南方地区に進出して攻撃を準備したが、大隊長飯塚少佐は歩行困難のため担架に乗って指揮している状態で、部隊の素質も装備も低下していた。[*301]

●６月15日の状況

６月15日、バックナー中将は、「本会戦を思索する段階は過ぎた。今や最後の決戦段階に至っている」

と沖縄戦もほぼ終わったものと考えていた。[*302]

右翼独立混成第44旅団正面は15日米軍の強圧を受け、旅団司令部と中地区隊との連絡も途絶した。旅団の右翼は仲座南側台地、仲座南西端付近を保持して米軍の突破をかろうじて阻止していた。

八重瀬岳方面の米軍は逐次増大し、15日1100頃から158高地を攻撃してきたが、同高地守備部隊（歩兵第89連隊第3大隊基幹）は善戦して同高地を保持した。しかし、八重瀬岳と与座岳の中間地点に陣地を占領していた歩兵第89連隊の右第1大隊は、八重瀬岳の陥落も影響し、15日、戦車を伴う米軍に突破されるに至った。

左翼真栄里高地（歩兵第22連隊）も米軍の攻撃を受け、国吉台地（歩兵第32連隊第1大隊）は米軍の馬乗り攻撃を受ける状況となった。

牛島軍司令官は地形的に最も堅固と判断していた与座岳、八重瀬岳の中間地区が突破されるに及んで、第62師団主力を独立混成第44旅団正面に投入して東正面の米軍に最後の出血を強要することを決心した。第62師団長は、軍司令官の考えとは異なる意見具申をしたが軍司令官はこれを容れず、戦勢が未だ浮動しているのに乗じて、第62師団を逐次戦闘加入の要領で混成旅団の現陣地線に増強し戦闘を継続することを命じた。[*303]つまり第32軍は第62師団の全力を独立混成第44旅団正面に投入して、最後の出血を強要しようとしたのである。

第62師団長は軍命令に基づき、歩兵第63旅団長に指揮下部隊及び独立混成第44旅団を合わせ指揮させて東方正面の戦闘を担任させ、歩兵第64旅団を真栄平東方地区に推進するように部署した。師団司令部は依然、山城に位置した。歩兵第63旅団長中島中将は、16日朝、摩文仁に到着し、軍司令部近くに位置した。中島旅団長は、米軍の攻撃重点は仲座─摩文仁道に指向されており、一挙に摩文仁に来攻する算ありとして、速やかに独立歩兵第12大隊を仲座南西109高地に前進させ独立混成第44旅団長の指揮下に入るように部署し、独立歩兵第14大隊をもって摩文仁から82高地（摩文仁西1キロ）にわたって陣地を占領させた。右翼独立混成第44旅団正面は、多数の戦車を伴う米軍の猛攻を受け、独立混成第15連隊本部（109高地東方）は重囲に陥った。旅団司令部の109高地前方においては、第2歩兵隊第3大隊が奮戦して米軍の一挙突破を阻止し、109高地及びその南側地区では独立歩兵第13大隊が奮戦していた。独立歩兵第12大隊（独立歩兵第11大隊配属）は16日夜109高地南方地区陣地に進出して独立混成第44旅団長の掌握下に入った。

●6月17日の状況——牛島軍司令官に降伏勧告が届く

右翼独立混成第44旅団司令部（109高地）地区は17日米軍の猛攻を受け、仲座北西端付近の第2歩兵隊第3大隊の陣地は火焰戦車の攻撃を受け、戦車数両は独立混成第44旅団司令部を攻撃し、その後方にも進出してきた。旅団司令部は洞窟陣地に立てこもって奮戦し、独立歩兵第12大隊（独立歩兵第11大隊配属）、同第13大隊も戦車攻撃を受け、独立混成第44旅団の主陣地は突破され、旅団の組織的戦闘は崩壊した。鈴木旅団長は、今や旅団の最後なりと、残存兵力を率い総突撃を準備中のところ、独立混成第44旅団は摩文仁89高地へ撤退すべしとの軍命令を受け、18日夜洞窟陣地を脱出して摩文仁に後退した。[*304]

与座岳及び大里付近の残存部隊は頑強な抵抗を続けたが、兵員は逐次死傷し、米軍は新垣北方高地、真栄平東方高地地区に進出してきた。

左翼方面においては、国吉台地、前里高地は米軍の馬乗り攻撃を受け、歩兵第32連隊本部（眞栄里東方高地）も攻撃を受け、また有力な米軍は眞栄里南方1キロの伊敷付近に進出してきた。

牛島軍司令官は東部正面の作戦指導を敏速適切にするため、第62師団司令部の摩文仁進出を命じた。第62師団長は、18日夜参謀長以下作戦指導に直接必要な少数人員とともに摩文仁に進出した。

6月17日、バックナー中将から牛島将軍宛の降伏勧告文が届いた。牛島将軍は、「いつの間にか、俺も歩兵戦術の大家にされてしまったな」と破顔一笑されていた。[*305]

しかしすでに軍今後の戦闘は、万をもって数える残存将兵をただ死せんがために闘わす戦いに過ぎない状況となっていた。米軍に与える損害は極めて少なく、行動の自由を許すまでに弱化した軍の戦力では、もはや戦略なく、ただ米軍に、その問題にならぬ豊富な鉄量を、殺傷に乱費させるだけであった。[*306]

6月17日、第32軍司令官牛島中将は、「153（八重瀬岳）高地は、全軍の最終の運命を決する緊要な地点である。なお、同高地に関して今まで出された命令が無視されたことは、軍司令官として遺憾である」と述べた。これにともない6月18日未明、1個大隊をもって153高地の奪回攻撃を行ったが全員戦死した。

6月17日夕刻には、米第10軍の諸部隊は国吉高地、153高地（八重瀬岳）、115高地の各峰に沿い堅固な前線を確保した。この高地を確保したことによって初めて約8平方マイルに及ぶ第32軍占領地の全域を南に見下すこともできた。第32軍は、その最後の防御地域から脱出しなければならなくなり、またその破滅を防ぎえる何物もないことを自覚せねばならなかった。また、その軍紀と士気は約8日間の敗戦により弱化して完全に崩れ去り、ここに第32軍は一団の烏合の衆となってしまったのである。[*307]

独立混成第44旅団は、115高地上の指揮所が米軍第32歩兵連隊に奪取された際に破砕され、ごく少数の落伍者が脱走した。第62師団の兵は、後退して89高地の軍司令部を防御した。歩兵第32連隊の生存者約400名は、国吉台地付近の洞窟一体に散開していたが、ここで戦闘が南へ移るにつれ、そのままそこに残留して潜んでいた。第24師団の残余は真栄平付近の司令部に後退した。[*308]

●米軍による飛行場の増設

米軍が独自に建築した最初の飛行場は、6月17日に完成した。そして月末までに5つの飛行場が使用され、そしてさらに予定されていた18の内の8つは、爆撃機部隊の要求に応じるため建築の途上にあった。

当初司令部の建設部隊の仕事は、飛行基地の開発や道路の整備だけではなかった。住民の道路は１６０マイル以上にわたって2車線に拡張され、また4車線の公路が37マイルにわたって新しく建設され、ますます増加する補給や部隊の交通量に対応した。新しく海辺を開き桟橋を建設し、集積所を作った。数万の兵士や住民の需要のため十分な水道が開発された。現在および予定の航空ガソリンの需要に応じるためパイプラインが建設された。日本に対する戦争のために必要な数百の本部司令部、病院及び倉庫の建築の作業は着々と開始された。日本軍の組織的抵抗が終わったのち、兵站の重点は将来作戦の準備へと移行した。[*309]

(2) 第32軍最後の命令

●６月18日の戦況——牛島第32軍司令官の決別電とバックナー第10軍司令官の戦死

一方、沖縄の南の端においては、引き続き激しい戦闘が行われた。右翼正面においては、独立混成第44旅団司令部を始め残存部隊は分断、孤立の中によく奮戦し、独立歩兵第12、同第13大隊は多大の損害を生じながらも米軍の摩文仁方面への突進阻止に奮戦を続けたが、戦力はほとんど尽きていた。

中央部付近においては、第24師団は必至防戦に努めたが損害続出し、米軍は新垣北側高地、真栄平北東方高地、１５８高地南方地区に逐次進出してきた。

左翼方面においては、眞栄里（歩兵第22連隊）、国吉（歩兵第32連隊第1大隊）、眞栄里東方台地（歩兵第32連隊本部、第3大隊）の部隊は孤立の中に頑強な抵抗を続けた。

第32軍は八重瀬岳を拠点とする東部戦場を保持しようと努力したが、既に戦力の尽きた第62師団ではどうすることもできず、遂に八重瀬岳を放棄し、第62師団長が意見具申した与座岳を拠点とし、現展開線をもって、軍右翼の抵抗線とせざるを得ない状況となった。

第62師団長藤岡中将が命じた部署概要は、具志頭—米須を連ねる線の右に独立歩兵第12大隊を第一線とする歩兵第63旅団の2個大隊（独立歩兵第12、第14大隊）、左に独立歩兵第15大隊を第一線とする歩兵第64旅団の3個大隊（独立歩兵第15、第21、第22大隊）を配置し、独立混成第44旅団は与座、仲座を拠点とし、全滅するまで防戦するというものであった。

第32軍司令官は、6月18日夕、次の決別電を参謀次長及び第10方面軍司令官宛に発電した。*310

決別電（六月十八日　球参電第６３５号）

大命を奉じ挙軍醜敵撃滅の一念に徹し勇戦敢闘ここに三箇月全軍将兵鬼神の奮励努力にも拘らす陸海空を圧する敵の物量制し難く戦局正に最後の関頭に直面せり　麾下部隊本島進駐以来現地同胞の献身的協力の下に鋭意作戦準備に邁進し来り敵を邀ふるに方つては帝国陸海軍航空部隊と相呼応し将来等しく皇土沖縄防衛の完璧を期せしも　満（筆者：牛島軍司令官の名）不敏不徳の致すところ事志と違ひ今や沖縄本島を敵手に委せんとし負荷の重任を継続する能はす　上　陛下に対し奉り下国民に対し真に申訳なし　茲に残存手兵を率い最後の一戦を展開し一死以て御詫ひ申上くる次第なるも唯々重任を果し得さりしを思ひ長恨千載に尽るなし　最後の決闘に当り既に散華せる麾下数万の英霊と共に皇室の弥栄(いやさか)と皇国の必勝とを衷心より祈念しつつ全員或は護国の鬼と化して敵の我か本土来寇を破砕し或は神風となりて天翔けり必勝戦に馳せ参するの所存なり　戦雲碧々たる洋上尚小官統率下の離島各隊あり　何卒宜敷(よろし)く御指導賜り度切に御願ひ申上く　茲に平素の御懇情、御指導並に絶大なる作戦協力に任せられし各上司並に各兵団に対し深甚なる謝意を表し遥に微衷を披歴し以て訣別の辞とす

矢弾尽キ天地染メテ散ルトテモ　魂還リ魂還リ皇国護ラン

秋ヲモ待タテ枯レ行ク島ノ青草ハ　帰ル御国ノ春ヲ念シツツ（皇国ノ春ニ甦(ヨミガエ)ラナム）（　）は中溝日誌による。

かくて第62師団は、熾烈な砲火をおかして機動を開始し、18日摩文仁、真栄平東側地区に進出したが、

たちまち優勢な敵と衝突して戦闘を惹起し、奮戦状態のうちに刻々戦力を失っていった。

一方、善戦して敵を阻止し続けていた第24師団方面でも、逐次戦力を消耗して、真栄里正面の歩兵第22連隊は17日連隊長以下ほとんど全滅し、18日には戦車を先頭とする敵が同方面から侵入してきた。

●第32軍最後の命令を起案

6月18日、首里戦線末期の場合と同様、摩文仁軍司令部でも彼我重機関銃の音が近く賑やかに聞こえ出した。各兵団との電話は全く通じず、無線のみがときどき思い出したように通じる。やむを得ず用いる徒歩伝令も必死である。暗くて陰惨な軍司令部洞窟に伝わる報告は、今や「某連隊長戦死、某大隊全滅！」といったものばかりであった。八原高級参謀は、われわれは為すべきをなし尽くした。手元には一兵の予備もない。喜屋武陣地の戦闘は思ったより脆かった、と感じずにはおれなかった。

そして軍司令官は、麾下各部隊に下すべき最後の命令の起案を命じた。[*311]

作戦命令は戦闘開始以来、積もり積もって二つの大冊となっていた。長野参謀が八原高級参謀に向かい、「高級参謀殿、これが最後の命令です。参謀ご自信で起案してください」という。八原高級参謀は、「命令の大部分は貴官に起案してもらった。最後の命令も貴官にお願いしよう」と彼に任せた。「親愛なる諸士よ、諸子は勇戦敢闘実に三箇月、未曽有の悲惨なる状況下によく所命の任務を完遂し」と書き始めた。そして、「今や戦線は錯綜し、通信も亦絶え、予の指揮は不可能となれり。自今諸子は各々その陣地に拠り、所在上級者の指揮に従い、祖国の為め最後まで敢闘せよ。さらばこの命令が最後なり」と結んだ。[*312]

右命令案を指導した長参謀長は、例のごとく筆に赤インキを浸し、墨痕淋漓（ぼっこんりんり）次の如く加筆した。「……最後迄敢闘し、起きて虜囚の辱めを受くることなく、悠久の大義に生べし……」、軍司令官はいつものように、完全に終始一貫し、黙って署名した。[*313]

●バックナー第10軍司令官戦死

海兵隊戦線を視察中の第10軍司令官サイモン・B・バックナー中将（手前）と第６海兵師団長レミュエル・C・シェパードJr少将
Center of Military History *The War in the Pacific OKINAWA: THE LAST BATTLE* (United States Army Washington,D.C.,1984), p.460.

バックナー中将は、６月18日正午過ぎに、沖縄の西南端付近における第２海兵師団第８海兵隊の前進観測所に立ち寄った。この師団は、４月１日及び19日に湊川正面に陽動を行ったのみで沖縄本島には初めて上陸した。バックナー中将はここで戦闘進捗の状況を視察、指導しようと丘を登って行った。ほとんどのものは物陰に隠れていたが、バックナー中将は頂上の岩の上に立っていた。海兵隊は谷を越えて攻撃していた。バックナー中将の鉄棒には星が描かれていたため、普通のヘルメットに変えた。そのあとすぐにカメラマンが彼の写真をとった。バックナー中将は次の部隊に移動しようとした時、日本軍の47㎜砲弾が彼の隣の岩に当たった。その時バックナー中将の胸にはサンゴの破片が埋め込まれていた。[*314]

一方、米陸軍公刊戦史『沖縄：最後の戦い』には、「１３１５、日本軍の加農の一弾が、観測所の直上で爆発した。その時の爆発によって破壊された珊瑚礁の破片が将軍の胸を撃ち、将軍はその場に倒れて10分後死んだ」とある。[*315] また、米海兵隊戦史『沖縄：太平洋の勝利』には、日本軍砲兵は、多分これを目標として５発の砲弾を撃ち込んだ。バックナー中将は破片を受けて重傷し、間もなく死亡したとある。[*316]

バックナー第10軍司令官が戦死したため、沖縄における次級指揮官ロイ・S・ガイガー少将が、ここで第10軍の指揮を執った。そして６月23日には、後任としてジョセフ・W・スチルウェル中将が任ぜられた。[*317]

逃げ場を失った日本兵の北部などへの潜入は、６月18日夜の間に探知された。照明弾は一晩中南部沖縄一帯に打ち上げられ、機関銃射撃の音は夜中ほとんど絶え間なかった。この夜間移動は、数夜の後最高に達して、米第７師団だけで５０２名の日本兵を殺した。潜入日本兵は積極的でなく、武器もただ自己の護身用のみを携行していた。それは北方に逃れること、又は住民中に身を隠すことに主な関心があったからである。[*318]

●６月19日の戦況――組織的抵抗の終了と最後の命令

６月19日、仲座、八重瀬、真栄里の３方向から迫った敵により、第32軍はわずかに司令部の所在する摩文仁地区と、第24師団司令部のある真栄平地区を残すのみとなって、戦闘は決定的段階を迎えた。、戦車は摩文仁の89高地を砲撃する状況となった。

また軍砲兵隊の大部は破壊され、弾薬もほとんど尽き歩兵戦闘に移った。しかし、残存の高射砲などはなお対戦車射撃を実施し、最後まで勇戦を続けた。

軍司令官は、いよいよ第32軍の運命も尽きたことを認識して19日指揮下部隊に対して最後の命令を下達した。[*319]

最後の軍命令（六月十九日）

「全軍将兵の３ケ月にわたる勇戦敢闘により遺憾なく軍の任務を遂行し得たるは同慶の至りなり　然れども今や刀折れ矢尽き軍の運命旦夕に迫る　既に部隊間の通信連絡杜絶せんとし軍司令官の指揮は至難となれり　爾今各部隊は各局地における生存者中の上級者之を指揮し最後迄敢闘し悠久の大義に生くべし」

この日、軍司令官、幕僚全員でわずかに残っていた缶詰類や酒で訣別の宴が張られた。軍司令官は泰然とし、軍参謀長は意気軒昂であった。

６月19日夜、八原高級参謀以外の軍参謀及び司令部の将兵約20名が大本営連絡或いは遊撃戦の任務を受けて司令部洞窟から出撃した。長参謀長は玉砕の虞があるときは、教訓を次期作戦に活用するために主要な参謀を生還させることを主義としていた。なお、軍の各参謀に与えられた任務は次の通りである。八原高級参謀―大本営報告、木村、三宅参謀―沖縄本島各地に潜入して地下工作、薬丸、永野参謀―遊撃戦の展開、である。[*320]

●第10方面軍司令官からの感状

6月19日、第10軍方面軍司令官安藤利吉大将は、第32軍及び配属部隊に対し感状を授与した。感状は20日、第32軍司令部にも到着し、司令官以下感激し、感謝の返電が出された。[*321]

感状　　牛島部隊　同配属部隊

右は陸軍中将牛島満統率の下三月下旬以降沖縄方面に上陸せる優勢なる敵に対し熾烈なる砲爆撃の下孤立せる離島に決死勇戦三閲月此の間克く其の精神を発揮し随所に敵の攻撃を破砕して之に甚大なる損耗を強要し以て皇軍の威武を中外に宣揚せしのみならす多数の敵艦船を牽制し我が航空作戦の偉大なる戦果獲得に寄与せる処甚た大なり

是軍司令官の適切なる統帥の下挙軍一体尽忠の誠を致し平素訓練の清華を遺憾なく発揮せる結果にして其の善戦敢闘は真に全軍の亀鑑たり　仍て茲に感状を授与す

昭和二十年六月十九日　第十軍方面軍司令官

6月20日、方面軍から届いた感状を読んで八原高級参謀は歓喜した。当初から敗れるに定まった戦闘、――本土のための戦略持久――であり、善戦よく任を尽くしたと確信してはいたが、上級指揮官から認められたのである。心から湧き出る新しい喜びは禁ずることが出来なかった。

八原高級参謀は、参謀長室に急いだ。横臥していた参謀長はすぐ起き上がり、ロウソクに火を点じて貴官読んでくれと言う。牛島軍司令官も、ここで聞いているよと言う。八原高級参謀は感慨を抑えつつ、静かにゆっくりと読んだ。聞き終わった両将軍は、しばらく瞑目、至極満足そうであった。[*322]

バックナー中将戦死の翌日19日、第96師団副師団長クローデユース・M・イーズリー准将も戦死した。イーズリー准将は、典型的な第一線軍人である。彼は当時、日本軍の機関銃の位置を指摘していた。そこへその機関銃からの２発が将軍の前額部に命中したのである。[*323]

●６月20日の戦況

軍司令部と各兵団との連絡はほとんど途絶し状況は判然としなかったが、摩文仁を中心とする地区、新垣及び真栄平を中心とする地区に戦闘が激烈であった。

第24師団長は６月20日、師団の組織的戦闘は困難であると考え、「各部隊は現陣地付近を占領し最後の一兵に至る迄敵に出血を強要すべし、苟も敵の虜囚となり恥を受くる勿れ　最後の忠節を全うすべし　隣接部隊と合流するを妨げず」との要旨の訓示をした。

梅津参謀総長上奏時（第32軍最後電）、天皇陛下から、

第三十二軍ハ長イ間？軍？敵ニ対シ孤軍奮闘シ、敵ニ大ナル損害ヲ与ヘ大層ヨク奮闘ス。然モ最後ノ段階ニ迄立派ニヤッテ、国軍ノ為ア〔？〕リテロウニ

との御言葉を賜った。[*324]

日本兵の大量投降は、米第10軍が、日本兵をほとんど水際に圧迫するまで始まらなかった。しかし、心理戦実施計画の強化後は、投降は目に見えて増加してきた。戦闘のはじめ７日間に第10軍が捕らえた捕虜は、平均１日４人以下であったが、これが１日に50人以上に増えたのは、６月12日から18日の間であった。そして６月19日、第６海兵師団と第７歩兵師団が東西の海岸に向かい機動前進した際、３４３名の日本兵が自発的に投降した。

６月20日午後、米第32歩兵連隊は、89高地の東端を奪取した。これは海に面した大自然洞窟であって、ここに牛島将軍の幕僚と司令部があった。同日、９７７名の捕虜が捕らえられたが、これは太平洋戦争中

前例のない成果であった。

日本軍の人員損耗は、6月中旬までは1日平均1000名であったが、6月19日には約2000名、翌日は 3000名と飛躍して、6月21日には4000名以上に達した。この甚大な戦死者の増加は、彼我兵力の急激な不均衡と、多数兵士の自決によるものであった。戦闘の最後の数日間、腹と右手が爆砕されて飛び散っている多くの死体が発見された。それは手榴弾による自爆の明白な証拠であった[*325]。

5月下旬以来、陸軍中央部では、天号航空作戦から全面的に決号準備に転換していたが、6月20日大命を下達し、第10方面軍に「第10方面軍司令官は、台湾及び先島列島方面に来攻する敵を撃破するとともに南西諸島方面敵空海基地の制圧を図り本土方面全般の作戦を容易ならしむべし」旨の新任務を付与するとともに、奄美諸島以北の部隊を第2総軍に転属した[*326]。ここに正式命令をもって本土方面全般作戦寄与という任務が示されたのである。これまではすべて第32軍が上級部隊、中央の意図を推察し、自らの地位、役割から何をなすべきか、つまり作戦目的を忖度して作戦に臨んでいたのである。

(3) 米第10軍による占領宣言と第32軍の最後

●6月21日の戦況――各司令部の玉砕と米第10軍による占領宣言

依然南部地域で戦闘が続き、各部隊は微力ながら拠点に拠って最後の奮戦を続けており、米軍戦車は摩文仁高地に進出してきた。

6月21日、軍司令部は真栄平宇江城にある第24師団司令部と最後の連絡を行い各司令部ごとに玉砕することに決した。摩文仁高地周辺にある第62師団、独立混成第44旅団、軍砲兵隊の各司令部と軍司令部間は徒歩連絡を続けていた。

この日、陸軍大臣及び参謀総長から軍司令官宛に決別電報が到着し、この電報により米第10軍司令官バックナー中将が6月18日真壁付近で戦死したことが伝えられた。米第10軍司令官の死は、初耳であり、驚愕すべきビッグニュースであった。八原高級参謀は軍司令官の自決に先立ち、敵将を討ち取ったことに無上の愉悦を感じた。沖縄作戦に日本軍が勝ったかのような錯覚を覚えたほどであった。むろん参謀長は踊りださんばかりであった。だが、牛島将軍は、一向に嬉しそうになく、むしろ敵将の死を悼むかのごとくであった。以前参謀連中が将軍の面前で、人の批評をした際、困ったような顔をされるのが常であったが、それと同じである。八原高級参謀はこの時、今更ながら将軍は人間的には偉い人だと襟を正さずにはおられなかった。[*327]

摩文仁89高地
Center of Military History *The War in the Pacific OKINAWA: THE LAST BATTLE* (United States Army Washington,D.C.,1984), p.469.

第62師団長藤岡中将は、6月21日夜（22日0200頃）摩文仁地区において、「今やわがこと終われり」と剣を抜いて自刃し、同席の旅団長以下これに倣った。

独立混成第44旅団長鈴木少将は、国頭地区に転進して遊撃戦を継続すべく決意して、21日夜、残存将兵とともに出撃して敵中突破を図ったが、遂に戦死した。

牛島軍司令官とその幕僚が、摩文仁附近89高地の一連の洞窟内で、第32軍の活動を終結させたとき、米第32歩兵連隊は同高地の広い平坦な頂上を横切って攻撃した。洞窟の入り口は、この高地の中心付近の頂上にあった。別の入り口は海に面する290フィート高の断崖の正面に開いていた。最初の部隊が、第1の入り口に達したのは6月21日正午頃であった。一人の日本軍捕虜将校が、自発的に牛島将軍に今一度降伏の要請を伝達しようと申し出たが、その将校と米軍歩兵が入り口近くに集まったときに、内部から入り口を爆破して自ら封鎖した。一方、89高地頂上の抵抗は強固であったので、米軍は、火焔戦車によって漸くその夕刻、全頂上面から日本兵を排除した。[*328]

6月21日の前線各部隊の急進、及び日本軍の主抵抗の明白な崩壊とによって、ガイガー少将は沖縄島の占領及び組織的抵抗が1305までに終わったことを宣言した。[*329]

首里の崩壊から島尻地区の前線戦闘終了まで（5月22日から6月21日）の間における第10軍の戦死者は、1555名、負傷者6602名であった。

●第32軍の最後（6月22日）

6月22日朝、米第10軍司令部においては、第10軍、両軍団、及び各師団の代表者が整列して、軍楽隊は国家を奏し、そして、隊旗警衛は米国旗を沖縄上に掲げたのである。[*330]

一方、正午頃、摩文仁部落の銃声が止んだ。第32軍司令部では同地守備の司令部衛兵が全滅したものと推定された。約1時間後、軍司令部洞窟の垂直坑道の衛兵が米軍に急襲されて全滅し、米軍の爆薬、手榴弾が洞窟内に投下され、将兵十数名が死傷する事態となった。

軍司令部においては、本来生存者をもって軍司令部台上の89高地山頂を奪回し、明23日黎明を期して全員摩文仁部落方向に突撃し、この間に軍司令官、参謀長は山頂において自決することに決められた。しかし、敵情偵察の結果、山頂奪取の攻撃を中止し、海に面する坑道口外の位置で自決することとなった。

6月22日、米軍の攻撃は摩文仁部落から逐次摩文仁高地に及び、軍司令部の洞窟も直接攻撃を受けるようになった。ここにおいて第32軍司令部もいよいよその最後を飾ることとし、22日摩文仁山頂を奪回、23日黎明を期して出撃し、この間に軍司令官、参謀長自刃の手筈が進められた。

牛島軍司令官は通常礼装に着替え、長参謀長は純日本式の白の肌着に自筆で墨痕鮮やかに「忠則盡命盡忠報国　長勇」と記して着用した。[*331]

両将軍は、二、三辞世とも何ともつかぬ和歌や、詩をもって応酬した。八原高級参謀ははっきり聞き取ることが出来なかったが、参謀長は、沖縄を奪取された日本は、帯を解かされた女と同じもんだと、ダジャレを言われたのを記憶する。八原高級参謀が後日知った正確な辞世は次の通りであった。

牛島中将　秋待たで枯れ行く島の青草も　み国の春に　よみがえらなむ
　　　　　矢弾つき天地そめて散るとても　天がけりつつみ国護らむ
長中将　醜敵締帯南西地　飛機満空艦圧海　敢闘九旬一夢
　　　　裡　万骨枯尽走天外

いよいよ時間も迫るので、洞窟内に残ったものが、皆一列になって次々と将軍に最後の挨拶をした。[*332]

参謀長は、自決の直前、八原高級参謀に「沖縄戦はどんな作戦を採っても、結局我が軍は負けるに決まっていた。お前は本土に帰っても作戦の是非を論ずるな」といった。[*333]

牛島、長両将軍は、23日0430、黎明の摩文仁で自刃した（軍司令官57歳、参謀長49歳）。牛島軍司令官、長参謀長の遺体は、6月25日第32歩兵連隊の斥候が、89高地の海に面する断崖の脚で死体を発見した。[*334]

牛島軍司令官と長参謀長が自決した89高地の海側斜面
Center of Military History *The War in the Pacific OKINAWA: THE LAST BATTLE* (United States Army Washington,D.C.,1984), p.469.

● 6月23日の戦況――続く掃討

6月23日頃には各部隊の組織的戦闘はおおむね終了し、小部隊毎に洞窟陣地に拠って各個の戦闘が続いた。その一方で、米軍は降伏を呼び掛けるとともに掃討作戦を続けた。

残存将兵の相当数は、国頭地区への突破を企図し、中央地区或いは東西両海岸沿いに北上したが、米軍の警戒網に懸かり多くのものが戦死した。果敢な夜間斬り込みを実施した将兵も相当に在り、自決者も多数生じた。

米軍は将兵に降伏を呼び掛けるとともに、一般住民に対し知念半島方面への移動を勧告した。この際、一般住民に兵士の混入を除くため、厳しい審査を行った。[*335]

6月23日、米第10軍は南部沖縄における第32軍の残存兵を除去するため、徹底的な計画的掃討作戦を開始した。本計画によって、第24軍団と第3海兵軍団は、この特別任務完遂のため、行動地帯と3本の固定統制線を割り当てられた。この任務は10日間を要するものであった。島の南端における第1統制線に達した後、両軍団は転じて2つの統制線を経て北進し、ついに那覇―与那原谷地に達した。日本兵が島の北部へ潜入するのをすべて防ぐため、島の横断道路である那覇―与那原道に沿い、1本の阻止線が設けられた。掃討は予定の時日よりも早く、6月30日、成功裏に完了した。[*336]

この時、第24師団司令部は、軍司令部の玉砕後も真栄平南側宇江城の洞窟にこもって抗戦を続けたが、6月30日、師団長雨宮中将以下各幕僚は、ともに壮烈な自決を遂げた。

第32軍司令部及び各兵団の玉砕後、なお残った各部隊は局地毎に戦闘を続けたが、6月末頃までにはおおむね部隊としての組織を失い、残存将兵は各地の洞窟に潜伏して遊撃戦を続けた。しかしこの間にあっても、連隊長以下団結を保って、終戦を確認した後、武装解除に応じた歩兵第32連隊のような例もあった。

6月23日から30日までの間の米軍の戦闘損耗は783名となり、その大部分は掃討作戦のはじめ3日間に生じたものである。[*337]

かくして200名以上の将校と3339名の非武装労務者を含み、7401名の日本兵が第10軍部隊に投降した。[*338]

12　戦い終わって

⑴　大本営発表

6月25日1430、大本営は「軍官民一体の善戦敢闘三ヶ月」の見出しのもとに沖縄陸上作戦の最終段階を次の通り発表した。[*339]

1　6月中旬以降に於ける沖縄本島南部地区の戦況次の如し

(イ)　我が部隊は小禄及南部島尻地区に戦線を整理したる後優勢なる航空及海上兵力支援の敵七個師団以上に対し大なる損害を与えつつ善戦敢闘しありしが、六月十日頃より逐次敵の我が主陣地内浸透を許すの已むなきに至れり

(ロ)　大田實少将の指揮する小禄地区海軍部隊は我主力の南部島尻地区転進掩護に任じたる後六月十三日全員最後の斬込を敢行せり

(ハ)　沖縄方面最高司令官牛島満中将は六月二十日敵主力に対し全戦力を挙げて最後の攻撃を実施せり　二十二日以降状況　詳(つまびら)かならず

(ニ)　爾後、我が将兵の一部は南部島尻地区内の拠点を死守敢闘しあるも六月二十二日以降細部の状況詳かならず

2　我航空部隊は引続き好機を捕捉し同島周辺の敵艦船及航空基地を攻撃すると共に地上戦闘に努力しあり

3　作戦開始以来敵に与えたる損害は地上に於ける人員殺傷約八万　列島線周辺における敵艦船撃沈約六〇〇隻なり

4　沖縄方面戦場の我官民は敵上陸以来　島田知事を中核とし挙げて軍と一体となり皇国護持の為終始敢闘せり

そして26日には、沖縄の皇軍、最後の攻勢敢行の大本営発表があった。[*340]

陸軍最高司令官　中将牛島満　六月二十日、最後の攻撃
海軍陸戦隊長　少将大田實　六月十三日、最後の攻撃
沖縄県知事　島田叡
　敵の出血八万、六百隻撃沈破

(2) 琉球地区司令部の設置とアイスバーグ作戦の終了

7月1日、作戦指揮の進捗に伴い、スティルウエル中将は、琉球地区司令部を設置した。彼は統合派遣軍司令官として、直接ニミッツ提督に対し、全占領地区と25マイル以内の水域の防御と開発に関し、責を負うこととなった。太平洋戦域司令長官は戦隊31（ＴＦ31）を解散し、ヒル提督とその幕僚は真珠湾に転任した。コップ海軍少将がスティルウエル中将の下にある琉球海軍部隊の指揮官として後を継いだ。同様に、第10軍戦術航空隊は、琉球戦術航空隊と改称した。来たるべき日本本土に対する作戦の調整と支援に必要な莫大な努力を指揮することがスティルウエル中将の任務となった。[*341]

そして7月2日、スティルウェル中将はアイスバーグ作戦を終了し、7月2日、琉球会戦は終了したと布告した。[*342] バックナー中将が部隊を率いて渡具志海岸に上陸してから91日が経過していた。

(3) 米国が得た沖縄の価値

米軍が沖縄に支払った価値は高価なものであった。米軍死傷者の総計は、対日作戦の他のいかなるとこ

ろで経験したものよりも多かった。米軍人員の戦闘損耗は、合計４万９１５１名、このうち１万２５２０名は戦死又は行方不明で、３万６６３１名が負傷者である。

陸軍損耗は、戦死４５８２名、行方不明93名、傷者１万８０９９名であった。海兵隊の損失は、戦術航空軍を含み、死者と行方不明２９３８名、傷者１万３７０８名であった。海軍の人員損耗は、死者と行方不明の合計４９０７名、傷者４８２０名であった。本会戦中、非戦闘損耗は、陸軍で１万５６１３名、海兵隊で１万５５９８名に達した。船舶の損耗は、沈没36隻、破損３６８隻で、その大部分は航空攻撃の結果である。航空機の損失は、４月１日から７月１日までの間において、７６３機であった。（沖縄を防守する努力において日本軍は、約11万名の生命を失い、かつ７４００名以上が捕虜となった。また、７８００機の航空機を失い、16隻の艦船を沈め、４隻を破損した。）

しかしさらに重要なことは、米軍が九州から３５０マイル以内において、６４０平方マイルの土地を得たことである。[343]

この沖縄の軍事的価値は一切の希望を超越した。沖縄を基地とするＢ－29による日本本土に対するその最初の、また最後の攻撃使命の遂行は、大戦の最後の夜になるまでできなかったものの、[344]沖縄は、多数の部隊を駐屯させる十分な広さがあり、日本本土に対する多くの飛行場を提供し、また沖縄は日本の門戸に作戦を継続するための艦隊碇泊地を与えた。戦闘が終了するや否や、沖縄の米軍部隊は腰を据えて、日本本土上の戦闘に対する準備を開始した。[345]

第4章　作戦第一主義と住民

1　沖縄県民と軍

沖縄戦において、自らの郷土で、自らの家屋敷を砦とし、戦線の前後、老幼婦女子の区別なく、就中、日本軍主陣地帯の崩壊後の島尻地区の軍官民混淆の中で最後まで戦った沖縄戦の場合には、結局家ぐるみ、村ぐるみ、そして島ぐるみ戦闘に協力したといっても過言ではない。[*1]

昭和19年末の沖縄県の人口は約59万で、そのうち約49万が沖縄本島地区に在住した。[*2]そこに6万人の軍隊が駐留し、戦場となったのである。

当時の沖縄県民は、陸上自衛隊初代沖縄混成団長の桑江良逢（陸軍士官学校55期）が「沖縄で戦前、兵隊と言ったら、徴兵業務をやる連隊区司令部に勤務する軍人と、学校の配属将校、それだけだな。部隊はいなかったんだ。……兵隊というものに対する接触がないわけだ」というように全く異色の人々が突然現れ、戦場となった。[*3]

日本陸軍は、明治10年の西南戦争以降、国土での戦いを経験したことがなく、また、日露戦争後は、満州の大陸、太平洋が予想戦場であり、住民を包含して戦うという国土戦について、十分な研究を行わなかった。したがって沖縄戦においては、住民に対する配慮に欠ける点が、多々生じた。一方、官・民においても住民を巻き込んだ国土戦など全く念頭になく、国土戦における官民の行動などについて、研究・教育・指導・訓練など実施されず、せいぜい防空訓練を実施した程度であった。[*4]

一方、昭和19年初頭頃における沖縄県民としては、馬渕新治（元引揚援護局厚生事務官、大本営参謀）が「沖縄戦における島民の行動」（防衛研究所戦史研究センター所蔵）に記しているように、「沖縄人にとっては、乾坤一擲、今次大戦こそ沖縄人が日本人としての真の力を発揮せんという気概に満ち満ちていたことが窺えるのでありまして、軍の作戦遂行上沖縄住民の指導は全般的に非常にやりやすい環境におかれていたといい得るのであります[*5]」という側面もあった。こうしたことから、県民はあげて軍と一体となり戦争準備、続いて敵上陸後は作戦遂行に協力した。そのような中で、沖縄県民の日常は、昭和19年3月22日、第32軍の創設によって戦時体制から戦場態勢に巻き込まれていく。[*6]

2　戦没者とそこから見えるもの

沖縄戦における戦没者数は、『沖縄県史Ⅰ　通史』に次のような数値がある。[*7]

①一般住民　3万8754人　②同上（戦闘協力者）　5万5246人

（①と②の合計　9万4000人）

③沖縄県出身軍人軍属　2万8228人　④県外の日本軍人　6万5908人

（③と④の合計　9万4136人）

合計　18万8136人　（米軍将兵　1万2281人）

ここでいう戦闘協力者とは、軍人軍属以外で、「戦傷病者等遺族援護法」の適用を受ける同法第二条第三項第二号の戦闘参加者であり、弾薬・食料・患者等の輸送、陣地構築、壕の提供などの戦闘協力をしたと認定された者で、具体的には厚生省引揚援護局援護課と琉球政府社会局援護課が現地調査に基づき協議調整した「戦闘参加者概況表」に示された、次の20事例に該当するものである。①義勇隊、②直接戦闘、③弾薬・食料・患者の輸送、④陣地構築、⑤炊事・救護等の雑役、⑥食料供出、⑦四散部隊への協力、⑧壕の提供、⑨職域（県庁職員・報道関係者）、⑩区（村）長としての協力、⑪海上脱出者の刳船輸送、⑫特殊技術者、⑬馬糧蒐集、⑭飛行場破壊、⑮集団自決、⑯道案内、⑰遊撃戦協力、⑱スパイ嫌疑による惨殺、⑲漁労勤務、⑳勤労奉仕作業、これらの事例が示すように、沖縄戦は、多方面に住民を巻き込んだ悲惨な戦いであったといえるのである。[*8]

さらにこの内訳を年齢別、ケース別に検討すると国内戦の様相の一端が窺える。

以下、陸軍関係戦闘協力者4万8509人（昭和35年3月末申告数）について年齢別に区分すると、75歳以上383名、14歳以上74歳まで3万6633名、14歳未満1万1483名となる。さらに14歳未満の死没者数を表示すると次のようになる。

13歳—1074人、12歳—757人、11歳—696人、10歳—715人、9歳—697人、8歳—748人、7歳—767人、6歳—733人、5歳—846人、4歳—1009人、3歳—1027人、2歳—1244人、1歳—989人、0歳—181人、計1万1483人

これで行くと5歳以上の死没者が各年齢に概ね7—800名であるのに対して、4歳以下がおおむね千名を超えている。これは、14歳未満の死没者が全死没者の1／5強に相当する一事とともに、なかでも小児、幼児の被害が多いという国内戦の悲惨な実情を示している。

これを次に「ケース」別に区分すると次のようになる。壕提供—1万101、炊事雑役救護—343、自決—313、糧秣運搬—194、四散部隊への協力—150、保護者とともに死亡したもの100、弾薬運搬—89、陣地構築—85、糧食提供—76、友軍よりの射殺—14、伝令—5、患者輸送—3、これは14歳

未満の死没者に対する統計であるが、これらのケースは国内戦における沖縄県民の果たした業務内容を如実に示している。[*9]

これこそ予想戦場における住民対策の不徹底がもたらした悲惨な結末といえよう。

3　一般疎開

(1) 疎開の決定

住民避難は、国内戦遂行の観点から平時状態から戦場への切り替えのための行政措置中最も重要な施策であった。[*10]住民避難における「疎開」とは、沖縄県外へ引き揚げることであり、距離的に遠いところに、時間的に長い期間滞在することである。「避難」とは、県内の安全と思われる地区へ移ることで、距離的に比較的近いところに、時間的に短期間滞在することである。[*11]

政府は、昭和19年3月3日に「一般疎開促進要綱」を閣議決定し、疎開政策の推進を図った。空襲時に足手まといとなる老幼婦女子を予め都市部から退去させることで、防空体制を強化することが目的であった。マリアナ諸島の戦いが絶望的となった同年6月30日には、「学童疎開促進要綱」を閣議決定し、東京など都市部の国民学校初等科3年生から6年生を、農村部などに集団で疎開させることにした。これには将来の戦力を温存する目的もあり、同年9月25日には、全国の集団疎開児童数は40万1521人に達した。[*12]

沖縄県民の県外疎開（引き揚げ）問題に付いて、具体的に考え始めたのは陸軍中央部であった。昭和19年6月15日、米軍がサイパン島に上陸し、いわゆる「絶対国防圏」の一角が崩れ始め、陸海軍がサイパン島奪回を断念した6月24日頃、大本営陸軍部第1部長真田穣一郎少将は、「南西諸島女31万、上／7迄ニ2万、下／7～上／8　2万　計4万ハ移レル」[*13]と日記に記しているように、初めて南西諸島の島民の引き揚げ問題に付いて具体的に考え始めた。6月28日の陸軍省局長会報において、富永恭二陸軍次官は、「小笠原ト硫黄島・沖縄・大東島・先島ノ石垣島土民ヲ引キアゲル様ニシテ居ル。問題ガアルカラ外ヘ漏レヌ様ニ」と述べている。[*14] また、この頃、真田第1部長は、沖縄に派遣される長勇少将に「球（筆者：第32軍）ノ非戦闘員（女子供老人）ノ引揚ノ事」について研究するように指示した。[*15] 長少将は、木村正治中佐（7月8日付で第32軍後方参謀）を伴って、7月1日那覇に到着し、精力的に現地を視察して廻った。[*16]

長少将は、大東島・宮古島までにも足を運ぶなど精力的に現地を視察中、7月8日付で第32軍の参謀長に補職された。第32軍は、長少将の現地視察を踏まえて、中央に島民の島外疎開を上申した。折しも、サイパン島が陥落し、在留邦人約1万人が軍とともに戦没したことから東條内閣は7月7日緊急閣議を開催し（この記録は残っていない）、第32軍守備地区（鹿児島県奄美大島・沖縄県）の住民を島外に引き揚げさせることを決定し、鹿児島・沖縄両県にその旨を指令した。陸軍もまたその旨を第32軍司令官に指示した。[*17]

第32軍は、おそらく長少将の現地視察を踏まえて、陸軍省に沖縄島民の県外疎開を上申したのであろう。サイパン島が陥落した7月7日の陸軍省課長会報において、軍務課長が「沖縄軍司令官より国民引揚げの意見具申あり本日の閣議で認可するならん」と述べている。また、翌7月8日の陸軍省局長会報においては、軍務局長が「球兵団地区の住民は、希望により地区毎に、引揚を世話することになる」と述べている。[*18]

7月7日夜更け、政府から県民の県外疎開の指令を受けた沖縄県は、それまで戦争をそれほど身近に感じていなかったので、非常な衝撃を受けた。ただちに、現地第32軍と協議を始めたものと思われるが、当時、第32軍は、長参謀長が7月11日上京し、真田第1部長に「人口ノQ（問題）60万人、Pr.（食料）三か月分アルノミ、非戦闘員ヲ台湾へ送レ」と述べているように沖縄県民を台湾へ疎開させようと考えていた。[*19] 一方、内務省は、疎開先を九州及び台湾と予定し、その業務を防空総本部に担当させた。同本部業務局救護課長宮崎太一は、同課主任の川嶋三郎事務官に「沖縄本島の住民を九州・台湾のいずれでもよいから、出来るだけ多数引き揚げさせること」という任務を与え、沖縄へ出発するよう命じた。川嶋事務官は、7月16日午後沖縄に到着した。[*20]

この頃、沖縄県においては、疎開を担当する特別援護室は設置されておらず、川嶋事務官は、警察部の特高課長で刑務課長代理を兼務していた佐藤喜一警視と業務の調整を行った。疎開業務は、業務の性質上或る程度の強権も必要と考え、県当局は現地軍と協議して警察部の所管として次のような機構で業務を発足した。

すなわち、警察部に特別援護室を設け、これに室長として地方事務官一、警部二、警部補三、巡査部長及び巡査数名とさらに内政、経済各部より職員を配置した。また、地方の第一線業務は警察署の担当として市町村長を督励し、別に学童疎開は教務課の職員を援護室兼務として促進させ、荒井退蔵警察部長の指導のもと、同部が中心になって管内全域にわたって疎開の趣旨の説明・伝達・指導などにあたった。[*21]

第32軍は、県と協議の結果、軍隊及び軍需品の輸送船の空積みを利用して、大部分を九州方面に、一部を台湾に送ることに決した。疎開者は、非戦闘員の老幼婦女子で、その数は県と協議の過程で約10万人と予定した。[*22]

10万という数字は、沖縄県知事泉守紀(いずみしゅき)が、7月26日付で内務次官山崎巌に提出した「警察官ノ疎開家族ニ対スル臨時生活費補助ニ関スル件」が初めてである。泉知事は内務次官に、「六十万県民の食糧需給の問題は、最も重要なる事案として登場すべきは必定なるに依り、当地軍当局に於ても、深くこの点を憂慮せられ、防空防衛上、在留を要せざる人員の県外転出を要請し来たりたるを以て、協議の結果、国防上、軍の手足纏(まとい)となる老幼婦女子約十万人を、別紙転出要綱に依り他府県及台湾に転出せしむべく勧奨指導し、既に引揚開始中なり」と述べ、10万人という具体的数字を出すとともに、「県外転出実施要綱」を作成添付して提出した。[23]

「県外転出実施要綱」

第1　方針　皇土防衛確立ノ大局的見地ヨリ県内ニ在住スル老幼病者婦女ニシテ他府県又ハ台湾ニ転住ヲ希望スル者ハ早急ニ転出セシメ以テ防空防衛態勢ヲ強化セシムトス

第2　要領

1　実施区域

沖縄本島、宮古島、石垣島、西表島ニ限定ス

2　転出ヲ認ムル範囲

六十年以上十五年未満ノ者、婦女、病者トス

婦女ノ転出ハ老幼者ノ世話ヲ為ス必要アル者及軍其ノ他ニ於テ在住ノ必要ナシト認ムルモノ

3　転出期日

概ネ七月中ニ於テ実施スルモノトス（以下略）

この計画は、疎開業務推進のため、この頃設置された特別援護室が作成したものと判断される。なお、転出期日を概ね7月中としているが、縁故者はともかく無縁故者については、未だ受け入れ側と十分な調整が出来ていない状況にあって、実行性に問題があった。県外疎開者を10万人と算定したのも、当時60歳以上と15歳未満の者を約29万人としていたので、[24]その三分の一を疎開可能者と見積もったものと推察できる。

この計画によると沖縄県からは本土に8万人、台湾に2万人計10万人が7月中に疎開されることとされ、実施の予算として大蔵省第二予備金から１５００万円が令達された。なお、疎開の輸送は陸海軍の輸送船及び艦艇を利用するものとし、経費は一切国庫負担とされた。

疎開は法的に強制ではなく、いわゆる勧奨の形式で行われ（強い指導は行われたが）、その上隔絶した沖縄県庁は他県や台湾との調整も容易ではなく、事務的にも人情的にも実行には多くの困難が伴った。[*25]

⑵　県外疎開の督励と疎開状況

政府から、老幼婦女子の県外疎開命令を受けた沖縄県は、疎開計画を逐次具体化しつつ、県民に対し、警察が中心になって、疎開の趣旨を伝え、その督励に努めた。[*26] 県庁・地方事務所・市町村役場等の職員も駆け回って疎開の勧奨に努めた。しかし、縁故疎開は別にして、一般の疎開はなかなかその機運が盛り上がらなかった。老幼婦女子を未知の土地へ送る心配、生活不安、郷土への愛着心等のため中々疎開へ踏み切れないものがあった。このような状況にあって、県・市町村では、まず職員の家族を率先して疎開させ、疎開の機運を盛り上げようとした。長参謀長も仲吉良光首里市長の要請を受けて、首里市市会議事堂で講演し、軍が自由に戦えるよう早く県外に疎開するよう訴えた。[*27]

こうして7月21日、第一次疎開者752人が鹿児島に着き、続いて第二次220人、第三次1566人と逐次進展していき、9月15日までには、2万4265人（有縁故者6556人、無縁故者1万7709人）が疎開したのである。[*28] 結局、昭和19年7月中旬から20年3月上旬までに、計画の10万には達しなかったものの延187隻の船で、本土へ約6万人、台湾へ宮古・八重山から約2万人（沖縄本島からの約2千人を含む）が疎開したのである。[*29]

また島外疎開の場合は陸海軍の輸送船艦艇の利用であり、原則として家財道具の携行は認められなかったが、比較的閑散だった初期はある程度の身辺品の傾向が可能であった。然し昭和20年以降における退避者の場合はほとんど携行することが出来なかった。

(3) 県外疎開の受け入れ割り当て

疎開者の受け入れ先をどこにするかは、沖縄県で決定できるものではなく、政府特に内務省が中心になって関係府県と調整し決定すべきものであった。内務省防空総本部は、疎開に関係する厚生省健民局戦時援護課と調整して、係官を疎開者受け入れ予定県に派遣することとした。また、8月2日、九州地方行政協議会は、管内各県内政部長を召集し、本引揚げに伴う輸送並びに受け入れに関する協議会を開き、この会議に沖縄県の泉知事、西部軍の参謀も出席した。[*30]

8月初旬、政府は「沖縄・鹿児島両県引揚民中無縁故者引受ニ関スル件」を決定し、関係府県に次の通り通牒した。[*31]

「沖縄・鹿児島両県引揚民中無縁故者引受ニ関スル件」

沖縄・鹿児島両県引揚民中無縁故ノ引受ヲ左ノ各県ニ割当スルモノトス

1) 引揚民総数
　沖縄　10万（内2万台湾）中8万内地引揚
　鹿児島　3万　　計　11万
2) 無縁故者数
　無縁故者ハ8割ト算定ス
　沖縄　64000
　鹿児島　24000　計88000
3) 引受県
　鹿児島県　24000（鹿児島県住民）
　宮崎県　15000（沖縄県住民）

熊本県　20000（沖縄県住民）
大分県　10000（沖縄県住民）
山口県・島根県　15000（沖縄県住民）
四国各県　15000（沖縄県住民）　計　99000

この通牒を見ると、8月初旬には、山口県・島根県・四国各県までも予定されていたことがわかる。その後、政府は、関係府県と調整を進め、8月24日、先の通牒を一部変更して、引揚者の引き受け割り当てを関係府県に通牒した。その内容は、鹿児島県は鹿児島県住民（奄美諸島の住民）3万人を受け入れ、このため沖縄県住民は引き受けず、沖縄県住民は、次のように各県が受け入れるというものであった。[*32]

宮崎県1万6000人、熊本県2万3000人、大分県1万5000人、佐賀県1万人　合計　6万4000人。このような経緯を経ながら、沖縄県は、宮古・八重山の島民を台湾へ疎開させることに決し、県会議員大浜用立を台湾総督府へ派遣し、その交渉に当たらせ、8月中旬、受け入れ交渉は円満に解決した。[*33]

4　学童疎開

⑴　学童疎開案の浮上

一般疎開の計画準備が進められている折の7月半ば頃、学童疎開が問題となった。一般疎開の場合、当然、学童も家族と一緒に疎開することになるので問題はないが、疎開しない家庭の学童をどうするかが問題になり、学童だけの集団疎開が計画された。学童集団疎開については、文部省の指導があったことは勿論であるが、父兄側からも、せめて子供だけでも安全な所へ送ってやりたいという希望が高まるとともに、沖縄の将来の発展のために優秀な学童を本土へ移しておきたいという願いが、これを推進する背景となった。[*34]

学童疎開の事務は、県内政部教学課が担当することになり、同課は、7月19日、次のように学童疎開の準備を指令した。[*35]

教親第595号　昭和19年7月19日　両支庁長　両市長　三郡国民学校長　殿　内政部長

学童集団疎開準備ニ関スル件

時局の現段階に対処し一億国民総力を挙げて敵反抗に備える国土防衛態勢確立急務なるとき人口疎開の一翼として県下学童を安全地区に集団疎開し戦時と雖も少国民の教育運営に遺憾なきを期し併せて県内食糧事情の調節を図らむが為標記疎開に付き計画致度に付左記事項参照の上速急に可然（しかるべき）措置相成度此段通牒す

「沖縄県学童集団疎開準備要綱」

(1)　疎開の対象

国民学校初等科第三学年より第六学年までの男児希望者を原則とし初等科第一第二学年の者と雖も心身の発育充分にして付添を要せずと認めらるる者は之を許可す　（以下略）

この準備要綱を見ると、時期や受け入れ先も決まっていないが、とにかくできるだけ早く、学童を沖縄から送り出さなければならないと考えていたことがよくわかる。7月19日にこの文書を出し、22日には疎開希望者の概数を報告し、28日には確実な報告をせよと記されている。受け入れ先は決まっていないが、とにかく船便さえあれば早く九州へ送り、着いてから受け入れ先を決めればいいというのが当時の方針であった。この準備要綱第6項に示されているが、疎開はあくまで勧奨であった。また、児童40名に対し、1名の割合で教員を付することとされた。[*36]

⑵ 学童疎開の督励と疎開状況

昭和19年７月19日、「沖縄県学童集団疎開準備要綱」が県内政部長から達せられるや、県内各国民学校長は、職員を動員して学童の家庭を訪問し、学童を安全な所へ疎開させるよう父兄の説得に当たった。父兄たちは、①海上に潜水艦の攻撃という脅威があること、②敵が沖縄に上陸するという確信が持てないこと、③学校が県外に分散していくことになると残留した組も疎開した組もともに不利をのがれないこと等のため、疎開に対し消極的であった。しかし、学校・町内会・部落会を通じての疎開勧奨で次第に疎開へ腰を上げるようになり、８月中旬から逐次、宮崎・熊本・大分県へと疎開が行われていった。[*37]

この学童疎開は、沖縄県民の悠久の発展のため、輸送の可能な時期に、資質の優秀な学童を本土に移し、優れた県民の種族を長く後世に保存しようという、将来への悲願が込められており、疎開学童の素質の選考を重視し、引率教師も県下の優秀な教師が選ばれた。[*38]

学童集団疎開の最終的な総人数は明確でないが、宮崎・熊本・大分県から文部省へ提出された報告書及び文部省の国庫補助金交付文書によると、約７０００人となっている。[*39] 文部省が、沖縄県の学童集団疎開に対する国庫補助金額を検討していた昭和19年11月13日の段階では、宮崎県へ３５００人、熊本県へ３０００人、大分県へ３５００人、合計１万人の疎開が予定されていた。[*40]

⑶ 対馬丸の遭難

昭和19年４月24日大東島の配備につく横田支隊の輸送船が、また同年６月29日、本土から沖縄増強のため派遣された独立混成第44旅団輸送船富山丸が相次いで米軍潜水艦の犠牲となったことは中央、現地軍の厳重な秘密にもかかわらずいつしか住民に伝わった。特に後者の富山丸の遭難は、一瞬にして旅団の戦力を喪失するほどの大損害を蒙り残存兵員が武器も持たず惨めな敗残兵の姿で意気消沈して上陸するのを目撃した住民には今更事態の重大さを痛感し戦局の悪化を推量して「サイパン」島の悲運が再びこの郷土を襲うのではないかという予感をもたらした。[*41]

そのような中、疎開学童約700名は、一般疎開者約1000名とともに対馬丸（6754屯）に乗船し、暁空丸（ぎょうくうまる）、和浦丸（かずうらまる）（この三隻は上海から第62師団を輸送して8月19日那覇に入港した輸送船）とともに8月21日1835那覇を出発した。護衛には駆逐艦「蓮」及び砲艦「宇治」が当たった。しかし、8月22日2215頃、北緯29度30分、東経129度30分（鹿児島の南西約260キロ悪石島（あくせきじま）北西方）において対馬丸は米潜水艦の雷撃を受けて沈没した。遭難被害は学童生存者59名、死者577名（氏名の判明しているもの）、一般生存者168名という大きいものであった。[*42]

引揚者については、「○ウケタ」とか「コヅツミ　トドイタ」などと、あらかじめ示し合わせた暗号で疎開地に着いたことを知らせていた。しかし、対馬丸に乗った人たちからは何の連絡もなかったことから沖縄の現地側が騒ぎ出した。さらに軍が遭難の発表をしなかったため、県庁は各方面から激しく非難された。だが軍は対馬丸が艦籍に登録されているというので、どのようなことがあっても発表はまかりならぬと突っぱねた。しかし、対馬丸の遭難が知れ渡っていくと責任を感じるあまり発狂して自殺をする那覇市の国民学校の校長も出てきた。[*43]

この悲劇は、疎開運動の支障となったのみならず住民感情を刺激して、沖縄に止まっても戦火を受ける、また本土疎開を行えば敵機敵潜水艦が海上で待ち受ける、一体住民はどうすればいいのかと悩んだのである。それに沖縄を去ることは親や夫や子弟と生死を共にすることが出来ないという考え方も錯綜して住民は焦燥不安な気持ちに陥り、さらに軍官の指導力の不徹底は益々これに拍車をかけて一時は住民をして茫然自失の状態にさせたことは国土決戦を目前に据えて住民感情を「マイナス」にした。[*44]

5　島内避難

(1) 南西諸島警備要綱

昭和19年11月、第9師団が抽出され台湾へ転出することとなり、作戦方針は決戦から持久戦に変更され、大幅な配備変更が行われることとなった。当初は、住民は島の内部に移り、軍の掩護下におくこととしていたものが困難になり、加えて12月中旬に政府から「沿岸警備計画設定上の基準」が示されたので、第32軍は新たに「南西諸島警備要綱」を策定し、住民を北部へ避難させるという方針を打ち出した。この「沿岸警備計画設定上の基準」は、昭和19年8月15日の閣議で決定された「総動員警備要綱」の第43条に基づき、陸海軍大臣から内務大臣へ提出されたもので、その第31項に「特ニ必要ナル老幼其ノ他非警備能力者等ニ限リ島嶼内適地ヘノ事前移住ニ関シ措置ス」と示されている。また第一項に、地方的特性に応じた細部については、軍司令官が地方長官に提示すると示されている。[*45]

この「南西諸島警備要綱」に示された沖縄本島の避難要領は以下のとおりである。[*46]

① 凡そ戦闘能力並びに作業力有る者は、挙げて戦闘準備および戦闘に参加する。

② 60歳以上の老人、国民学校以下の児童並びにこれを世話する女子は、昭和20年3月末までに、戦闘を予期しない島の北部に避難する。

③ 各部隊は、所属自動車その他車両、舟艇をもって、極力右疎開を援助する。

④ 爾余の住民中、直接戦闘に参加しないものは、依然戦闘準備作業、農耕、その他の生業に従事し、敵の上陸直前、急速に島の北部に避難する。

⑤ 県知事は、島の北部に避難する県民のために食料を集積し、居住設備を設ける。

第32軍は、12月14日沖縄ホテルで軍司令官と知事の参加のもと、この「南西諸島警備要領」について県側と協議会を開催し、軍の意図するところを説明した。県側は、これまで折角「県民指導措置要綱」など比較的恒久の対策を立ててきたが、今回の軍の申し出により根底から覆される感がし、40万に近い人を北の山地に移せば餓死し、南に残せば艦砲射撃で粉砕されると非常な驚きをもった[*47]。しかし、これを受けて北部の国頭地方への避難計画を策定した。この問題も①敵軍の上陸時に軍の直接庇護のないところに疎開することの不安、②どうせ玉砕するなら一族そろって祖先墳墓の地でという強い島民性によって実施が不十分であった[*48]。

島内疎開者の場合も初期比較的輸送力が利用できた閑散の時期に実施したものは相当の家財道具を移動した。しかし10・10空襲以後は、地上輸送力もほとんど軍の専用するところとなり、さらに海上の小型船も軍に徴用されたため、また大部のものが敵上陸直前に急遽疎開したためにほとんど家財道具などを移動させることは不可能であった。住民の私有財産の処理については全般的に何ら行政的処置が行われず民の処理に一任したため住民は自己の壕または墓（沖縄の墓はコンクリート製のもので格好の退避壕となった）に移動した程度であった[*49]。

このように沖縄県が北部避難計画を準備中の昭和20年1月15日、政府は次のような「沖縄県防衛強化実施要綱」を閣議決定した[*50]。

「沖縄県防衛強化実施要綱」

一、戦局の現況に鑑み沖縄県に於ては、敵の防衛強化の為、速に万全の措置を講ずるの要ありと認めらるるを以て、軍の作戦に即応し、県民の総力を挙げて、飽く迄防衛に努め、皇国護持の責に任ずるものとす

二、沖縄県は防衛強化の為、あらゆる創意工夫を重ね、県民を奮励して、極力食糧の増産並びに食料

の確保に努むるものとす
三、政府は沖縄県に対し速やかに食料補給に努むるものとす
四、政府は輸送力の許す限り、県民の一部を県外に引揚しむるものとす
五、沖縄県は現地部隊と連絡の上、緊急事態に備へ、県民中、立退を要するものに、必要なる住宅、倉庫、壕等を建設し、所要の食糧の貯蓄に努め、かつ県民の一部を予め適当なる地域へ立退しむる等措置するものとす
六、政府は、本綱領実施上必要なる費用を支出するものとす
この「沖縄県防衛強化実施要綱」は、既に沖縄県において、実施中若しくは計画準備中のものであり、時期的に遅すぎており、本来ならば遅くとも昭和19年秋頃までには決定され、沖縄県に指令しておくべきものであった。ただ政府が必要な経費を支出するということを明確にした点に重要な意義がある。*51

「沖縄県防衛強化実施要綱」を受けて県は、昭和20年2月9日、「県内人口調整要綱」を発表し、3月末までに中南部の10万人を国頭郡に立退かせること（避難）を初めて県民に知らせた。その概要は次のとおりである。
① 立退対象者は、60歳以上15歳未満の老幼者・妊産婦・病弱者及びこれらの保護に当たるものとする。
② 各市町村は、既に通知済みの立退者人数割り当て、受け入れ人数割り当てに従って、該当者を3月末までに立退かせる。
③ 縁故者は縁故先へ立退かせ、無縁故者は各市町村ごとに約10名を1組に編成し、5組を一隊として集団的に行動させる。
④ 輸送は、県内交通機関を総動員して行う。歩行に耐えるものは徒歩移動する。移動経費は県で負

担する。

この立退き（避難）の計画を徹底するために、2月10日、那覇・首里・島尻・中頭の市長・地方事務所長・町村長及び学校長などを県立第二中学校に集め、緊急協議会が開かれた。[*52]

(2) 食料対策と米軍の来攻

北部疎開に関連し、島民の食料をいかにするかが重大な問題であった。沖縄は由来米産額わずかに十数万石で、不足分20数万石は毎年台湾から移入していた。さらに不足分は甘藷をもって補っていたのである。海上輸送が困難となるに従い、沖縄の保有米は漸次減少し、昭和19年末には翌年5月末までの分を残すにすぎないありさまとなった。もし、南部の島民が北部に疎開しなければ、島内その豊富な甘藷で何とか間に合うが、北部に人口が集中した場合は山獄森林地帯なのでどうにもならないのだ。軍自体は、20年10月頃までの糧秣は集積を終わっていたので、島民のために、この期間に応ずるものを大急ぎで準備する必要があった。[*53]

県では食料対策として、①県内貯蔵米や甘藷を、受け入れ人数に応じて、各町村に分散輸送する、②各町村でも、自給態勢を確立することを決定した。県ではすでに19年7月、甘蔗（かんしょ）6000町歩を全面的に廃止して、甘藷5000町歩、野菜1000町歩に展開し、食料不足に対処していたのである。また、県は、避難小屋建設のため、名護に建設本部を置き、土木課職員を動員して町村の指導に当たった。実際には労働力不足のため計画通りには進まなかった。[*54]

昭和20年年3月中頃までに本島北部国頭地方へ避難したものは約3万人であった。[*55]

6　県民の防衛召集

⑴　防衛召集の根拠

第32軍は兵力増強のため、「陸軍防衛召集規則」に基づき、年齢17～45歳の男子及び14歳以上の男子中学生で志願するものを含めて、約２万５０００人を防衛召集した。[*56]

兵役は、「兵役法」第９条で、17～40歳（昭和18年11月に45歳と改正）の男子は、第二国民兵役に服することと定められているが、同法第３条で、志願により兵籍に編入される場合は、別に勅令で定めるとあり、志願兵に関して勅令「陸軍特別志願兵令」で定められている。昭和19年10月16日、「勅令」第５９４号で「陸軍特別志願兵令」が改正され、その第２条に「年齢17歳未満の帝国臣民たる男子にして兵役に服することを志願するものは、陸軍大臣の定るところにより、選奨の上、之を兵籍に編入し、年齢17年に満つる迄、第二国民兵役に服せしむることを得」と定められた。これを受けて10月19日の「陸軍防衛召集規則」が改正され、これまで徴兵検査を受けていない17～18歳の第二国民兵役のものは、召集の対象外であったが、これを招集できるようになった。さらに翌日の20日に「陸軍特別志願兵令施行規則」の改正で、14歳以上の者は、希望すれば第二国民兵役に編入できることになり、これを受け、同年12月12日の「陸軍防衛召集規則」改正で、17歳未満（14歳以上）の志願による第２国民兵役のものも防衛召集できることになったのである。つまり防衛召集は、より多くの兵員人数を確保するため、召集関係規則が改正され、召集対象者の年齢が下げられたのである。このようにして14～16歳のものも希望すれば、第二国民兵役に編入され、防衛召集されることとなったのである。[*57]

防衛召集されたものは、召集と同時に軍人となり、陸軍の部隊に編入され、○○部隊所属の隊員（兵）

になるのである。正式には、「○○部隊の防衛召集隊員」である。類似している「防衛隊員」は、あくまで郷土を守る義勇隊員であり、在郷軍人会が編成した町村単位の防衛隊（中隊）の隊員であって、軍人ではない。[*58]

この防衛召集は大きく分けると2回行われた。すなわち第一次は昭和19年10月から12月に至る間、第二次は昭和20年1月から3月に至る間である。この間における防衛召集は、連隊区司令官名の召集令状によるのが原則で大体規定を守って行われているが、昭和20年3月頃の招集においては相当適当な処理が行われている。

例えば、3月6日行われた第32軍野戦貨物廠の行った防衛召集においては200名の割り当てがあって同日恩納村の仲泊小学校で村医による簡単な身体検査の後に召集が行われた。その際、約30名の不適格者が出たので部隊側は直ちに昭和3年生をもってその欠を補充すべく命じたので、直ちに村兵事主任がかき集めた30名が召集を受けてそのまま出発した。したがってこの30名の中には相当数の17歳未満の者が含まれていたのであるが、そのまま防衛召集兵として戦闘に参加させられた。またある北部の町の兵事主任の言によると昭和20年2月の某日某部隊下士官が町役所に来て防衛召集が行われる旨伝え人員が一名でも不足しては許されぬとの厳命で当日は病人、不具者も指定の場所に出頭させよとのことであった。兵事主任はすべて指令の通り集合させた。ところがそのうちには癩（らい）患者、病人あり、不具者ありであった。さすがに癩患者はその場で返されたが、その他の病人は一応連行するとのことでそのまま出発させられた。その後不具者は不要であるとのことで帰郷させられたが、当時の出発状況は誠に異様なものであったと述懐している。

米軍上陸後においては防衛召集は行われていないが、一部の防衛召集が南部の駐屯部隊長の召集令状で満16歳以上満50歳までと年限を広げて行われている事実があったようである。[*59]

(2) 防衛召集の実情とその成果

以上の経過で召集された防衛召集兵は、特定者を除いて各部隊共にこれを軍夫代用として弾薬食料の第一線への運搬、陣地構築等の労務に使用された。防衛召集兵に小銃を渡して第一線の戦闘に参加させたのは首里戦線における戦闘の末期に一部の部隊がやむを得ず使用したのに過ぎなかった。第一線部隊である歩兵第22連隊の某中隊の当時の小隊長の記憶によれば、中隊は約２００名の定員（4年兵を含めて現役は6割、自余は予備の召集兵）のほかに約60名の防衛召集兵が配属されたが、主として部隊の陣地構築、弾薬運搬等の労務に専念しほとんど訓練は皆無であり、第一線兵に欠員のできた場合、そのうちから素質優秀なものをもって兵員補充に充てたということである。従って沖縄戦における防衛召集兵は直接戦力として寄与したものは少ないのであるが全作戦期間を通じて約2万2千名に近い防衛召集兵の内から約6割に相当する約1万3千名の戦死者を出していることは注目すべきことである。[*60]

7　学徒隊の戦い

(1) 学徒動員の根拠

昭和19年3月7日、政府は、「勤労即教育」方針のもと、「決戦非常措置要綱ニ基ク学徒動員実施要領」（閣議決定）によって、その期限を1年常時とした。そして、4月には文部省内に学徒動員本部を設置し、全国の学徒動員を統括した。沖縄師範学校（男女）や沖縄青年師範学校の動員命令はここから出された。また、同年4月27日の文部・厚生・軍需次官通牒により「行学一体ノ道場」として、勤労動員に軍事教練が導入された。さらに8月23日、政府は「国家総動員法」第5条に基づく「学徒勤労令」を交付し、動員期間をさらに1年延長した。しかも動員は学校長が指揮監督する「学校報国隊」によることにした。同施行規則には「総動員業務」として「通信」や「衛生又ハ救護」に関する業務などがあり、同年11月、沖縄県立第1中学校などで行われた「通信教育・訓練」及び沖縄女子師範学校や沖縄県立第1高等女学校などでの「軍医や衛生兵による看護教育」がそれに当たる。[*61]

(2) 学徒隊を沖縄戦に参加させた経緯

昭和19年12月から昭和20年1月にかけて県庁の学労課で第32軍司令部の三宅忠雄参謀と数次にわたって折衝を重ねて次のような事項を決定した。

一　敵が沖縄に上陸した場合に備えるために中学下級生に対して通信訓練を、女学校上級生に対しては看護婦訓練を実施する。

一　この学徒通信隊、看護婦隊を動員するのは沖縄が戦場になって全県民が動員されるときであるが、この時の学徒の身分を軍人並びに軍属として取り扱う。

そして配属将校全部を集め、そうして薬丸兼教参謀が地図を大きく拡げて状況を説明し、集めたのが若い学徒である。各学校の配属将校が隊長となり、師範学校の組織は大きかったので軍司令部直轄となった。[*62]こうして各学校毎に昭和20年1月頃から男子1、2年生は適性検査をして合格した者に通信教育を女子学徒には看護婦教育が行われ三月末敵の上陸必至となるや夫々学徒は動員されて所命の部隊に配属されるに至った。[*63]

こうして適性検査に合格した師範学校及び中学校上級生は、防衛召集されて軍人（陸軍二等兵）となり、学校毎に学徒隊が編成された。学徒隊は昭和20年3月24日、沖縄本島に米軍の艦砲射撃が開始されるに及んで、計画に従って各隊に配属されて逐次入隊した。[*64]男子学徒隊は、鉄血勤皇隊と命名され、司令部・通信部隊・砲兵隊・工兵隊・飛行場大隊・築城隊・歩兵部隊・遊撃隊などに配属され、各種の業務に服した。中学校最下級の一年生は、14歳未満であるため防衛召集はできないが、通信教育を受け、軍人ではなく義勇兵として戦闘に参加した[*65]。

当時の状況について外間守善（元沖縄師範学生）は、「師範学校は全寮制度で生徒は全部寄宿舎に入っていたものですから、疎開などは全然やらない。全員残って郷土を守らなければならないという非常に強い指令が出ておりましたので、全校一致で軍作業に協力した」と回想している[*66]。

師範学校・高等女学校の女子学徒は、看護婦の教育を受け、補助看護婦として陸軍の各病院に配属され、傷病者の看護に従事した。戦闘激化に伴い傷病者が増加して業務は多忙化したが、献身的な働きで傷病者看護に貢献した。女子学徒には防衛召集は適用されないので、ほとんどのものが「国民徴用令」（「勅令」第４５１号、１９３９年７月８日）により、ごく一部のものが「女子挺身勤労令」（「勅令」第５１９号、１９４４年８月23日）により動員された。「徴用令」による徴用対象者は、男子16歳以上から40歳未満、女子16歳以上から25歳未満の未婚者であったが、昭和19年２月18日の「国民職業能力申告令」改正（「勅令」第88号）で、男子12歳以上から60歳未満、女子12歳以上から40歳未満となり、女子の対象者が大幅に拡大された。これにより高等女学校の生徒はほとんどが対象者となったのである。

男子学徒の死亡率は43・４であり、一般の防衛召集者の死亡率58・５よりも約15低い。これは、若さと行動力があり、しかも配属先でも鉄血勤皇隊として、まとまって行動していたことによると考える。一方、女子学徒の死亡率は、45・９で、男子学徒の43・４よりも高い。女子学徒が、男子学徒と同等以上の過酷な環境で活動していたことを示すものである[*67]。

・男子学徒　参加人員１６８５名、戦死者７３２名
・女子学徒　参加人員５４３名、戦死者２４９名

・男女学徒　参加人員2228名、戦死者981名

8　義勇隊による戦闘協力

⑴　義勇隊組織

当時、郷土を守るために自治体によって自主的に編成された集団は、一般に義勇隊といわれていた。これが防衛隊といわれるようになったのは、昭和18年戦局が悪化し、離島及び本土沿岸の警備が問題となり、これに対処するため、軍が特設警備隊を編成するとともに国土防衛態勢を強化するべく軍に協力する集団として防衛隊を編成することを在郷軍人会に要請したのが契機であった。[*68]

戦局の悪化に伴い、防衛隊の編成を要請された在郷軍人会は、昭和18年7月頃から編成準備に取り掛かり、翌年7月、まず沖縄県に防衛隊を編成したのである。防衛隊は、「郷土を中心とする国民の聖戦完遂の中核となり、軍に協力する基礎準備の完成を図り、全国の郷軍をもって統制一環せる防衛隊組織を完成し、国土防衛に邁進することをもって主たる目的とする」という高い目的意識をもって編成されたものであった。[*69]

沖縄県で防衛隊が編成されたことは「独立混成第15連隊陣中日誌」（防衛研究所戦史研究センター所蔵）で確認できる。これによると在郷軍人会沖縄支部は、市町村単位の中隊からなる防衛隊を編成し、各中隊は、その地区防衛の陸軍部隊の指揮下に入ったのである。昭和19年7月12日、独立混成第44旅団長鈴木繁二少将は、「独立混成第44旅団命令（独混44旅作命第2号）」で以下のように命令した。[*70]

一　帝国在郷軍人会沖縄支部はその管内に防衛隊を編成せり

二　旅団は作戦に当たり之を指揮せんとす

三　各地区隊長は担任区域のある防衛隊の装備訓練を指導援助するとともに作戦に関しては独立せる任務を与え、又は軍隊の作戦行動を援助せしむべし。状況によりこれを指揮することを得

その後に、「陸軍防衛召集規則」による防衛召集が実施され、防衛隊員のほとんどが召集されたため、防衛隊は自然消滅し、残ったものがその町村の義勇隊員となり、食料の運搬・築城作業など所在の軍に協力したと思われる。[*71]また、「沖縄戦における島民の行動」にあるように伊江島で女子義勇隊の一員が男装して敵に突撃した事例は有名な語り草となっている。

(2) 義勇隊の実際

圧倒的多数を占める青年学校や国民学校高等科の学徒に対しては、農兵隊や義勇隊への動員があった。義勇隊の編成は、昭和20年2月15日、大政翼賛会沖縄県支部が主体となり警察部が推進役となって市町村単位で始まった。[*72]島田叡沖縄県知事（翼賛会支部長）が全県の統括者となり、警察署長が管内市町村隊を指揮統制した。戦場動員の義勇隊編成に法的根拠はなく、島田知事による「敵ノ同島来寇必至ノ情勢ヲ察知シテ国民義勇隊ノ独創結成」と評価された。[*73]その任務は、「(米軍の)艦上攻撃や上陸などには、現地軍部隊長又は警察官の指揮に従って軍の作戦活動に協力する」ことであった。

長参謀長は、「弾丸運び、糧秣の確保、連絡、そのいずれも大切であるが直接戦闘の任務に就き敵兵を殺すことが最も大事である」[*74]とその実践的な任務に触れ、荒井退造警察部長は、「最も緊要なことは、義勇隊の早急な結成である」と急がせた。[*75]また、県学務課は、８名の校長や教頭に市町村における義勇隊の「結成並びに指導」を依嘱するとともに、２月19日の中等学校長との協議会では、組織的に動員された学徒以外は義勇隊への加入を指示した。[*76]

概ね本島及び離島の一部町村ごとに義勇隊が組織され相当長期にわたって軍から被服、糧食を給せられ、

軍と終始行動を共にして直接戦闘に参加したものがある。

伊江島義勇隊の例では、馬渕新治が次のように「沖縄戦における島民の行動」に記している。[77]

昭和19年8月頃当時の守備隊長が青年学校を訪れ、「防衛召集適合外のものは軍属として採用し、軍司令部に報告することで本科生全員（16歳前後の約20名）を名簿に掲載して報告した。青年学校の教育は名のみでほとんど教練と築城作業に使役されたのであります。昭和20年1月下旬頃、伊江国民学校において正式に少年義勇隊を編成、被服の支給を受けてその翌日から部隊付准尉を教官として主として戦闘訓練が行われた。当時隊員は自宅から通っていましたが、昭和20年4月1日、米軍が愈々本島に上陸を開始すると各自認識票が交付され、同一部落出身をグループとして各隊に配属されて兵員と起居を共にすることになったのであります。当時の生存者の言によると、4月16日、米軍の伊江島上陸作戦が敢行され交戦状態に突入すると、地形に詳しいことを理由にむしろ最前線に立たされ「君たちの島は君たちが守るのだ」と斬込みを強要された場合もあったとのことであります。

9　沖縄県警察部の活動概要

沖縄県警察部は沖縄作戦準備間、主として防空業務、経済取締、防諜取締、疎開業務を担当して軍の作戦準備に協力したが、昭和20年2月下旬頃から沖縄が戦場化必至の状況にあったので、警察は平常事務を完全に停止して、戦時警備に専従するに至った。このため次のような組織で住民の保護、治安維持と軍への直接協力の態勢を強化した。[78]

- 防空業務

軍防空の完璧は民の協力を得て初めて可能である。民防空についての直接責任は警察にあった。すなわち防空監視と一般民防空業務である警報伝達灯火管制の実施についての指導取り締まりに任じ、特に直接指揮にあった防空監視員の教育指導に当たった。

・経済取り締まりについて

防衛軍の銃後の安定を図ることは、経済の安定を図った銃後の民心を安定させることである。警察は国家総動員法に基づく諸経済統制の法令の施行にあたって概ね次の事項を処理して軍の作戦準備に協力した。

① 公定価格の維持取り締まりを行い、軍の現地物資の調達に支障なからしむること

② 軍の行う陣地構築、飛行場の新設当初施設の工事に対する労務の提供、諸輸送力の提供に対する援助

③ 軍の行う物資の調達集荷の督励援助

・防諜取り締まりについて

全般情勢の悪化に伴い沖縄が本土前衛基地として最重要の地位に置かれたので軍機漏洩に万全を期するとともに銃後攪乱を防止取り締まりに万全を期した。

・疎開業務について

沖縄戦必至の状況となった昭和19年7月以降、一般住民中の老幼婦女子を直接戦場となる地域から退避させて軍の作戦行動を容易にするとともにこれら非戦闘員の犠牲を極限するため、本島外並びに本島内における住民退避が計画されたのでこれが実施について努力した。

10 米軍上陸前における住民避難の実相

(1) 第32軍の沖縄進出

第32軍司令官渡辺正夫中将、参謀長北川潔水少将、参謀三宅忠雄少佐らは3月29日、福岡から空路、那覇に着任した。沖縄県知事泉守紀は一行を飛行場に迎えた。午後になって渡辺軍司令官は幕僚をつれて県庁に答礼のあいさつにやってきた。司令官は知事に敬意を表して紳士的に着任の挨拶を行い、以後の協力を求めた。渡辺軍司令官の印象も良かったことから泉知事は翌日午前、司令官の宿舎となっている沖縄ホテルを訪れた。司令官と知事の二人きりの会談は1時間半にも及んだ。その中で渡辺司令官は、細かな情報を交えながら、「米軍の沖縄上陸は避けられない」、と極めて悲観的な見通しを述べた。沖縄防衛について自信に満ちた話を期待していた泉知事には、司令官の話は予期せぬものであった。また、渡辺軍司令官の様々な悲観的な講話などに対して、泉は、沖縄を決戦場にするからと言って、県民を動員して飛行場建設をいやおうなしに要求しておきながら、軍司令官は米英殲滅どころか、玉砕覚悟で赴任したとはいったいどういうことか。県民、県政を預かる知事に何をしろというのか、玉砕に向けて知事は軍に協力しろというのか、と泉の受けた衝撃は大きかった。[*79]

また、第32軍の沖縄進出に伴い、島内の個人、団体の建物は、都市、農村の別なく、目ぼしい建物は、ほとんど、将兵の宿舎に振り当てられた。続々兵員を増す軍隊のために、いずれの学校校舎も兵舎に提供され、学童たちは、校庭に氾濫する軍隊に押しやられるようにして、わずかに空いた教室を見つけ出して授業が続けられた。兵員配備にあたって何の設備も持たない第32軍は、島民の日常生活の中に割込んだ。[*80]

(2) 軍隊使用の建物について

軍の増強に伴って一般住民の建築物の流用については十分に住民感情を考慮しなければならなかった。当初、このことについての着意が部隊端末まで徹底されていなかったため、日本兵は住民の住宅に雑居するに至り結局島民の生活に割り込む結果となった。[*81]

そしてまず始まったのが、第32軍の戦闘部隊編入による公共施設などの徴発である。県は、7月11日の学校長会で校舎などの軍部隊への「無期限無条件貸与」を指示した。[*82]

陣地構築も公有地でなく私有地の場合、私有権の問題があり、これを法制的に解決するため、米軍の本土上陸に備えて昭和20年3月28日に法律第30号として「軍事特別措置法」が制定公布された。米軍の沖縄本島上陸、内閣の交代などがあり、その施行令は5月3日に裁可され、施行は5月5日となった。したがって沖縄戦は既に始まっており間に合わなかった。このため、沖縄において軍の行う陣地構築は、軍と所有者の通常の契約か、暗黙の了解か、談合により、陣地構築が実施されたと考える。[*83] そのような中で様々な問題が生じたのである。

(3) 第10号作戦に基づく飛行場の構築と勤労奉仕

軍司令官渡辺中将は、昭和19年4月20日、10号作戦準備に伴う飛行場設定にあたって次のように要望した。[*84]

一　全力を尽くし速やかに飛行場設定を完成すること
　之が為重点に徹するとともに凡ゆる創意工夫と積極果敢なる陣頭指揮を望む

二　地方民衆を使用し又之と協同作業するを以て特に森厳なる軍紀を保持し活模範を示すこと、之が為

1　幹部は必ず確実に部下を掌握し部下をして一人たりとも監視圏外に勝手なる行動をなさしめさること
2　兵の疲労に誤れる同情を行ひ非違あるも之を見逃すか如き軟弱なる統率を厳に戒しむること
3　地方民衆に対し横暴なる振舞特に強姦掠奪の所為は断してなさささること
4　火災予防、民家を借上けた後始末を十分に行ふこと
5　成るへく兵と一般民衆とは同一場所に働くことを避けしむること
6　疲労に対する慰安方法を工夫すること

三、飛行場の直接警戒及び警備特に防空の万全を期すること

第32軍はその主任務である航空基地の建設には全力を傾注した。その構成の期日は7月下旬を目途とし、各島嶼に建設中の飛行場は、概ね次の通りであった[*85]。

沖縄本島：陸軍北、中、南、東飛行場、海軍小禄飛行場、後に陸軍は首里北側に、海軍は糸満北側に、それぞれ飛行場建設に着手した。
伊江島：陸軍、東、中、西飛行場
宮古島：陸軍東、中、西飛行場
石垣島：陸軍飛行場、海軍第1、第2飛行場
南大東島：海軍飛行場
喜界島：海軍飛行場
徳之島：陸軍第1、第2飛行場

航空基地設定に充当された飛行場大（中）隊は、元来飛行部隊に対する補給、休養及び飛行場警備などに任ずる部隊であって、基地設定用の機材は装備されていない。従って、円匙（スコップ）、十字鍬、も

っこ、馬車などの原始的器具を利用するほかなく、多数の一般住民の労力に依存しなければならなかった。一般住民は食糧増産を要する苦しい状況下に献身的に協力した。

各飛行場とも平均３０００名の民間人夫を雇用することを目途として計画推進された。人夫及び荷馬車の雇用は各町村に割り当て、10日～１カ月交代制で行われ、緊急設定のため作業時間は１日11時間にも及んだ。雇用賃金は支払われたが、問題は食糧にあった。自宅からの通勤者はまだよいが、遠くからの泊まり込み作業員の食糧取得は特に困難であった。このため、軍は６月５日から食糧諸品の補給を開始した。主食（米）は、１日４００グラム（通勤者は１３５グラム）が支給された。雇用人夫のほか、婦人会や学生など多数の勤労奉仕もなされた。第19航空地区司令部陣中日誌及び第50飛行場大隊陣中日誌によれば、沖縄本島及び伊江島の飛行場設定に投入された労働者数は次のようである。

19年５月まで累計
本島東飛行場　　延７２８４２人日（内、女性１５５５４）
本島南飛行場　　延６９５１５人日（内女性１３１１９）
本島中飛行場　　延６３００９人日（内女性１００２２）
本島北飛行場　　不明
伊江島東飛行場　延３８０８２人日、伊江中飛行場　不明
19年８月末までの累計
伊江東飛行場　延約20・３万人日
伊江中飛行場　延15・７万人日（内女性約８０００）
９月に入って大々的に軍隊投入による急速設定が行われることとなる。[*86]
当時の勤労奉仕について、宮城勝元（中城村、字区長）は、

まず勤労奉仕は困りました。男のほとんどが徴用されるんです。伊江島の飛行場、屋良の飛行場へ何人出せということが村役所から区長に来るんです。この安谷屋の部落では、一班、二班と分けて五班迄ありましたが、区長は班長さん方に、勤労奉仕へ出る人員を割り当てるんです。区長と班長は、その人を揃えるのがなかなか難しいんですね。人員が足らない、来たものはだらしのないものばかりだと、大変な剣幕で折檻するんです。こっちはどこまでも詫びてすみません。次からは気を付けますと許してもらうようにしますが、兵隊は時勢の関係で最初から居丈高に怒って、自分の子供ぐらいの青二才から、顔を殴られたこともありましたがね。徴用、勤労奉仕という問題は、区長の立場は板挟みになって、軍と住民との両方から不満や苦情で攻められて、つらいことでした。

と回想する。[*87]

徴用の際は「白紙」と呼ばれる通知が対象者に届けられた。豊見城村字平良では、読谷（北）や仲西（南）飛行場など対外作業の場合には村役場から「派遣対象者の名前と作業先」が書かれた通知が送られ、その作業は主に戸籍係が担当していたという。[*88]

労働力だけでなく、土地や建造物、馬車などの徴用も実施された。広大な飛行場用地を確保するため、田畑や原野をはじめ、多くの私有地が強制収容された。資材確保のために屋敷囲いの石垣が壊されたり、また聖域である御嶽の社林が伐採されたり、亀甲墓や御殿墓がトーチカの代用に接収されたり、沖縄独特の聖域が荒らされる被害も相次いだ。軍用地の接収でも各地でトラブルが相次いだ。関係地主には通知も交渉もなく強制的に土地収用が強行されたり、借地料も軍が一方的に定めたうえに、空手形同然の預金叢書だけが渡され、現金の支払いが全くなされなかったというケースも各地で見られた。[*89]

駐屯部隊への地元住民の協力は軍作業への労力の提供だけではなかった。海上輸送路が危険にさらされ本土からの物資補給が困難になった第32軍は「現地持久」を基本方針として軍用食料までも現地住民から供出させた。食糧管理法（昭和17年制定）によって、生産物を政府に一定価格で供出することが義務付けられ、もともと戦時経済になってからの農漁民は食糧営団に供出する食糧の生産で苦労してきたが、その上に現地駐屯部隊からの要求にも応じなければならない状況となっていた。[*90] これは役場を通して各自の区長に割り当て、役場がまとめて駐屯部隊へ納めるようにした。供出物としては、野菜、甘蔗、豚、みそ、芋澱粉などの食料品のほか家畜や軍馬の飼料、防空壕に使用する資材などまで賄わされた。野菜や大豆などの供出は各戸の耕作面積に応じて割り当てられた。牛・馬・豚などの家畜も軍に登録され、所有者が自由に処分することは許されず、軍が必要とするときは「割の合わない公定価格」で引き取られた。[*91]

⑷ 軍の戒厳問題と疎開

沖縄の第32軍の駐屯はかなり大規模なものとなった。軍司令官渡辺中将は、各地をよく講演して廻った。彼の講演は例えば、「この機に及んで、軍民は、ますます一致協力、敵にあたれ」、「敵は、かならず、この島に、[*92]上陸する。その時は、全県民、軍と運命を共にし、玉砕の、覚悟を決めて、貫いたい」と絶叫するなど例外なく県民の玉砕を示唆した悲壮な調子で終始していた。県庁職員を集めての講演でも玉砕を説いて問題となったが、戦局の容易でないことを強調するあまり、戦争の恐怖を誘ったばかりか、敗戦への諦観と玉砕を強いる印象を与えてしまった。結果として県民の間に盛り上がりつつあった必勝不敗の信念を動揺させるものになった。[*93]

沖縄戦に際して、軍は戒厳について検討していたが、「戒厳令」は終始宣言されず、行政責任は最後まで県知事に委ねられた。沖縄に「戒厳令」を宣言すれば第32軍司令官は、沖縄地区の行政事務・司法事務を管掌し、強権を保持することになるが、当時、県市町村の軍に対する協力態勢が良好であり、一般県民も本土防衛のため玉砕も辞さずという思潮だったので、しいて強権を発動することをしなかった。また32軍としても行政に関する専門幕僚もいない状態で戒厳を実施すれば複雑多岐な行政面で多大な負担がかかるとみて、実施を避けたものと考えられる。事実、米軍上陸の2カ月前の昭和20年1月31日、軍司令官・参謀長・各部長・幕僚などが集まり戒厳に関する検討を行っているが、結局、戒厳宣言を具申するに至らなかった。

このため、第32軍司令官は、戦場地域の住民の避難・保護に対する最終的責任を形式的には持たないことになった。住民の避難・保護に対する最終的責任は、飽く迄県知事にあるという形式が貫かれたのである。[*94]沖縄戦の場合は行政のほぼすべてについて知事の責任とすることにより、軍による指揮の統一を欠き、被害の増大を招く原因ともなった。しかし、当時の泉知事には、いざ戦場となった場合、60万県民を率いて戦争に突入する気概など片鱗もうかがえなかった。[*95]

昭和19年7月、絶対国防圏の一角、サイパン島を失陥し、米軍の沖縄進攻の可能性が高まり、沖縄防衛が強化されるとともに、沖縄県民の疎開が進められていった。この県民疎開が本格化するに連れ、行政責任者である県や市町村の指導者及び学校教職員や民間会社団体の職員の中から、出張等の名目で県外へ脱出するものが増えてきた。[*96]

7月中旬頃、泉知事は県外疎開について東京へ出張し、内務省や大東亜省などを訪れ協議した。内務省の委員会室で、内務、陸海軍、農商、大蔵、厚生の関係各省の疎開担当者が集まり、泉知事が沖縄の最新状況について説明を行った。現地軍や県当局から上がってくる文書での報告と違って、現地知事による具体的で生々しい報告のため、各省の担当者は真剣に耳を傾けていた。内務省と疎開の細かい点を詰めたうえ、熊谷憲一防空総本部次長や沼越正巳業務局長、陸軍省の佐藤賢了軍務局長らとそれぞれ協議した結果、沖縄から県外疎開は治安と輸送力を考慮して10万人とすることが最終的に再確認された。

県外疎開業務を開始するにあたって、内務省警備局警備課と調整して、業務を直接推進する担当者様にと鉄兜１万戸、拳銃２００丁を沖縄県に送ることを決めた。こうして県外疎開業務は進められたが、それでも泉知事には――引揚げ問題は国としてはっきり決めてもらいたい。ひとり沖縄だけの問題ではないだろう――と政府の決定そのものに釈然としないものがあった。*97

また、軍にも問題があった。住民の県外疎開などについての第32軍司令部の指令は末端にまで行渡らず、中央の意向に反し、地方にある部隊では、我々がこうして沖縄に頑張っているのに、何を好んで食糧事情の悪い他県に疎開するのかなどと、無責任な放言で疎開ぶち壊しを平気でやるものもいた。たまりかねて県庁では、たびたび軍司令部に掛け合ったが、最後まで徹底しなかった。こうした軍側の対応は、県庁を刺激せずにはおかなかった。いつの間にか感情も絡んで小競り合いが絶えなくなった。それがだんだん昂じて、やがて軍官の微妙な対立にまで発展していった。思い上がった一部の軍人の横暴ぶりは募るばかりで、軍人優先の特権意識がやがて全軍を支配する気配さえ見えるようになってきた。素朴な地方の人たちの軍人に対する畏敬の念と、島を守ってもらう感謝の気持ちが、彼らの思い上がりにいよいよ拍車をかけることになった。*98

泉知事は、もともと軍に良い印象を持っていなかった。傍若無人にふるまう軍人に対して以前から苦々しく思っていたが、特に沖縄県知事として赴任してからは、行政の最高責任者は自分であり、他の誰にも口出しさせぬという矜持が強かっただけに徐々に台頭してくる軍に対して面白いはずがなかった。*99

⑸　沖縄本島への駐屯

第９師団は、第32軍に編入された沖縄本島守備師団３個師団（第９・第24・第62師団）の中で最も早く、昭和19年７月11日に沖縄に到着し、守備に就いた師団である。第24師団は約１カ月後弱遅れの８月初旬、第62師団はさらに半月遅れの8月20日であった。*100

第9師団が昭和19年の中期に沖縄守備軍の骨幹兵力として沖縄に到着したときの住民の喜びは絶大なものだった。特に軍紀が厳正で、歴戦の精鋭師団を迎えた住民が軍の威容に信頼し、安堵してもし敵軍上陸の暁には、郷土防衛のため軍に協力して共に戦わんかなと心に期したのは当然といえた。特に同師団は沖縄到着後、昭和19年秋に初年兵として現地壮丁を多数徴収した事実は、住民をして一旦緩急の場合には我が子とともに郷土を死守するのだとの一縷の望みで同兵団に対する親近感、信頼感をいやが上にも高めていた。*101

独立混成第15連隊第1大隊第3中隊は、7月末の時点で具志川村に駐屯したが、「村民の軍に対する感情極めて良好にして行動上種々の便宜を受く」として7月30日には、「軍官民合同演芸会を開催す、珍妙なる藤芸の連発に大いに明日よりの鋭気を充実す」とあり、住民の関係は良好であったことを伺うことが出来る。*102

第62師団を搭載した輸送船（和浦丸、対馬丸、暁空丸）三隻は、8月19日午後那覇港に入港、20日早朝には沖縄に上陸した。第62師団長本郷義夫中将は、19日上陸前の船上において各部隊長を集め、「上陸時団下将兵に与ふる訓示」として、

一、常に軍紀厳正にすべし、二、絶えず団結の強化を図るべし、三、野戦的起居に甘んじ速やかに戦備を促進すべし、……六、自給自足を図るとともに地方民心の戦意之を要するに諸子は既に大陸に於て若干の経験を得たり、然れどもこれ唯宿敵元凶米英撃滅の一過程のみ　諸子聊かも驕ることあるべからず……

旨を要望し、さらに「上陸したら宿営のため民家、既設建物を使うのを禁ずる。国民に迷惑をかけてはいけない。速やかに露営の態勢を整えて、陣地構築を開始せよ」と細かに指導した。上陸即露営、即陣地構

築と戦場で示された師団は、配備地区の中頭地区において師団司令部が率先してその通りの行動を開始した。そして各部隊は所命陣地の近傍に分散して露営態勢を整え、たちまち秘匿駐屯地を完成させた。居住小屋は、人の背丈ほど長方形に掘り下げ、その上に草屋根をかけた半地下式で、偽装して特異な形状にならないように工夫されていた。本郷師団長は、軍で世話した建物生活を断って、掘立小屋の生活に甘んじた。これではだれも真似しないわけにはいかない。県民との接触も少ないからトラブルも少なかったといわれる。[*103]

また第24師団長雨宮巽中将も第62師団長と同じ考えを持っていた。当時、第24師団歩兵第32連隊第１大隊長の伊東孝一は、所属した師団は住民に被害を与えることなど考えていなかったと説明する。第24師団長雨宮中将は、住民に負担をかけることを嫌い、兵舎を確保する際も民家を接収するのではなく、茅葺の建物を自ら組み立てることを命じていたという。「住民が兵隊のところにいるといろんなトラブルが発生するし、兵隊にとっても迷惑だから、賢明な判断だったんじゃないかな。ただ、軍全体としては、そういうことには何もお構いなしですよね」と回想する。[*104]しかし、各師団長がそのように要望しても、隷下部隊が広範な地域に分散展開する中、末端の部隊等まで徹底することは難しいことであった。

第62師団の独立歩兵第12大隊（賀谷部隊）が中城村字津覇の国民学校に駐屯を始めた。そのため授業は民家で行われるようになった。そしてこの大隊本部の炊事は昭和19年10月29日から津覇の女性四人が軍属として勤めた。四人の女性は当時の婦人会の会長の推薦によるものであった。……子供たちは「兵隊さんのおかずはスブイにチンクヮといって歌った。すると太刀ムチャー（位が高く軍刀を携帯していた兵隊）はただ笑うだけだったが、位の低い日本兵は「沖縄にまで来たせいでこんなもの食わされている」と怒るものもあった。[*105]

この時の軍属として駐屯部隊に勤務した状況はどのようなものだったのだろう。これについては、沖縄県公文書館所蔵の援護課『第17号第2種、軍属に関する書類綴』に詳しい。[*106]「独歩十二大隊炊事婦採用に関する資料」には、

二　勤務の状況、

1　毎日朝は四時から夜は八時頃迄勤務する、炊事場所は国民学校の校庭の一隅にあって班長は「サカナシ」軍曹であった。

2　給料は二月頃迄は受領したと思っています。額は二十円位であって宇井主計少尉は直接本人に手渡していました。

3、4（略）

戦闘時の状況を読むと、大隊と一緒に移動していることがわかる。また、賀谷部隊の大隊本部には炊事班の兵隊もいるが、危険な作業である水汲みや飯上げといった食事の配給にも軍属として勤務したものが当たっていた。[*107]

北中城村中村正善（字の供出係）は次のように回想する。[*108]

昭和19年の8月十何日であったか、その翌日に石部隊（筆者：第62師団）が支那から直接やってきて、各大きな家、すべてに分担して入った。うちは隣で、電話なども置いて、馬も四頭、隊長の馬をうちの門につないで置いて、馬当番もずっとおって、十二時頃になると、ずっとあっちの病院のところに大きな飲み屋がありましたが、そこの二階で女を連れて遊んで、そこへ隊長も飲みに行っていました

第62師団の「石兵団会報」58号（9月21日付）には、「参謀長注意事項」として「民家に立ち入るもの未だ多数あり、……性的犯行防止上厳守のこと」、「強姦に対しては極刑に処す、関係直属上官に至るまで処分する軍司令官の決心なり」と警告している。強姦だけではなく夫が出征した妻の家に将兵が通うこともすでに起きていた。[*109]当初の師団長の要望が、広域に分散していた部隊末端にまで徹底されていなかった

ようだ。

軍は規律を守るように各部隊に命令したが、事態はいっこうに良くならなかった。軍としてはこうした事件が起こるのは兵隊専用の遊興施設がないためとして、県当局に「慰安所」を作るよう申し入れた。軍のこの申し入れに対し、泉知事は拒否した。「ここは満州や南方ではない。少なくとも皇土の一部である。皇土の中に、そのような施設を作ることはできない。県はこの件については協力できかねる」と答えた。県が当然考慮してくれると思っていた軍は、泉知事の強硬な態度に驚いた。上級の幹部が再度申し入れたが知事はそれでも態度を変えなかった。泉は沖縄に軍人の姿が増えだしたころから軍が気に入らなかった。最初は軍幹部のために県庁の施設を提供しろと要求され、次は沖縄を戦場にするから県民を動員して飛行場を建設しろと言われる。さらに今度は兵隊のために慰安所を作れ、と無理難題を突き付けてきた。[*110]

このような事件の重なりで、県と軍との軋轢や対立を一層深めた。事態を憂慮した泉知事は、８月12日、荒井警察部長以下、関係課長らを集めて兵隊から県民をいかに保護するかについて訓示を行った。厳格な泉知事としては、慰安施設の設置要求や兵隊の乱暴狼藉、風紀紊乱は許せなかった。日記には、「兵隊という奴、実に驚くほど軍規を乱し、風紀を紊す。皇軍としての誇りはどこにあるのか。皇軍の威信を保ち、県民の信頼を得ること、このことが県民保護の任にある吾輩の軍司令官に対する唯一つの希望である」と軍人に対する怒りを書いた。泉知事は県民保護の立場から、軍に対して軍規粛正を何度も強く申し入れたが、９月に入ってもこの問題は解決しなかった。[*111]

泉知事が慰安所設置の要求を拒否したにもかかわらず、軍は警察に圧力をかけて各地に慰安所を作り始めた。一方、泉知事は、続々上陸してくる部隊を頼もしくも思っていた。「フィリピン、沖縄、台湾が戦場になることは明瞭だ。今は敗退が続いているが、９月には攻勢に転ずるか、攻勢に転じた時の基地となる沖縄。今の防備はその時のためにあるぞ。日本はきっと勝つ、勝つに決まっている」とある時は不安に陥り、また、ある時は必勝の信念を自分に言い聞かせていた。[*112]

軍、官、民の間に小競り合いが行われた原因について馬渕は次のように言う。[*113]

沖縄戦完遂のためには兵力、資材、特に糧秣、兵器等について不十分であることは昭和19年10月に行われた沖縄作戦完遂のための軍主催による部隊長合同の兵棋研究の結果明瞭なことであり、本研究には大本営からも相当部員が出席したのである。しかし、本研究の結果、兵力の増強、兵器、弾薬等およそ百方面にわたって増強が要望された。しかし帰任後、種々検討された結果、全般作戦指導の観点で現地側の意見はほとんど答えられず、特に要望された兵力については増強が認められず大本営の根本方針は自余の不足は現地の人的、物的資源を最大限に活用せよとのことであった

したがって現地軍としては無理と知りながら法制上現地の行政面を担当する県庁に対して相当高圧的態度をもって軍の要求を強制したのである。この間遺憾ながら心無い一部将兵の内には非戦闘員に対して弾圧的態度に出るものの数が増加した。これがため当時の風潮で勢い県庁の機能は形式化し、役人は現地軍に対する無言の反目が時日の経過とともに意外に高まり、何かにつけて小競り合いが行われるに至ったものと考える。

(6) 10・10空襲

昭和19年10月10日に行われた米機動部隊による空襲、いわゆる10・10空襲によって那覇市は一瞬にして焦土と化し、住民は初めて経験する米軍の大規模な空襲の破壊力と、頼りにしていた友軍の無力さを見せつけられ、戦争の恐ろしさをまざまざと思い知らされた。戦いはこれから、というのに住民が受けた衝撃はあまりにも大きかった。[*114] さらに県民行政上の最高責任者である当時の泉知事は米軍が上陸を伴うのではないかとの危惧から真っ先に那覇を離れて北方普天間の壕に逃亡する等の一幕もあって住民感情に戦争の

将来に対する不安を起こさせた。一度住民の感情の一端にわずかに芽を出したこの不安の感情はその後、南方から引き揚げた同胞の言によって益々高められ、この悲劇の感情は敗戦の予感ともなって住民の心を暗くした。丁度この頃、心無い将兵が辻遊郭で日夜飲み騒ぐのを見せつけられた住民は、これからのるかそるかの国土決戦を行うため、軍国調一色に塗りつぶされたこの郷土沖縄がまるで外地同様植民地であってあたかも外国軍隊が駐留しているのではないかとの錯覚さえ感じた[*115]。

10日の空襲の後、泉知事が普天間から那覇に出てこないので事実上、県庁は中部の普天間に移った形となった。その代わり荒井警察部長が陣頭指揮を執った。中頭地方事務所に籠ったまま、那覇に出てこない泉知事に対して職員の間から非難の声が出始め、県庁から軍にも伝わった。軍幹部らは、軍への宿舎提供や慰安所設置に対して軍の申し入れを拒否するばかりか、兵隊の行動をめぐって抗議してくるなど、日ごろから泉知事のやり方を苦々しく思っていただけに、県庁を放棄している泉知事のことを県外の上部機関に意図的に流した。話は福岡県知事で九州地方行政協議会の吉田茂（吉田総理とは別人、福岡県知事）会長の耳にも入り、吉田会長から泉知事のもとに疑念を含んだ電報が届いた。

10月10日の空襲で焼け出された住民の対策に当たるため、県は特別援護室を中心に空襲罹災者を優先して本島北部への移動や県外への疎開にさらに全力を挙げた。「対馬丸」遭難の後、県外疎開は鈍っていたが、10月10日の空襲で空気は変わり、県外、特に九州へ疎開するものが増え始めた。10月末から11月、12月にかけて続々と県外疎開が続いた[*116]。

(7) 第9師団の台湾転出と第32軍の軍紀の乱れ

沖縄への部隊、兵隊の増加に比例するように風紀の乱れがひどくなった。次から次に上陸する部隊に対して軍の施設だけでは間に合わず、民家を借りる部隊も増え、民間人との同居が各地で見られた。そんな中、未亡人や若い娘との間でトラブルが頻発した。また、血気盛んな兵隊が遊郭で乱痴気騒ぎを繰り返し、女性をめぐっての事件が毎晩のように発生した。住民は多くの兵隊が配備されて頼もしく思っていた反面、外国の軍隊が駐屯しているのではないかと疑うほど住民を住民とも思わず、乱暴にふるまう将兵たちに反感を強めていた。こうした兵隊の乱暴狼藉に住民は手を焼いた。軍の幹部も頭を痛めていた。[*117]

第32軍司令官牛島満中将は、軍の規律、風紀、衛生などの見地から昭和19年10月末、軍隊と一般住民の混住を11月10日以降禁止する命令を発した。部隊は従来宿営のため一般民家なども利用していたが、禁止命令後は公共的の建物(学校、区民館など)の外は利用が禁止され、居住のため部隊自ら藁屋、幕舎を構築しなければならなくなった。三角兵舎と称する藁屋根宿舎も作られた。従って配備変更にあたっては戦術上の陣地構築に着手する前に宿舎構築のため、労力、資材の相当量を必要とし、築城の進度に影響した。[*118]

さらに沖縄の戦場化が必至となりつつある昭和19年11月、急遽、第9師団が台湾に抽出されることとなった。第9師団は、将兵のほとんどが学校や民家に駐留していたため住民の間にその悲報がたちまち伝わった。このことは住民特に指導者階級である住民に対して物心両面にわたって相当深刻な影響を与えた。[*119]この第9師団の抽出は、これまでの間に住民感情を大きくマイナスにした三つの事例に挙げられる。つまり、学童疎開船「対馬丸」の遭難、10・10空襲、第9師団の転用である。[*120]

11月頃、かつて沖縄に来た大本営の一参謀が、帰京後第32軍の風紀が乱れ、将兵と沖縄娘との間にごたごたが絶えぬ旨を中央に報告した。中央から実情を調査するよう、沖縄憲兵隊長に厳命が下った。これに対し長参謀長はかんかんになって憤激し、「中央が想像するような風紀紊乱する事態はほとんど発生していない。」と中央に伝えた。[*121]しかし、12月初め沖縄出張から帰京した内務省防空本部施設局の高村資材課長は友人らに、「琉球におけるわが軍は、軍紀弛緩し、民家に入りてものを取り、婦女を凌辱したりしている。これらは支那にあった部隊だ」と沖縄視察の結果を話している。この話を伝え聞いた近衛文麿首相の秘書官、細川護貞は、12月15日、沖縄の実情を聞くために内務省に高村課長を訪ねた。その際、聞いたことを細川は次のように記している[*122]。

10月10日の大空襲の時、沖縄は全島午前７時より４時まで連続空襲せられ、いかなる僻村もみな爆撃、機銃掃射を受けたり。しかして人口60万、軍隊15万ほどありて、初めは軍に対しみな好意を懐きおりしも、空襲の時は１機飛び立ちたるのみにて、他は皆民家の防空壕を占領し、為に島民は入るを得ず。また、４時に那覇立退き命令出で、25里先の山中に避難を命ぜられたるも、家は焼け食糧なく、実に惨憺たる有様にて、今に至るまでそのままの有様なりと。しかして焼け残りたる家は軍で徴発し、島民と雑居し、物は勝手に使用し、婦女子は凌辱せらるる等、あたかも占領地にあるが如き振る舞いにて、軍紀は全く乱れ居れり……

沖縄戦は戦争が始まる前に、既に住民の現地軍に対する不満が充満し、そして、軍紀、風紀は乱れに乱れていた。

第32軍としても、軍紀を厳正にして住民の協力が得られるように将兵に対する指導の強化を図ったが、末端までは完全には徹底しなかった。軍において軍紀風紀上特に留意指導した主要な事項は、次のとおりである。

ａ軍民居住の分離、ｂ警衛勤務の厳正、ｃ敬礼の厳正、ｄ爆薬の保管取扱、ｅ車両事故防止、ｆ農作物の保護、ｇ婦女子に対する態度、ｈ飲酒の戒心、ｉ外出時の行動注意

これらの取り締まりのために、特に巡察を頻繁に行い、賞罰を明らかにし、会報で注意を喚起している。特に婦女子に対する犯罪に関しては極刑をもって臨むと通達し、これが絶滅を期するとともに、特殊慰安所を設けて犯罪の防止を図っていた[*123]。

沖縄憲兵隊は、沖縄戦開始時点で隊長が未着任だった。本部には大尉以下18名、第1分隊（徳之島ほか）17名、第2分隊（那覇）約31名、第3分隊（宮古島、石垣島）約22名、合計約88名にしかすぎず、沖縄本島にはわずか約50名でしかなかった。本島とその周辺の島々だけで10万近い部隊をこれだけの憲兵で監視することは到底無理な話であった。[*124]

(8) 県民の北部国頭への避難

昭和19年12月14日午後、沖縄ホテルで警備要領について協議する総動員警備協議会が開かれた。泉知事は久しぶりに第32軍の牛島軍司令官と会い話を交わした。慰安所の設置問題や10月10日の空襲以来のいろいろな出来事もあり、会話はぎこちなかった。会議には長参謀長も同席していたが、泉知事は日ごろから長参謀長を乱暴者で田舎者と嫌っており、話はしなかった。

この時、牛島軍司令官から県側に「南西諸島警備要領」について説明が行われ、最後に次のように念を押して県に要求が出された。「来年2月末までに沖縄本島南部の島尻、中部の中頭両郡の老人や婦女子を北部の国頭郡に移してもらいたい。稼働能力のある者は食糧増産に当たり、敵がいざやってきたときには軍と在郷軍人からなる防衛隊とで国土の防衛に挺身してもらいたい」、決戦を前に住民の島内疎開について県と軍が話し合ってはいたが、公の場で、軍の正式要求として出されたのはこれが初めてであった。話を聞いている泉知事の表情が変わった。何か言いたそうであったが、そばにいる長参謀長が威圧するように無言で腕組みしている。「今は作戦第一のとき」、牛島軍司令官は知事を制するように語気を強めて繰り返した。

泉知事は、「食糧の自給自足不可能な県にとって、軍の要求は不可能に近い。県民は中頭と島尻の2万6000町歩の耕地に甘藷を植えて、そのうえ台湾から二十四、五万石の米を入れて、辛くも何とかやっていけるというのが実情。にもかかわらず、その耕地を捨てて、わずか5000町歩の国頭の山地に40万人に近い人口を移動していけるものか」（日記）、と泉は承服しかねていた。泉知事の心中を察してか、長参謀長が補足した。「軍は敵を上げても五、六か月で必ず撃退する。だからそれまでのことだ。今は作戦第一。県の協力がないと作戦が立てられない。ここは是非……」に泉は、「まるで子供だましだ、しかし、結局、軍の要求を受けざるを得ない、か。半年の自給自足と言っても、食料の貯蔵などから何とかやっていけるのは三か月、来年二月いっぱいまでであろう」と、日記に記されている。

泉知事は会議後、牛島軍司令官にあって、さらに軍の考え方を問いただしたが、牛島軍司令官からは既定方針の返答しか聞かれなかった。それでも質問し続けようとする泉に対し、牛島軍司令官は、顔を真っ赤にしたまま、一言も発しなかった。泉は引き下がるしかなかった。[*125]

決戦を前にして、県当局と軍が対立、このままでは戦争遂行不可能という情報が東京に伝えられ、内務省では現在の知事では決戦行政の確立は困難と判断、内々に後任知事の人選を始めていた。内務省や陸軍省が泉知事更迭を最終的に決めたのは、住民の沖縄本島北部疎開をめぐって県当局と現地軍が対立、同問題を泉知事が東京に持ち込み、内務省、陸軍省などと協議の席上でも軍に非協力的な態度をとるのを見て、これでは沖縄戦は戦えないと判断したためとみられる。[*126]

⑼ 泉知事の更迭と島田新知事

このような情勢下において泉知事は昭和19年12月24日、空路上京したまま再び帰任することなく香川県知事に転任した。後任知事の決定についてはいかにして軍の一部にある独善的独断的行為に対して沖縄の行政権を確保するか、また60万県民を率いて一糸乱れずいかに戦争に突入すべきか、沖縄県知事の決定については重大な人事として内務省は慎重審議を重ねた。[*127]

沖縄戦は、社会的指導者の多くが本土へ逃避した中で展開された。しかも、これらの人たち、中でも多くの本土出身幹部たちは日頃から沖縄県民に国家への忠誠を唱え、必勝の信念、心構えを説いていた。それだけに、あとに取り残された県民は裏切られたとの思いが強く、不信感を強めていった。また、沖縄の指導者、団体幹部などの中にもそのようなものがおり、残されたのは一般県民であった[*128]。

沖縄県知事　島田叡

次期知事の候補者の中に、第32軍の牛島軍司令官、長勇参謀長もよく知る人物が一人いた。昭和19年8月2日、愛知県の警察部長から大阪府の内政部長に就任したばかりの島田叡である。島田は昭和14年10月から17年7月まで上海領事館の警察部長をしていた。牛島と長は、島田と同じ時期に同じ任地にいたわけではないが、中国大陸とのかかわりから、上海での島田の評判を耳にしていたはずであり、もし二人の耳に後任沖縄県知事の候補として島田叡の名前が伝わっていれば、島田を推していたことは十分考えられる[*129]。

浦崎純氏（元沖縄県庁人口課長）は島田知事について、

島田さんの赴任は20年の1月31日です。だから赴任して、住民と接触する機会はほとんどなかったが、それでもできるだけ住民に接触しよう、どうせ一緒に玉砕する住民だ、そういう一つの先入観というものがあった。そのころはあらゆる物資が統制されていて、たばこも自由に喫煙できない、酒も飲めないという状態なので、わざわざ自分より地位の低い専売局の出張所長の処に出かけて、「どうせ死ぬのだから今のうちにたばこを喫煙させて楽しませてやってくれ」。それでたばこの配給は円滑になった。それから税務署長を訪問されて、「今のうちに酒でも飲ませて、楽しませておいてくれ」それから警察部長の荒井という人を呼んで「君、風紀取り締まりはやめなさい」それからもう一つは、部落ごとに村芝居も復活して今のうちに楽しませておけと、細かいところまで気を配った。そして機会あるごとに部落を回って指導された。あの頃の知事の地位というのは、神様みたいなもので、部落に知事が行ったということはほとんどあり得ないことでした。

と回想する。[*130]

那覇市松山町の知事官舎は、10月空襲で使用に堪えなくなった。島田知事は城岳に隣り合った真栄城守行氏宅を宿舎にあて、そこから県庁に通った。[*131]

当時、島田知事の部下となる県庁の三部長のうち、経済部長は病気療養で、内政部長は公用と称して、ともに本土に帰っており、荒井警察部長が一人頑張っていた。このように島田知事を補佐する部長クラスは、荒井警察部長一人であった。こうした状況の中、島田知事は、「決戦下官吏は率先陣頭に立つべきは勿論である。もし戦闘離脱者がいたら断乎処分する」と表明し、荒井警察部長も、「非該当者の立退き及び疎開は、明らかに戦列離脱であり、厳重取り締まりを要する」と記者団に語った。このように知事も警察部長も、行政組織機能が万全でなく、部分的に欠落した苦しい状態で、米軍の上陸を迎えたのである。[*132]

⑽ 防衛召集（昭和20年1月中旬）

軍が全面的防衛召集を決意したのは、昭和20年1月中旬であった。長野参謀がこの主任となり、不眠不休の努力を続け、わずか数日にしてこの業務を完成した。召集人員は17歳以上45歳未満の男子で、その数約2万5千に達した。元来、沖縄本島の人員は、40万に過ぎないのであるが、すでに当該各方面の野戦軍に従軍しあるもの約3万があり、別に一般兵として第32軍に徴集済みのもの約1万、防衛召集者を合わせて軍に従うもの6万5千に達した。郷村に青年男子なしと言っても過言ではなかった。召集人員の概要は次のようであった。

第24師団約5千、第62師団約5千、混成旅団約2千、軍砲兵隊約1千、船舶団約4千、兵站地区隊約2千、海軍約1千、その他約5千、このほか、中等学校男子生徒からなる鉄血勤皇隊、女子生徒よりなる衛生勤務員合計2千に達した。[*133]

軍の老幼婦女子に対する措置は、彼らを非戦闘員として、その安全を図るよう進行していた。牛島軍司令官は、「沖縄島は日本の一部に過ぎない。沖縄島の戦いは日本最後のものではない。今ここで一時非戦闘員を敵手に委しても本土決戦に勝てば、彼らは日本繁栄の一員として役立つ。アメリカ軍も文明国の軍隊である以上、その手に落ちた我が非戦闘員を、一部の宣伝のごとく、殺戮したり虐待することはあるまい。降伏という言葉に拘泥して、非戦闘員を強制して無意味な玉砕をさせる必要はない」としていた。だが、軍は国家民族の興亡安危に関する来るべき戦闘においては、およそ役立つ男は、ことごとく軍旗のもとに馳せ参ずべきであると、防衛召集規定に準拠し、防衛召集を開始したのである。[*134]

その後、2月中旬、情勢が急迫を告げた際、相当数の防衛召集を実施し、さらに3月上旬約15日間を目途として大々的に防衛召集が実施された。この際、学徒の一部も動員された。3月上旬の防衛召集者は約2万といわれるが、明確な人員は明らかでない。『戦史叢書　沖縄方面陸軍作戦』には、独立歩兵第14大隊配属兵員約200、第2歩兵隊第2大隊配属兵員120、第44飛行場大隊配属兵員450、学徒150、第56飛行場大隊配属兵員150、学徒150、第50飛行場大隊配属兵員300、第32野戦兵器廠配属900（内容不詳）とある。[*135]

⑾ 沖縄県庁の戦場における活動状況

昭和20年2月7日、長参謀長は情報専任参謀を帯同して県庁の島田知事を訪ねた。知事が着任して8日目のことである。部長以下戦争に直接関係のある課長ら10名ほどが知事室に呼ばれた。地図を広げた参謀長は、南太平洋の一点をさしながら、「ウルシー基地を発進した敵機動部隊の指向が沖縄だとする公算が大きい。軍の判断では、機動部隊は2月15日頃沖縄に来攻するものとみている。軍司令部では大本営をはじめ前線各派遣軍から情報を得ているが、これらを総合分析した結果この判断が出た。いよいよ敵覆滅の大決戦が沖縄に迫ったのである……」と説明した。長参謀長は続けて、「そこで、この際県にお願いしたいことは、住民の食糧を早急に確保してもらいたいことである。軍の想定では敵は6ヵ月沖縄で頑張ると思う。そしてへとへとになって戦線を放棄、残存兵力を撤収すると思うが、さらに兵力を再編成して二度目の上陸戦を挑むことになろう。その間、つまり6ヵ月分の住民食料を是非確保してもらいたい。もちろん軍では兵員食料を半年分保有しているが、それを住民に分けることはできない。敵が一応撤退すれば、内地や台湾からも十分補給が効くと思うから、差当り半年分を手配してほしい」、長参謀長は、食料のことでこう要請した後、「こうした情勢になったので、既定計画による老幼婦女子の北部山岳地帯への緊急退避を早急に開始してもらいたい」と言った。[*136]

当時県庁では米軍上陸に備えての非常処置として中南部の老幼婦女の国頭（沖縄北部）への退避計画が行われ、すでに閣議で決定した大蔵省第二予備金から支出された1500万円の予算が令達されていたので長参謀長は本席上重ねてこの計画の緊急実施を県知事に要請した。

この情勢において島田知事の構想は軍の作戦に呼応していかにして急速に行政面を戦場行政に切り替えるかにあった。すなわち平常行政事務の全面的停止と戦場行政の即時断行であった。この点に関する限り軍官相互には何の間隙もなく島田知事は断固として戦場行政の重点を県民食料の確保と老幼婦女子の緊急退避の二大施策に絞った。[*137]

島田知事は直ちに部課長会議を開き、食料確保、疎開などの緊急対策を協議し、着々と実行に移した。2月10日、緊急市町村会議を開いた。[*138] 会議には、島田知事・伊場内政部長・荒井警察部長・第32軍後方参謀木村中佐などが出席した。この日は島田知事着任後初めての会議だったので、知事の信任挨拶から始められた。木村中佐からは、ウルシー基地を発進した敵機動部隊が沖縄に向かっていること、15日頃沖縄に来攻する公算が大きいことが初めて公式に発表された。

会議では北部地区への緊急退避計画の全貌が発表されたが、焦点は輸送問題だった。すでに県営鉄道は軍の管理に移され、民間輸送力も軍が握っていたから、県も市町村もお手上げの状態だった。県営鉄道は、県から軍に交渉して利用できるようにする。民間輸送力は、地元に返してもらう。それが出来なければ軍の輸送力を一時地元市町村に転用させてもらう。ただし軍との交渉は県も助力するが、各市町村が自主的に当たる。ということが決まった[*139]。決まった具体策は以下の通りである[*140]。

一　戦局は非常に緊迫しているので、一日一刻も早く県内人口調整による10万人の国頭郡立退きを行い、本月中に4万人を移動させ、3月一杯に全計画を完遂する。差当り本月立退きの4万人は、既存建物を利用して収容する。

二、立退き該当者で、60歳以上15歳未満でも、可動力あり戦力となって踏み止まって戦えるものは、立退かなくてもよい。

三、家族立退きのため、可動力あるものまで、紊(みだり)に立退かぬように抑制する。

四、輸送には軍も協力してもらい、出来るだけ陸上・海上交通機関を動員して病弱老人で歩行に堪えぬものを優先し、歩行可能者は早く歩行で立退かせる。

五、以上、国頭郡移送を早急に実行するため、各市町村は、11日一斉に部落会長・町内会長に徹底し、11日から13日までに部落常会・隣組常会を開き徹底し、13日から即時移動させるよう、電光石火の処置をとること。

六、このため市町村は、吏員の三分の一を国頭郡町村へ派遣、移動事務に協力させる。

七、第一次は、那覇市・島尻郡・中頭郡の海岸地帯から立退く。

そして、那覇市・首里市・島尻郡・中頭郡の立退き人数は、次の通りと発表された。

那覇市５０７０人、首里市１５７７５人、島尻郡３１１７３人、中頭郡４０６７２人、合計９２６９０人

当時沖縄にある食料は、３ヵ月を支えるのが精一杯だった。芋も相当量の作付けがあったが、軍隊への供出が優先しているうえに民需の約半分を家畜が消費していた。討議の結果として、大家畜をつぶして食料にあてる一方、家畜の減少によって浮く量を人間の食糧に振り向ける、台湾総督府との直接交渉によって相当量の台湾米を移入する、などの構想がまとまり、早急に実行に移すことに決まった。食糧問題では、台湾へ知事特使として食糧営団長の真栄城守行氏と食料配給課長呉我春信氏の派遣が決まり出発した。そして本土への疎開は輸送の続く限り続けること、北部地区への退避は、山岳地帯に収容小屋を作ることになり、県土木課の技術職員を総動員して、名護に設営本部が設けられた。北部地区への人口の大移動に伴って、受け入れ側の機能を強化するため、国頭地方事務所に応援職員を送ることになった。米機動部隊の接近によって、県庁の機構は戦場即応の態勢に切り替えられたのである。

島田知事は、着任後十日もたたないうちに、こうした非常事態に直面した。そして、県庁機構残り替えを断行し、平時不急事務を全面的に停止させ、戦争遂行事務を徹底的に強化していった。平時不急事務を担当している内政、経済部職員を人口移動業務（県外引揚げと北部地区への退避事務）と食糧関係業務に配置替えした。また地方教職員の一部は、人口移動業務の第一線勤務に配置された。鉄兜が全庁員に支給され、やがて日本刀の帯刀も許された。[*141]

島田知事はこれらの業務を遂行するため、県の機構改革を断行、まず11日にこれまでの特別援護室を廃止して、内政部に人口課を設置し、県外疎開・県内避難などの人口移動業務を主管させた。また食糧配給

課・地方事務所を充実強化し、疎開・避難等の業務の推進を図った[142]。

翌2月11日、島田知事は、人口課の課長以下の人事を発令し、城岳の防空壕入り口で露天の辞令交付式を行った。人口課は、これまで警察部特別援護室が担当していた県外引揚げと、新たに課された北部地区への移動事務を一手に引き受ける機構となって、内政部に所属することになった。人口移動の仕事を、機構の上で一元化した。課長は浦崎純がなった[143]。

ところでウルシー基地を発進した敵機動部隊の指向が沖縄ではなく、硫黄島であることがはっきりすると、島内は一時小康状態に入った。動き出した国頭地区への移動も停滞してしまった。県ではこうした小康状態が長く続くものでないと判断して、むしろこの時期に移動を完了して上陸戦に備えようと、督励の手を緩めなかった。受け入れ町村には、県から設営班を繰り出して、地元民を動員した退避者収容小屋づくりを進めた[144]。

2月、戦況逼迫の中、地方行政協議会が開かれた。同会議に出席した戸塚九州地方行政協議会長に対し昭和天皇から「食糧事情並びに引揚げ民の生活」に関する御下問があった。島田知事はそのことを伝え聞き、2月23日、「洵に恐縮感激に堪えざる所（中略）一朝事あれば県民総武装して一挙に□敵を撃砕殲滅し以て大御心を安ん□べからず」という「諭告」を県民に発した[145]。

硫黄島での戦闘は、敗色が濃くなっていた。夜も更けて東京から硫黄島に向けてのラジオ放送は沖縄でもよく聞き取れたが、それは断末魔にあえぐ将兵へ、最後の決別を告げる悲痛な響きで綴られていて、聞く者の胸をえぐった。そして、それは次に来る沖縄の運命に不吉な予感を誘うのであった。

ある時、那覇駅の近くにある10月空襲をまぬがれた旭農園の私宅で、知事は一晩、軍司令部の将星を招いたことがあった。牛島軍司令官、長参謀長、それに高級参謀の八原大佐その他が招かれ、県から島田知事、荒井警察部長、仲宗根官房主事、湧川商工課長、それに浦崎純人口課長が加わった。牛島中将も島田知事も、実に楽しそうに酒を飲んでいた。軍人側から詩吟が出て、剣舞となり、謡曲がとびだして美妓が琉舞を舞った。島田知事と牛島軍司令官が、お互いに上衣を取り換えっこして着けた。荒井警察部長が長参謀長と上衣の取り換えっこをした。島田知事が沖縄軍司令官となり、牛島中将が沖縄県知事になった。泉知事時代の軍官の対立を思い出した浦崎は涙が出るほどうれしかったという。この夜が軍官首脳の最初の酒宴であり、最期の酒宴であった。[*146]

浦崎は、「沖縄では軍の牛島さんも人格者だったが、島田知事も人格者で、お二人はとても仲が良かった。一方は前線の司令官、一方は後方の指揮官ということで、軍官相呼応して沖縄を防備された」と回想する。[*147] 泉知事の時とは異なり牛島軍司令官は島田県知事を尊敬し、島田県知事も牛島軍司令官を尊敬するという軍官一体といえるような関係となった。[*148]

11　米軍上陸後における住民避難の実相

⑴　壕内の県部課長会議

昭和20年３月23日、米機動部隊の空襲が始まった。25日午前11時頃、島田知事は緊急部課長会議を招集した。米機動部隊の一部が本日午前慶良間列島に強行上陸したと情報を伝え、県庁の首里移動を命じた。知事は、首里移動に先立って、各課長の責任で重要書類を焼き捨てるように指示し、特に敵側に利用価値のある地図や統計書類の焼却を急がせた。[*149] 県庁は城岳に横穴防空壕を準備していたが、島田知事は海軍部隊の要請によって同地を譲り、軍司令部との連絡を考慮し首里移転を決定して25日夕首里に移動した。[*150]

県庁職員は九州や国頭に家族を移動させ、単身で各課ごとの合宿所に起居していたので、団体行動をとるには都合の良い態勢にあった。県庁の首里移動の命令が出ると、各課ごとに書類の始末を終え、各自の合宿所に戻って身辺を整理し、見廻り品を背嚢（はいのう）に詰め込んだ。戦闘帽に国民服をまとい、巻きゲートルと鉄兜で身を固めると、いよいよ沖縄が戦場になったと実感した。日本刀のある者はそれをつるした。こうして命令一下、県庁の全職員は戦場行政に挺身する構えが出来たのである。3月25日午後6時、首里城に集結を終えた職員に対し島田知事は、以下の指示を与えた[*151]。

一　庁員の生命を守るため昼夜兼行の防空壕づくりを始める。
二　各課適当な民家を市内に求めて合宿する。
三　人口課は老幼婦女子の北部移動を夜間に推進させる。食糧配給課は困難を配して食糧の夜間輸送と配給に当たる。
四　毎日、朝夕二回部課長会議を開く。

首里市内の食糧配給所では、艦砲の交錯する中を市民が長い列を作った。配給は二晩、三晩、続けて行われた。

⑵ 警察部の米軍上陸前後の協力状況について

昭和20年2月下旬頃から沖縄戦場化は必至の状況にあったので警察部は平常の事務を完全に停止して戦時警備に専従することとなった。この活動を容易にするため次のように警察警備隊を編成して住民の保護及び治安維持と軍作戦への協力態勢を整えた[*152]。

- 警察警備隊本部
  - 隊長（警察部長）、幕僚（各課長）
- 警察部警備中隊（隊長：刑事課長）（軍との連絡、各警察署警備中隊との連絡、指導、所要に応じて警察署警備中隊の援助）

・警察部特別行動隊（隊長：特高課警部）（軍と協力して、主として「スパイ」取り締まりにあたり、一面警察警備隊の活動状況、県民の戦争協力状況を内務省に報告する任務）
・警察署警備中隊（隊長：十箇所の警察署長）（管内の警備治安の維持）
また、軍（警察警備隊本部は直接軍司令部及び沖縄憲兵隊から、各警察署警備中隊はその所管内の駐屯部隊から）の要請に基づく主要な任務は次の通りであった。
①　軍戦闘地域から住民を退避させるための退去命令の伝達並び避難誘導
②　「スパイ」行為者の検挙取り調べ
③　軍の糧秣または弾薬輸送に対する住民の労力提供の督促並びに輸送指揮
警察は荒井退蔵警察部長の高潔な人格、強い責任感、不動の信念によって、よく衆心を集め見事な統制のもとに各方面にわたって活躍した。[*153]

⑶　機動部隊出現に伴う北部山岳地帯への夜間退避（昭和20年3月23日頃〜）

北部への避難が逐次実施されていた3月23日、米軍艦載機が来襲、朝から夕刻に至る間、延３５５機をもって沖縄本島を攻撃し、引き続き24日には朝から艦載機延６００機が来襲するとともに、米艦隊が南部地区に艦砲射撃を開始した。機動部隊の出現は一瞬にして沖縄を混乱に追い込んだ。第32軍は米軍の上陸が間近いと判断し、各部隊に25日以降甲号戦備（全部隊が戦闘配備に就く）に移行するよう命じた。各部隊は戦闘配備に就き、米軍の上陸攻撃に備えた。艦砲射撃と空襲は連日繰り返され、沖縄への上陸がいよいよ現実のものとなってきた。

国頭への退避を見合わせていた住民、特に老幼婦女子の狼狽はその極に達し、その夜から徒歩による移動が始まった。これらの行動を統制指導するとともに受け入れ態勢を強化するため当該事務を担当していた職員の活動が開始され、猛烈な空襲、艦砲射撃のもとに米軍が嘉手納附近に上陸する前夜までこの決死的夜間移動が続けられた。[*154]

国頭地区への退避作業は輸送力の問題で困難を極めた。小禄村の海軍設営隊は、部隊のトラックを総動員して移動に協力した。他の町村でも徴用した車両の一部を返して協力する部隊もあった。しかしそのような町村はほんのわずかで、多くの町村は輸送力なしの徒歩移動だった。軍の管理していた県営鉄道も、移動者の便乗を許してはくれたが、時々の都合で専用というわけではなかった。病人と歩行のできない年寄りに限られ、それも那覇―嘉手納間に限定されていた。移動者は、荷物を頭に載せ、背に負って、子供の手を引いてののろい足取りで一歩一歩北部を目指した。[*155]

このように空襲、艦砲射撃の危険下、無統制無秩序に北へ北へと逃れる住民の指導に県庁関係職員の必死の努力、道路を閉塞するため軍の活動を妨害するのでこれの排除に努める軍の処置等が交差した。こうしてこの北部への移動は米軍が嘉手納に上陸する前夜まで続けられたが、この移動が狼狽した住民の行動であり計画的措置でなかったため十分の成果を挙げ得ず多数の老幼婦女子が中南部の戦場地帯に残留したまま戦争状態に突入した。[*156]

3月24日、島田県知事は北部避難について次のように達した。[*157]

> 一般的避難命令は特別の事情無き限りこれを発せず、現在実施中の県内疎開を、今夜実施するに付き、市町村其の他の機関と緊密なる連絡のもとに万全を期すべし、但し敵上陸の算、大なる地点にありては、現地軍と緊密なる連絡のもとに、皇土防衛義勇隊はあくまで皇土防衛に挺身し、其の他のものは戦場焦点とならざる地点に適宜避難せしめるものとする。疎開者通行沿道に於ける警備に付いては、警察官・警防団を配置して、万遺憾なきを期すべし。疎開者受入地に在りては、疎開者の混乱を来さざるよう、万策を講ずべし。

結局、23日から31日までの一週間で約5万人が北部へ避難した。空襲以前の避難を合わせると計約8万人が北部へ避難したのである。[*158] 国頭の人口が多くなったため、3月25日監屋（名護北東15キロ）に監屋警察署が創設された。[*159] また住民の食糧戦災を予想して各地に分散貯蔵してあったが、いよいよ上陸に備えて那覇近傍の食糧を早急に地方に分散輸送する必要があった。空襲のやんだ夜間に職員は「トラック」または荷馬車によって分散輸送する任に当たった。かくて職員の決死的敢闘によって那覇近傍の貯蔵米を地方へ分散輸送することが出来た。[*160]

米軍の沖縄本島上陸が刻々と迫って第32軍司令部は、遂に3月31日、老幼婦女子の北部への移動停止を指令した。浦添村牧港以南にある移動者は、北進を止めて直ちに付近の村落へ潜入するようにとの指令である。指令は、県庁職員が弾雨をくぐって村役場や部落の事務所に伝達された。名護街道に立ちはだかって移動者の北進を止めさせる任務につくものも派遣された。[*161]

4月1日朝、米軍は遂に嘉手納海岸に上陸を開始し、配備兵力の少ない日本軍を圧倒して、4月3日には東海岸に達し、沖縄本島を南北に分断した。かくして北部への避難は完全に閉ざされてしまった。[*162]

県庁の内政部と経済部は首里南面の繁多川付近、土木課、人口課、教学課は首里高等女学校の地下洞窟に、県知事は繁多川の那覇警察署の壕に位置した。[*163]

(4) 防諜対策

沖縄における防諜の実情について、馬渕新治は「沖縄における島民の行動」において次のように述べる。[*164]

戦後米軍資料の調査によると、上陸当時、日本軍の配備はもちろん、日本軍に対する情報が十分得られていなかった点は明瞭であり、防諜の成果は県民の自覚によって概ね所期の目的が達せられたものと思われる。つまり沖縄には島外から潜入する要注意者（私が聞いたところによると潜水艦によって諜者を潜入させた事実もあるようです。）の他はほとんど専門的に海外に向かって防諜勤務をしようとするものなどは到底考えられない。一方、沖縄の場合、軍と住民との接触が一般外地作戦地と異なり同胞であることに問題がある。軍もこの点に着目して精神教育の高揚、軍民雑居を厳禁しましたが、兵舎施設の不完備な環境は勢い住民との接触の間に軍に秘密が漏洩し、戦後の調査によりますと、住民が比較的明確に軍の行動を知悉していたということもあった。

第32軍の防諜対策を示す史料は少ないが、残された史料の一つが「報道宣伝・防諜ニ関スル県民指導要綱」（昭和19年11月18日）であり、防諜に関して次のようにその重要性と指導項目を示している。[*165]

上陸作戦実施に先ち、上陸地に諜者あるいは工作員を潜入せしむるは、敵の常道手段にして、また近時敵は、我が将兵及び官民所有の文書による諜報を特に重視し、之が獲得に努力しある現状なり。特に本件は離島なると、防諜観念一般の状況に鑑み、一層の注意を要す。故に攻防両面における防諜を強化し、軍の行ふ防諜と相俟ち、諸施策を活発にし、敵側秘密戦活動の完封を期す。

このような方針のもと、各部隊、沖縄憲兵隊、沖縄連隊区司令部、県当局などと協力して防諜対策を実施すると定めている。

第32軍及び隷下部隊が防諜に関し具体的に指示している例に次のものがある。[*166]

• 石兵団（第62師団）、昭和19年11月2日「石兵団会報」第89号、昭和19年11月2日
地方住民と混在同居して居る部隊あるも、これは厳禁す。衛生上、防諜上、風紀上非違誘発の算大なり。

• 第32軍（「球軍会報」昭和20年4月9日）
爾今、軍人軍属を問わず標準語以外の使用を禁ず。沖縄語をもって談話しある者は、間諜とみなし処分す。

・第32軍司令部「日々命令綴」（20年5月5日）「天ノ巌戸戦闘指令所取締ニ関スル規定」球日命第104号
　一般地方人は如何なる用務と雖も、洞窟内に出入りせしめず。
　防諜上、下士官・兵・軍属に対する面会を一切禁す。又軍属の単独歩哨線の通過を禁ず。

　こうして部隊の防諜対策は、戦況に応じて、逐次具体化していった。
　このように、軍としては所謂防諜対策として当時各軍において行われていた一般施策の徹底を図るとともに住民対策にも相当の力を入れ軍自体による宣伝啓蒙のほか、地方警察の特高の強化による摘発厳罰主義を採用する等努力をした。しかし、部隊の駐留しているところは一般住民の部落であり、一般住民を一地域に隔離することは不可能であるから部隊行動を住民が知悉している。このことは馬淵が戦後援護業務を実施するにあたり、全く資料の滅失した沖縄戦戦没者の死亡処理のためその所属部隊を判定するための部隊行動を調査する際、相当明瞭に部隊の行動を承知している一般住民のあることによって推察に難くない。このことはいかに部隊において防諜を云々しても部落民と同一地域におくことの結果である。[*167]
　軍人による防諜に関する住民の殺害事件につき原剛は、著書『沖縄戦における住民問題』で次のように述べる。[*168]
　第一線の部隊若しくは後方の部隊などの自己判断で実施されているものがほとんどである。本来、作戦・戦闘行動を妨害した一般国民・敵国人及び第三国人等を裁くのは、師団以上に設置される軍律会議（軍法会議は、軍人・軍属及び捕虜・間諜を裁く）であり、第一線部隊などの指揮官には、捕らえた住民・第三国人・捕虜等を裁き処断する権限はないのである。第32軍司令官は、担当作戦地域における禁止行為などを「軍律」として定め、これを一般に公布し、この公布した「軍律」に違反した者を、軍律会議で審判し、軍罰として、死・監禁・追放・過料・没収等に処することが出来る権限があったのであり、国際法的にも認められていたのであるから、これを実行すべきであった。しかるに、第32軍司令官は、軍法会議は開いているが、軍律会議は開かなかったのである（軍律会議に関する記録も証言も見当たらないことから、軍律会議は開かれなかったと判断した）。第32軍司令官は、国土戦であるので、住民が軍に対して妨害行為や禁止行為などを行うことはないと判断して、あえて軍律会議を設置しなかったのであろうか。あるいは軍律会議を設置する能力（人材）がなかったのであろうか。いずれにせよ、この判断の甘さが部隊によるスパイ容疑者の殺害を生起させる第一の要因になったと言える。さらに、軍の過剰な防諜意識とスパイ視の基準の曖昧さ、及び沖縄県民に対する先入観などが重なり、このような結果を招いたと考えられる。一方、敗残兵となった部隊生き残りの者が、食糧に困り、住民の食糧を略奪するための名目として、スパイ視が利用されたこともあったのである。

(5) 米軍沖縄本島上陸

昭和20年4月1日、米第10軍は、沖縄本島西岸嘉手納海岸に上陸した。上陸正面附近の、読谷山村・北谷村・越来（ごえく）村・美里村・具志川村・勝連村・与那城村などの住民で北部へ避難せずに残留していたものは、逃げ場を失い、そのほとんどが数日のうちに米軍に収容された。宜野湾村・中城村以南の住民は、各人ごとあるいは各家族ごとに南方へ避難していった。部落の自然壕などに残留していたものは、戦火の犠牲になったが、多くは米軍に収容された。首里北方の南部主陣地帯は、4月5日以降、南進した米第24軍団の猛攻を受け激戦を展開したが、優勢な戦闘力に圧倒され、4月22日頃までには、第一線陣地のほとんどが、米軍に奪取されてしまった。[*169]

一方、4月3日以後、米第3海兵軍団は北上を開始し、4月6日には名護に上陸し、いよいよ国頭地区も米軍の攻撃を受けることになった。中南部からの避難者も地元民も危険を感じてだんだんと山の中へと避難していった。国頭山中の谷間には、中南部から非難してきた避難民約8万人、国頭地区の地元住民約12万人の合計約20万人が避難し、以後数カ月間、山中で食糧不足と闘いながら悲惨な生活を続けることになった。加えて、米軍との戦闘に敗れた国頭支隊の敗残兵が、避難民の食糧を強奪するという惨状があちこちで起こり、避難民は米軍よりも日本軍の敗残兵の方を恐れるという状況になった。

山中での生活状況を避難者は次のように述べている。[*170]

中南部から続々と避難民が押し寄せ、村の農産物は一か月もたたないうちに取り尽くされてしまった。……その当時、私にとってハブよりもはるかに恐ろしいのは、日本軍と米軍であった。日本兵は、毎日のように避難小屋を廻って、銃や日本刀を突き付けて、乏しい食料を強奪したので、狼よりも怖かった。米兵は、避難民を見つけ次第、捕虜として連行し、逃げると老幼男女の別なく銃殺したので虎よりも恐ろしかった。山中の避難民の多くは、この前門の虎と後門の狼の挟み撃ちにあって餓死したのである。

このように避難民は、悲惨と恐怖の中で山中生活を送ったのである。しかしこのような避難民も、食料の欠乏と米軍の投降勧告により、5月以降逐次山を下り、米軍に収容されていったのである。

(6) 県政最後の合同会議

第32軍司令部は、4月24日、このような戦局を考慮して、首里周辺の住民を遅くとも29日の天長節までに、南部へ避難させるよう、県に対し要請した。この要請を受けて、県知事は4月27日に、未占領地域の市町村長・警察署長を、繁多川の警察部の壕（県庁壕）に集めて合同会議を開き、今後の戦場地行政について協議した。席上、知事は「戦局の推移に連れて、多数の避難民の移動を考えねばならないが、受け入れに当たっては、同胞愛を大いに発揮してもらいたい。県民は今、上陸米軍を撃滅するために、共通の苦しみを苦しんでいる。勝利の日まで辛抱を続け、頑張りぬこう」と訓示した。[*171]

そして島田知事はあらかじめ構想していた重点戦場行政、戦場食糧の増産、必勝の信念の堅持、壕の設営強化と壕内生活指導に重点を置いて強力な要請を行い、[*172]

戦争がどのように激しくとも、またどのように長引こうと、住民を飢えさせることがあっては行政責任者としての最大の恥辱である。この機にあっては是が非でも住民の食糧を確保することが至上命題である。

と強調した。会議はその日の夕刻終わったが、これが沖縄県政70年の最後の会議となった。[*173]

米軍の攻撃は、朝夕の二回一定時刻になると停止した。人々はいわばこの休憩時間を有効に活用した。水汲み、薪取り、炊事、洗濯、排便と中々忙しかった。4月29日の天長節を境として、首里周辺の住民は続々南下を始めた。行動を始めたのもやはり攻撃の止んだ夕刻から夜明けにかけてであった。[*174]

住民は、食料・食器・鍋釜など食べるのに必要な最小限の荷物を担いだり、頭に載せたりして南部へと非難していった。しかしこの避難は当初から計画されていたものではなかったので、家族毎の思い思いの避難行動であった。[*175]

(7) 県庁職員による後方指導挺身隊

後方指導挺身隊は、昭和20年5月1日、①島田知事を総帥として軍の戦闘行動に即応、②後方にあって県民の士気を鼓舞激励、③戦場における住民を餓死から救うための食糧増産、④危険と不潔な防空壕生活から住民を護ること、を使命として、最後の戦場行政機構として編成された。その主要な任務は、士気高揚（必勝の信念の堅持）、夜間増産（戦場食糧確保のため夜間植え付けの収穫）、壕内生活指導（不自然な壕内生活における保健衛生と秩序維持、落盤等の危険防止）で挺身隊は幕僚部、挺身隊本部、分遣隊、伝令班からなっていた。

挺身隊の活動は当初首里南側繁多川の壕（県庁壕）にある島田総帥と豊見城村長宅にあった挺身隊本部、さらに各町村の分遣隊によって遂行されていた。この配置は戦況の不利に伴って逐次南方に圧縮されるの余儀なきに至ったが、挺身隊の任務は終了しなかった。編成の当時からすでに昼間の行動は全く不可能で実際の活動は、空襲のない夕刻から払暁にかけて分遣隊（県庁の課長クラスを隊長とし、それに十数名の県庁職員を付して南部全町村に設けた）が、部落民の集団する防空壕から防空壕に移動して壕内に部落常会を開催してその指導強化を図り、一方、夜間増産の現場指導督励等が隊員必至の敢闘によって続けられた。

また士気高揚の資料としての情報伝達は、沖縄新聞による情報を大政翼賛会指導部と一体になって挺身隊が当たったが、首里失陥によって新聞発行は停止となりその後は部隊情報を直接分遣隊に提供した。[*176]空、海、陸に死闘が展開されているとき、沖縄新報社（沖縄朝日、琉球新報、沖縄日報が統合されたもの）は、通信連絡の不備、取材の困難、資材の不足の中にあって、首里の洞窟からタブロイド版ながら日刊沖縄新報を発行した。その発行は首里戦線が危機に瀕した5月24日まで続けられた。取材は同盟通信のほか、軍司令部、県庁などから取得され、新聞は一般県民及び各部隊に配布され、士気の高揚、軍からの連絡事項、県の通達などに大きく貢献した。新聞社は国頭地区に分室を計画し、社員を分遣したが米軍の進出によって新聞の発行は実現しなかった。[*177]

⑻　第32軍の南部撤退と県庁の行動

首里戦線の危機が迫り、牛島軍司令官が5月22日南部撤退を決心した。八原高級参謀はその時の状況を、著書『沖縄決戦』で以下のように述べる。[*178]

軍が退却の方針を決めた際、戦場外になると予想される知念方面への避難は、一応指示してあるはずだった。しかし同方面に行けば敵手に入ること明瞭だ。今やそのようなことに拘泥すべき時ではない。彼らは避難民なのだ。敵の占領地域内にいる島の北半部住民と同様、目をつむって敵に委するほかはない。そして彼らへのはなむけとして知念地区に残置してある混成旅団の糧秣被服の自由使用を許可すべきである。軍司令官はこの案を直ちに決裁された。指令は、隷下各部隊、警察機関――荒井県警察部長は、首里戦線末期においても、なお四百名の警官を掌握していた。住民の保護指導のために、特に軍への召集を免除されていた――鉄血勤皇隊の宣伝班、さらに壕内隣組等の手を経て一般住民に伝達された。この指令は各機関の努力にかかわらず、十分に徹底しなかった憾みがある。

これからもわかるように軍は避難先を指示するものの、それに対して責任はとっていないし、とる意思も余裕もなかったのである。

島田知事は、5月25日夜、挺身隊本部に髙嶺村与座方面（与座岳北側）に移動することを命じた。挺身隊本部は26日夜長堂を発して与座に移動し、付近に分散して位置した。島田知事は5月24日、内務大臣に対し所要の報告電報を発し、24日頃繁多川から志多伯（与座北2キロ）の重砲陣地に、さらに27日大城森（与座西方）に移り、次いで兼城の秋風台（大城森近くと推定）に移動した。そうして挺進隊本部隊長以下と連絡が取れた。この頃南部地区は後退してくる軍及び住民が各所に混雑を呈していた。[*179]

しかし、県側が軍の南部撤退を承知したのは、5月29日、与座の第24師団司令部における軍と県との連絡会議においてであった。この会議に県側は、久保田挺身隊長と浦崎人口課長が出席し、第24師団の杉森参謀から、知念・玉城両村方面への避難を指示された。しかし、指示は既に時機を失していた。軍側も県側もどんどん南下してくる避難民に、知念半島方面への避難を指示し誘導しようとしたが、米軍の進撃が早く、また避難民も軍と離れることに不安を抱き、結局、軍のいる喜屋武半島地区へ避難していたのである。[180]

仲間良盛（中城住民）の手記に、

当時の県民の意識から、軍隊と離れて、軍隊不在の知念半島へ移動することは、軍の保護を離れることであり、米軍の捕虜になることを意味するので許容できるものではなかった。また、日本軍の勝利を最後まで信じて行動している関係もあって、これを説得するのは至難の業である。……むしろ、知念半島から喜屋武半島方面へ逆流する状況さえ呈するに至った

とあり、このように米軍の捕虜になってはならないと日本軍に教え込まれていた住民たちにとって、知念半島への移動は聞き入れられるものではなかった状況がわかる。[181]

戦闘力のない地方民を戦火から護るため、一定地域が安全地帯として指定されていることを29日になって県側は初めて知らされたわけだが、この申し入れには軍への不信感が生まれたという。これ以前、島田知事は、県民保護の立場から、軍に強力な申し入れをしていた。——首里を放棄して南端の水際まで下がるとなれば、それだけ戦線を拡大することになり、勢い、県民の犠牲を大きくすることになる——と考えて、首里放棄に反対したのである。このような事情が軍への不信感となって表れたのである。[182]

糧秣補給源は5月半ばにして絶たれてしまった。高嶺村、与座の住民壕では、当所、部隊を喪い、前線を彷徨する兵隊を心から歓待した。住民の食糧にありついた兵隊は、「敵の戦車を屠り敵兵をやっつけた」と住民を狂喜させた。だがその好意に押された兵隊は、しだいに謙虚さを失い、威丈高に住民の食糧を要求していく。[183]

⑼ 島尻方面における住民の状況

米軍の沖縄作戦計画者たちが最も頭を悩ました問題の一つは、住民たちが如何なる態度をとるかという

問題であった。沖縄人の態度は問題とならないことが間もなく明らかとなった。まず第一に残っていたものは比較的争いを好まないもののみであった、というのは、日本軍が15歳から45歳までのほとんどすべての男性を召集していたからである。ただ中には、ことに年取った住民の中には、日本軍の宣伝を信じていて、米軍に捕まった時は恐怖に打ちひしがれた者もいた。伝染病は少なく、マラリアもほとんどなかったが、大部分の住民は、密集して不潔な洞窟に住んでシラミやノミを持っていた。沖縄の民間人の統制は、第10軍の指揮下にある1軍政部に委ねられていた。[*184]

南部地区にあった住民中、男子の大部は防衛召集をされ、自余の働き得るものはすべて戦闘協力、食料増産に狩り出された。北部に退避し得なかった老幼婦女子も軍または官の食糧増産に狩り出されたが、6月初旬となり首里戦線の崩壊によって南部に後退する部隊、敗残兵の到着によっていよいよ戦況の緊迫化を知ってただ右往左往するのみであった。その頃に至ると全く住民の指導などは状況の推移に任せる以外になかった。幸い南部地区には自然の壕が発達しており、ここに退避して日本軍からの追い立てを食わなかったものが命を全うした。壕にいながらもその位置が戦場となったための恐怖から過走に壕を飛び出たもの、日本軍に壕から追い出されたもの、他村方面から南方に敗退する日本軍に追尾して流れ込み適当な避難場所を発見し得ず、いたずらに圧縮された戦場を右往左往した者等は激しい艦砲射撃や米軍の地上掃討を受けて死傷し犠牲者数を増やした。[*185]

また、日本軍の内にはすでに全く戦意を喪失して敗残兵になり下り一身の保存から住民の集団に流れ込むものも相当あった。一方、厳格な意思と指揮力を有する幹部の生存する部隊ではあくまで最後の勇を奮って抵抗した。その他、自決乃至斬り込みを敢行しようとするもの、分散少人数となって国頭突破を完遂して再挙を図らんとする者、等があった。また住民の中にも米軍の捕虜となることを潔しとせぬ者、投降の機会を捉えんとする者等などが多かった。

このような情勢下において米軍は南部の掃討作戦を行った。この際、住民と日本兵と分離させること、日本兵の無益の抵抗を避けさせることは掃討部隊として当然の措置であり、このために米軍は拡声器、ビラ等による宣伝、宣撫に大いに努めた。米軍はこれらの投稿住民に対しては、まず日本敗残兵混入の有無を厳重に調査した後、大体、北、中、南部の出身地別に数か所の収容所に集団収容してとりあえず戦後の労力作業に充当した。[*186]

⑽　島尻地区における敗残軍と避難民の混淆

5月下旬から首里戦線を後退した第32軍主力部隊は、既に敗残兵に近く特にその装備が全く劣弱で近代戦闘を行うことは不可能に近かった。第一線部隊も小銃、一部の機関銃を主体とし、それに携行弾薬が不足しさらに糧食も全く不足していた。したがって6月上旬、最後の抵抗線として予定された与座岳八重瀬岳の線に残部隊を統合整理して左から第24師団、第62師団、独立混成第44旅団の順に配備についたが、もはや組織的戦力を発揮することは不可能であった。当時すでに指揮官を失った軍後方部隊、一部の戦列部隊の中には無断離隊者も相当多数あり（部隊復帰を希望してもすでに敵に分断され遊兵となったものも多数ある）南部に逃避する住民に混入して喜屋武方面に南下した敗残兵の数は数千名に達したと語られる。これら統制のない敗残兵の中の心無いものの行動が無実の非戦闘員をその安全地帯の壕から追い出して無用の犠牲者を生んだのであり、また生きんがための本能から住民の最後の非常食を徴発と称して掠奪したりした。[*187]

仲座方亀（防衛隊）は当時の体験談として、

それから沖縄の避難民ですね。兵隊が、おい、お前たちは戦争の邪魔になるからあっち下がれといって、人の壕を盗んで、これは沖縄人兵隊ではないんですよ。私たちは同じ沖縄人として人情上、そうは出来んが、内地の兵隊は、壕から避難民を追い出したうえに、米でも持っていると奪い取って、これだけしかないから持たしてくださいといったら、お前たちは国賊だ、芋を食え、と言って壕を盗んで追い出しておったんです。

と述べる[*188]。

砲弾が雨霰と降る戦場で軍民混在となった南部戦線では多くの住民の命が失われた。どこが安全でどこが危険なのか、確かな情報があるはずがなかった。ガマや家畜小屋、岩や樹木の下、溝などに避難したが、どこも命の危険に晒され、死と隣り合わせの日々であった[*189]。

従軍した看護要員呉屋博子の証言には[*190]、

米軍が日本兵、住民、大人、子供、老人など区別なしに銃で撃ってきたことは今も忘れられない。「伏せ」しないで立っていた人はみんな撃たれて死んでしまった。雨降りでぬかるんだ道でも「伏せ」をした。また壕の中にいたらアメリカ――が入ってきて、そこにいた人はみんな撃たれた。でも私たちは見つからないように隠れて壕から逃げて助かった。

と米軍が日本兵と住民区別なしに撃ったという証言もある。一方、心ある日本兵の助言により助かった例もある。

玉城得慶（西原）の証言には[*191]、

自分、父、祖父の三人は荷物をすべて持って島尻に下がろうとしていた。その時玉城村中村渠で徴用されていた時の上官だった大尉にあった。その人に「どこに逃げたらよいか」と尋ねると、「島尻に逃げたら兵隊たちに交じって皆殺しにされるよ、知念に逃げて早く捕虜になれ」といわれたので自分たちは助かった。

とある。また、日本軍の避難民対策を聞き入れて、いち早く玉城・知念へ向かい比較的安全に過ごした新垣隆永の判断には、戦前に徴用で壕堀を手伝ったことで親しくなった日本兵M准尉のアドバイスが役に立ったという。[*192]

徴用で壕を掘る作業をした時、M准尉という日本兵と一緒だった。その日本兵は僕の家でふろを使うなどして親しくなり、いろいろとアドバイスをもらった。例えば、「家族用の壕の掘方は海に向かう処は艦砲射撃があるから危ないのでそこは避けて、山に向かって横穴を掘ること」や「避難するなら日本兵のいないところに逃げなさい。兵隊は住民を助けることはできない」などをアドバイスされていた。また、「米軍は住民については戦闘相手ではないから住民を殺すことはない。もし米軍がそれを守らなかったら国際法で裁かれるから」などである

この日本兵のアドバイスはその後の安全な移動先を選択するときの判断基準となった。

また、独立歩兵第12大隊の賀谷大隊長と一緒に南部に移動した軍属（炊事係）玉那覇春は、

爆撃が激しいので「賀谷隊長」が「ドブに入れ」といって春もドブに入り体をかがめていたため、弾に当たることなく無事だったこともある。そのドブに入った兵隊たちも数人は助かったが、ドブに間に合わなかった兵隊たちは皆戦死した。喜屋武岬まで来たとき「賀谷隊長」は「あんたは必ず生きなさいよ」といって自分の褌を外して春に渡して、「これで降伏旗を作りなさい」といった。「賀谷隊長」はその後自決するといっていた。春は何度も「この戦争は先生が始めたことじゃないのに、死なないでください」といったが、「部下がみんな死んでしまった今、隊長である自分が生きていては迷惑だ、責任があるから自決する」といっていた。「賀谷隊長」は手榴弾のピンを歯で抜き手榴弾を抱えて崖から飛び降りて行った。6月の23日か24日だった。

春はそれを見届けてから「賀谷隊長」の褌で降参旗を作って知念、玉城を目指して歩いた。知念、玉城は安全だといわれていたから。春は知念、玉城に向かう途中で捕虜になった。[*193]

このように住民の間においても南部方面への避難の在り方は一様ではなかった。特に出会った日本兵がどのような考え方の人であったかということに大きな相違点が窺える。また、情報が入り混じる中でどの情報を取り入れ判断するかということが重要になったことがわかる。[*194]

このような大変悲惨な状況下で、喜屋武の狭い地区に多くの住民が避難したため、喜屋武半島地域は、軍と住民が混在することになった。したがって、砲火から身を守るための壕も不足し、直接砲火を浴びて斃れるものが続出した。最後には部隊に混入した状態での米軍の直接攻撃を受け、多大の犠牲者を出す結果となった。[*195]

⑾ 県庁、島田知事の最後

6月3日頃、島田知事は、

もはや挺身隊もこのままの組織で行動を続けることはできなくなった。挺身隊本部も地方分遣隊も三人ないし五人に編成替えして、犠牲分散の態勢をとれ。挺身隊今後の任務は、住民とともに軍の指定した知念玉城方面に下って彼らを保護することにある。激しい戦場を突破することは非常に危険だが、細心の注意を払って行動せよ。

と指令を与えた。島田知事の指令で挺身隊本部では班の再編成に先立って、今後の行動に備えるため食糧を確保することが先決となった。浦崎人口課長たちは、飯米分譲の交渉のため近在の部隊を訪ねることになった。だがどこにどの部隊があるのか見当がつかなくなっていた。[*196]

大城森の壕にあった島田知事と荒井警察部長は、その後、伊敷の轟の壕を経て6月14日、最後に摩文仁岳の軍司令部壕（軍医部所在）に入った。摩文仁岳の岩山と背中合わせに、海岸寄りを牛島軍司令官が、その反対側を島田知事が陣取った。[*197] 沖縄の軍、官の最高責任者が島の南端の地を占めて最後の拠点とし、背水の陣を敷いたのであった。牛島軍司令官には参謀長以下の側近が従い、島田知事には荒井警察部長、仲宗根官房主事、小渡、徳田の両属官と仲村警部補が従っていた。[*198]

6月17日、島田県知事が荒井警察部長を伴い、お別れを告げるため軍司令部壕にやってきた。ともに今は憔悴(しょうすい)していた。「文官だからここで死ぬる必要はない」との牛島将軍の勧告を受けて、参謀部洞窟を出ていった。[*199]

浦崎純氏（元沖縄県庁人口課長）は、

島田知事は最後まで毅然として県民を率いて行かれた。知事付の職員が数名いたが、彼らはこの知事となら一緒に死ねるという気持ちで最後まで付いてきている。それを知事は、「君らは壕から出なさい」「いや、そういうわけに参りません。最後までお供させてください」「そういうわけにはいかぬ。君らの任務は終了したのだ。これからは自由行動をとれ」「そういうわけに参りません」と、とうとう最後には「それじゃ命令する、直ちにこの壕から出ろ」といって、部下を一人一人はずした。

という。[*200]

島田知事の最後について、浦崎純氏は、「6月18日の晩には、仲宗根官房主事に対して同様脱出を命じて、最後に残ったのは荒井警察部長と二人です。結局、側近を全部出してしまったものですから、どういう風な最期を遂げられたかということは明らかでない」と述べる。[*201]

⑿ 住民の殺害と収容

友軍による殺害は記述したスパイ嫌疑によるもののほか、首里戦線崩壊後、島尻地区において住民が避難中の自然壕に侵入してきた四散部隊が泣き叫ぶ幼児が敵に発見される動機となるとしてこれを殺害し、あるいはその母親が強要されて我が子を殺害した事例があった。特に久米島において海軍守備隊長が軍に非協力であり、かつスパイの嫌疑があるとして住民を殺害したことは知られている。[*202]
一方、多くの沖縄の民間人が米軍の陣地に近づいて射殺された。米軍の歩哨は、軍人と民間人の区別が難しいときには、全員撃てと命じられていた。また、第6海兵師団所属のノリス・ブクターは、多くの日本兵が民間人のような恰好をして、一般市民に交じって前線をすり抜けようとしたと回想している。なかには女に見せかけようとするものさえいた。「その結果、残念ながら、我々は彼らを撃たねばならなかった。この時多くの不運な沖縄人も殺された。彼らは戦争の犠牲者だった。我々はそうしなければならなかったことで気分が悪かったが、我々は自分の命を守っていたのだ」、また、第6海兵師団に所属していたチャールズ・ミラーは、仲間の海兵隊員の多くが多かれ少なかれ無差別に沖縄の民間人を撃っていたといっている。逆に多くの米海兵隊員と陸軍兵が、民間人を救うためにかなりの身の危険を冒した。[*203]
米軍の残虐行為によって犠牲になった島民もまた散見され、その極端な事例は、6月18日、高嶺村真栄里付近の小丘陵上において作戦指導中のバックナー中将が戦死を遂げるや、近傍に避難していた住民数十名が日本軍に通じたための結果であるとして銃殺されたという事例である。[*204]
米軍の記録によると、軍政部の統制下にあった沖縄人の数は、進攻の最初の月に急速に上昇し、4月の末までに12万6876名に達した。首里戦線における手詰まりのために、5月中の増加は漸増であり、6月初めの民間人の総数は14万4331名であった。しかし、首里戦線の突破の後、6月初めの3週間には、数は再び急激に上り、戦闘の終結時には、軍政部の管轄の下にあった沖縄人の総計は、約19万6000名に達した。[*205]
島民50万の沖縄に、約6万を超える軍人が駐留し、広く陣地構築を行ったら、どのような様相を呈するのであろうか。特に米軍が確実に上陸することがわかっている中で。この時、第32軍が同島で作戦を立案する場合にこの住民のことを考慮した記録は乏しい。自らが最善と求める作戦に防衛召集は考慮するもののそれ以外の住民は含まれていない。県に丸投げである。まさしく作戦第一主義を追求したものである。

しかし何といっても作戦第一主義の象徴は、軍の南部撤退である。

第32軍は、５月22日、首里からの撤退を決心した時に、なぜ島民が先行避難する様相をシミュレーションしなかったのだろうか。軍が本当の作戦第一主義であるならば、なぜ作戦計画にない南部撤退などという作戦を行ったのか、本物の作戦第一主義に徹することができなかった軍であるといわざるを得ない。

万が一の場合、最終態勢をどのような形にするのか、防御において一番重要なことを決めていなかったのである。

第5章　沖縄戦と終戦

1　沖縄決戦と本土決戦

⑴　決戦場としての沖縄

捷一号作戦が失敗した以降、沖縄を最後の決戦場とすべきと沖縄決戦を主張した人々がいた。例えば海軍軍令部第一部長富岡定俊は、[*1]

沖縄には必ず上陸するだろう。そこでここにできる限りの兵力を全部つぎ込むべきだ。ここからならば九州や台湾からも特攻が飛び立てるし、あるいは潜水艦を出してもやれる。できるだけ兵力をつぎ込んでラバウル地下要塞の何倍かぐらいに固めることだ。敵の進攻を挫折させないにしても大きな出血をさす。そのことによってソ連の参戦を食い止めることが出来る。そうすれば政治的な手が打てるかもしれない

と、また、防衛総司令官東久邇宮稔彦王は、「本土防衛はできるだけ敵を本土に近寄せないことだ」、そして「沖縄こそは最後の戦場であるとの見通しで、戦局収拾を考慮しなければならぬ、これは近衛、米内等の二、三氏に限らず、民間有識者にも、また一部陸軍内にも、熱心に主張した」という。[*2]

一方、陸軍においても、昭和20年4月、第2総軍参謀長額田坦少将は、新任間もない陸軍大臣阿南惟幾

から「たとえ本土決戦に支障があっても構わぬ。敵に一大打撃を与えるため、陸軍航空の主力をこの際沖縄に投入すべきだ」[3]ということを言われている。残存航空兵力を挙げて、敵に痛烈な一撃を加え、それによって終戦への足がかりをつけるというのが、当時の阿南の意見だった。[4]航空兵器総局長官遠藤三郎も、「日本本土を決戦場とすることは日本国の構造並びに国民性からして断じて避くべきであり、沖縄こそ三度目の正直、ここを最後の決戦場として全力を尽くし戦争の終末とすべき」旨を梅津美治郎参謀総長、阿南に具申している。[5]また外務大臣となる東郷茂徳も、「万一、沖縄において敗北を被る場合には外交もその活動の基礎をすら見出し得ざる次第であるから、この際全力を挙げて沖縄において敵を撃退する必要ある」旨を陸海軍大臣、参謀総長、軍令部次長等に個別的に述べていた。[6]昭和天皇においても、2月14日、近衛文麿が昭和天皇に、「最悪ナル事態ハ遺憾ナガラ最早必至ナリト存ゼラル」と述べたのに対し、「モウ一度戦果ヲ挙ゲテカラデナイト中々話ハ難シイト思フ」と台湾か、沖縄かでの「戦果」を期待していたのである。[7]いずれも本土決戦などはナンセンスで、沖縄で敵を撃退してソ連参戦を防止するとともに終戦のための有利な外交に結びつけることを期待するものであった。

一方、参謀本部第一部長宮崎周一少将は、「皇土防衛こそ絶体絶命、石にかじりついてもやり遂げねばならない至上命題である」[8]と梅津を説き、これによって陸軍は比島決戦から一挙に「本土決戦」へと傾斜していた。

1月20日に大本営は、陸海軍共通の「帝国陸海軍作戦計画大綱」を策定した。この基本構想は、本土の外郭地帯―南千島・小笠原群島・沖縄本島以南の南西諸島・台湾・上海付近―の縦深作戦により進攻する米軍に対して持久戦を遂行しつつ、本土において最終決戦を実行しようとするものであり、沖縄作戦が決戦か、持久戦かは疑問の余地はなかった。[9]しかし、3月頃から海軍側の航空作戦に対する熱意は逐次向上し、航空部隊の編合、練習航空隊の作戦部隊改変、特攻機生産の促進等により、参加予定機数は3175

（うち4月末までの整備特攻機2千を含む）に、増加できる見通しがついた。これで当面の航空戦に臨む海軍の決意は、航空全力投入つまり決戦へと傾いた。[*10]

大本営においては、3月16日頃から「敵ノ次期企図ノ方面ハ判定シ得サルモ南西諸島方面ニ厚シ」[*11]と米軍の次の上陸は沖縄の公算大とみるようになった。こうした中、海軍が、決戦すなわち海軍自体の決戦意思をはっきり表明したのは、3月20日の「海軍当面ノ作戦計画要綱」であり、「当面作戦の重点を南西諸島正面に指向し、特に航空戦力の徹底的集中と局地防衛の緊急強化により進攻米軍主力を撃滅する（本作戦を天号作戦と呼称す）」を基本方針とした。[*12]これに伴い、航空統一指揮が叫ばれ、陸軍の第6航空軍525機、雷撃隊210機が連合艦隊司令長官の指揮下に入ることとなり、3月中旬から5月下旬まで沖縄戦に従事した。[*13]

豊田副武連合艦隊司令長官は3月26日、「天1号作戦」（天号作戦のうち台湾・南西諸島方面）を発令した。[*14]同日の『大本営機密戦争日誌』には、「帝国ノ安危ヲ決スル決戦ハ将ニ展開セラレントス、政戦略的見地ヨリ天号ノ成否ハ真ニ帝国ノ運命ヲ決ス、之カ初動成功ヲ希念シテ已マス」[*15]と本土決戦を唱えた陸軍でさえ、その成否が注目されていた。翌27日、梅津の上奏時、昭和天皇から「天一号ハ重大作戦ニシテ皇国運命ニ大ナル影響アリ、従来ノ如ク失敗ヲ反復セサル様」[*16]との御言葉があった。昭和天皇も天号作戦に大きな期待をかけていたのである。宮崎も天号作戦に多大の期待をかけていたが、この作戦に対する努力指向の限度は、本土決戦のため戦力温存に支障をきたさない程度と考えていた。[*17]また、28日、梅津の戦況上奏時、昭和天皇から「天一号作戦ハ帝国ノ安危ヲ決スル所挙軍奮励其ノ目的達成ニ違算ナカラシメヨ」[*18]、翌29日には、「南西諸島方面作戦部隊ハ各緒戦ニ於テ果敢ナル攻撃ヲ反復シ着々戦果ヲ収メツツアルハ寔ニ頼モシク満足ニ思フ」[*19]と御言葉があった。

⑵ 鈴木内閣と昭和天皇の沖縄戦

4月1日、米第10軍は沖縄本島に上陸した。この沖縄作戦と本土へのB－29による大都市空襲が続く中で、本土決戦の新態勢を発足させることが、大本営陸軍部のこの時期の第一の眼目であった。[*20] この頃、「沖縄決戦か、本土決戦か」の議論はまず軍首脳部間で交わされた。海軍は前者を主張し、4月7日、豊田連合艦隊司令長官は、戦艦大和を基幹とする残存艦艇をもって特攻突入を命令したが、陸軍部内においては、沖縄決戦論は入れられず、本土決戦論が断然大勢を圧していた。[*21]

昭和天皇も沖縄における反撃に大きな期待をかけていた。だが、昭和天皇が抱いたと思われるイメージ、上陸した敵を水際で一挙に叩き潰すという戦闘様相と著しく異なった作戦を現地の第32軍が展開すると、天皇は作戦に直接介入する。[*22] 4月2日には、梅津の戦況上奏時「沖縄ノ敵上陸ニ対シ防備ハナキヤ、敵ノ上陸ヲ許シタルハ敵輸送船ヲ沈メ得サリシニヨラサルヤ[*23]」との御言葉があり、梅津を困らせた。

陸軍部第2課（作戦）では、3日には北・中飛行場があまりにも簡単に敵手に落ちたことに衝撃を受け、第32軍の作戦指導を極めて消極的、自己生存第一主義とみて、「敵の出血強要、飛行場地域の再確保」を要望する電文を起案したものの発信は見合わせた。この日、梅津の戦況上奏に対し昭和天皇は、「此戦ガ不利ナレバ陸海軍ハ国民ノ信頼ヲ失ヒ今後ノ戦局憂フベキモノアリ、現地軍ハ何故攻勢ニ出ヌカ、兵力足ラザレバ逆上陸モヤッテハドウカ」と御下問になり、沖縄作戦に対して非常に御心配の様子を示された。[*24]

一方、4月5日、ソ連モロトフ外相は、佐藤大使を招致して、日ソ中立条約破棄に関する覚書を手交した。[*25] 大本営では、秋季以後に米軍の本土上陸を予期し、その上陸方面をまず九州、次いで関東地方と判断していた。その場合におけるソ連の対日動向が、大本営の大きな関心であった。大本営は、日本本土で日本軍が最も苦しんでいる時期にソ連が対日開戦する可能性が高いと予想したため、米軍の本土上陸とソ軍の対日参戦とは別個なものではなく、ほとんど同時期とみなしていた。[*26] そのため陸軍においても沖縄の戦局は重要な意味を持っていた。
同日、昭和天皇は10時に海軍大将鈴木貫太郎を御召の上、組閣の大命を与えた。鈴木は、昭和天皇の思召しを「速やかに大局の決した戦争を終結して、国民大衆に無用の苦しみを与えることなく、また彼我共にこれ以上の犠牲を出すことなきよう、和の機会を摑むべし」と拝し、これを深く内に秘めて具現しようと決意していた。[27]
鈴木が、組閣において何よりも配慮したのは、陸軍の協力を得るということであった。そこで鈴木は、4月6日、自ら杉山元前陸相を往訪し、鄭重に陸相推薦方を依頼した。陸軍は、陸相として阿南大将を推したが、同時に、一、飽くまでもこの戦争を完遂すること、二、陸海軍を一体化すること、三、本土決戦必勝のための陸軍の企図する諸政策を具体的に躊躇なく実行することという三カ条よりなる陸軍の要望条項を提示し、首相に釘を刺すところがあった。[28]また鈴木は外務大臣に「戦争反対であることが明らかな人」と東郷茂徳を選んだ。[29]そして4月7日夜、鈴木内閣が発足した。組閣して鈴木が着手した一つはいつまで戦い続けることが出来るのか、いわゆる戦力判断資料の収集であった。[30]
沖縄本島に対する航空作戦は、陸軍機と台湾の海軍機が若干これに共同し、菊水作戦として、第一次は4月6日に198機によって実施された。[31]また、航空隊と策応し第2艦隊の「大和」、「矢矧」以下駆逐艦8隻は、8日の暁を期して嘉手納沖に突入するため、6日夕刻、豊後水道の闇に紛れて出撃した。[32]
一方、菊水1号作戦の戦果と第32軍地上総反攻決行とを信じ、米軍動揺の兆しありと確信する連合艦隊は、4月9日、引き続き総攻撃を継続し、米艦船を全滅させるため、「戦機は将に七分三分の兼ね合いにあり、連合艦隊はこの機に乗じ、指揮下一切の航空戦力を投入総追撃を以て飽く迄天号作戦を完遂せんとす」[33]と発令した。
第2次総攻撃は4月10日の予定であったが、4月12、13日に決行された。この攻撃には392機（うち特攻２０２機）が使用され、戦果は各種艦船47隻の撃沈を報じた。沖縄進攻米軍の損害は甚大との外電報道は、大本営海軍部や連合艦隊首脳の決戦思想を掻き立て、言論は一斉に沖縄決戦を高唱し、国民の間にも戦勢挽回を本作戦に期待する機運が高まった。

沖縄における戦闘がやや有望に見えたことは、わずかに鈴木内閣の希望をつないだ。軍部ではここを決戦場とするか、あるいはここの防衛よりも本土決戦に重点を置くかには議論があったが、海軍は沖縄を最後の決戦場とする考えのもとに、沖縄奪還の機をつかみえることも夢ではないと考えていた。政府も軍部も一時生色を取り戻し、沖縄奪還を成功させ、その機会を捕らえて戦争終結のための活発な外交手段を展開しようと考えた。[*34] 一方で、陸軍は、４月８日、「帝国陸海軍作戦計画大綱」に基づき、本土作戦準備の準拠を示した「決号作戦準備要綱」を策定し本土決戦態勢を逐次に具現化していったのである。

この間、海軍はしきりに陸軍に対し、第32軍による沖縄飛行場の奪回を主張した。すると第32軍では、海軍がまず機動部隊と艦砲射撃隊を撃滅せよと反駁して、押し問答を重ねるうちに米上陸軍は10日頃から飛行場の使用を始め、第32軍は苦境に陥った。[*35] 第32軍司令官は、海軍、参謀本部及び第10方面軍司令官の意を対し再び陣前出撃を決意し、12日夕から攻勢を開始した。しかし部署と決意の不徹底も禍し、かえって莫大な損害を被って中止した。[*36] ４月14日には、梅津上奏の際、昭和天皇から「沖縄方面　空中モ地上モ健闘シ逐次戦果ヲ収メタル点ヨクヤツテ居ル　但シ余リ元気ヨク出テ行ツテ後方ニ上陸スル時心配ハ無イカ」との御言葉があり、「其心配ハ御無用ナリ」と奉答するようなやり取りもあった。[*37]

米国ルーズベルト大統領が４月12日急死し、副大統領ハリー・トルーマンが第32代大統領に就任した。トルーマン大統領は同夜、「我々は東西両戦線において、総力を傾倒して戦争を遂行し、勝利に至らしめる決意であることを全世界は確信してよいだろう」と声明を発表した。[*38] これに呼応してか、４月13日と15日両夜の京浜地区空襲は、３月10日に続くもので、硫黄島飛行場からの護衛戦闘機が随伴して爆撃の精度がさらに向上した中、13日は宮城の一部が火災を起こし、山手地区が区画焼夷（爆弾を混用）を受けた。大宮御所も被害があり、木戸幸一内大臣の自宅も焼失した。15日は、蒲田・川崎地区が主として攻撃された。[*39]

4月16日、最高戦争指導会議が開かれ、「今後ニ於ケル最高戦争指導会議ノ運用ニ関スル件」が第一議題に上り、「戦争指導会議の構成員は従前の通り（外務大臣を含む）」とする申し合わせが決定した。構成員も、参謀総長、軍令部総長、内閣総理大臣、外務大臣、陸軍大臣、海軍大臣、必要に応じその他の国務大臣、参謀次長及び軍令部次長を列席せしむることを得、と従来通りとなったが、梅津の意見により、陸海両次長は、総長出席の場合は同席しないことになった。なお、昭和19年8月4日、最高戦争指導会議設置決定と同時に決定された「大本営政府情報交換」も、従来通り続行と申し合わせた。[*40]

陸海軍航空上げての航空総攻撃は第3次（4月16日）、第4次（4月21日、22日）、第5次（5月4日）と相次いで行われた。そして総攻撃の合間にも連日不断の小規模攻撃が執拗に実施された。4月6日から5月4日の間に使用された飛行機の総延機数は、1711機の特攻機を含む5068機に及び、そのうち1611機が失われた。戦果は米艦船の撃沈161隻、撃破141隻と報ぜられた。[*41]

4月17日、昭和天皇から侍従武官へ、「海軍は沖縄方面の敵に対し非常によくやっている。而し敵は物量を以て粘り強くやっているからこちらも断固やらなくてはならぬ」[*42]との御言葉があった。一方、翌18日には、昭和天皇は沖縄への期待から一転、梅津の上奏時に「沖縄方面上陸最中ニ攻撃撃破シ得サルヤ」と御言葉があり、梅津参謀総長は、「大ニ努メタルモ各種ノ事情ニ依リ成果意ノ如クナラス」[*43]と御答えした。昭和天皇は、沖縄地上軍が戦略持久の態勢をとり決戦意欲が見られないことに御不満を漏らしていた。

しかし、海軍は本作戦の成功を確信し沖縄奪回をも志すようになるとともに、天号作戦に対する陸軍の熱意に不満を感じ始めていた。4月21日、連合艦隊は、「全航空戦力を挙げて天号航空作戦を強行す」との基本方針のもと「陸軍に対し第六航空軍に対する戦力補充を督促し、第六航空軍を鞭撻して天号作戦に一途邁進せしむ」と指令し、陸軍第6航空軍を督促した。海軍が沖縄決戦に熱中している一方、陸軍は4月上旬以来本土決戦の本格的準備に努力を傾注しつつあった。[*44] 本土に約60個師団の戦力を準備しつつある陸軍としては、増援の方途もなく、2個師団有余の兵力しか存在していない離島沖縄において決戦を遂行する構想はもともと持ちえないところでもあった。[*45]

⑶ 嘉数、前田の戦い

沖縄での第32軍による地上戦において第62師団は驚くほどの頑強さを発揮して南下する米第24軍団に対して嘉数、南上原の第一線陣地で防御していた。しかし、4月22日には陣地両翼が破綻し、またその戦力も開戦時と比べ物にならないほど低下し、25日には戦線は前田高地～幸地東西の第二線陣地へと後退した。この状況に対し第32軍は、南部島尻地区の配備についていた第24師団主力と知念半島の独立混成第44旅団の北方正面への転用が決定された。[*46] つまり、首里北方へ第24師団と独立混成第44旅団を転用したことにより、米第10軍主力と第32軍主力が前田高地から首里北方陣地一帯で激突するのである。前田の戦いに勝利したものが次の戦局を支配する態勢となったのである。

4月24日、木戸は、武官長から沖縄、その他の戦況を聴いた。[*47] 海軍では翌25日海軍総司令部令を発布するが、海軍総司令長官に補された豊田副武が、[*48]「沖縄の戦勢日に悪化してその奪回は到底望むべくもなく」と口述していることなどから木戸は、航空特攻、大和以下の水上特攻の状況、嘉数～前田高地付近での悲観的な戦況、第32軍第一線陣地の崩壊などを聴いたものと思われる。

この危機的状況において4月26日、鈴木貫太郎首相は、ラジオで沖縄の現地将兵及び官民に対し、その健闘を感謝する談話を放送した。そして最後に、「沖縄戦に打ち勝ってこそ、敵の野望は挫折され、戦局の打開を見ることとなるのである。私もこの老軀を提げて、諸君に負けず、生死を超越して御奉公の誠を致さんとするものである。くれぐれも沖縄の諸君の御健闘を祈って、私の放送を終わりたい」とまとめ激励した。鈴木は確かに沖縄戦局の好転に、最後の望みを嘱していたのである。それは小磯首相が「比島は今次戦争の天王山」と呼んだものより、もっと痛切で、もっと切羽詰まった心境であった。[*49]

4月27日午後4時から首総官邸に、陸海軍首脳部の阿南、米内両大臣、柴山兼四郎、井上成美両次官、梅津参謀総長、豊田軍令部総長、河辺虎四郎、小澤治三郎の両次長、吉積正雄、多田武雄両軍務局長の参集を求め、迫水久常（さこみずひさつね）内閣書記長官及び秋永月三総合計画局長官が陪席して、陸海軍の統合に関する打ち合わせ会議を開いた。最後に鈴木は沖縄の話を持ち出し、「私はこの機会に両軍の首脳部の方々にお願いを申し上げますが、それはぜひ沖縄の作戦が成功するようにして頂くという事であります。沖縄の作戦が成功しますれば国民は戦に勝つ目途が出来ますから、どんなに苦労にも耐え忍ぶ勇気が出ますし、また外交政策も有効に行われると思います。どうか陸海軍とも、その全力を惜しみなく使って、この作戦を成功に導かれるように、お願いを致しましてこの会を終わりたいと存じます」といった。各列席者は押し黙って何も言う人がいなかったという。[*50] 沖縄の戦局は、国民世論を考えるうえでも鈴木の関心の中心であり、また鈴木内閣としても事後の戦争指導上も大きな影響を与えるものだったのである。

4月28日には、前田高地の状況はいよいよ急を告げていた。この高地の戦術的価値は、首里北方高地の陣内を観測できるだけでなく、これを失えば同高地以北の米軍の内部が観測できなくなり、その確保は第32軍防御陣地全般のためにも軍砲兵隊のためにも極めて重要であると考えられていた。[*51] 一方、海軍の天号作戦は継続され、29日には、参内した豊田に、昭和天皇から「連合艦隊指揮下の航空部隊が天号作戦に逐次戦果を挙げつつあるを満足に思ふ。今後益々しっかりやる様に」[*52]と激励の御言葉があった。

一方、欧州では、26日、ベルリンはソ連軍によって全く包囲され、至る所惨烈な市街戦が行われていた。

西部戦線では、３月下旬、米英軍はライン川のレマーゲンの橋頭保を拡大し、一路ベルリンに向かって進撃を続けていた。[*53]ドイツの崩壊も時間の問題となっていた。

４月末日、東郷は拝謁し、ドイツ崩壊の件につき昭和天皇に詳細御説明申し上げた。東郷は、「ドイツの崩壊は、連合軍の空爆が最大の原因である。日本においても、空爆が激化してきており、生産も激退してきたので、戦争続行はほとんど不可能と思う。日本としては、この点を重視して、今後の措置を考うべきである」旨を申し上げた。天皇は、種々お尋ねされたが、その折、早期終戦を御希望される御言葉をお洩らしになられた。東郷はこのとき始めて、天皇の早期終戦の御意図を伺ったのである。[*54]また、30日には、侍従武官長陸軍大将蓮沼蕃（はすぬましげる）も昭和天皇の終戦へのお気持ちについて、「沖縄戦がたけなわの頃、陛下が終戦を焦慮遊ばされておることを私どもにもハッキリわかりました」[*55]と述べている。昭和天皇は、沖縄の戦況及び本土空襲の状況からすでに沖縄決戦成功の見込みが立たないと理解し、早期戦争終結の御意図を洩らし始めたのである。

一方、ドイツの状況は米国の戦略にも大きな変化を生じさせた。昭和20年12月に日本本土に上陸するには、ソ連の参戦が不可欠であろうというものであった。しかし、太平洋方面の米ソ戦略計画に対するソ連側の協力が改善されなかったこと、ドイツの崩壊に伴って欧州方面でソ連との間に様々な問題が生起していたこと、また、日本攻略におけるソ連の役割はシベリアに米航空基地を建設すること及び千島列島を通ずる補給路の開設ほど重要ではないと考えられるという現地欧州の指揮官の意見を加味すると、ソ連の重要性は見いだせなくなっていたのである。さらに４月16日、ワシントンに帰来していた駐ソ米軍事使節団長ジョン・ディーン少将は、ソ連との軍事協力は、米国にとって今や不可欠のものではない。米国としては最重要の事項に協力を限定すべきであると進言した。これらから４月24日、米統合幕僚長会議はシベリア航空基地計画を取り消し、太平洋補給路はソ連が要請するまで、積極的に考慮しないことにした。[*56]

そして太平洋戦略を再検討した結果、日本本土への早期進攻は、無条件降伏を達成する最適の戦略であることが確認された。最近の諸作戦の結果に照らし、今後に予定される作戦を見積もると、対独戦終結約5カ月後の日本軍の本土における配備と能力は、①日本の艦隊と航空の残存部隊は、沖縄と同様、もう一度総力を挙げて特攻戦法に出る能力しかない、最後には練習機と旧式機に頼る以外にないこと、②重要地点の防衛強化の熱狂的努力、③毎月1個師団以上の兵力をアジア地域から増援できないこと、などから日本本土進攻を困難にするものではないと判断していた。よって統合幕僚長会議ではオリンピック―コロネット作戦に必要な総計36個師団、152・3万名の規模の作戦を開始するため、昭和20年12月までに、十分な部隊と資材を太平洋方面で準備すべき事とした。なお、ガダルカナルからペリリューまでの平均損耗率は、1日1000人当たり戦死1・78、戦傷5・50、行方不明0・17、計7・45人で、欧州戦場では戦死0・36、戦傷1・74、行方不明0・06、計2・16人であった。[*57] つまり、米軍にとって現在進行中の沖縄攻略は、その破壊した日本軍戦力から日本本土の戦力を限定的なものとし、また、沖縄の航空基地によって、アジア大陸からの増援を阻止することが出来るものと考えていたのである。一方、現在の沖縄の戦いから予想される多くの損耗は、この数字をさらに引き上げる憂慮される問題であった。

2　帝国陸軍最後の攻勢

4月29日、第32軍司令官は、前田高地の一角を保持している間に、「五月四日、軍主力を挙げて攻勢に転ずる」企図のもとに、4月30日、普天間東西の線以南で米第24軍団を捕捉撃滅するという攻勢計画を策定した。陸海航空部隊も、これに協力する総攻撃（菊水五号作戦）を準備した。4月26日以後の米軍の攻撃は、城間を占領し、前田高地に突入して撃退されたほかはあまり進展せず、第2次総攻撃に備えて月末には米第77師団（伊江島攻略部隊）と第1海兵師団を、米第96師団及び第27師団とそれぞれ交代させた。交代時の米第96師団の戦力は、上陸当初の約40％に低下していたという。[*58] 軍の総攻撃には現地海軍部隊も参加することになり準備を進めた。5月3日、牛島軍司令官は、「皇国ノ安危懸リテ此ノ一戦ニ在リ全員特攻忠則尽命ノ大節ニ徹シ、醜敵撃滅ニ驀進スベシ」と訓示した。[*59] この第32軍の総攻撃は沖縄の戦局に関心を持つもの全員が注目していた。

陸軍中央部は、攻勢の初動が比較的順調に進捗しているものと推断し、4日、昭和天皇にこの旨を上奏した。[*60] 昭和天皇からは、「今回ノ攻勢ハ是非成功セシメタキモノ」との御言葉を賜り、5日、現地軍に伝達された。しかし、この時期、陸軍中央の関心は、大陸用兵問題や本土作戦準備に注がれ、参謀次長や宮崎はこの攻勢に多くの期待を持たなかった。[*61]

第32軍の攻勢は、5月3日夜、逆上陸部隊の攻撃で始められ、主力方面の第一線部隊は、4日０４５０、砲兵の猛烈な攻撃支援射撃に膚接して前田高地為朝岩一帯を攻勢の支とうとして攻撃を開始した。陸海軍航空部隊も、3日夕から4日早朝にかけて出動した。攻撃は、当初成功しつつあるかにみえたが、4日１５００頃になって停滞した。5月5日、攻撃再興後、軍司令部で入手する戦況報告は不利なものが多く、午後6時、牛島軍司令官は、「現戦力にては攻勢目的の達成至難となるを以て攻撃を中止し、現態勢に復帰するに決す」と中央に報告し、7日夜までに態勢を整理した。攻勢失敗による戦力低下は首里戦線崩壊の端緒となり、沖縄の戦況は俄然悪化する契機となった。[*62]

この攻撃は、「大体ノ見透ハ如此モノナルヘシト予察セラレタリ」[*63]と宮崎が予察したような結果に終わり、陸軍中央の沖縄作戦への期待を決定的に断念させるものであった。5月6日の『機密日誌』には、「コレニテ大体沖縄作戦ノ見透ハ明白トナル。コレニ多クノ期待ヲカクルコト自体無理」とし、「一旦上陸ヲ許サバ之ヲ撃攘ハ殆ント不可能」[*64]と、沖縄に対する望みも切り捨て、本土決戦においては洋上撃滅思想に徹底する覚悟がいることを教訓とさせた。沖縄作戦に多くの期待を寄せていたものにとってもその失望は大きかった。[*65] また、米軍がその余威を駆って本土作戦準備の不備に乗ずるため、比較的早期に九州方面に直接来攻するのではないかとの懸念が大きくなった。

これに対処するため、本土の作戦準備をさらに急ぐとともに九州、四国方面の作戦準備を優先する措置が相次いで取られた。[*66] このため、本土における第三次兵備を繰り上げ実施するため、軍司令部2個、師団19個、独立混成旅団15個の大動員を5月13日に下令した。この動員では本土の在郷軍人の大部分が召集され、また、装備不十分なまま配備に就かざるを得なかったが、もし米軍が6、7月の頃一挙に南九州に進攻して来たならば実に恐るべき事態になったことが予想された。しかし、沖縄作戦における陸海軍各部隊の持久により10月以降に延びるものと予想されるに至った。服部『大東亜戦争全史』には、「真に沖縄作戦における我が将兵の敢闘の賜であった[*67]」とある。

このような第32軍正面の戦況悪化に拘わらず、海軍の沖縄奪回の願望と熱意はますます強いものとなった。こうして陸海軍間における作戦構想の相違は5月上旬、第32軍の攻勢失敗、戦況の急速悪化に伴い顕著になってきた。すなわち陸軍においては逐次天号作戦の前途に見切りをつけ本土決戦準備に徹底しようとする傾向を示したのに対し、海軍は以前天号航空決戦続行の熱意を堅持しようとしたのであった。[*68]

5月5日、梅津が上奏時に昭和天皇からは、「沖縄方面ノ戦況ハ順調ナルモ　イツモ最初ハヨロシキモ最後ハ不良ナリ[*69]」との御言葉を賜った。沖縄戦の戦況が挽回不可能であることがはっきりした時点で、昭和天皇もいよいよ覚悟せざるを得なかったのである。[*70] 沖縄戦は昭和天皇にとって最後の頼みの綱であったといってよいであろう。時を同じくして重臣近衛文麿が木戸に、一体陛下の思召はどうかと聞いたところ、「最近（5月5日の23日前）お気持ちが変わった。二つの問題（筆者：全面的武装解除と責任者処罰）も已むを得ぬとのお気持ちになられた。のみならず今度は、逆に早い方がよいではないかとのお考えにさえなられた。早くといっても時期があるが、結局はご決断を願う時期が近いうちにあると思う」と木戸は話したという。[*71]

3　沖縄作戦の終焉

(1) ドイツの降伏と六巨頭会談の開催

牛島第32軍司令官は５月７日夜、第10方面軍司令官に対し、「国軍航空の主力をもって敵艦船主力を撃滅し敵をして沖縄作戦の継続を断念せしむ」と具申し、参謀総長と連合艦隊司令長官に参考電として送付した。第32軍の構想としては、今後、北方に対する防御に徹底して最小限２週間持ちこたえ、この間航空集中作戦を遂行しつつ精強な歩兵部隊の増強を図る、というものであった。[*72]この第32軍司令官の意見具申に対して、海軍総隊参謀長は10日、航空可動全力をもって沖縄周辺の攻撃を実施する、と激励電報を発し、さらに沖縄周辺敵艦艇の掃滅に成功したら、駆逐艦で増援部隊の緊急輸送を行う旨を電報した。[*73]

５月８日、ドイツが降伏し、同時にトルーマン大統領の対日降伏勧告が発せられた。トルーマン声明は、日本の軍隊の無条件降伏を強調しているが、日本国民の滅亡や奴隷化を意味しないというのであった。日本政府は９日、ドイツ崩壊に関して政府声明を行い、さらに５月15日、外務当局談を発表し、三国同盟その他枢軸関係条約は失効したと認める旨を明らかにした。ドイツの崩壊は、以後、単独講和禁止など三国同盟の条約内容に縛られず日本独自で行動でき戦争終結への一つの転機となった。[*74]

海軍は、５月10日夜から11日朝にかけて菊水６号作戦を実施した。第６航空軍も、11日、96機で第７次総攻撃を実施、台湾の第８飛行師団も12日、13日に出動した。[*75]一方、米軍は、強力な航空機の支援下に11日以降、全戦線にわたって猛攻を加え、第32軍の陣地は各所で敵の侵入占領を許すに至った。牛島軍司令官は、ここに至って海軍守備隊（司令官大田實少将）に対しても、主力をもって首里付近の戦闘に参加するように命じた。[76] 追い詰められた第32軍は12日1355、「彼我勝敗ノ岐路ハ将ニ今明日中ニ在リ、陸海連合ノ全力ヲ速急ニ本島周辺ニ投入シ、勝敗ヲ一挙ニ決セラルルコトヲ切望ス」と各方面に打電した。[77]

海軍航空部隊の出撃は12日以降も続いた。海軍総隊司令長官は5月14日、「総隊ハ指揮下航空兵力ノ全力ヲ投入　果敢ニ勝機ノ打開ヲ策セントス」と発電、天航空部隊全力をもって13日以来九州に接近中の米機動部隊を攻撃し、第6航空軍に対しては一部をもって敵機動部隊攻撃に協力、自余の全力を適宜沖縄周辺敵艦船攻撃に指向、陸上戦闘に策応すべし、と命じた。海軍総隊参謀長は、さらに第10方面軍参謀長に、第8飛行師団の全面協力を要請した。[78]

大本営陸軍部はこの段階ですでに沖縄作戦に多くを期待していなかったが、阿南は、なお種々の努力を重ねており、荒尾興功（あらおおきかつ）軍事課長に沖縄増強の手はないか強く要望し、荒尾を九州に出張させ航空戦力増強の措置を推進した。[79]

こうして沖縄戦局の逆転は全く絶望となり、さらにはドイツが降伏し、東郷は愈々この機会に、なお国力のあるうちに終戦工作に着手すべきであると決意した。元来、東郷は、東條内閣時代の経験から何とか幹事等を入れない首脳者のみの会議を持つことを考えていた。この頃、首脳者のみの会議を持ちたいという意向は、一人東郷のみでなく、各首脳者の間にも起こっていた。そこで東郷は、まずこの意向を梅津に謀ったところ賛成したので、阿南にも話を進めることを依頼し、一方、東郷は、鈴木、米内を説得して、ここにいわゆる六巨頭会談を持つことになったのである。六巨頭とは、言う迄もなく最高戦争指導会議構成員である鈴木首相、東郷外相、米内海相、阿南陸相、梅津参謀総長、及川古志郎軍令部総長（その後、5月末豊田大将）の6人であった。東郷は、木戸にもこの趣旨を勧説し、了解を得ておいた。こうして構成員のみによる最初の会議は、5月11日、12日、14日と3日間にわたって開催され、対ソ連要請の3項目、第一項（対日参戦の防止）、第二項（好意的中立の獲得）、第三項（戦争終結に関して有利な仲介をなさしめる）などが話し合われた。[*80] このいわゆる六巨頭会談は終戦の際まで続行され、戦争終結問題を主とした真剣な討議が行われた。本会談において、日本の終戦問題が政府・軍部の両首脳者間に初めて本格的に討議されたことにおいて、本会談開催の日本終戦史上における意義は極めて大きいものであった。[*81]

しかし、この六巨頭会談において、終戦に導くという大方針そのものについては意義がなかったものの、それを実施する条件問題等について東郷と阿南との間に意見が対立した。阿南は、敵は日本の小島に足をかけているに過ぎないから、日本が負けた形で終戦条件を考えることは反対だというのであった。そこで米内が、対ソ連要請の3項目のうち第三項の実行は暫く伏せておこうと発言して、それに決定したのであった。即ちとりあえず第一項、第二項の目的をもって、対ソ工作を進めることとし、第三項の実行は漸次保留しておくこととなったのである。[*82]

⑵ 首里複郭陣地での戦いと本土への空襲

沖縄では、5月15、16日と激戦が続き、特に首里の第32軍複郭陣地の左翼の要衝、天久台（安里52高地）附近の争奪をかけて激戦が繰り広げられていた。この複郭陣地自体の危機的局面において16日、第32軍は「軍は、敢闘中なるも現戦線の保持逐次至難となり将に組織的戦略持久は終焉せんとす」と報告した。[*83]

陸軍中央でも沖縄戦の戦局は厳しくみられていた。軍務局戦備課長佐藤裕雄大佐などは、「沖縄地上戦はあと2週間とみている。参謀本部も大体同様の観測です。5月初頭の出撃そのものが非常な無理で、現地軍からの意見であったというが、参謀本部がこれを示唆したと考えている。これは重大なる過失で、持久力を消耗したに過ぎない。沖縄作戦後、本土迄引き付けて、もし敵に上陸されたとすれば、これは容易ならぬことになると思う。国策はぜひとも沖縄戦の決する以前に転換されなければならぬ[*84]」との意見を持っていた。また、総理補佐官松谷誠大佐は、21日の深夜、九州視察後の阿南と懇談し、国体の護持以外は無条件として、5月一杯に陸軍の決意を決める必要を強調した。阿南は、「君の意見の通りだが、口に出すと外に反映するから言わないだけだ。ただ明治維新前のペルリ来航の時の幕府の下田役人のようなザマにはなりたくない。あくまで堂々と善処したい[*85]」と、終戦には賛意を示したが、国体護持のみを条件とした不名誉な終戦には反対を示していた。

一方、海軍でも、5月21日午前10時、海軍主計大佐伏下哲夫は、東久邇宮に「一旦沖縄を失えば、わが国民の士気は急速に低下し、次に来るべき本土防衛について、いかに国民を激励しても、奮って国難にあたることが困難になるであろう。一方、ソ連は東亜における自己の立場を増大するため、米国に対抗して満州及び北支に進出し、日本などは眼中に置かないに違いない。ゆえに、我が陸海軍は全力を尽くして健闘し、沖縄から敵を撃退しなくてはならないのに、参謀本部の首脳部は我が本土の防衛に重点を置き、沖縄固守をそれほど重大に思わず、また全力をつくそうともしないようである[*86]」と、また、5月22日午前11時、遠藤も「目下、飛行機工場は、沖縄の戦闘を最後の決戦と思い非常な意気込みで増産に努力している。もし沖縄が陥落するようなことになれば、飛行機の生産能率も非常に低下するだろう。しかるに、参謀本部が沖縄防衛に全力をつくさないのは残念である[*87]」と参謀本部批判を繰り広げている。東久邇宮はこれに対し、「沖縄失陥後の本土防衛の不可能、外交施策の困難性、具陳。これに対し、一、全く同感である……とにかく宮崎一部長の考えは、私とはおよそ一八〇度違っている[*88]」と応じている。ここに本土決戦を唱える陸軍中央に反対する意見が表面化してきたのである。

5月中旬以降における米軍の航空攻撃の特色は、硫黄島・沖縄からの、小型機による本土攻撃が本格化したことと、B－29、B－24など、大・中型爆撃機との戦爆連合による白昼攻撃が激化したことである。さらに港湾・海峡等への磁気機雷の投下敷設が頻繁になり、焼夷弾による都市の無差別爆撃が激化した。

関東、特に東京地区には、単機から十数機のB－29が連日のように来襲していた。5月24日には、午前1時頃から、B－29、250機が東京に来襲、別に約百数十機が川崎・横浜・神奈川県下に、また一部（約40機）は静岡・浜松に来襲した。この空襲では、宮城内の御茶屋（駐春閣）、赤坂離宮内の付属建物1棟も焼失した。25日昼間は、硫黄島を発進したP－51、60機が関東地区の飛行場・工場を攻撃したが、夜22時頃からB－29約250機が再び東京上空に侵入、昨日と同様、低空から市街地残存地区に対し焼夷弾攻撃を行った。[*89] その猛火の勢いは皇居にも飛び火し、翌日の早朝、皇居の宮殿は焼け落ち、この消火活動のため皇居内において三十数名の殉職者が出た。昭和天皇は、27日の午前と午後、宮殿の焼け跡を見て回り、「戦争のためだから、やむを得ない。それよりも多数の犠牲者を出し、気の毒だった。残念だったなあ」と述べたといわれる。[*90] 本土空襲の本格化に伴い、各方面に大きな心理的影響を与えたことはもちろんであるが、軍需生産、各種輸送等、物的戦力にも大きな影響を与えた。

5月26日には第6航空軍の指揮が連合艦隊から除かれた。また、第10方面軍司令官は、5月30日以後、先島集団を直轄する措置をとった。これは陸軍がすでに沖縄作戦に見切りをつけた結果の措置であった。[*91]

5月22日、首里の複郭陣地が包囲されたことから南部島尻に後退して新たな防御を行うことに決した牛島軍司令官は、27日首里から南下、30日早朝、摩文仁南側89高地地下の新たな軍司令部に到着した。軍主力は29日夜を期して南部島尻へ撤退を開始した。31日、首里は、ほとんど米軍に制せられた。[*92] 5月24日に行われた大本営陸軍部から沖縄へ最後の増援である、義烈空挺隊の沖縄飛行場への空挺攻撃も地上戦線には影響がなかった。

4　戦争終結へ

(1) 最高戦争指導会議と「今後採るべき戦争指導の基本大綱」

連合軍に於ける米国のオリンピック—コロネット作戦は5月10日統合幕僚長会議によって正式に承認され、同月25日九州作戦に関する指令がマッカーサー及びアーノルド将軍に与えられた。作戦予定日は11月1日であった。[*93]

首里陣地の放棄の後、5月29日の閣議で鈴木総理大臣は、「天号の見通し悪化せる場合の措置に関し特に陸海軍の意見を承り度」と発言した。[*94]陸軍省軍務局では5月8日頃から、沖縄戦況の推移に伴う対策を研究していたが、5月30日、軍務局長室に第2・第3・軍務・戦備各課長を召集して、「沖縄決戦の推移に伴う措置要綱」を研究した。その概要は次の通りである。[*95]

沖縄作戦終結に伴う戦争指導（陸相から総理に要求）

1　戦争指導の方針を確立する

2　6月中旬を目途に、陸海軍の一体化、内閣組織の簡素強力化、地方権限強化

3　その他：民心の作興、和平反戦論（の対策）、義勇戦闘隊、軍需生産、防空防衛、食糧、憲法第三十一条の発動

これを5月30日に参謀総長、参謀次長に対してこの措置要綱を説明した。この日の河邊参謀本部次長日記には、「沖縄の戦況愈々芳しからず、口惜しき限りなれども救援の途は全然なし、然し此の一離島の失陥が大戦争——真に大国家の死活を賭する大前皇の鍵なるかの如く考定するところに朝野の無意気を歎ぜざるを得ず……国境破れ、「エーヌ」の線は潰え、「パリー」に敵砲弾落下して尚且強敵に屈せず闘志を捨

てざりし仏国国民の堪戦意思を学ばずして何とするか」と沖縄の失陥が国家の死活と考える沖縄決戦を唱えるものに対して、普仏戦争におけるパリ攻囲戦を例に嘆じ、改めて本土決戦への決意を述べている。[*96]

こうして沖縄における戦局は急速に本土決戦を決意しなければならない方向に突き進んだ。しかし問題は、戦争遂行の基盤をなす国力があるかどうかにあった。先にも述べたが、鈴木は就任早々、迫水に国力の現状を速やかに調査し報告するように命じた。主戦論が物的根拠をもつものであるかどうかを知りたかったのである。あたかも時を同じくして、軍部特に陸軍からも同じ意向が示された。陸軍としては、まだ戦力化し得る国力が残存していると見ているから、政府を督励して強力な施策を行わせ、本土決戦の裏付けにしようとする意図があった。調査は、最高戦争指導会議の系統において行うこととなり、鋭意これを急いだ。[*97]

この国力の現状は、4月中旬頃から最高戦争指導会議幹事補佐たる毛里英於兎（内閣）、種村佐孝大佐（陸軍省及び参謀本部）、末沢慶政大佐（海軍省）、柴勝男大佐（軍令部）、曽祢益（外務省）の手によって調査が進められ、素案を最高戦争指導会議幹事の迫水、秋永、吉積、多田、後に保科善四郎の四者においてさらに十分な検討を加え、成案を得たのは5月中旬であった。[*98]調査内容は、一、国力の現状、二、世界情勢の推移判断に区分したものとなった。鈴木は、迫水から逐次この調査の報告を受けていたので、これでは戦争を続けることは、不可能であると認識していた。この二項目については6月9日から臨時帝国議会が始まる関係もあって、それ以前に最高戦争指導会議を開いて決定する必要があった。こうして6月6日の最高戦争指導会議に「国力の現状」と「世界情勢の推移判断」を付議することとなった。[*99]

最高戦争指導会議は、6月6日、行われた。この会議には、正規の戦争指導会議の構成員（梅津旅行につき河邊が代理）のほか、所管の事項について十分な発言をさせるため鈴木は軍需大臣豊田貞次郎と農商大臣石黒忠篤を列席させた。[*100]

最高戦争指導会議では、この二つの報告を資料として、「今後採るべき戦争指導の基本大綱」を決定する段取りであった。この二つの報告は、到底戦争継続の可能性を肯定するものではないので、これをできるだけ率直に出したいというのが内閣側の主張であり、徹底抗戦の士気高揚に資するものでなければならないというのが軍の主張であった。内閣としても、その時期に、和平も考える旨を直接表現することはできなかったので、一つの成案を得ていたのである。そこで、この二種の報告を決定した後、最高戦争指導会議は、別に用意された案によって今後採るべき戦争指導の基本大綱を決定したのである。[*101]

そして8日には6日の最高戦争指導会議を受けて御前会議が開かれた。戦争指導基本大綱の方針は、「七生尽忠ノ信念ヲ源力トシ地ノ利人ノ和ヲ以テ飽ク迄戦争ヲ完遂シ以テ国体ヲ護持シ皇土ヲ保衛シ征戦目的ノ達成ヲ期ス」とあり、その他極めて調子の高い抽象的な語彙をもって綴られた。[*102]「国力の現状」は、「沖縄作戦ノ如何ニ懸ル処大ニシテ最悪ノ場合ニ於テハ六月以降殆ド其ノ計画的交通ヲ期待シ得ザルニ至ルベシ」[*103]など輸送力の激減、鉄鋼、船舶、航空機など重要生産の危機、食料の逼迫など深刻な実情を率直に述べ、判決として「国力ノ現状以上ノ如ク加之敵ノ空襲激化ニ伴ヒ物的国力ノ充実極メテ困難ナル状況ニアリ」[*104]としていた。この「国力の現状」を基礎とすれば、戦争継続を説く強硬論などはナンセンスであった。[*105]

「世界情勢判断」は、「南西諸島ニ於テ更ニ徹底セル戦果ヲ挙ケ得サレハ之カ攻略ニ引続キ附近基地ヲ拡充シ六月下旬以降直路九州四国方面、状況ニ依リ朝鮮海峡方面ニ對スル上陸作戦ヲ強行シ次イデ初秋以降決戦作戦ヲ関東地方ニ指向スル算大ナリ」[*106]というものだった。昭和天皇に対し鈴木は、「今後採るべき戦争指導の基本大綱」を説明するとともに、「現下帝国ノ情勢ハ真ニ危急デゴザイマス、謂ハバ死中ニ活ヲ求ムルノ立場ニ在ルトモ申スコトガ出来ルト思フノデゴザイマスル」[*107]などと、また豊田は、「沖縄ノ戦局最悪ノ事態ニ陥ルガ如キ場合ヲ想定致シマスト軍需生産ハ更ニ悪化スル懼(おそれ)ガ頗ル大デアリマス」などと御報告した。一方、本土決戦論を説く河邊は、「今後愈々長遠トナル海路ニ背後連絡線ヲ保持シテ来攻スル敵ニ対シ其ノ上陸点方面ニ我カ主力軍ヲ機動集中シ大ナル縦長兵力ヲ以テ連続不断ノ攻勢ヲ強行シ得マス」と従来の本土決戦必成の根基について御報告した。

この最高戦争指導会議及び御前会議の内容は含みのあるものであり、国体が護持され、皇土が保衛されるならば、これで戦争は完遂されたものとするということも意味するのである。[*108] 鈴木も、「皇土と民族を護りおわせれば我が方の戦争目的は遂行されたものと見做すという悲痛な戦争目的の転換説が台頭した。このことは非常に含みのあることであって、余としては、戦争終末への足がかりが出来たように思われたのである」[*109]と認識していたのである。この6月6日、8日の戦争指導会議と御前会議を以て完全に鈴木は戦争終結へと舵を切ったのである。

(2)「時局収拾対策」と国力の現状

この御前会議の実情を見た木戸は、また一方、昭和天皇の御軫念の様子を拝し、同日8日に「時局収拾対策」を起草した。木戸はこれに基づき鈴木はじめ、陸海外三相を説き、戦争終結に向かって大転回を図ろうと考えたのであった。その私案の骨子は、天皇の英断をお願いし、親書を報じた特使をソ連に派遣し、ソ連の仲介を得て、終戦の局を結びたいというものであった。この日、木戸は、昭和天皇に時局収集対策試案を詳細に言上した。そして首相及び陸海三相に協議することについて許しを願ったのであった。昭和天皇は戦局の推移を最も憂慮されており、殊に中小の無防備都市が空襲の度毎に次々に灰燼に帰し、無辜の国民多数が衣食住を奪われて困窮に悩む情況に最も心を悩まされていたため、木戸の進言については深く満足された。昭和天皇は木戸に対し速やかに時局収拾対策に着手するようにと仰せられたのであった。[*110]

これで木戸は、独自の立場において、終戦への本格的活動に乗り出すこととなり、鈴木、東郷、阿南、米内等と個別的に話を進めたのである。阿南が本土決戦論を主張しながらも本案の着手に同意したことは、特記すべきことであった。[*111]

木戸の回想には本土での一撃を唱える阿南について、「余は、敵は容易に上陸作戦はなさず、それに先立ちて全国の中小都市を悉く焼き払ひ、国民の戦意を喪失せしむる挙に出ることは略々確実と思はる。また米軍は目下本土上陸作戦のための展開に苦心せるところなるが、これが展開を終わりたる後は、なまやさしき条件にては応ぜざるべく、結局は玉砕するというところまで行きつく外なきこととなるべく、さうなりては国体護持も覚束なくなるべし。この点が陛下も最も御軫念被遊点なり」と説いたとあり、こうして漸く時局収拾対策への同意を得たのであった。[*112]

政府は、6月9日、10日の2日間を会期として第89臨時帝国議会を招集した。鈴木は、施政方針演説で、「今こそ一億国民はあげてこの事態を直視し、毅然たる決意をもって対処せねばならぬ秋となったのであります」[*113]と戦争完遂を強調する一方、「太平洋は名の如く平和の海にして、日米交易のために天の与えたる恩恵なり、もしこれを軍隊輸送のために用ち得るが如きことあれば、必ずや両国とも天罰をうくべしと警告したのであります」などと終戦への意図も含めたのである。[*114]

この議会によって、鈴木総理の終戦への心持の一端がにじみだすと、内閣は沖縄失陥が確実となった以上、本土に敵が来迎する前にどうしても戦争を終結しなければならないと考え始める一方、軍部はじめ強硬分子は、本格的に本土決戦を呼号し、鈴木内閣に対して反対の立場を明らかにし始めた。そこに対立が起こった。内閣は、もし陸軍大臣が辞表を提出すれば、すぐにも崩壊するのであるから鈴木内閣の運命は全く陸軍大臣にかかっていた。[*115]

6月11日、木戸が、梅津が支那総軍と会議した内容、支那総軍の装備は大会戦をなすとせば一回分にも満たない装備を有するに過ぎないということを奏上した際、昭和天皇は意外なことと御驚きになり、「精鋭師団はそんなことはないと思ふ」と仰せられた。ところが後で同様のことを東久邇宮から御聴きになったとのことで、「木戸の云ったことはほんとうだよ。困ったものだね」といわれたという。[*116] また、6月12日、特命査察官長谷川清大将が査察の結果として、「自動車の古いエンジンを取り付けた間に合わせの小舟艇が、特攻兵器として何千何百と用意されているのであります。このような事態そのことが、すでにして憂うべきことである上に、そのような簡単な機械を操作する年若い隊員が、欲目に見ても訓練不足と申すほかありません。……機動力は空襲の度に悪化減退し、戦争遂行能力は日に日に失われております」などと上奏し、昭和天皇は、「そんなことであろうと想像はしていた。お前の説明でよくわかった、本当にご苦労であった」と仰せられた。[*117] この件については、東郷に昭和天皇が、「戦争に就きては最近参謀総長、軍令部総長及び長谷川大将の報告に依ると支那及び日本内地の作戦準備が不十分であることが明らかとなったから、成るべく速やかに之を終結せしむることが得策である、されば甚だ困難なることとは考ふるけれど、成るべく速やかに戦争を終結することに取運ぶやう希望す」と御話になっているので、戦争終結を考える大きな要因になったものと推察できる。[*118]

6月13日、陸軍の蓮沼蕃侍従武官長は木戸に本土決戦に伴う松代への大本営移転計画を説明した。木戸は、午後に昭和天皇に拝謁して、即日、宮内省総務局長加藤進を松代に派遣することを決めた。木戸が天皇に松代移転計画を説明した直後、海軍の豊田が、沖縄の海軍守備隊が玉砕したことを報告した。[*119] 昭和天皇が過度の心労から倒れたのは、翌14日のことであった。この日の昭和天皇は、御進講中に気分が悪くなり、15日も「終日御床」という病状であった。おそらく昭和天皇はこの病床において本土決戦不能を確信し、国体護持のためにあらゆるものを犠牲とする決意を固めたと思われる。そしてその天皇の意向を伝える役割を果たしたのは木戸であった。木戸は、6月18日、阿南に昭和天皇の「御内意」を伝えた。この時、阿南は「和平斡旋を依頼する前に一度敵の本土上陸の機会に乗じ痛撃を与え少しでも有利な条件で終戦したい」と改めて述べたが、木戸は、「もし敵に上陸されて了つて、三種の神器を分捕られたり、伊勢大廟が荒らされたり、歴代朝廷の御物がボストン博物館に陳列されたりしたらどうするつもりか」と昭和天皇の翻意をほのめかして詰め寄った。[*120]

(3) 終戦への具体的指示

鈴木は、6月18日、伊勢神宮参拝から帰京するや否や、最高戦争会議の構成員を集め戦争終結につき相談した。木戸によると、その際、陸相と陸海両総長とは、本土決戦に期待をかけ、その機会に挙げ得る戦果の上で、和平交渉をなすのがよいと主張した。しかしながら、和平への機会をとらえる努力をすることは、一同異存はなかった。これはソ連を通じて和平を図るという意味であった。[*121]

6月22日午後3時、昭和天皇御召しによる最高戦争指導会議構成員の懇談会が開催された。これは、終戦工作に乗り出すために、8日の御前会議との調整を図る意味であった。天皇はここで初めてこれら首脳に対し、「先般の御前会議決定の如く飽く迄戦争を完遂するという事も一応尤もであるが、また一面、時局収拾方につき考慮することも必要であろう、これについてどう考えるか」とお尋ねになった。これは昭和天皇が公式に和平の御意見を初めて明らかにされたものである。[*122] また鈴木にとっても昭和天皇から「終戦への準備の具体的御指示」を受けたのはこれが最初であった。[*123] 暫くの間、奉答するものがなかったので、先ず首相の所見を問われた。鈴木は恐縮して、飽く迄戦争完遂に力むべきは勿論であるが、これと並行して外交上、手を打つことも必要であると思う旨を奉答した。米内は、5月11日以降の最高戦争会議における対ソ交渉の概略を申し上げた。次いで東郷は、米内の答えを補足し、併せて対ソ交渉は大なる危険を含んでいること、またこれには大きな代償を必要とすること等の詳細を申し上げた。昭和天皇は、次いで梅津に対し軍部の所見如何と御下問になった。梅津は、先ほど海軍大臣の申し述べた通りと前提した後、実施には慎重を要すると思う旨を御答えした。これに対し、昭和天皇は、時機を失することなきやと反問せられ、梅津は速やかなるを要すと申し上げた。阿南は、特に申し上げることなしと御答えした。豊田には御下問がなかった。鈴木は官邸に帰って、迫水に対し、「今日は陛下から、我々が言いたいけれども言うことを憚かるようなことを率直にお示しがあって、洵に恐縮に堪えない」と語った。[*124]

6月18日夕には、米第10軍は第32軍司令部のある最南端摩文仁の北方約2キロ、仲座～米須にまで迫り、牛島軍司令官は「唯々重任ヲ果シ得サリシヲ思ヒ長恨千載ニ尽ルナシ」と参謀次長、第10方面軍司令官に決別電を発電した。そして22日、いよいよ摩文仁の軍司令部の洞窟に米軍が爆薬、手榴弾を投下するようになり、軍司令官、参謀長は翌23日に自決した。

6月25日には、沖縄終戦に関する大本営発表があった。[*125] 鈴木は、26日夜、「沖縄戦局に関して」を放送した。その中に、「……国民諸君、我々は今こそ真に苛烈なる鉄火の試練を受くべき秋に直面するに至った。敵の物量を恃(たの)みての驕慢なる反攻は、今後さらに熾烈となり、或いは新たなる本土侵寇をも予期せざるを得ないのである。一方、空襲の激化についても今後一層、覚悟を固めねばならぬ。今や我々は、帝国の存亡を決すべき、重大なる時局に当面したのである……[*126]」と発表した。鈴木にとってこの言葉はあくまでも国民には継戦を主張したものの実際は終戦を意識したものであったといえよう。

5　終戦を目的とした戦争指導へ

沖縄戦終局までの戦争指導を概観すれば、大本営、政府において、計画性はほとんどなかった。その中で沖縄作戦の戦局、ドイツの降伏、本土への空襲は大きなバロメーターとなっていた。特に鈴木内閣においては、沖縄作戦の戦局の行方を重視し、この作戦を有利に展開して戦争終結の好機を捉えようとし、これを強く支持しかつ督励した。米軍が本土に上陸した後では、国体の護持すらできないと考えたからである。そして沖縄戦のある段階を以て沖縄決戦に見切りをつけ終戦へと舵を切るのである。

沖縄戦は、鈴木内閣、木戸内大臣など本土ではなく沖縄での決戦を唱えたものたちによる内に秘めた終戦への構想を具現化させたのである。それは戦争終結問題を話し合う六巨頭会談の開催、国体が護持され皇土が保衛されるならばこれで戦争目的は完遂されたものとすることも意味する「今後採るべき戦争指導の基本大綱」の決定、木戸による「時局収拾対策」の起草などである。そして6月22日、最高戦争指導会議構成員懇談会の席上にて昭和天皇の終戦への準備の具体的御指示により公式に和平への御意見が明らかにされ、実際の終戦への戦争指導が発動されるのである。昭和天皇の態度が大きく転換したのも沖縄の失陥が確実となったことが大きな要因であった。

それでは沖縄戦の何時の段階が鈴木ら沖縄決戦を唱えたものの意識を終戦へと向けたのであろうか。つまり沖縄失陥を意識させたのであろうか。それは、4月18日夜の米第27師団による牧港への奇襲からはじまる19日の米第10軍の総攻撃により4月23日、第32軍の第一線陣地、嘉数～棚原東西の線が崩壊し戦局が前田～幸地東西の線に後退した時期である。この第32軍の第一線陣地の崩壊は沖縄決戦を唱えるものにとっては衝撃であった。沖縄失陥は必至と認識させたのである。さらに5月4日の攻勢失敗はこれのダメ押しとなった。あえて言うとそれ以降の沖縄の地上戦には、当然ながら本土決戦のため米軍を長期間拘束し出血を強要するという意味はあるが、日本の戦争指導上は大きな意味は見いだせないのである。もし、牛島軍司令官が早期に米第10軍の主進攻を北正面と判定し、第32軍戦力の全力をもって正面押しする米第10軍に対峙し、攻撃を撃退、反転攻勢、つまり上陸軍を撃退していたならばまた様相も変わったかもしれない。しかし、牛島軍司令官以下にはそのような発想はなかったのである。ここに沖縄戦の大きな問題があるのである。

また作戦全体としては、海軍が沖縄を最後の決戦の場と考えたのに対して、陸軍が地上軍の全力を集中できる本土で最後の決戦を挑もうとした構想の違いは、沖縄戦の運命を大きく左右した。昭和天皇は戦後も沖縄戦の作戦方針には不満が残ったようで、「作戦不一致、全く馬鹿馬鹿しい戦闘であった」と強い口調で述べている。[*127]

一方、米海軍作戦部長アーネスト・キング提督は、５月25日に太平洋艦隊司令官チェスター・ニミッツ提督から、沖縄戦を２カ月戦ってきた今となっては、もはや日本本土進攻作戦を支持できないとの報告を受けとっていた。[*128]沖縄における米陸海軍の損害も膨大なものであり、沖縄の戦局は米軍の対日戦略にも大きな影響を与えていたのである。

おわりに

沖縄戦に関する戦史を述べてきた。少しくどいくらい細部に入り込んだ部分も多く読みにくいと感じられた方もあったかと思う。しかし、戦史とは歴史に入り込み追体験をして、因果関係を明らかにし、目的が達成できたのか、出来なかったとすればそれはなぜか、ということを明らかにするものと私は考えているので紙幅の面もあるが状況に入れる程度に細部まで踏み込んだのでご了承願いたい。このような観点から沖縄戦史は、勉強すればするほど、国土防衛戦ということもあってか難しい戦史であることがわかる。政府、国軍、それぞれのアクターが独自の考えで役を演じ、しかもそれが重層的に重なり合い、統制が取れているとはいえず、何をその本質としてみたらいいのかがわからなくなる。そういったことから本書においては、「はじめに」で述べた通り、沖縄戦の意義を案出できることを狙いとして、全体の構図がわかるように作戦準備、航空特攻作戦、地上軍の血みどろの戦い、作戦第一主義と住民、終戦と沖縄戦、という5章構成でまとめ、沖縄戦の構図を描いてみた。読者の皆さんは如何であったろうか。最後に老婆心ながら筆者個人が沖縄戦史を分析して得た事項をいくつか述べて終わりとしたい。

1　沖縄戦の構図

まず沖縄戦の構図を簡単に要約して復習してみたい。沖縄は米側から見ると日本を攻略するための基地、特に航空基地として確保する必要があった。そのため、「太平洋戦争上陸作戦進展の最高」[*1]といわれる一人の指揮官が指揮する陸海空統合されたアイスバーグ作戦をもって日本軍に対して挑んだ。それは、まず、すでに占領しているフィリピン、マリアナ基地からの爆撃機及び機動部隊の艦載機をもって、九州、台湾を徹底的に爆撃し沖縄を孤立化、制海空権を獲得した上で沖縄本島西海岸に第10軍を上陸させた。この上陸作戦の当初の狙いは、速やかに北、中飛行場を含む巨大な海岸堡を確立し、兵站施設を設置するとともに、北、中飛行場を早期に整備、陸上航空部隊を配置し、沖縄上空の防空を担わせ、機動部隊が担当していた沖縄周辺の哨戒などの任務を引き継ぐことであった。これが出来れば巨大な機動部隊は沖縄本島に拘束されることなく自由に広範囲に行動できるのである。一方、上陸した第10軍は、この海岸堡からの兵站の恩恵を最大限受けることが出来るよう攻撃前進を開始し、沖縄本島を南北に分断した後、第３海兵軍団を北上、第24軍団には南下させた。特に南進させた第24軍団正面は全正面攻撃で日本軍を求めて攻撃した。その後は北部の攻略を終えた第３海兵軍団を逐次に南部攻撃に投入し、２個軍団並列で首里に向かい攻撃前進を行った。また、沖縄近海には、上陸部隊を支援する艦隊が停泊するなどそれぞれの任務についていた。さらにこれらを九州、台湾から飛び立つ日本軍の特攻機から防衛するために海上には対空警戒網を確立し、艦載機をもって哨戒を行い日本軍の特攻機から艦艇への攻撃を防護した。

日本軍は、米上陸部隊が上陸して海岸堡を設定して内陸部への攻撃態勢を確立する以前に、特に陸上飛行場が米軍の陸上航空部隊によって使用される以前に、つまり機動部隊が沖縄近辺に拘束されている間に国軍として大航空特攻作戦を行うことを追求していた。そのため、航空関係部隊は、上陸前に航空機を九州、台湾に集め戦力を増勢し、沖縄本島の南部に全周防御の態勢をとっていた地上軍である第32軍に北、中飛行場の直接防御を要望した。しかし、米軍が上陸を開始した４月１日頃の最大の航空攻撃のチャンスには米軍の爆撃の影響や、内地からの航空機の集中が間に合わないなどで散発的な航空攻撃しか行うことが出来ず、また、第32軍はすんなりと北、中飛行場の占領を許してしまった。つまり最大のチャンスを生かすことが出来なかった。じ後、米軍は早期に北、中飛行場を整備し、有力な陸上航空部隊を配置して直接空域を防衛するようになったため、航空特攻作戦は行き詰まりとなった。一方、地上の第32軍は独自の戦略持久、努めて長く米軍を拘束し出血を強要するという考えのもと本島中南部地区で防御を行ったものの北正面を担当していた第62師団の防御が崩壊し始めたため、軍主力である第24師団、独立混成第44旅団を南部から北正面に転用した。結果としてここで首里の北方、前田高地東西の線で第32軍と米第10軍2個軍団は正面からがっぷり四つに組みぶつかるのである。この均衡が破れたのが5月4日の第32軍の攻勢失敗である。この結果、まず陸軍中央は沖縄作戦に見切りをつけて本土決戦準備に陸軍の全力を投入するようになり、また政府など本土の戦争指導の中枢にいるものたちも沖縄作戦に見切りをつけ終戦に向けての具体的工作へ移行するのである。つまりこの辺りが日本が具体的に終戦へ向かう転換点であった。この頃から航空特攻作戦も散発的なゲリラ的なものとならざるを得なくなり、上級部隊から放置された第32軍は、首里包囲の危険から南部島尻には多くの避難民がいたにもかかわらず独断南部島尻へ撤退し作戦計画にもなかった新たな地域での防御を軍民混淆の中で行うのである。爾後、南部島尻地区では、軍官民混在した中で米軍の掃討戦が始まるのである。

2　沖縄戦の問題点

これまでの縷々述べてきたことを通じて国軍としてみた場合、沖縄作戦の中心に据えてきたのは天号航空作戦による航空特攻作戦であった。しかし、国軍といいながらも陸海軍が共にこの作戦に戦力を集中させることはできなかったのである。なぜであろうか。それは、国軍として目的が一貫せず、陸海軍が設定した個別の目標のもとに動いていたからである。

戦争指導上、沖縄作戦の目的は、終戦のための講和を有利に進めるために、上陸する米軍を撃破することであった。本沖縄作戦の日本側から見た作戦の重心はここにあったものと思う。重心というのはこの沖縄作戦の場合、上陸軍の最大の弱点である上陸部隊の戦力が陸上と海上に分離している上陸前後の上陸部隊と艦艇である。この重心をつぶすため、ここにあらゆる戦力を集中する必要があった。そのためにはこの重心に向けて陸海軍が一貫した論理、つまり作戦計画をもち、これを実行することが必要十分条件であった。

しかし、それはかなわぬものであった。なぜなら沖縄戦の戦史からみるとこの重心はあまり重視されなかったのである。それではその他の重心はどこにあったのだろうか。

まず、一つは主に海軍が主張したものである。その重心は、沖縄周辺に上陸部隊掩護のために拘束されている機動部隊であった。九州沖航空戦以来、海軍、特に第5航空艦隊の主目標は機動部隊であった。もう一つは現地沖縄第32軍が唱えた上陸した陸軍部隊であった。これは真面目な防衛戦闘をもって、努めて多くの時間持久して米軍を拘束し、かつ努めて多く出血を強要しようとするものである。つまり八原高級参謀が寝技戦法と称したもので、築城さえ徹底すれば、米軍の物質力を無価値なものとし、人間対人間の原始的闘争を強要できるとするものである。これは物理的要素もあるが米軍の精神的な面を重心としてこれに打撃を与えようとするものである。

俯瞰すると太平洋の一点に過ぎない沖縄において、戦うための論理的な裏付けが大きく3つ存在したのである。つまり日本軍の作戦計画であった陸海軍作戦計画大綱及び天号航空作戦にはこの3つの重心が含まれていたこととなる。全般計画に一貫した目的がなく、これを具体的に達成すべき目標に論理性がないのである。よってこの3つに戦力は分散され、いずれも失する結果となった。ここに沖縄戦の第一の悲劇があり、日本軍の近代軍としての実力が見て取れる。

一方の米軍側はどうであろうか。日本本土進攻のための根拠地を得るという点で、これを陸海軍統合のアイスバーグ作戦で文章によって論理の一貫性を規定した。このため米第5艦隊司令長官スプルーアンス提督をトップに、陸海空軍統合された戦力で、沖縄攻撃のために多少の計画修正はあったものの一つにまとめることができた。論理が一貫しているのである。ここに米軍の強さの根拠があるのである（もちろん物量などの面もあるが）。

ガダルカナル島作戦から始まり、ことごとく日本軍は2つの論理（主に陸軍と海軍の異なる論理）を妥協させて玉虫色の目的目標を文章で一つにまとめ作戦を続けてきた。ガダルカナル島から2年半もたった沖縄作戦において、日本軍は同じ失敗を繰り返し、何も進化していなかったのである。

さらに日本には、何のために作戦を行うのかというその上位概念の大戦略が欠けていた。つまり、沖縄戦の段階においては有利な終戦交渉を行うために、いつまでに何をすることが必要なのかということが国として議論されていなかったのである。その明確な目的と大目標がなく、また、政（大）戦略→戦略→作戦→戦術という一貫した論理もなかったのである。昭和天皇は戦後も沖縄戦の作戦方針には不満が残ったようで、「作戦不一致、全く馬鹿馬鹿しい戦闘であった」[*2]と強い口調で述べているというが、まさにその通りであったのである。

第32軍においては、第9師団が抽出以降攻勢作戦から防勢作戦へと転換することになったが、この第9師団の抽出は沖縄防衛に対する確固たる戦略がなかったから行われたものであって、元第10方面軍参謀井田正孝の言が的を得ていると考える。[*3]

沖縄と台湾とを一括して捷2号としたのが一大過失であった。しかもその間違いに気づく者がいなかったことが沖縄の不幸を招来したといってよい。捷2号作戦─台湾方面決戦、捷3号作戦─沖縄方面決戦、このように捷号作戦計画作成の際に、沖縄と台湾を区別すべきであった。これを便宜主義的机上の空論によって、沖縄、台湾を一括する過失を犯し、その結果、第10方面軍に第32軍を編入するという愚挙を何等ためらうことなく行ったことを反省しなくてはいけない。第32軍が大本営直轄か若しくは西部軍の隷下であったならば、第9師団の抽出はおそらく避けられたであろう、というのが大方の見解である。

沖縄作戦が失敗した理由の第一は、第9師団の抽出であり、「戦術」上の要求で「戦略」の一貫性が瓦解する好例である。沿岸撃滅において必勝の確信に燃えていた第32軍が、一朝にして戦意を喪失するとともに、上級司令部、特に大本営について不信の念を持つに至った統帥における非条理は物心両面にわたる作戦の根底を覆したといわざるを得ない。その根底にあるものは、沖縄より台湾、本土を重視した戦略思想に他ならない。

3　牛島中将とバックナー中将

ここでは第3章「地上軍による血みどろの戦い」の主役である第32軍及び米第10軍司令官の本沖縄戦史で述べた範囲において軍司令官の状況判断などを通じて筆者なりの評価をしてみたいと思う。

⑴　第32軍司令官牛島満中将

牛島評が米国陸軍戦史センターの論文「Our flag Will Wave Over All of Okinawa: Simon Bolivar Buckner's Pacific War」に次のように出ている。[*4]

第10軍の敵、第32軍の性質もバックナー将軍の戦闘の進め方に影響を与えた。牛島は、太平洋で米国が対峙した日本軍の野戦軍司令官の中で、山下奉文(やましたともゆき)や本間雅晴と並んで最も優秀な指揮官の一人であった。牛島は、大規模で意欲的な部隊を巧みな防御で率いた賢い軍人であり、バックナー将軍の尊敬を集めた。

ここでは牛島中将を賢い軍人としているがどうであろう。この沖縄戦史を振り返ると牛島中将自ら状況判断して決心したというものはあまり見当たらない。要するに作戦の中に顔が見えないのである。例えば硫黄島の小笠原兵団長栗林忠道中将は、一人一人の射撃方向まで指導したと言われるが、そのようなことは史料からは見当たらない。まず、防御準備間、特に第9師団抽出以降の新たな防御構想を決定する段階において、2・5個師団という少ない兵力となってしまった中で、八原高級参謀の南部島尻案をすんなりと了承している。軍司令官として、北、中飛行場放棄に対する第10方面軍司令官等とのすり合わせ、予想する米軍の上陸正面に対する防御の重点形成の有無、当然予想される住民との混淆、最終確保地域をどうするか、などの議論の詰めが史料からはほとんど見られない。これらを怠った（曖昧にした）ばかりにのちの戦闘指導で大きな問題となるのである。

米軍が沖縄中部西海岸から上陸した以降は、大本営を筆頭とする各部隊からの北、中飛行場奪回要求に対し、当初の計画の根本方針を捨ててこれに応じるのである。つまり戦略持久を計画の基本としつつ、上級部隊の執拗な奪回要請（特に天皇陛下の御下問は大きな影響を与えたと思われる）があればこれに従い、しかしこれも新たな米軍部隊の上陸兆候があるとすんなりと取り下げるのである。これは、軍司令官として主上陸正面を断定できていないなど腹が決まっていないことに原因があると思われる。

また、米軍上陸以降は、軍司令官の判断すべき重要な事項が続いた。北正面第62師団の第一線防御陣地崩壊がみえてくると、まだ戦闘をしていない南部の第24師団を転用して防御の重点を形成するかどうかの状況判断が必要となる。これも史料からは、長参謀長が転用すべしとしたものを追認したように思われる。その後、5月4日に長参謀長が発案した、八原高級参謀の反対する総攻撃を行うことを決定する。これも戦略持久の防御方針とは真逆で相反するものだ。この失敗から八原高級参謀の考えに従うということになるのだが、5月22日、首里が包囲されたのちの行動について、八原高級参謀の主張する南部島尻において新たな防御を行うという案を約束通り承認する。しかし、南部島尻という地形上、珊瑚礁岩盤で築城工事ができないような、かつ狭い新たな地域で防御陣地を構成し、かつ30万の非戦闘員が避難している南部へ軍が後退するとどうなるかという軍事的合理性、妥当性からの洞察が不足している。また、終戦を含め国軍全般の将来の戦局などを判断した中で国民所在の国土防衛戦を任う軍司令官として妥当な仕事をしたといえるのかは疑問である。結果、多くの将兵、住民を犠牲とすることになるのである。HAMS DOERR, *"Der Feldzug Nach Stalingrad"* には、歴史は、将帥に対して部下軍人がもはや戦い得ないときにその生命を犠牲にするという権利を認めたことはない[*5]、とあるが、現代目線の我々からすれば無益の犠牲を強いたとみられても仕方がない。

こうして概観してみると、牛島中将は、軍司令官として、大局的な判断は部下任せであったということがいえるのではないだろうか。自ら決心したことはなく（史料から読みとれる範囲内では）、いずれも長参謀長、八原高級参謀の術策に同意した結果といえよう。内部事情を知る由もないバックナー中将からみると長期持久の防御計画とその実行、南部島尻への撤退などは牛島中将のリーダーシップのもとに行われたと映ったものだろう。ただ、３カ月間という長期にわたり、防御という受け身の苦しい戦いの中で長参謀長、八原高級参謀をはじめとする軍司令部、各師団長などの各部隊長を纏めて作戦を継続したことは牛島中将の統率、人格の高さを明らかに示しているものと考える。

⑵ 第10軍司令官サイモン・ボリバル・バックナー・ジュニア中将

バックナー中将が指揮した第10軍は、第二次世界大戦で戦闘に参加した最後の米国野戦軍であった。全く新しい編成の軍であったため、バックナー中将は、アイスバーグ作戦の計画に基づいて、参謀、下位の指揮官、及び部隊を調整し、効果的なチームにまとめる必要があった。実際、第10軍に割り当てられた戦闘部隊のほぼすべてがソロモン諸島で訓練中か、フィリピンで戦闘中かのいずれかで、バックナー中将の司令部の位置したハワイから数千マイル離れた場所にいたのである。「沖縄の戦いは、統合軍の協力が最もよく表れた戦いだった」と、海軍将校で歴史家の一人が述べているが、これは分散していた隷下部隊を上陸までに有機的に一つにまとめあげたバックナー中将の最大の功績であった。[*6]

バックナー中将は、沖縄中部西海岸に隷下2個軍団を上陸させるが、そこには日本軍主力の姿はなかった。軍の中ではいろいろと議論はあったが、この段階でバックナー中将は、大きな決断を行う。それはアイスバーグ作戦第1段階の終了を待たずに第2段階、沖縄北部と伊江島の攻略を命じるのである。これは予想よりも軽微であった日本軍の抵抗から生まれた勢いを利用しようとしたものでその判断は合理的であり、迅速かつ柔軟である。

また、4月22日頃、第32軍の主陣地帯において戦線が膠着した中で、これを打破するために伊江島攻略を終えた第77師団長から第32軍の側背に上陸作戦を行うことを上申される。この新たな戦線を構成する上陸作戦については軍の内外で議論されるのであるが、バックナー中将は「アンツィオ」の再現となるときっぱりとはねつける。それは孤立した海岸堡と主戦線に戦闘力を分割したくなかったことが大きかった。そうすることが最も有効に任務を達成できると考えていたものと思う。また、当時は首里の防衛を効果的に突破すれば戦いは終わると思っていたこともあった。さらに、第3段階の要件により、バックナー中将は沖縄以外での将来の作戦のために戦力を温存する義務も負っていた。これらを考えると湊川への上陸を断念したバックナー中将の判断は合理的であったと考える。また、バックナー中将には第32軍の背後、湊川正面の上陸作戦は却下したものの、第6海兵師団には那覇近郊小禄半島での上陸作戦を実施させた。このような柔軟性も持ち合わせていたのである。歴史の偶然か、これと同時期に日本側の第32軍では、第24師団などの軍主力を北部戦線に転用する決断を行う。結果、前田東西の線で、日本の第32軍主力と米第10軍主力ががっぷり四つで正面から対峙するのである。（もしこの時、バックナー中将が湊川に1個師団程度を上陸させていたら、第32軍の側背はがら空きであった。）

しかし、バックナー中将は大きなミスも犯している。5月29日に第32軍は首里戦線から撤退を開始するが、この情報を収集できなかったのである。雨季がこれを邪魔したということもあるが、バックナー中将も彼の幕僚も第32軍は首里で最後まで抵抗すると思い込んでいたのである。そのため第32軍に南部戦線への撤退を許し、首里戦線での捕捉撃滅の機会を逃し、占領までの期間を増大させた。

バックナー中将は、6月18日、沖縄の南西端付近、初めて戦場に投入された第2海兵師団第8海兵連隊の前進観測所で前線視察、指導中に戦死する。彼は、軍司令官の立場で頻繁に前線視察に出かけている（牛島中将が第一線を視察指導したという史料はない）。やはり、適時適切に状況判断するためには前線の状況、兵士の状況を自分の目で見て確認することは各級の指揮官として重要であり、バックナー中将はこれを具現していたのである。

このようにバックナー中将は任務を基準として、前方はもちろん後方の兵站の状況に至るまで自らの目で確認して、軍司令官として必要な決断を下していたといえるだろう。そして、バックナー中将は、陸軍と海兵隊という異なる軍種の部隊をうまく融合し、勝利に導いたのである。米国陸軍戦史センターの論文「Our flag Will Wave Over All of Okinawa: Simon Bolivar Buckner's Pacific War」には、「彼は太平洋戦争の遂行と結果に重要な貢献を果たし、第10軍司令官としての彼の業績は優秀と評価されるべきである」*7とある。その通りであろう。

第32軍司令官牛島中将と第10軍司令官バックナー中将は、直接対峙することはなかったものの、それぞれを頭の中において、相互に相手の手を読み、これを打倒するために必死に状況判断し、隷下部隊を指揮して第2次世界大戦最後の血みどろの死闘を沖縄で繰り広げたのである。

4　国家が国民を守るとはどういうことか

沖縄戦では日米合わせて20万近い損害を出し、特に非戦闘員である多くの沖縄県民がなくなった。これは住民対策が不十分だったことに他ならない。しかし、今回の戦史を見るにいつの時期の戦死者が多いかといえば、第32軍の5月総攻撃が失敗し、戦線が首里以南へと進展した以降である。中でも第32軍が南部へと撤退した以降である。その時期はどのような時期かというと、沖縄の防衛について、第32軍が、陸軍中央から切り捨てられ、また政府に至っては何も関与しておらず、現地軍及び県に丸投げの状況の中、独自の判断で行動したときである。作戦第一主義で任務遂行に邁進していた第32軍が住民に思いを寄せるということはほとんど困難な状況である。ここから、政府、最高統帥部、第10方面軍などの無責任さを感じずにはいられない。

政府、最高統帥部としては、直接戦力とならない住民を中南部に残留したまま戦闘行動に突入した段階で、もしくはそうなることが予想される計画作成の段階でこれら非戦闘員たる老幼婦女子についてさらに高度の配慮がなされてしかるべきではなかったかと考える。

こうしたことからまず第一に現地第32軍をみた場合、軍には与えられた任務があり、これを完遂するためには作戦第一主義を貫徹しなければいけないことはもちろん否めないことではあるが、国土防衛戦という特性上、行政、住民にも十分対応する必要があった。このため軍司令部内に現地行政、住民避難の担当ポスト（参謀長若しくは参謀副長クラス）を設置しておく必要があったであろう。国内戦においては高度の政治的配慮が必要である。例えば、第9師団を抽出された以降、第32軍は防御方針を戦略持久に転換したが、この際、意思決定の過程に住民の保護という考慮要因を設け、行動方針として首里複郭陣地案（第1章で述べたO－V案）などを提言、徹底議論することも考えられたわけである。また、明確な担当がいれば、軍と県庁との調整ももっとスムーズにいったものと考えられる。

さらに結局のところ、今回の南部島尻地区の惨状からいえることは、敵上陸の恐れのある小離島の非戦闘員で戦闘に関係のないものは事前に島外疎開を断行する以外に方法は無く、島に残留するものに対しては最悪の場合に対処するための覚悟と行動の準備を敵上陸前から徹底させる必要があると考える。ところが沖縄戦では軍は単に住民に撤退を要求したのみで具体的処置を行っていないこと、県側としても督励するのみで強制力を持たなかったことは結局、住民をして戦場を右往左往させ、軍の行動を妨害させたのみならず徒に無用の損害を生じたのである。この際は一部の兵力を駆使しても断固たる決意をもって、例えば知念半島に非戦闘員を集結させる非武装地帯を設置し、ここに直接戦力とならない住民を集結させ参謀等を派遣してその生命財産の保障を米側に申し入れる等の施策があっても良かったであろう。こうした処置は結果として無用の犠牲者を局限し、島尻地区における軍の行動を容易にさせるものであると考える。

次に作戦第一主義とならざるを得ない現地軍、沖縄県に住民対策を委任していた上級部隊、陸海軍統帥部、政府にはさらに大きな責任があるものと考える。政府はサイパンの戦訓、第32軍からの要望もあり疎開については対処したものの、結局行ったことといえば、疎開の督励と受け入れ先の調整、関連の予算を割り当てたことぐらいであとは現地沖縄県に丸投げであった。また、疎開は強制でなくそれぞれ個人の意思によるものであったので、これを強制化する法整備なども必要であった。本来ならば政府（戦争指導中枢）は、国土に戦火が及ぶ前にあらゆる手を打つのが役割であるが、それができない場合は、統帥権の問題があるにしろ、最高統帥部と作戦に関し住民保護の観点からしっかりと意見を述べ、非戦闘員の被害が最小限に抑えることができるような作戦を実施させることが必要と考える。非戦闘地域などを設けることなども有力な一案かと思う。つまり国家として国土戦のことを全く想定しておらず、法体制、さらには戦争指導上の政戦略に国民のことを考慮に入れていないことに問題があるのである。政府はどのような状況下にあっても国民を最大限保護することが必要である。国民を国家が守るというのはこのようなことであるとこの沖縄戦史は教えてくれる。

5 沖縄戦の意義

本書のテーマとしてきた沖縄戦の意義とは何であろうか。

まず今回の戦史をみる限り沖縄戦は、近代軍としての日本軍の強さとともにそれ以上の弱さ（未熟さ）を白日の下に明らかにした。確かに第32軍の各陣地での近接戦闘、特攻に見られるようにそれぞれの局面では米軍を凌駕したかもしれない。しかし、国軍として沖縄を防衛する、米軍に一撃を加えるということが出来ない軍隊であることが明らかとなったのである。ましてや本土防衛を国軍に託しても沖縄と同様に全く見込みがないことが周知の事実となったのである。このため沖縄戦の敗退は、日本の戦争指導を希望的な受け身の終戦構想の議論のみの状態から一気に終戦への具体的行動に踏み切る踏み台、転換点となったのである。ここに沖縄戦の意義があるものと考える。つまり沖縄戦は、第32軍の第一線が崩壊し、さらに攻勢が失敗し、沖縄の陥落が明らかとなった段階で、このままいけば本土の防衛は成り立たないということを主要な戦争指導者たちに認識させたのだ。陸軍がいくら本土決戦を叫んでも、多くの識者は沖縄の陥落が明らかとなった時点で終戦交渉に入らなければ国家そのものの存在がなくなることを認識したのである。鈴木多聞『「終戦」の政治史　1943―1945』には次のようにある。[*8]

昭和天皇の態度が大きく転換したのは、沖縄戦の後であった。沖縄の陥落によって本土決戦が現実味を帯びると、昭和天皇は、軍上層部や査察使などから戦備の実態を聞き、本土決戦不能論者となっていた。そして、米軍に本土の一部を占領された後では国体は護持できないと考え、国体の護持を目的として本土決戦を回避しようとした。

また沖縄戦は県民60万を巻き込んだ国土防衛戦であった。作戦第一主義に終始した結果、大戦略なく、戦争指導なく、作戦のみの国土防衛戦はどのような結果が待っているのかを、そしてこのような中で何が一番大切なのかを教えてくれた。それは国民の命である。国家としてこの命をいかに守るのか、決して現地に丸投げするのではなく、第一の前提条件として真剣にとり組むべき問題であることを沖縄戦は我々に示唆しているのである。第32軍は確かに約3カ月という時間は獲得したが、多くの県民を死に追いやったことは、国軍として50年100年の歴史からみて正しかったのかを考える必要がある。もしそのまま首里で最後を迎えたならば、後世のとらえ方もまた異なったものとなったのではなかろうか。

一方、米軍側は、日本を降伏に追い込むための威圧として、また本土に進攻するための、特にマリアナの航空基地と連携して日本本土を爆撃できるだけの十分なB－29の基地を得たのである。また、沖縄からも硫黄島と同様に護衛戦闘機を随伴させることができるのである。

6　今後の沖縄戦研究

沖縄戦の研究は、冒頭で述べたとおり、研究の手法が、軍など戦争を指導する側からの「軍隊の論理」と一般住民の視線、証言の積み上げからの「民衆の論理」の両極端に分かれているのが現状であろう。これでは研究の努力が分散してしまうため、今後は区別なく、この両者を融合してさらに止揚することが必要と考える。しかし、戦後80年を過ぎようとしている現在では、直接沖縄戦を経験した方々は鬼籍に入り、聞き取りは既にできなくなってきている。その次の段階として考えられるのが、史料である。元沖縄国際大学教授の吉浜忍が『教えることは学ぶこと』で述べているように、「記憶」は消えても「記録」は消えない。証言の根拠となる地域の民間資料や日米両軍の資料も使用し、地域の沖縄戦をより立体的に構成し、これを統合して全体像を明らかにしていくことによって史実・実相を明らかにした研究が出来るものと考える。[*9] つまり、どちらかに偏ることなく、軍官の作成した公文書、軍人の回想、体験者及び地域の証言記録などを突き合わせ、史料に沖縄戦を語らせるという手法をもって研究する姿勢が求められるのではないだろうか。

また、実際に沖縄戦が展開された各地には、各種戦跡が残っている。最近では首里の第32軍司令部壕の保存公開などが議論となっているが、これらも、個々の戦跡を点として考えるのではなく、周辺戦場を含めた面へと拡大し、歴史軸を拡張し、その他様々な視点を加え立体的に見ることが必要であろう。つまり、いつどのような目的で作られたものなのか、どのような当時の苦労の跡が見られるのか、戦場の中でどのような働きをしたのか、その時の戦況はどのようなものだったのか、どのようなドラマ、悲劇があったのか、などということを史料に基づき一つ一つ明らかにし、残存している戦跡から戦争指導に至るまで沖縄戦の全体像を推測させることが重要であると考える。また、史料、戦跡のみならず、政治、経済、ジェンダーに至るまで様々な視点から沖縄戦を明らかにする段階に来たと思う。できれば、筆者が所属している防衛省の専門家、一般大学の専門家、学芸員、郷土史家、技術系の専門家、一般市民など、幅広く集まり、幅広い視点で研究することが求められる。また、これらの成果を大学などでの教育に還元して普及するとともに、次世代の研究者を育成することも必要であろう。いうまでもなく、その目的は、あらゆるアクター、階層で二度と同じ過ちを起こさないためにはどうするかということを案出するにあるのである。

縷々述べてきたが、沖縄戦から80年が過ぎ、沖縄戦研究もまさしく個々の記憶から包含された記録の時代に入り、沖縄戦研究も新たな局面に入ってきたと思う。このような時勢を迎えたからこそ、様々なイデオロギーの壁を乗り越えて研究者一丸となり国民を巻き込んだ唯一の国土防衛戦となった沖縄戦研究を発展させていくことを望んでやまない。本書が未来への継承の一助となることを祈りつつ、終わりとしたい。

最後に、貴重な時間を割き、親身に、かつ適切なご指導をいただいた敬愛してやまない原剛先生、葛原和三先生、吉浜忍先生、私にこのような機会を設けていただいた中央公論新社の登張正史氏に心から感謝を申し上げる。

そして何よりも沖縄戦で亡くなられた全ての霊魂に対し心から哀悼の意を表しご冥福をお祈りしたい。

＊109　鈴木貫太郎『終戦の表情』26頁。
＊110　外務省編纂『終戦史録』399-401頁（(木戸口述書）289　時局収拾対策を起草)。
＊111　同上、397頁。
＊112　松谷「歴史の流れの間に間に（五）――太平洋戦争の終戦指導私論――」101頁。
＊113　迫水『機関銃下の首相官邸』188-189頁。
＊114　同上、192、196頁。
＊115　同上、203頁。
＊116　木戸日記研究会『木戸幸一関係文書』（東京大学出版会、1966年）133頁。
＊117　土門周平『戦う天皇』（講談社、1989年）201-202頁。
＊118　東郷茂徳『東郷茂徳手記時代の一面』（原書房、1989年）339-340頁。
＊119　防衛庁防衛研修所戦史室『大本営海軍部・連合艦隊〈7〉』（朝雲新聞社、1976年）303頁。
＊120　鈴木『「終戦」の政治史　1943－1945』126頁。
＊121　矢部貞治『近衛文麿』（読売新聞社、1976年）713頁。
＊122　藤田尚徳『侍従長の回想』（講談社、1961年）110頁。
＊123　木戸日記研究会編『木戸幸一日記・東京裁判期』（東京大学出版会、1980年）364頁、波多野「鈴木貫太郎の終戦指導」69頁。
＊124　外務省編纂『終戦史録』410頁。
＊125　軍事史学会編『大本営陸軍部戦争指導班　機密戦争日誌　下』733頁。
＊126　鈴木貫太郎伝記編纂委員会『鈴木貫太郎伝』223頁。
＊127　鈴木『「終戦」の政治史　1943－1945』120頁、寺崎英成、マリコ・テラサキ・ミラー編著『昭和天皇独白録　寺崎英成・御用掛日記』（文藝春秋、1991年）114頁。
＊128　リチャード・B・フランク「アジア・太平洋戦争の終結――新たな局面――」（『平成27年度戦争史研究国際フォーラム報告書』（防衛省防衛研究所、2016年3月）53頁。（CINCPAC to COMINCH, 051725 May 45, Command Summary, Book 6, January to July 1945, 3232, www.ibiblio.org/anrs/graybook.html.）

おわりに

＊1　Major Chas. S. Nichols, Jr., usmc Henry I. Shaw, Jr., *OKINAWA: VICTORY IN THE PACIFIC* (HISTORICAL BRANCH G-3 DIVISION HEADQUARTERS U.S.MARINE CORPS, 1955), p.269.
＊2　鈴木多聞『「終戦」の政治史　1943－1945』（東京大学出版会、2011年）120頁、寺崎英成、マリコ・テラ・サキ・ミラー編著『昭和天皇独白録　寺崎英成・御用掛日記』（文藝春秋、1991年）114頁。
＊3　岩田正孝「沖縄作戦に関する上級司令部の反省」『丸別冊第13号　最後の戦闘（沖縄・硫黄島戦記)』（潮書房、1989年）31-32頁。
＊4　Christopher L. Kolakowski (2024), "Our flag Will Wave Over All of Okinawa Simon Bolivar Buckner's Pacific War", *ARMY HISTORY*, No.130, p.19.
＊5　HAMS DOERR, *Der Feldzug Nach Stalingrad* (Alle Rechate vorbehalten 1955), p.118.
＊6　Kolakowski, "Our flag Will Wave Over All of Okinawa Simon Bolivar Buckner's Pacificwar", p.18.
＊7　Ibid., p.19.
＊8　鈴木『「終戦」の政治史　1943－1945』136-137頁。
＊9　吉浜忍『教えることは学ぶこと』（非売品、2021年）85、98-99頁。

*62　同上、212頁。
*63　軍事史学会編『大本営陸軍部作戦部長　宮崎周一中将日誌』136頁。
*64　軍事史学会編『大本営陸軍部戦争指導班　機密戦争日誌　下』713-714頁。
*65　防衛庁防衛研修所戦史室『戦史叢書　大本営陸軍部〈10〉』220頁。
*66　服部『大東亜戦争全史』816頁。
*67　同上、819頁。
*68　同上、806頁。
*69　軍事史学会編『大本営陸軍部作戦部長　宮崎周一中将日誌』136頁。
*70　山田朗『大元帥・昭和天皇』(新日本出版社、1994年) 299頁。
*71　高木『高木海軍少将覚え書』228頁。
*72　防衛庁防衛研修所戦史室『戦史叢書　大本営陸軍部〈10〉』213頁。
*73　同上。
*74　外務省編纂『終戦史録』316頁。
*75　防衛庁防衛研修所戦史室『戦史叢書　大本営陸軍部〈10〉』214頁。
*76　同上。
*77　同上。
*78　同上、215頁。
*79　同上、213頁。
*80　外務省編纂『終戦史録』329頁。
*81　同上、331頁。
*82　外務省編纂『終戦史録』330頁。
*83　防衛庁防衛研修所戦史室『戦史叢書　大本営陸軍部〈10〉』215頁。
*84　高木『高木海軍少将覚え書』238-239頁。
*85　松谷「歴史の流れの間に間に(五)――太平洋戦争の終戦指導私論――」109頁。
*86　東久邇稔彦『一皇族の戦争日記』(日本週報社、1957年) 185-186頁。
*87　同上、186頁。
*88　高木『高木海軍少将覚え書』249-250頁。
*89　防衛庁防衛研修所戦史室『戦史叢書　大本営陸軍部〈10〉』204頁。
*90　鈴木『「終戦」の政治史　1943-1945』125頁。
*91　防衛庁防衛研修所戦史室『戦史叢書　大本営陸軍部〈10〉』217-218頁。
*92　同上、217頁。
*93　同上、267頁。
*94　同上、219頁。
*95　同上。
*96　同上、219-220頁。
*97　鈴木貫太郎伝記編纂委員会『鈴木貫太郎伝』245-246頁。
*98　同上、246頁。
*99　同上。
*100　同上、254頁。
*101　同上。
*102　外務省編纂『終戦史録』351頁。
*103　「最高戦争指導会議に関する綴　其の二」(防衛研究所戦史研究センター所蔵) 28、34頁。
*104　同上。
*105　波多野澄雄「鈴木貫太郎の終戦指導」『第二次世界大戦(三)－終戦－』(錦正社、1995年) 63頁。
*106　「最高戦争指導会議に関する綴　其の二」39頁。
*107　同上、51頁。
*108　外務省編纂『終戦史録』374頁(迫水久常手記「降伏時の真相」)。

＊17　防衛庁防衛研修所戦史室『戦史叢書　大本営陸軍部〈10〉』111頁。
＊18　「御言葉綴　昭一九・五・一二〜二〇・八・二五」(防衛研究所戦史研究センター所蔵) 20頁。
＊19　大東島支隊「陣中日誌」(41日の項)(防衛研究所戦史研究センター所蔵)。
＊20　松谷誠『大東亜戦争収拾の真相』(芙蓉書房、1981年) 122頁。
＊21　同上、129頁。
＊22　山田朗『昭和天皇の軍事思想と戦略』(校倉書房、2002年) 314頁。
＊23　軍事史学会編『大本営陸軍部作戦部長　宮崎周一中将日誌』99頁、大田嘉弘『沖縄作戦の統帥』(相模書房、1984年) 401-402頁。
＊24　防衛庁防衛研修所戦史室『戦史叢書　大本営陸軍部〈10〉』113頁。
＊25　外務省編纂『終戦史録』263頁。
＊26　林三郎『太平洋戦争陸戦概史』(岩波書店、1972年) 254頁。
＊27　鈴木貫太郎『終戦の表情』(労働文化社、1946年) 8頁。
＊28　外務省編纂『終戦史録』268頁。
＊29　同上、283頁 (鈴木貫太郎口述書 (速記録336号))。
＊30　同上、278頁 (鈴木一手記「終戦と父」(長崎日日新聞　昭和26年1月5日付))。
＊31　高木『太平洋海戦史』141頁。
＊32　同上。
＊33　防衛研修所戦史室『戦史叢書　沖縄方面海軍作戦』385頁。
＊34　迫水久常『機関銃下の首相官邸』(恒文社、1964年) 155頁。
＊35　高木『太平洋海戦史』140頁。
＊36　服部卓四郎『大東亜戦争全史』(原書房、1993年) 804頁。
＊37　軍事史学会編『大本営陸軍部作戦部長　宮崎周一中将日誌』115頁。
＊38　防衛庁防衛研修所戦史室『戦史叢書　大本営陸軍部〈10〉』199頁。
＊39　同上、126頁。
＊40　同上、179-180頁。
＊41　服部『大東亜戦争全史』805頁。
＊42　宇垣纏『戦藻録』(原書房、1968年) 500頁。
＊43　軍事史学会編『大本営陸軍部作戦部長　宮崎周一中将日誌』118頁。
＊44　服部『大東亜戦争全史』805頁。
＊45　同上。
＊46　陸戦史研究普及会編『陸戦史集9　沖縄作戦』(原書房、1968年) 178頁。
＊47　木戸幸一『木戸幸一日記　下巻』(東京大学出版会、1966年) 1197頁。
＊48　外務省編纂『終戦史録』291頁 (豊田副武口述書 (柳澤健編、豊田副武口述「最後の帝国海軍」付録29頁))。
＊49　鈴木貫太郎伝記編纂委員会『鈴木貫太郎伝』(鈴木貫太郎伝記編纂委員会、1960年) 173頁。
＊50　同上、233頁。
＊51　陸戦史研究普及会編『陸戦史集9　沖縄作戦』182頁。
＊52　宇垣纏『戦藻録』507頁。
＊53　同上、237頁。
＊54　外務省編纂『終戦史録』316頁 (東郷外相口述筆記、昭和20年9月)。
＊55　松谷誠「歴史の流れの間に間に (五) ——太平洋戦争の終戦指導私論——」『国防』(朝雲新聞社編28巻5号、1979年5月) 100頁。
＊56　防衛庁防衛研修所戦史室『戦史叢書　大本営陸軍部〈10〉』194頁。
＊57　同上、198頁。
＊58　陸戦史研究普及会編『陸戦史集9　沖縄作戦』184頁。
＊59　防衛庁防衛研修所戦史室『戦史叢書　大本営陸軍部〈10〉』210頁。
＊60　同上、212頁。
＊61　同上、211頁。

＊181　久志・橋本『聞書・中城人たちが見た沖縄戦』98頁。
＊182　浦崎『消えた沖縄県』165頁。
＊183　琉球政府『沖縄県史　第９巻各論編８　沖縄戦記録１』（琉球政府、1971年）114頁。
＊184　Center of Military History, *The War in the Pacific OKINAWA: THE LAST BATTLE* (United States Army Washington, D. C., 1984), pp.415–417.
＊185　馬渕「沖縄作戦に関する調査資料」。
＊186　同上。
＊187　同上。
＊188　琉球政府『沖縄県史　第９巻各論編８　沖縄戦記録１』1341頁。
＊189　吉浜忍「沖縄戦の経過」『沖縄県史　各論編第６巻　沖縄戦』（沖縄県教育委員会、2018年）123頁。
＊190　久志・橋本『聞書・中城人たちが見た沖縄戦』137頁。
＊191　南城市教育委員会『南城市の沖縄戦　資料編』（南城市教育委員会、）505頁。
＊192　久志・橋本『聞書・中城人たちが見た沖縄戦』104頁。
＊193　同上、153頁。
＊194　同上、108頁。
＊195　原『沖縄戦における住民問題』105頁。
＊196　浦崎『消えた沖縄県』169頁。
＊197　防衛庁防衛研修所戦史室『戦史叢書　沖縄方面陸軍作戦』620頁。
＊198　浦崎『消えた沖縄県』222頁。
＊199　八原『沖縄決戦』329頁。
＊200　「座談会　沖縄敗戦と牛島中将の最後」17頁。
＊201　同上、18頁。
＊202　「沖縄戦における島民の行動」。
＊203　イアン・トール著・村上和久訳『太平洋の試練　レイテから終戦まで　下』（文藝春秋、2022年）318–319頁。
＊204　「沖縄戦における島民の行動」。
＊205　Center of Military History, *The War in the Pacific OKINAWA: THE LAST BATTLE*, pp.417–419.

第５章　沖縄戦と終戦

＊１　富岡定俊『開戦と終戦　人と機構と計画』（毎日新聞社、1968年）202頁。
＊２　高木惣吉『高木海軍少将覚え書』（毎日新聞社、1979年）249頁。
＊３　額田坦『陸軍省人事局長の回想』（芙蓉書房、1977年）192頁。
＊４　沖修二『阿南惟幾伝』（講談社、1970年）228頁。
＊５　遠藤三郎『日中十五年戦争と私―国賊・赤の将軍と人はいう』（日中書林、1974年）318頁。
＊６　外務省編纂『終戦史録』（官公庁文献研究会、1998年）292頁（東郷外相口述筆記（昭和20年９月））。
＊７　鈴木多聞『「終戦」の政治史　1943－1945』（東京大学出版会、2011年）118頁。
＊８　宮崎周一「本土決戦準備の思い出（その１）」『幹部学校記事』（1958年11月第62巻）12頁。
＊９　同上、16頁。
＊10　同上、18頁。
＊11　軍事史学会編『大本営陸軍部作戦部長　宮崎周一中将日誌』（錦正社、2003年）86頁。
＊12　防衛研修所戦史室『戦史叢書　沖縄方面海軍作戦』（朝雲新聞社、1967年）165、175頁。
＊13　高木惣吉『太平洋海戦史』（岩波書店、1967年）137頁。
＊14　防衛庁防衛研修所戦史室『戦史叢書　大本営陸軍部〈10〉』（朝雲新聞社、1975年）106頁。
＊15　軍事史学会編『大本営陸軍部戦争指導班　機密戦争日誌　下』（錦正社、1998年）692頁。
＊16　軍事史学会編『大本営陸軍部作戦部長　宮崎周一中将日誌』95頁。

＊135　防衛庁防衛研修所戦史室『戦史叢書　沖縄方面陸軍作戦』175頁。
＊136　浦崎『消えた沖縄県』81頁。
＊137　馬渕「沖縄作戦に関する調査資料」。
＊138　防衛庁防衛研修所戦史室『戦史叢書　沖縄方面陸軍作戦』171頁。
＊139　浦崎『消えた沖縄県』85頁。
＊140　『沖縄新報』(1945年2月11日)、原『沖縄戦における住民問題』89頁。
＊141　浦崎『消えた沖縄県』82-84頁。
＊142　原『沖縄戦における住民問題』90頁。
＊143　浦崎『消えた沖縄県』86頁。
＊144　同上、90頁。
＊145　『沖縄新報』(1945年2月23日)。
＊146　浦崎『消えた沖縄県』109頁。
＊147　「座談会　沖縄敗戦と牛島中将の最後」17頁。
＊148　防衛庁防衛研修所戦史室『戦史叢書　沖縄方面陸軍作戦』617頁。
＊149　浦崎『消えた沖縄県』110頁。
＊150　防衛庁防衛研修所戦史室『戦史叢書　沖縄方面陸軍作戦』618頁。
＊151　浦崎『消えた沖縄県』113頁。
＊152　馬渕「沖縄作戦に関する調査資料」。
＊153　防衛庁防衛研修所戦史室『戦史叢書　沖縄方面陸軍作戦』618頁。
＊154　馬渕「沖縄作戦に関する調査資料」。
＊155　浦崎『消えた沖縄県』90頁。
＊156　馬渕「沖縄作戦に関する調査資料」。
＊157　福地曠昭『村と戦争―喜如嘉の昭和史』(村と戦争刊行会、1975年)、原『沖縄戦における住民問題』92頁。
＊158　原剛『沖縄戦における住民問題』37頁。
＊159　防衛庁防衛研修所戦史室『戦史叢書　沖縄方面陸軍作戦』617頁。
＊160　馬渕「沖縄作戦に関する調査資料」。
＊161　原『沖縄戦における住民問題』95頁。
＊162　同上。
＊163　防衛庁防衛研修所戦史室『戦史叢書　沖縄方面陸軍作戦』618頁。
＊164　「沖縄戦における島民の行動」。
＊165　原『沖縄戦における住民問題』148頁。
＊166　同上、150頁。
＊167　馬渕「沖縄作戦に関する調査資料」。
＊168　原『沖縄戦における住民問題』158頁。
＊169　同上、92頁。
＊170　那覇市企画部市史編集室編『那覇市史資料編、第3巻の7』(那覇市企画部市史編集室、1981年)。
＊171　原『沖縄戦における住民問題』92頁。
＊172　馬渕「沖縄作戦に関する調査資料」。
＊173　浦崎『消えた沖縄県』125頁。
＊174　同上、135頁。
＊175　原『沖縄戦における住民問題』103頁。
＊176　「沖縄戦における島民の行動」。
＊177　防衛庁防衛研修所戦史室『戦史叢書　沖縄方面陸軍作戦』625頁。
＊178　八原『沖縄決戦』329頁。
＊179　防衛庁防衛研修所戦史室『戦史叢書　沖縄方面陸軍作戦』620頁。
＊180　原『沖縄戦における住民問題』103頁。

*90　大城将保「根こそぎ動員」『沖縄県史　各論編第６巻　沖縄戦』（沖縄県教育委員会、2018年）92頁。
*91　浦添市教育委員会編『浦添市史　第５巻　資料編４　戦争体験記録』（浦添市教育委員会、1984年）30頁。
*92　沖縄タイムス社編『鉄の暴風　現地人による沖縄戦記』（朝日新聞社、1959年）11頁。
*93　浦崎『消えた沖縄県』45頁。
*94　原『沖縄戦における住民問題』20-21頁。
*95　浦崎『消えた沖縄県』47頁。
*96　『沖縄新報』1945年２月21日、原『沖縄戦における住民問題』25頁。
*97　野里『汚名　第二十六代沖縄県知事　泉守紀』83頁。
*98　浦崎『消えた沖縄県』46頁。
*99　野里『汚名　第二十六代沖縄県知事　泉守紀』67頁。
*100　原『沖縄戦における住民問題』23頁。
*101　「沖縄戦における島民の行動」。
*102　「独立混成第15連隊陣中日誌1/2　昭19.7.1～19.7.31」（防衛研究所戦史研究センター所蔵）。
*103　大橋清辰「第六十二師団　沖縄戦玉砕の軌跡」『丸別冊第13号　最後の戦闘（沖縄・硫黄島戦記）』（潮書房、1989年）86-88頁。
*104　NHKスペシャル取材班『NHKスペシャル　沖縄戦全記録』（新日本出版社、2016年）174頁。
*105　久志隆子・橋本拓大『聞書・中城人たちが見た沖縄戦』（榕樹書林、2023年）50頁。
*106　援護課『第17号第２種、軍属に関する書類綴』（沖縄県公文書館所蔵）。
*107　久志・橋本『聞書・中城人たちが見た沖縄戦』148頁。
*108　琉球政府『沖縄県史　第９巻各論編８　沖縄戦記録１』217頁。
*109　林博史『沖縄戦と民衆』（大月書店、2002年）65頁。
*110　野里『汚名　第二十六代沖縄県知事　泉守紀』91-92頁。
*111　同上、94頁。
*112　同上、97頁。
*113　馬渕「沖縄作戦に関する調査資料」。
*114　野里『汚名　第二十六代沖縄県知事　泉守紀』115頁。
*115　馬渕「沖縄作戦に関する調査資料」。
*116　野里『汚名　第二十六代沖縄県知事　泉守紀』119、131頁。
*117　同上、91頁。
*118　防衛庁防衛研修所戦史室『戦史叢書　沖縄方面陸軍作戦』139頁。
*119　馬渕「沖縄作戦に関する調査資料」。
*120　「沖縄戦における島民の行動」。
*121　八原『沖縄決戦』78頁。
*122　野里『汚名　第二十六代沖縄県知事　泉守紀』129-130頁。
*123　原『沖縄戦における住民問題』24-25頁。
*124　林『沖縄戦と民衆』74頁。
*125　野里『汚名　第二十六代沖縄県知事　泉守紀』139-140頁。
*126　同上、178頁。
*127　馬渕「沖縄作戦に関する調査資料」。
*128　野里『汚名　第二十六代沖縄県知事　泉守紀』176頁。
*129　同上、178-179頁。
*130　「座談会　沖縄敗戦と牛島中将の最後」17頁。
*131　浦崎『消えた沖縄県』80頁。
*132　『沖縄新報』1945年２月21日、原『沖縄戦における住民問題』27頁。
*133　八原『沖縄決戦』114頁。
*134　同上、113頁。

＊44　馬渕「沖縄作戦に関する調査資料」。
＊45　原『沖縄戦における住民問題』33頁。
＊46　八原博通『沖縄決戦』（読売新聞社、1975年）88頁、原『沖縄戦における住民問題』35頁。
＊47　原『沖縄戦における住民問題』78頁。
＊48　「沖縄戦における島民の行動」。
＊49　馬渕「沖縄作戦に関する調査資料」。
＊50　参謀本部第20班「昭和二十年大東亜戦争戦争指導関係綴」（防衛研究所戦史研究センター所蔵）。
＊51　原『沖縄戦における住民問題』79頁。
＊52　同上、88頁。
＊53　八原『沖縄決戦』90頁。
＊54　原『沖縄戦における住民問題』90頁。
＊55　同上、37頁。
＊56　同上、22頁。
＊57　同上、136頁。
＊58　同上、129頁。
＊59　馬渕「沖縄作戦に関する調査資料」。
＊60　同上。
＊61　津多則光「戦時体制下の県政」『沖縄県史　各論編第６巻　沖縄戦』（沖縄県教育委員会、2018年）79頁。
＊62　「座談会　沖縄敗戦と牛島中将の最後」『日本週報』（日本週報社、第372号７月10日号）６頁。
＊63　馬渕「沖縄作戦に関する調査資料」。
＊64　防衛庁防衛研修所戦史室『戦史叢書　沖縄方面陸軍作戦』622頁。
＊65　原『沖縄戦における住民問題』139頁。
＊66　「座談会　沖縄敗戦と牛島中将の最後」９頁。
＊67　「沖縄戦における島民の行動」、原『沖縄戦における住民問題』141-142頁。
＊68　防衛研修所戦史室『戦史叢書　本土決戦準備〈１〉関東の防衛』（朝雲新聞社、1971年）。
＊69　原『沖縄戦における住民問題』127頁。
＊70　同上、127頁。
＊71　同上、129頁。
＊72　津多「戦時体制下の県政」80頁。
＊73　大霞会編『内務省史　第３巻』（地方財務協会、1971年）766-767頁。
＊74　『沖縄新報』1945年２月15日。
＊75　『沖縄新報』1945年２月21日。
＊76　津多「戦時体制下の県政」80頁。
＊77　「沖縄戦における島民の行動」。
＊78　馬渕「沖縄作戦に関する調査資料」。
＊79　野里洋『汚名　第二十六代沖縄県知事　泉守紀』（講談社、1993年）74頁。
＊80　琉球政府『沖縄県史　第９巻各論編８　沖縄戦記録１』（琉球政府、1971年）11頁。
＊81　馬渕「沖縄作戦に関する調査資料」。
＊82　津多「戦時体制下の県政」79頁。
＊83　原『沖縄戦における住民問題』31頁。
＊84　防衛庁防衛研修所戦史室『戦史叢書　沖縄方面陸軍作戦』39頁。
＊85　八原『沖縄決戦』23頁。
＊86　防衛庁防衛研修所戦史室『戦史叢書　沖縄方面陸軍作戦』40-41頁。
＊87　琉球政府『沖縄県史　第９巻各論編８　沖縄戦記録１』209頁。
＊88　豊見城村史戦争編専門部会編『豊見城村史　第６巻　戦争編』（豊見城村役所、2001年）755-756頁。
＊89　沖縄県教育委員会編『沖縄県史　第１巻　通史』（沖縄県教育委員会編集、1976年）865頁。

注

＊2　防衛庁防衛研修所戦史室『戦史叢書　沖縄方面陸軍作戦』（朝雲新聞社、1968年）２頁。
＊3　「桑江良逢オーラル・ヒストリー」『中村龍平オーラル・ヒストリー』（防衛研究所、平成20年３月31日）。
＊4　原剛『沖縄戦における住民問題』（錦正社、2021年）22頁。
＊5　「沖縄戦における島民の行動」。
＊6　津多則光「戦時体制下の県政」『沖縄県史　各論編第６巻　沖縄戦』（沖縄県教育委員会、2018年）79頁。
＊7　沖縄県教育委員会『沖縄県史Ⅰ　通史』（国書刊行会、1989年）903頁。
＊8　原『沖縄戦における住民問題』42-43頁。
＊9　「沖縄戦における島民の行動」。
＊10　馬渕新治「沖縄作戦に関する調査資料」（防衛研究所戦史研究センター所蔵）。
＊11　原『沖縄戦における住民問題』32頁。
＊12　逸見勝亮『学童集団疎開史――子供たちの戦闘配置――』（大月書店、1998年）117頁。
＊13　『真田穣一郎少将日記』（防衛研究所戦史研究センター所蔵）。
＊14　大塚文郎大佐『備忘録その８』（防衛研究所戦史研究センター所蔵）。
＊15　『真田穣一郎少将日記』。
＊16　大塚『備忘録その８』。
＊17　「増田繁雄大佐業務日誌」（防衛研究所戦史研究センター所蔵）、原『沖縄戦における住民問題』33頁。
＊18　大塚『備忘録その８』。
＊19　『真田穣一郎少将日記』。
＊20　原『沖縄戦における住民問題』46頁。
＊21　「川嶋三郎手記」『大霞』第46号、原『沖縄戦における住民問題』46頁。
＊22　内務省「警保局長決裁書類（昭和19年）」（国立公文書館所蔵）、原『沖縄戦における住民問題』33頁。
＊23　原『沖縄戦における住民問題』47頁。
＊24　西銘順治編『沖縄大観』（日本通信社、1953年）650頁。
＊25　防衛庁防衛研修所戦史室『戦史叢書　沖縄方面陸軍作戦』614-615頁。
＊26　浦崎純『消えた沖縄県』（沖縄時事出版社、1965年）25頁。
＊27　仲吉良光「戦争と市政」『那覇市史』資料編第２巻中の６。
＊28　「引揚民引揚状況調」（文部省『学童疎開関係綴』Ⅰ－442－１冊）
＊29　浦崎『消えた沖縄県』43頁。
＊30　『西日本新聞』昭和19年８月３日。
＊31　宮崎県『学事関係諸令達通帳』（昭和22年学第１号（宮崎県立図書館蔵））。
＊32　文部省旧分類文書『学童疎開関係綴』Ⅰ－442－１冊（文部省蔵）。
＊33　『南海時報』（南海時報社）昭和19年８月20日。
＊34　浦崎『消えた沖縄県』31-32頁。
＊35　琉球政府文教局調査課編『琉球史料』第３集464-465頁。
＊36　防衛庁防衛研修所戦史室『戦史叢書　沖縄方面陸軍作戦』615頁。
＊37　沖縄県教育庁文化財課史料編集班編『沖縄県史　第８巻』（国書刊行会、1989年）191頁。
＊38　浦崎『消えた沖縄県』35頁。
＊39　「沖縄県国民学校集団引揚児童受入費国庫補助金交付ニ関スル件依命通牒」『学童疎開関係書類』（Ⅰ－443－３冊）。
＊40　「沖縄県集団引揚げ児童受入ニ関スル件　昭和19年11月13日」『学童疎開関係書類』（Ⅰ－448－１冊）。
＊41　馬渕「沖縄作戦に関する調査資料」。
＊42　防衛庁防衛研修所戦史室『戦史叢書　沖縄方面陸軍作戦』615-616頁。
＊43　浦崎『消えた沖縄県』38頁。

*309 Major Chas. S. Nichols, Jr., usmc Henry I. Shaw, Jr., *OKINAWA: VICTORY IN THE PACIFIC*, p.267.
*310 防衛庁防衛研修所戦史室『戦史叢書　沖縄方面陸軍作戦』599-600頁。
*311 八原『沖縄決戦』361頁。
*312 古川成美『沖縄戦秘録　死生の門』（中央社、1950年）238頁。
*313 八原『沖縄決戦』361頁。
*314 Kolakowski, "Our flag Will Wave Over All of Okinawa Simon Bolivar Buckner's Pacificwar", pp.16-17.
*315 Center of Military History, *The War in the Pacific OKINAWA: THE LAST BATTLE*, p.461.
*316 Major Chas. S. Nichols, Jr., usmc Henry I. Shaw, Jr., *OKINAWA: VICTORY IN THE PACIFIC*, p.250.
*317 Center of Military History, *The War in the Pacific OKINAWA: THE LAST BATTLE*, p.461.
*318 Ibid., p.459.
*319 防衛庁防衛研修所戦史室『戦史叢書　沖縄方面陸軍作戦』599頁。
*320 同上、600頁。
*321 同上、601頁。
*322 八原『沖縄決戦』373-374頁。
*323 Center of Military History, *The War in the Pacific OKINAWA: THE LAST BATTLE*, pp.461-462.
*324 「宮崎周一業務日誌」
*325 Center of Military History, *The War in the Pacific OKINAWA: THE LAST BATTLE*, pp.465-467.
*326 防衛庁防衛研修所戦史室『戦史叢書　沖縄・臺灣・硫黄島方面　陸軍航空作戦』615頁。
*327 八原『沖縄決戦』377頁。
*328 Center of Military History, *The War in the Pacific OKINAWA: THE LAST BATTLE*, p.468.
*329 Major Chas. S. Nichols, Jr., usmc Henry I. Shaw, Jr., *OKINAWA: VICTORY IN THE PACIFIC*, p.257.
*330 Center of Military History, *The War in the Pacific OKINAWA: THE LAST BATTLE*, p.471.
*331 防衛庁防衛研修所戦史室『戦史叢書　沖縄方面陸軍作戦』603頁。
*332 八原『沖縄決戦』388頁。
*333 同上、433頁。
*334 Major Chas. S. Nichols, Jr., usmc Henry I. Shaw, Jr., *OKINAWA: VICTORY IN THE PACIFIC*, p.258.
*335 防衛庁防衛研修所戦史室『戦史叢書　沖縄方面陸軍作戦』607頁。
*336 Center of Military History, *The War in the Pacific OKINAWA: THE LAST BATTLE*, p.471.
*337 Ibid., p.473.
*338 Ibid., p.467.
*339 防衛庁防衛研修所戦史室『戦史叢書　沖縄方面海軍作戦』568-569頁。
*340 岡原寛『陸軍少将岡原寛　戦中・戦後日記――演説の名手が生きた銃後と戦後――』（琥珀書房、2023年）104頁。
*341 Major Chas. S. Nichols, Jr., usmc Henry I. Shaw, Jr., *OKINAWA: VICTORY IN THE PACIFIC*, pp.260-261.
*342 Center of Military History, *The War in the Pacific OKINAWA: THE LAST BATTLE*, p.473.
*343 Ibid., pp.473-474.
*344 Ibid., p.421.
*345 Ibid., p.474.

第４章　作戦第一主義と住民

*１　「沖縄戦における島民の行動」（防衛研究所戦史研究センター所蔵）。

*264　ジョージ・マクミラン「沖縄への血み泥の道」『丸エキストラ版　第12集　実録・ヒトラーの戦い』（潮書房、1970年）263頁。
*265　Center of Military History, *The War in the Pacific OKINAWA: THE LAST BATTLE*, p. 392.
*266　Ibid., p.397.
*267　Ibid., p.383.
*268　防衛庁防衛研修所戦史室『戦史叢書　沖縄方面陸軍作戦』557頁。
*269　Center of Military History, *The War in the Pacific OKINAWA: THE LAST BATTLE*, p. 391.
*270　Ibid., p.422.
*271　Ibid., p.424.
*272　Ibid., p.400.
*273　Ibid., pp.400–402.
*274　Ibid., pp.422–423.
*275　Ibid., pp.383–384.
*276　Ibid., pp.384–386.
*277　Ibid., pp.386–387.
*278　河邊虎四郎『市ヶ谷台から市ヶ谷台へ』（時事通信社、1962年）241頁。
*279　防衛庁防衛研修所戦史室『戦史叢書　沖縄方面陸軍作戦』558頁。
*280　Center of Military History, *The War in the Pacific OKINAWA: THE LAST BATTLE*, pp.423–424.
*281　Ibid.,p427.
*282　八原『沖縄決戦』335–336頁。
*283　Center of Military History, *The War in the Pacific OKINAWA: THE LAST BATTLE*, p.431.
*284　防衛庁防衛研修所戦史室『戦史叢書　沖縄方面陸軍作戦』569–570頁。
*285　同上、562頁。
*286　同上、573頁。
*287　同上、573–575頁。
*288　同上、576頁。
*289　同上、578頁。
*290　同上、579頁。
*291　Center of Military History, *The War in the Pacific OKINAWA: THE LAST BATTLE*, pp.433–434.
*292　防衛庁防衛研修所戦史室『戦史叢書　沖縄方面陸軍作戦』583頁。
*293　Major Chas. S. Nichols, Jr., usmc Henry I. Shaw, Jr., *OKINAWA: VICTORY IN THE PACIFIC*, p.245.
*294　Center of Military History, *The War in the Pacific OKINAWA: THE LAST BATTLE*, p.441.
*295　Ibid.,p463.
*296　Major Chas. S. Nichols, Jr., usmc Henry I. Shaw, Jr., *OKINAWA: VICTORY IN THE PACIFIC*, p.236.
*297　Ibid., p.235.
*298　Center of Military History, *The War in the Pacific OKINAWA: THE LAST BATTLE*, p.463.
*299　『太平洋の試練』。
*300　防衛庁防衛研修所戦史室『戦史叢書　沖縄方面陸軍作戦』592頁。
*301　同上、593頁。
*302　Center of Military History, *The War in the Pacific OKINAWA: THE LAST BATTLE*, p.455.
*303　防衛庁防衛研修所戦史室『戦史叢書　沖縄方面陸軍作戦』595頁。
*304　同上、597頁。
*305　八原『沖縄決戦』364頁。
*306　同上、365頁。
*307　Center of Military History, *The War in the Pacific OKINAWA: THE LAST BATTLE*, p.456.
*308　Ibid., p.458.

＊217　Center of Military History, *The War in the Pacific OKINAWA: THE LAST BATTLE*, pp.322-323.
＊218　防衛庁防衛研修所戦史室『戦史叢書　沖縄方面陸軍作戦』523頁。
＊219　同上、521頁。
＊220　防衛庁防衛研修所戦史室『戦史叢書　大本営陸軍部〈10〉』216頁。
＊221　防衛庁防衛研修所戦史室『戦史叢書　沖縄方面陸軍作戦』524頁。
＊222　同上、524頁。
＊223　同上、524頁。
＊224　Center of Military History, *The War in the Pacific OKINAWA: THE LAST BATTLE*, p.377.
＊225　八原『沖縄決戦』296頁。
＊226　防衛庁防衛研修所戦史室『戦史叢書　沖縄方面陸軍作戦』530頁。
＊227　八原『沖縄決戦』287頁。
＊228　同上、289-290頁。
＊229　同上、290-291頁。
＊230　同上、292頁。
＊231　同上、293-294頁。
＊232　防衛庁防衛研修所戦史室『戦史叢書　沖縄方面陸軍作戦』533頁。
＊233　八原『沖縄決戦』294頁。
＊234　防衛庁防衛研修所戦史室『戦史叢書　沖縄方面陸軍作戦』533-535頁。
＊235　同上、533-535頁。
＊236　Center of Military History, *The War in the Pacific OKINAWA: THE LAST BATTLE*, p.387.
＊237　Ibid., pp.365-366.
＊238　Ibid., p.369.
＊239　防衛庁防衛研修所戦史室『戦史叢書　沖縄方面陸軍作戦』536頁。
＊240　Center of Military History, *The War in the Pacific OKINAWA: THE LAST BATTLE*, p.382.
＊241　防衛庁防衛研修所戦史室『戦史叢書　沖縄方面陸軍作戦』538頁。
＊242　同上、539頁。
＊243　同上、544頁。
＊244　同上、546頁。
＊245　防衛庁防衛研修所戦史室『戦史叢書　本土決戦準備〈２〉九州の防衛』（朝雲新聞社、1972年）437頁。
＊246　Center of Military History, *The War in the Pacific OKINAWA: THE LAST BATTLE*, p.389.
＊247　Ibid., p.391.
＊248　ポッター著・秋山訳『キル・ジャップス！――ブル・ハルゼー提督の太平洋海戦史』533頁。
＊249　防衛庁防衛研修所戦史室『戦史叢書　沖縄方面陸軍作戦』548頁。
＊250　八原『沖縄決戦』306-307頁。
＊251　同上、329頁。
＊252　同上、331頁。
＊253　防衛庁防衛研修所戦史室『戦史叢書　沖縄方面陸軍作戦』549頁。
＊254　八原『沖縄決戦』319頁。
＊255　防衛庁防衛研修所戦史室『戦史叢書　沖縄方面陸軍作戦』550頁。
＊256　同上、550頁。
＊257　防衛庁防衛研修所戦史室『戦史叢書　大本営陸軍部〈10〉』217頁。
＊258　Center of Military History, *The War in the Pacific OKINAWA: THE LAST BATTLE*, pp.391-392.
＊259　防衛庁防衛研修所戦史室『戦史叢書　沖縄方面陸軍作戦』549頁。
＊260　八原『沖縄決戦』332頁。
＊261　同上、333頁。
＊262　防衛庁防衛研修所戦史室『戦史叢書　沖縄方面陸軍作戦』554頁。
＊263　Center of Military History, *The War in the Pacific OKINAWA: THE LAST BATTLE*, p.396.

*175 稲垣武『沖縄 悲遇の作戦 異端の参謀八原博通』(新潮社、1984年) 198頁。
*176 八原『沖縄決戦』246頁。
*177 吉田俊雄『最後の決戦・沖縄』(朝日ソノラマ、1985年) 247頁。
*178 防衛庁防衛研修所戦史室『戦史叢書 沖縄方面陸軍作戦』481頁。
*179 神直道「第三十二軍航空参謀 沖縄作戦の回想」『丸別冊第13号 最後の戦闘(沖縄・硫黄島戦記)』(潮書房、1989年) 58頁。
*180 防衛庁防衛研修所戦史室『戦史叢書 大本営陸軍部〈10〉』212頁。
*181 八原『沖縄決戦』255頁。
*182 Center of Military History, *The War in the Pacific OKINAWA: THE LAST BATTLE*, p.302.
*183 軍事史学会編『大本営陸軍部作戦部長 宮崎周一中将日誌』136頁。
*184 防衛庁防衛研修所戦史室『戦史叢書 大本営陸軍部〈10〉』212頁。
*185 Major Chas. S. Nichols, Jr., usmc Henry I. Shaw, Jr., *OKINAWA: VICTORY IN THE PACIFIC*, p.151.
*186 Center of Military History, *The War in the Pacific OKINAWA: THE LAST BATTLE*, p.303.
*187 防衛庁防衛研修所戦史室『戦史叢書 沖縄方面陸軍作戦』488頁。
*188 同上、489頁。
*189 防衛庁防衛研修所戦史室『戦史叢書 大本営陸軍部〈10〉』213頁。
*190 八原『沖縄決戦』268頁。
*191 同上、270頁。
*192 Major Chas. S. Nichols, Jr., usmc Henry I. Shaw, Jr., *OKINAWA: VICTORY IN THE PACIFIC*, p.176.
*193 防衛庁防衛研修所戦史室『戦史叢書 沖縄方面陸軍作戦』496頁。
*194 Center of Military History, *The War in the Pacific OKINAWA: THE LAST BATTLE*, p.311.
*195 防衛庁防衛研修所戦史室『戦史叢書 沖縄方面陸軍作戦』499頁。
*196 防衛庁防衛研修所戦史室『戦史叢書 大本営陸軍部〈10〉』217頁。
*197 Center of Military History, *The War in the Pacific OKINAWA: THE LAST BATTLE*, p.311.
*198 Major Chas. S. Nichols, Jr., usmc Henry I. Shaw, Jr., *OKINAWA: VICTORY IN THE PACIFIC*, p.160.
*199 Center of Military History, *The War in the Pacific OKINAWA: THE LAST BATTLE*, p.313.
*200 Major Chas. S. Nichols, Jr., usmc Henry I. Shaw, Jr., *OKINAWA: VICTORY IN THE PACIFIC*, p.176.
*201 防衛庁防衛研修所戦史室『戦史叢書 大本営陸軍部〈10〉』214頁。
*202 防衛庁防衛研修所戦史室『戦史叢書 沖縄方面陸軍作戦』503頁。
*203 防衛庁防衛研修所戦史室『戦史叢書 大本営陸軍部〈10〉』214頁。
*204 「宮崎周一業務日誌」(防衛研究所戦史研究センター所蔵)
*205 軍事史学会編『大本営陸軍部作戦部長 宮崎周一中将日誌』140頁。
*206 Center of Military History, *The War in the Pacific OKINAWA: THE LAST BATTLE*, p.356.
*207 防衛庁防衛研修所戦史室『戦史叢書 沖縄方面陸軍作戦』510頁。
*208 同上、514頁。
*209 防衛庁防衛研修所戦史室『戦史叢書 大本営陸軍部〈10〉』215頁。
*210 防衛庁防衛研修所戦史室『戦史叢書 沖縄方面陸軍作戦』517頁。
*211 防衛庁防衛研修所戦史室『戦史叢書 大本営陸軍部〈10〉』217頁。
*212 八原『沖縄決戦』272頁。
*213 同上、272頁。
*214 同上、273頁。
*215 Major Chas. S. Nichols, Jr., usmc Henry I. Shaw, Jr., *OKINAWA: VICTORY IN THE PACIFIC*, p.174.
*216 Ibid., pp.174-175.

＊129　同上、228頁。
＊130　防衛庁防衛研修所戦史室『戦史叢書　沖縄方面陸軍作戦』423頁。
＊131　八原『沖縄決戦』231頁。
＊132　同上、232頁。
＊133　防衛庁防衛研修所戦史室『戦史叢書　沖縄方面陸軍作戦』424頁。
＊134　同上、424頁。
＊135　Center of Military History, *The War in the Pacific OKINAWA: THE LAST BATTLE*, p.258.
＊136　防衛庁防衛研修所戦史室『戦史叢書　沖縄方面陸軍作戦』425頁。
＊137　八原『沖縄決戦』265頁。
＊138　Center of Military History, *The War in the Pacific OKINAWA: THE LAST BATTLE*, pp.258-259.
＊139　Ibid., p.259.
＊140　Kolakowski, "Our flag Will Wave Over All of Okinawa Simon Bolivar Buckner's Pacificwar", p.19.
＊141　Center of Military History, *The War in the Pacific OKINAWA: THE LAST BATTLE*, p.260.
＊142　Ibid., pp.262-263.
＊143　E・B・ポッター著・秋山信雄訳『キル・ジャップス！——ブル・ハルゼー提督の太平洋海戦史』（光人社、1991年）533頁。
＊144　Center of Military History, *The War in the Pacific OKINAWA: THE LAST BATTLE*, p.264.
＊145　Ibid., p.263.
＊146　Ibid., p.247.
＊147　Ibid., p.249.
＊148　Ibid., p.250.
＊149　Ibid., p.253.
＊150　Ibid., p.255.
＊151　Ibid., p.265.
＊152　Ibid., pp.259-260.
＊153　Ibid., p.414.
＊154　Ibid., p.275.
＊155　防衛庁防衛研修所戦史室『戦史叢書　沖縄方面陸軍作戦』432頁。
＊156　Center of Military History, *The War in the Pacific OKINAWA: THE LAST BATTLE*, pp.419-420.
＊157　Ibid., p.260.
＊158　防衛庁防衛研修所戦史室『戦史叢書　大本営陸軍部〈10〉』（朝雲新聞社、1975年）124頁。
＊159　防衛庁防衛研修所戦史室『戦史叢書　沖縄方面陸軍作戦』439頁。
＊160　同上、460頁。
＊161　同上、460頁。
＊162　同上、461頁。
＊163　八原『沖縄決戦』237頁。
＊164　防衛庁防衛研修所戦史室『戦史叢書　沖縄方面陸軍作戦』461頁。
＊165　服部卓四郎『大東亜戦争全史』（原書房、1993年）806頁。
＊166　Center of Military History, *The War in the Pacific OKINAWA: THE LAST BATTLE*, pp.281-282.
＊167　防衛庁防衛研修所戦史室『戦史叢書　沖縄方面陸軍作戦』462頁。
＊168　防衛庁防衛研修所戦史室『戦史叢書　沖縄・臺灣・硫黄島方面　陸軍航空作戦』536頁。
＊169　防衛庁防衛研修所戦史室『戦史叢書　沖縄方面陸軍作戦』463頁。
＊170　同上、462頁。
＊171　八原『沖縄決戦』240頁。
＊172　Major Chas. S. Nichols, Jr., usmc Henry I. Shaw, Jr., *OKINAWA: VICTORY IN THE PACIFIC*, p.141.
＊173　陸戦史研究普及会『陸戦史集９　沖縄作戦』190頁。
＊174　同上、243-244頁。

p.120.
*86　Center of Military History, *The War in the Pacific OKINAWA: THE LAST BATTLE*, p.110.
*87　八原『沖縄決戦』173頁。
*88　防衛庁防衛研修所戦史室『戦史叢書　沖縄方面陸軍作戦』302頁。
*89　八原『沖縄決戦』177、179頁。
*90　同上、181頁。
*91　同上、183頁。
*92　「座談会　沖縄敗戦と牛島中将の最後」『日本週報』(日本週報社、第372号7月10日号) 20頁。
*93　八原『沖縄決戦』183頁。
*94　防衛庁防衛研修所戦史室『戦史叢書　沖縄方面陸軍作戦』346頁。
*95　同上、310頁。
*96　同上、311頁。
*97　同上、314頁。
*98　Major Chas. S. Nichols, Jr., usmc Henry I.Shaw, Jr., *OKINAWA: VICTORY IN THE PACIFIC*, p.88.
*99　防衛庁防衛研修所戦史室『戦史叢書　沖縄方面陸軍作戦』303頁。
*100　八原『沖縄決戦』190-192頁。
*101　Center of Military History, *The War in the Pacific OKINAWA: THE LAST BATTLE*, p.113.
*102　防衛庁防衛研修所戦史室『戦史叢書　沖縄方面陸軍作戦』315頁。
*103　同上、317頁。
*104　同上、318頁。
*105　同上、320頁。
*106　Major Chas. S. Nichols, Jr., usmc Henry I. Shaw, Jr., *OKINAWA: VICTORY IN THE PACIFIC*, p.94.
*107　防衛庁防衛研修所戦史室『戦史叢書　沖縄方面陸軍作戦』327頁。
*108　同上、326-328頁。
*109　同上、329頁。
*110　同上、331頁。
*111　八原『沖縄決戦』193頁。
*112　防衛庁防衛研修所戦史室『戦史叢書　沖縄方面陸軍作戦』332頁。
*113　軍事史学会編『大本営陸軍部作戦部長　宮崎周一中将日誌』115頁。
*114　八原『沖縄決戦』200頁。
*115　Major Chas. S. Nichols, Jr., usmc Henry I. Shaw, Jr., *OKINAWA: VICTORY IN THE PACIFIC*, p.111.
*116　Center of Military History, *The War in the Pacific OKINAWA: THE LAST BATTLE*, p.150.
*117　Ibid., p.173.
*118　Ibid., pp.156-157.
*119　Ibid., p.153.
*120　Ibid., p.180.
*121　Major Chas. S. Nichols, Jr., usmc Henry I. Shaw, Jr., *OKINAWA: VICTORY IN THE PACIFIC*, p.118.
*122　Center of Military History, *The War in the Pacific OKINAWA: THE LAST BATTLE*, p.182.
*123　陸戦史研究普及会『陸戦史集9　沖縄作戦』(原書房、1968年) 154-155頁。
*124　軍事史学会編『大本営陸軍部作戦部長　宮崎周一中将日誌』118頁。
*125　Center of Military History, *The War in the Pacific OKINAWA: THE LAST BATTLE*, pp.184-185.
*126　Ibid., p.194.
*127　Ibid., p.204.
*128　八原『沖縄決戦』225頁。

*43　Major Chas. S. Nichols, Jr., usmc Henry I. Shaw, Jr., *OKINAWA: VICTORY IN THE PACIFIC,* p.69.
*44　Center of Military History, *The War in the Pacific OKINAWA: THE LAST BATTLE,* p.75.
*45　Ibid., p.79.
*46　防衛庁防衛研修所戦史室『戦史叢書　沖縄方面陸軍作戦』273、283頁。
*47　同上、212頁。
*48　軍事史学会編『大本営陸軍部作戦部長　宮崎周一中将日誌』99頁、大田嘉弘『沖縄作戦の統帥』（相模書房、1984年）401-402頁。
*49　防衛庁防衛研修所戦史室『戦史叢書　沖縄方面陸軍作戦』283頁。
*50　Center of Military History, *The War in the Pacific OKINAWA: THE LAST BATTLE,* p.77.
*51　防衛庁防衛研修所戦史室『戦史叢書　沖縄方面陸軍作戦』284頁。
*52　Christopher L. Kolakowski, "Our flag Will Wave Over All of Okinawa Simon Bolivar Buckner's Pacific War", *ARMY HISTORY,* (2024) No.130, p.10.
*53　Ibid., p.19.
*54　Center of Military History, *The War in the Pacific OKINAWA: THE LAST BATTLE,* p.138.
*55　Ibid., p.76.
*56　防衛庁防衛研修所戦史室『戦史叢書　沖縄方面陸軍作戦』284頁。
*57　軍事史学会編『大本営陸軍部作戦部長　宮崎周一中将日誌』100頁。
*58　防衛庁防衛研修所戦史室『戦史叢書　沖縄方面陸軍作戦』289頁。
*59　防衛庁防衛研修所戦史室『戦史叢書　沖縄・臺灣・硫黄島方面　陸軍航空作戦』（朝雲新聞社、1970年）456頁。
*60　Center of Military History, *The War in the Pacific OKINAWA: THE LAST BATTLE,* p.81.
*61　防衛庁防衛研修所戦史室『戦史叢書　沖縄方面陸軍作戦』288-289頁。
*62　同上、289頁。
*63　同上、296頁。
*64　同上、295頁。
*65　同上、290頁。
*66　防衛庁防衛研修所戦史室『戦史叢書　沖縄・臺灣・硫黄島方面　陸軍航空作戦』454頁。
*67　八原『沖縄決戦』171頁。
*68　防衛庁防衛研修所戦史室『戦史叢書　沖縄方面陸軍作戦』291頁。
*69　防衛庁防衛研修所戦史室『戦史叢書　沖縄・臺灣・硫黄島方面　陸軍航空作戦』458頁。
*70　同上、459頁。
*71　防衛庁防衛研修所戦史室『戦史叢書　沖縄方面陸軍作戦』292頁。
*72　防衛庁防衛研修所戦史室『戦史叢書　沖縄・臺灣・硫黄島方面　陸軍航空作戦』459頁。
*73　八原『沖縄決戦』169-170頁。
*74　Center of Military History, *The War in the Pacific OKINAWA: THE LAST BATTLE,* p.77.
*75　Ibid., p.83.
*76　Ibid., p.405.
*77　Ibid., p.84.
*78　Ibid., p.104.
*79　Ibid., p.108.
*80　八原『沖縄決戦』155-156頁。
*81　防衛庁防衛研修所戦史室『戦史叢書　沖縄方面陸軍作戦』296頁。
*82　同上、293頁。
*83　同上、300-302頁。
*84　大橋清辰「第六十二師団　沖縄戦玉砕の軌跡」『丸別冊第13号　最後の戦闘（沖縄・硫黄島戦記）』（潮書房、1989年）98頁。
*85　Major Chas.S.Nichols, Jr., usmc Henry I. Shaw, Jr., *OKINAWA: VICTORY IN THE PACIFIC,*

第３章　地上軍の血みどろの戦い

＊１　八原博通『沖縄決戦』（読売新聞社、1975年）121頁。
＊２　防衛庁防衛研修所戦史室『戦史叢書　沖縄方面陸軍作戦』（朝雲新聞社、1968年）189-191頁。
＊３　防衛庁防衛研修所戦史室『戦史叢書　沖縄方面海軍作戦』（朝雲新聞社、1968年）296頁。
＊４　防衛庁防衛研修所戦史室『戦史叢書　沖縄方面陸軍作戦』206頁。
＊５　軍事史学会編『防衛研究所図書館所蔵　大本営陸軍部戦争指導班　機密戦争日誌　下』（錦正社、1998年）691頁。
＊６　防衛庁防衛研修所戦史室『戦史叢書　沖縄方面陸軍作戦』210頁。
＊７　八原『沖縄決戦』137頁。
＊８　防衛庁防衛研修所戦史室『戦史叢書　沖縄方面陸軍作戦』210頁。
＊９　防衛庁防衛研修所戦史室『戦史叢書　沖縄方面海軍作戦』299頁。
＊10　Center of Military History, *The War in the Pacific OKINAWA: THE LAST BATTLE,* (United States Army Washington, D. C., 1984), p.63.
＊11　防衛庁防衛研修所戦史室『戦史叢書　沖縄方面陸軍作戦』219頁。
＊12　同上、211頁。
＊13　同上、211-212頁。
＊14　同上、227頁。
＊15　Center of Military History, *The War in the Pacific OKINAWA: THE LAST BATTLE,* p.51.
＊16　Ibid., p.56.
＊17　防衛庁防衛研修所戦史室『戦史叢書　沖縄方面陸軍作戦』211-212頁。
＊18　Center of Military History, *The War in the Pacific OKINAWA: THE LAST BATTLE,* p.66.
＊19　防衛庁防衛研修所戦史室『戦史叢書　沖縄方面陸軍作戦』213頁。
＊20　八原『沖縄決戦』149頁。
＊21　防衛庁防衛研修所戦史室『戦史叢書　沖縄方面陸軍作戦』214頁。
＊22　同上、216-217頁。
＊23　軍事史学会編『大本営陸軍部作戦部長　宮崎周一中将日誌』（錦正社、2016年）95頁。
＊24　防衛庁防衛研修所戦史室『戦史叢書　沖縄方面陸軍作戦』218頁。
＊25　大東島支隊「陣中日誌」（41日の項）（防衛研究所戦史研究センター所蔵）
＊26　防衛庁防衛研修所戦史室『戦史叢書　沖縄方面陸軍作戦』218頁。
＊27　同上、220頁。
＊28　防衛庁防衛研修所戦史室『戦史叢書　沖縄方面海軍作戦』316頁。
＊29　防衛庁防衛研修所戦史室『戦史叢書　沖縄方面陸軍作戦』261頁。
＊30　同上、223頁。
＊31　Center of Military History, *The War in the Pacific OKINAWA: THE LAST BATTLE,* p.64.
＊32　Major Chas. S. Nichols, Jr., usmc Henry I. Shaw, Jr., *OKINAWA: VICTORY IN THE PACIFIC* (HISTORICAL BRANCH G-3 DIVISION HEADQUARTERS U.S.MARINE CORPS, 1955), p.46.
＊33　Center of Military History, *The War in the Pacific OKINAWA: THE LAST BATTLE,* p.64.
＊34　防衛庁防衛研修所戦史室『戦史叢書　沖縄方面陸軍作戦』223頁。
＊35　Center of Military History, *The War in the Pacific OKINAWA: THE LAST BATTLE,* pp.68-69.
＊36　Ibid., p.72.
＊37　Ibid., p.74.
＊38　八原『沖縄決戦』152-154頁。
＊39　防衛庁防衛研修所戦史室『戦史叢書　沖縄方面陸軍作戦』259頁。
＊40　同上、281頁。
＊41　同上、282頁。
＊42　Center of Military History, *The War in the Pacific OKINAWA: THE LAST BATTLE,* p.74.

＊212　ブュエル著・小城訳『提督・スプルーアンス』423-424頁。
＊213　Center of Military History, *The War in the Pacific OKINAWA: THE LAST BATTLE*, p.359.
＊214　防衛庁防衛研修所戦史室『戦史叢書　沖縄方面海軍作戦』507-508頁。
＊215　防衛庁防衛研修所戦史室『戦史叢書　沖縄・臺灣・硫黄島方面　陸軍航空作戦』566-567頁。
＊216　同上、568、570頁。
＊217　宇垣『戦藻録』518頁。
＊218　防衛庁防衛研修所戦史室『戦史叢書　沖縄方面海軍作戦』509頁。
＊219　防衛庁防衛研修所戦史室『戦史叢書　大本営陸軍部〈10〉』217頁。
＊220　Center of Military History, *The War in the Pacific OKINAWA: THE LAST BATTLE*, pp.361-362.
＊221　防衛庁防衛研修所戦史室『戦史叢書　沖縄・臺灣・硫黄島方面　陸軍航空作戦』533頁。
＊222　防衛庁防衛研修所戦史室『戦史叢書　沖縄方面海軍作戦』513頁。
＊223　防衛庁防衛研修所戦史室『戦史叢書　大本営陸軍部〈10〉』217頁。
＊224　防衛庁防衛研修所戦史室『戦史叢書　沖縄・臺灣・硫黄島方面　陸軍航空作戦』604-605頁。
＊225　防衛庁防衛研修所戦史室『戦史叢書　大本営陸軍部〈10〉』218頁。
＊226　ブュエル著・小城訳『提督・スプルーアンス』428-429頁。
＊227　防衛庁防衛研修所戦史室『戦史叢書　沖縄方面海軍作戦』523頁。
＊228　同上、534頁。
＊229　同上、543頁。
＊230　防衛庁防衛研修所戦史室『戦史叢書　大本営海軍部・聯合艦隊〈７〉』301頁。
＊231　防衛庁防衛研修所戦史室『戦史叢書　沖縄・臺灣・硫黄島方面　陸軍航空作戦』610頁。
＊232　同上、593-594頁。
＊233　防衛庁防衛研修所戦史室『戦史叢書　沖縄方面海軍作戦』546頁。
＊234　防衛庁防衛研修所戦史室『戦史叢書　沖縄・臺灣・硫黄島方面　陸軍航空作戦』606頁。
＊235　防衛庁防衛研修所戦史室『戦史叢書　沖縄方面海軍作戦』548頁。
＊236　防衛庁防衛研修所戦史室『戦史叢書　沖縄・臺灣・硫黄島方面　陸軍航空作戦』608頁。
＊237　防衛庁防衛研修所戦史室『戦史叢書　沖縄方面海軍作戦』549頁。
＊238　C・W・ニミッツ・E・B・ポッター著・実松譲・冨永謙吾訳『ニミッツの太平洋海戦史』（恒文社、1967年）444頁。
＊239　「沖縄方面作戦」27頁。
＊240　防衛庁防衛研修所戦史室『戦史叢書　沖縄方面海軍作戦』556頁。
＊241　防衛庁防衛研修所戦史室『戦史叢書　沖縄・臺灣・硫黄島方面　陸軍航空作戦』614頁。
＊242　同上、616頁。
＊243　防衛庁防衛研修所戦史室『戦史叢書　大本営海軍部・聯合艦隊〈７〉』303頁。
＊244　防衛庁防衛研修所戦史室『戦史叢書　沖縄方面海軍作戦』560頁。
＊245　防衛庁防衛研修所戦史室『戦史叢書　沖縄・臺灣・硫黄島方面　陸軍航空作戦』616頁。
＊246　Center of Military History, *The War in the Pacific OKINAWA: THE LAST BATTLE*, p.364.
＊247　ニミッツ・ポッター著・実松・冨永訳『ニミッツの太平洋海戦史』442-443頁。
＊248　Major Chas. S. Nichols, Jr., usmc Henry I. Shaw, Jr., *OKINAWA: VICTORY IN THE PACIFIC*, p.262.
＊249　防衛庁防衛研修所戦史室『戦史叢書　沖縄方面海軍作戦』568頁。
＊250　同上、679頁。
＊251　防衛庁防衛研修所戦史室『戦史叢書　沖縄・臺灣・硫黄島方面　陸軍航空作戦』付表第三。
＊252　防衛庁防衛研修所戦史室『戦史叢書　沖縄方面海軍作戦』677頁。
＊253　日本海軍航空史編纂委員会編『日本海軍航空史（１）用兵篇』（時事通信社、1969年）512-513頁。
＊254　防衛庁防衛研修所戦史室『戦史叢書　沖縄方面海軍作戦』676頁。

ケット艦——』19頁。
*168 W・J・ホルムズ著・妹尾作太男訳『太平洋暗号戦史』(朝日ソノラマ、1985年)370頁。
*169 防衛庁防衛研修所戦史室『戦史叢書　沖縄方面海軍作戦』422頁。
*170 「沖縄方面作戦」26頁。
*171 防衛庁防衛研修所戦史室『戦史叢書　沖縄方面海軍作戦』449頁。
*172 同上、451頁。
*173 同上、449頁。
*174 防衛庁防衛研修所戦史室『戦史叢書　沖縄・臺灣・硫黄島方面　陸軍航空作戦』524頁。
*175 防衛庁防衛研修所戦史室『戦史叢書　沖縄方面海軍作戦』454頁。
*176 防衛庁防衛研修所戦史室『戦史叢書　沖縄・臺灣・硫黄島方面　陸軍航空作戦』526頁。
*177 同上、527頁。
*178 同上、531頁。
*179 同上、528頁。
*180 同上、528-533頁。
*181 防衛庁防衛研修所戦史室『戦史叢書　沖縄方面海軍作戦』454頁。
*182 宇垣『戦藻録』507頁。
*183 Center of Military History, *The War in the Pacific OKINAWA: THE LAST BATTLE*, p.102.
*184 Ibid.
*185 防衛庁防衛研修所戦史室『戦史叢書　沖縄・臺灣・硫黄島方面　陸軍航空作戦』533頁。
*186 同上、536頁。
*187 防衛庁防衛研修所戦史室『戦史叢書　沖縄方面海軍作戦』470頁。
*188 防衛庁防衛研修所戦史室『戦史叢書　沖縄・臺灣・硫黄島方面　陸軍航空作戦』536頁。
*189 防衛庁防衛研修所戦史室『戦史叢書　沖縄方面海軍作戦』471頁。
*190 防衛庁防衛研修所戦史室『戦史叢書　沖縄・臺灣・硫黄島方面　陸軍航空作戦』537頁。
*191 同上、538頁。
*192 防衛庁防衛研修所戦史室『戦史叢書　沖縄方面海軍作戦』471-472頁。
*193 同上、479頁。
*194 Center of Military History, *The War in the Pacific OKINAWA: THE LAST BATTLE*, p.296.
*195 防衛庁防衛研修所戦史室『戦史叢書　沖縄方面海軍作戦』472、479頁。
*196 同上、485頁。
*197 軍事史学会編『防衛研究所図書館所蔵　大本営陸軍部戦争指導班　機密戦争日誌　下』713-714頁。
*198 防衛庁防衛研修所戦史室『戦史叢書　沖縄・臺灣・硫黄島方面　陸軍航空作戦』550頁。
*199 防衛庁防衛研修所戦史室『戦史叢書　沖縄方面海軍作戦』486頁。
*200 芦澤紀之『ある作戦参謀の悲劇』(芙蓉書房、1974年)374頁。
*201 防衛庁防衛研修所戦史室『戦史叢書　沖縄方面海軍作戦』486-487頁。
*202 同上、488頁。
*203 防衛庁防衛研修所戦史室『戦史叢書　沖縄・臺灣・硫黄島方面　陸軍航空作戦』557-558頁。
*204 防衛庁防衛研修所戦史室『戦史叢書　沖縄方面海軍作戦』489頁。
*205 防衛庁防衛研修所戦史室『戦史叢書　大本営陸軍部〈10〉』213頁。
*206 防衛庁防衛研修所戦史室『戦史叢書　沖縄方面海軍作戦』505頁。
*207 防衛庁防衛研修所戦史室『戦史叢書　大本営陸軍部〈10〉』215頁。
*208 ブュエル著・小城訳『提督・スプルーアンス』421頁。
*209 イアン・トール著・村上和久訳『太平洋の試練　レイテから終戦まで　下』(文藝春秋、2022年)267頁。
*210 防衛庁防衛研修所戦史室『戦史叢書　沖縄・臺灣・硫黄島方面　陸軍航空作戦』565頁。
*211 Major Chas. S. Nichols, Jr., usmc Henry I. Shaw, Jr., *OKINAWA: VICTORY IN THE PACIFIC*, p.262.

*124　Center of Military History, *The War in the Pacific OKINAWA: THE LAST BATTLE*, p.97.
*125　防衛庁防衛研修所戦史室『戦史叢書　沖縄方面海軍作戦』384頁。
*126　服部卓四郎『大東亜戦争全史』(原書房、1993年) 804頁。
*127　防衛庁防衛研修所戦史室『戦史叢書　沖縄・臺灣・硫黄島方面　陸軍航空作戦』479頁。
*128　防衛庁防衛研修所戦史室『戦史叢書　沖縄方面海軍作戦』386-387頁。
*129　防衛庁防衛研修所戦史室『戦史叢書　沖縄・臺灣・硫黄島方面　陸軍航空作戦』481頁。
*130　防衛庁防衛研修所戦史室『戦史叢書　沖縄方面陸軍作戦』327-328頁。
*131　ロビン・リエリー著・小田部哲哉訳『米軍から見た沖縄特攻作戦――カミカゼVS.米戦闘機、レーダー・ピケット艦――』(並木書房、2021年) 20頁。
*132　防衛庁防衛研修所戦史室『戦史叢書　沖縄方面海軍作戦』397頁。
*133　同上、402頁。
*134　防衛庁防衛研修所戦史室『戦史叢書　沖縄・臺灣・硫黄島方面　陸軍航空作戦』483頁。
*135　防衛庁防衛研修所戦史室『戦史叢書　沖縄方面海軍作戦』403頁。
*136　同上、410頁。
*137　防衛庁防衛研修所戦史室『戦史叢書　大本営海軍部・聯合艦隊〈7〉』(朝雲新聞社、1976年) 287頁。
*138　防衛庁防衛研修所戦史室『戦史叢書　沖縄方面海軍作戦』403-404頁。
*139　遠藤三郎『日中十五年戦争と私ー国賊・赤の将軍と人はいう』(日中書林、1974年) 318頁。
*140　防衛庁防衛研修所戦史室『戦史叢書　沖縄方面海軍作戦』410頁。
*141　宇垣『戦藻録』485頁。
*142　防衛庁防衛研修所戦史室『戦史叢書　沖縄・臺灣・硫黄島方面　陸軍航空作戦』485-486頁。
*143　同上、502、503頁。
*144　防衛庁防衛研修所戦史室『戦史叢書　沖縄方面海軍作戦』418、420頁。
*145　防衛庁防衛研修所戦史室『戦史叢書　沖縄・臺灣・硫黄島方面　陸軍航空作戦』495頁。
*146　リエリー著・小田部訳『米軍から見た沖縄特攻作戦――カミカゼVS.米戦闘機、レーダー・ピケット艦――』46頁。
*147　Center of Military History, *The War in the Pacific OKINAWA: THE LAST BATTLE*, p.101.
*148　防衛庁防衛研修所戦史室『戦史叢書　沖縄方面海軍作戦』420頁。
*149　同上、421頁。
*150　同上。
*151　防衛庁防衛研修所戦史室『戦史叢書　沖縄・臺灣・硫黄島方面　陸軍航空作戦』496頁。
*152　防衛庁防衛研修所戦史室『戦史叢書　沖縄方面海軍作戦』422頁。
*153　防衛庁防衛研修所戦史室『戦史叢書　沖縄・臺灣・硫黄島方面　陸軍航空作戦』497頁。
*154　防衛庁防衛研修所戦史室『戦史叢書　沖縄方面海軍作戦』427頁。
*155　防衛庁防衛研修所戦史室『戦史叢書　沖縄・臺灣・硫黄島方面　陸軍航空作戦』511頁。
*156　「沖縄方面作戦」26頁。
*157　防衛庁防衛研修所戦史室『戦史叢書　沖縄方面海軍作戦』428頁。
*158　防衛庁防衛研修所戦史室『戦史叢書　沖縄・臺灣・硫黄島方面　陸軍航空作戦』501頁。
*159　宇垣『戦藻録』500頁。
*160　防衛庁防衛研修所戦史室『戦史叢書　沖縄方面海軍作戦』435頁。
*161　岡原寛著・小田康徳監修『陸軍少将岡原寛　戦中・戦後日記――演説の名手が生きた銃後と戦後――』(琥珀書房、2023年) 93頁。
*162　防衛庁防衛研修所戦史室『戦史叢書　沖縄・臺灣・硫黄島方面　陸軍航空作戦』512頁。
*163　防衛庁防衛研修所戦史室『戦史叢書　沖縄方面海軍作戦』435頁。
*164　服部卓四郎『大東亜戦争全史』(原書房、1993年) 805頁。
*165　防衛庁防衛研修所戦史室『戦史叢書　沖縄・臺灣・硫黄島方面　陸軍航空作戦』517頁。
*166　服部『大東亜戦争全史』805頁。
*167　リエリー著・小田部訳『米軍から見た沖縄特攻作戦――カミカゼVS.米戦闘機、レーダー・ピ

*80　「沖縄方面作戦」24頁。
*81　防衛庁防衛研修所戦史室『戦史叢書　沖縄・臺灣・硫黄島方面　陸軍航空作戦』449頁。
*82　防衛庁防衛研修所戦史室『戦史叢書　沖縄方面海軍作戦』360頁。
*83　同上、324頁。
*84　防衛庁防衛研修所戦史室『戦史叢書　沖縄・臺灣・硫黄島方面　陸軍航空作戦』435-437頁。
*85　「沖縄方面作戦」22頁。
*86　Center of Military History, *The War in the Pacific OKINAWA: THE LAST BATTLE*, p.96.
*87　防衛庁防衛研修所戦史室『戦史叢書　沖縄・臺灣・硫黄島方面　陸軍航空作戦』439-442頁。
*88　同上、455頁。
*89　同上、456頁。
*90　防衛庁防衛研修所戦史室『戦史叢書　沖縄方面海軍作戦』363頁。
*91　防衛庁防衛研修所戦史室『戦史叢書　沖縄・臺灣・硫黄島方面　陸軍航空作戦』452頁。
*92　同上、443-444頁。
*93　同上、448頁。
*94　「沖縄方面作戦」24頁。
*95　宇垣『戦藻録』485頁。
*96　防衛庁防衛研修所戦史室『戦史叢書　沖縄・臺灣・硫黄島方面　陸軍航空作戦』453頁。
*97　同上、458、461頁。
*98　Major Chas.S.Nichols, Jr., usmc Henry I. Shaw, Jr., *OKINAWA: VICTORY IN THE PACIFIC* (HISTORICAL BRANCH G-3 DIVISION HEADQUARTERS U. S. MARINE CORPS, 1955), p.83.
*99　防衛庁防衛研修所戦史室『戦史叢書　沖縄方面海軍作戦』361、372頁。
*100　防衛庁防衛研修所戦史室『戦史叢書　沖縄・臺灣・硫黄島方面　陸軍航空作戦』460、462頁。
*101　防衛庁防衛研修所戦史室『戦史叢書　沖縄方面海軍作戦』372、376頁。
*102　同上、377頁。
*103　豊田副武『最後の帝国海軍－軍令部総長の証言』（中央公論新社、2017年）191頁。
*104　防衛庁防衛研修所戦史室『戦史叢書　沖縄方面海軍作戦』626頁。
*105　宇垣『戦藻録』488頁。
*106　防衛庁防衛研修所戦史室『戦史叢書　沖縄方面海軍作戦』625-627頁。
*107　軍事史学会編『防衛研究所図書館所蔵　大本営陸軍部戦争指導班　機密戦争日誌　下』（錦正社、1998年）698頁。
*108　史料調査会編『太平洋戦争と富岡定俊』（軍事研究社、1971年）322頁。
*109　防衛庁防衛研修所戦史室『戦史叢書　沖縄方面海軍作戦』631頁。
*110　原勝洋・北村新三『暗号に敗れた日本』（PHP 研究所、2014年）348頁。
*111　Center of Military History, *The War in the Pacific OKINAWA: THE LAST BATTLE*, p.99.
*112　防衛庁防衛研修所戦史室『戦史叢書　沖縄方面海軍作戦』644-647頁。
*113　ブュエル著・小城訳『提督・スプルーアンス』419頁。
*114　Center of Military History, *The War in the Pacific OKINAWA: THE LAST BATTLE*, p.79.
*115　ブュエル著・小城訳『提督・スプルーアンス』419頁。
*116　Center of Military History, *The War in the Pacific OKINAWA: THE LAST BATTLE*, p.101.
*117　防衛庁防衛研修所戦史室『戦史叢書　沖縄方面海軍作戦』382頁。
*118　防衛庁防衛研修所戦史室『戦史叢書　沖縄・臺灣・硫黄島方面　陸軍航空作戦』463、467頁。
*119　Major Chas. S. Nichols, Jr., usmc Henry I. Shaw, Jr., *OKINAWA: VICTORY IN THE PACIFIC*, p.85.
*120　防衛庁防衛研修所戦史室『戦史叢書　沖縄・臺灣・硫黄島方面　陸軍航空作戦』　475頁。
*121　防衛庁防衛研修所戦史室『戦史叢書　沖縄方面海軍作戦』384頁。
*122　防衛庁防衛研修所戦史室『戦史叢書　沖縄・臺灣・硫黄島方面　陸軍航空作戦』468、476頁。
*123　宇垣『戦藻録』489頁。

*33　「沖縄方面作戦」20-21頁。
*34　同上、11頁。
*35　防衛庁防衛研修所戦史室『戦史叢書　沖縄方面海軍作戦』344頁。
*36　同上、176-177頁。
*37　防衛庁防衛研修所戦史室『戦史叢書　沖縄・臺灣・硫黄島方面　陸軍航空作戦』305-307頁。
*38　同上、369-370頁。
*39　防衛庁防衛研修所戦史室『戦史叢書　沖縄方面海軍作戦』353頁。
*40　同上、355-356頁。
*41　同上、297-298頁。
*42　防衛庁防衛研修所戦史室『戦史叢書　沖縄・臺灣・硫黄島方面　陸軍航空作戦』391頁。
*43　防衛庁防衛研修所戦史室『戦史叢書　沖縄方面海軍作戦』343頁。
*44　防衛庁防衛研修所戦史室『戦史叢書　沖縄・臺灣・硫黄島方面　陸軍航空作戦』391頁。
*45　防衛庁防衛研修所戦史室『戦史叢書　沖縄方面海軍作戦』297頁。
*46　「沖縄方面作戦」21頁。
*47　防衛庁防衛研修所戦史室『戦史叢書　沖縄方面海軍作戦』299頁。
*48　防衛庁防衛研修所戦史室『戦史叢書　沖縄・臺灣・硫黄島方面　陸軍航空作戦』393頁。
*49　同上、394-395頁。
*50　防衛庁防衛研修所戦史室『戦史叢書　沖縄方面海軍作戦』299-300頁。
*51　宇垣纏『戦藻録』（原書房、1968年）479頁。
*52　防衛庁防衛研修所戦史室『戦史叢書　沖縄・臺灣・硫黄島方面　陸軍航空作戦』405-406頁。
*53　防衛庁防衛研修所戦史室『戦史叢書　沖縄方面海軍作戦』302頁。
*54　防衛庁防衛研修所戦史室『戦史叢書　大本営陸軍部〈10〉』（朝雲新聞社、1975年）106、109頁。
*55　軍事史学会編『防衛研究所図書館所蔵　大本営陸軍部戦争指導班　機密戦争日誌　下』（錦正社、1998年）692頁。
*56　防衛庁防衛研修所戦史室『戦史叢書　沖縄方面海軍作戦』307、312頁。
*57　ブュエル著・小城訳『提督・スプルーアンス』413頁。
*58　防衛庁防衛研修所戦史室『戦史叢書　沖縄方面海軍作戦』306、347頁。
*59　同上、347-348頁。
*60　同上、348-349頁。
*61　同上、349-350頁。
*62　防衛庁防衛研修所戦史室『戦史叢書　沖縄・臺灣・硫黄島方面　陸軍航空作戦』409頁。
*63　同上、410頁。
*64　同上、411頁。
*65　防衛庁防衛研修所戦史室『戦史叢書　沖縄方面海軍作戦』313頁。
*66　第5航空軍参謀少佐肥塚貞剛「御言葉綴」（防衛研究所戦史研究センター所蔵）20頁。
*67　「沖縄方面作戦」22頁。
*68　防衛庁防衛研修所戦史室『戦史叢書　沖縄・臺灣・硫黄島方面　陸軍航空作戦』416頁。
*69　防衛庁防衛研修所戦史室『戦史叢書　沖縄方面海軍作戦』314-315頁。
*70　ブュエル著・小城訳『提督・スプルーアンス』417頁。
*71　防衛庁防衛研修所戦史室『戦史叢書　沖縄方面海軍作戦』315-318頁。
*72　「沖縄方面作戦」22頁。
*73　防衛庁防衛研修所戦史室『戦史叢書　沖縄方面海軍作戦』305頁。
*74　Center of Military History, *The War in the Pacific OKINAWA: THE LAST BATTLE*, p.67.
*75　防衛庁防衛研修所戦史室『戦史叢書　沖縄方面海軍作戦』320頁。
*76　同上、360頁。
*77　B・H・リデルハート『第二次世界大戦　下　1943－45』（中央公論新社、2023年）423頁。
*78　防衛庁防衛研修所戦史室『戦史叢書　沖縄方面海軍作戦』322頁。
*79　宇垣『戦藻録』483頁。

＊129　八原『沖縄決戦』129–130頁。
＊130　防衛庁防衛研修所戦史室『戦史叢書　沖縄方面陸軍作戦』168頁。
＊131　同上、171–172頁。
＊132　同上、175頁。
＊133　同上、184–186頁。
＊134　同上、186–187頁。
＊135　八原『沖縄決戦』131頁。
＊136　防衛庁防衛研修所戦史室『戦史叢書　沖縄方面陸軍作戦』188頁。
＊137　同上、176頁。
＊138　防衛庁防衛研修所戦史室『戦史叢書　沖縄方面海軍作戦』222頁。

第２章　航空特攻作戦

＊１　防衛庁防衛研修所戦史室『戦史叢書　沖縄方面海軍作戦』（朝雲新聞社、1968年）702頁。
＊２　同上、176頁。
＊３　防衛庁防衛研修所戦史室『戦史叢書　沖縄・臺灣・硫黄島方面　陸軍航空作戦』（朝雲新聞社、1970年）445頁。
＊４　宇垣纏『戦藻録』（原書房、1968年）461頁。
＊５　防衛庁防衛研修所戦史室『戦史叢書　沖縄・臺灣・硫黄島方面　陸軍航空作戦』342頁。
＊６　防衛庁防衛研修所戦史室『戦史叢書　沖縄方面海軍作戦』183–184頁。
＊７　防衛庁防衛研修所戦史室『戦史叢書　沖縄・臺灣・硫黄島方面　陸軍航空作戦』357頁。
＊８　防衛庁防衛研修所戦史室『戦史叢書　沖縄方面海軍作戦』346頁。
＊９　「沖縄方面作戦」（防衛研究所戦史研究センター所蔵）９頁。
＊10　防衛庁防衛研修所戦史室『戦史叢書　沖縄方面海軍作戦』197頁。
＊11　同上、709頁。
＊12　防衛庁防衛研修所戦史室『戦史叢書　沖縄・臺灣・硫黄島方面　陸軍航空作戦』339–340、342頁。
＊13　「沖縄方面作戦」12頁。
＊14　防衛庁防衛研修所戦史室『戦史叢書　沖縄方面海軍作戦』186頁。
＊15　Center of Military History *The War in the Pacific OKINAWA: THE LAST BATTLE* United States Army Washington, D. C., 1984, p.46.
＊16　トーマス・B・ブュエル著・小城正訳『提督・スプルーアンス』（読売新聞社、1975年）408頁。
＊17　防衛庁防衛研修所戦史室『戦史叢書　沖縄方面陸軍作戦』（朝雲新聞社、1968年）188頁。
＊18　防衛庁防衛研修所戦史室『戦史叢書　沖縄・臺灣・硫黄島方面　陸軍航空作戦』364頁。
＊19　防衛庁防衛研修所戦史室『戦史叢書　沖縄方面陸軍作戦』189頁。
＊20　ブュエル著・小城訳『提督・スプルーアンス』409頁。
＊21　Center of Military History, *The War in the Pacific OKINAWA: THE LAST BATTLE*, pp.46–49.
＊22　「沖縄方面作戦」16–17頁。
＊23　防衛庁防衛研修所戦史室『戦史叢書　沖縄方面海軍作戦』273頁。
＊24　防衛庁防衛研修所戦史室『戦史叢書　沖縄・臺灣・硫黄島方面　陸軍航空作戦』386頁。
＊25　防衛庁防衛研修所戦史室『戦史叢書　沖縄方面海軍作戦』278頁。
＊26　「沖縄方面作戦」17–18頁。
＊27　防衛庁防衛研修所戦史室『戦史叢書　沖縄方面海軍作戦』284頁。
＊28　同上、287頁。
＊29　「沖縄方面作戦」18頁。
＊30　防衛庁防衛研修所戦史室『戦史叢書　沖縄方面海軍作戦』289頁。
＊31　同上、290–292頁。
＊32　Center of Military History, *The War in the Pacific OKINAWA: THE LAST BATTLE*, p.50.

＊84　同上、77頁。
＊85　防衛庁防衛研修所戦史室『戦史叢書　沖縄方面陸軍作戦』136頁。
＊86　同上、137頁。
＊87　八原『沖縄決戦』96頁。
＊88　防衛庁防衛研修所戦史室『戦史叢書　沖縄方面陸軍作戦』137頁。
＊89　八原『沖縄決戦』77頁。
＊90　防衛庁防衛研修所戦史室『戦史叢書　沖縄方面陸軍作戦』138頁。
＊91　同上、138頁。
＊92　八原『沖縄決戦』80頁。
＊93　防衛庁防衛研修所戦史室『戦史叢書　沖縄方面陸軍作戦』139頁。
＊94　南城市教育委員会『南城市の沖縄戦　資料編』（南城市教育委員会）414、417頁。
＊95　防衛庁防衛研修所戦史室『戦史叢書　沖縄方面陸軍作戦』175頁。
＊96　「沖縄方面作戦」（防衛研究所戦史研究センター所蔵）１頁。
＊97　軍事史学会編『防衛研究所図書館所蔵　大本営陸軍部戦争指導班　機密戦争日誌　下』（錦正社、1998年）651頁。
＊98　軍事史学会編『大本営陸軍部作戦部長　宮崎周一中将日誌』（錦正社、2016年）48頁。
＊99　防衛庁防衛研修所戦史室『戦史叢書　大本営海軍部・聯合艦隊〈７〉』（朝雲新聞社、1976年）142頁。
＊100　防衛庁防衛研修所戦史室『戦史叢書　大本営陸軍部〈９〉』（朝雲新聞社、1974年）546頁。
＊101　防衛庁防衛研修所戦史室『戦史叢書　大本営陸軍部〈10〉』（朝雲新聞社、1974年）８頁。
＊102　防衛庁防衛研修所戦史室『戦史叢書　沖縄方面海軍作戦』150頁。
＊103　防衛庁防衛研修所戦史室『戦史叢書　大本営海軍部・聯合艦隊〈７〉』240頁。
＊104　防衛庁防衛研修所戦史室『戦史叢書　沖縄方面陸軍作戦』168頁。
＊105　同上、169頁。
＊106　同上、170−171頁。
＊107　八原『沖縄決戦』109頁。
＊108　同上、118頁。
＊109　同上、84頁。
＊110　枦山「沖縄第三十二軍の決戦準備」37頁。
＊111　八原『沖縄決戦』85頁。
＊112　琉球政府『沖縄県史　第９巻各論編８　沖縄戦記録１』（琉球政府、1971年）112頁。
＊113　八原『沖縄決戦』95、100頁。
＊114　防衛庁防衛研修所戦史室『戦史叢書　沖縄方面陸軍作戦』155頁。
＊115　同上、156頁。
＊116　防衛庁防衛研修所戦史室『戦史叢書　沖縄方面海軍作戦』162頁。
＊117　防衛庁防衛研修所戦史室『戦史叢書　大本営陸軍部〈10〉』10−15頁。
＊118　宮崎周一「本土決戦の思い出（その１）」『幹部学校記事』（陸戦学会、第６巻62号）18頁。
＊119　防衛庁防衛研修所戦史室『戦史叢書　沖縄方面海軍作戦』164頁。
＊120　防衛庁防衛研修所戦史室『戦史叢書　大本営陸軍部〈10〉』50頁。
＊121　防衛庁防衛研修所戦史室『戦史叢書　大本営海軍部・聯合艦隊〈７〉』241頁。
＊122　防衛庁防衛研修所戦史室『戦史叢書　大本営陸軍部〈10〉』50頁。
＊123　防衛庁防衛研修所戦史室『戦史叢書　沖縄方面海軍作戦』）163頁。
＊124　防衛庁防衛研修所戦史室『戦史叢書　沖縄・臺灣・硫黄島方面　陸軍航空作戦』（朝雲新聞社、1970年）303−304頁。
＊125　宮崎「本土決戦の思い出（その１）」16−17頁。
＊126　防衛庁防衛研修所戦史室『戦史叢書　沖縄方面海軍作戦』165−166頁。
＊127　八原『沖縄決戦』104頁。
＊128　防衛庁防衛研修所戦史室『戦史叢書　沖縄方面海軍作戦』247頁。

＊40　防衛庁防衛研修所戦史室『戦史叢書　沖縄方面陸軍作戦』85頁。
＊41　八原『沖縄決戦』49–51頁。
＊42　防衛庁防衛研修所戦史室『戦史叢書　沖縄方面陸軍作戦』100–103頁。
＊43　Major Chas. S. Nichols, Jr., usmc Henry I. Shaw, Jr., *OKINAWA: VICTORY IN THE PACIFIC* (HISTORICAL BRANCH G-3 DIVISION HEADQUARTERS U. S. MARINE CORPS, 1955), pp.13–15.
＊44　Ibid., p.15.
＊45　トーマス・B・ブュエル著・小城正訳『提督・スプルーアンス』（読売新聞社、1975年）368–369頁。
＊46　Center of Military History, *The War in the Pacific OKINAWA: THE LAST BATTLE* (United States Army Washington, D. C., 1984), p.4.
＊47　Ibid., pp.19–21.
＊48　Ibid., pp.23–25.
＊49　Ibid., pp.25–26.
＊50　Ibid., pp.27–28.
＊51　Ibid., p.33.
＊52　Ibid., pp.31–32.
＊53　Ibid., pp.33–35.
＊54　Ibid., p.28.
＊55　Ibid., pp.34–36.
＊56　Ibid., p.38.
＊57　防衛庁防衛研修所戦史室『戦史叢書　沖縄方面陸軍作戦』104–107頁。
＊58　陸戦史研究普及会『陸戦史集9　沖縄作戦（第二次世界大戦）』37–39頁。
＊59　防衛庁防衛研修所戦史室『戦史叢書　沖縄方面陸軍作戦』109頁。
＊60　同上、110–111頁。
＊61　同上、111–112頁。
＊62　同上、113頁。
＊63　同上、114–115頁。
＊64　同上、118–120頁。
＊65　Center of Military History, *The War in the Pacific OKINAWA: THE LAST BATTLE*, pp.44–45.
＊66　防衛庁防衛研修所戦史室『戦史叢書　沖縄方面陸軍作戦』123頁。
＊67　八原『沖縄決戦』58頁。
＊68　杉山「沖縄第三十二軍の決戦準備」29頁。
＊69　防衛庁防衛研修所戦史室『戦史叢書　沖縄方面陸軍作戦』129–130頁。
＊70　杉山「沖縄第三十二軍の決戦準備」33頁。
＊71　防衛庁防衛研修所戦史室『戦史叢書　沖縄方面陸軍作戦』130頁。
＊72　同上、139頁。
＊73　杉山「沖縄第三十二軍の決戦準備」36頁。
＊74　防衛庁防衛研修所戦史室『戦史叢書　沖縄方面陸軍作戦』131頁。
＊75　八原『沖縄決戦』44頁。
＊76　同上、61–62頁。
＊77　防衛庁防衛研修所戦史室『戦史叢書　沖縄方面陸軍作戦』132頁。
＊78　同上、133–134頁。
＊79　大橋「第六十二師団　沖縄戦玉砕の軌跡」94頁。
＊80　防衛庁防衛研修所戦史室『戦史叢書　沖縄方面陸軍作戦』134–135頁。
＊81　八原『沖縄決戦』69頁。
＊82　同上、71–73頁。
＊83　同上、44頁。

注

第1章　作戦準備

＊1　陸戦史研究普及会『陸戦史集9　沖縄作戦（第二次世界大戦）』（原書房、1968年）1、4－5頁。
＊2　防衛庁防衛研修所戦史室『戦史叢書　沖縄方面陸軍作戦』（朝雲新聞社、1968年）16頁。
＊3　同上、2頁。
＊4　防衛庁防衛研修所戦史室『戦史叢書　大本営陸軍部〈8〉』（朝雲新聞社、1974年）254頁。
＊5　防衛庁防衛研修所戦史室『戦史叢書　沖縄方面陸軍作戦』26頁。
＊6　同上、38-39頁。
＊7　防衛庁防衛研修所戦史室『戦史叢書　沖縄方面海軍作戦』（朝雲新聞社、1968年）41頁。
＊8　防衛庁防衛研修所戦史室『戦史叢書　沖縄方面陸軍作戦』20頁。
＊9　杉田一次『情報なき戦争指導　大本営情報参謀の回想』（原書房、1987年）374頁。
＊10　防衛庁防衛研修所戦史室『戦史叢書　沖縄方面海軍作戦』45頁。
＊11　防衛庁防衛研修所戦史室『戦史叢書　沖縄方面陸軍作戦』23-24頁。
＊12　同上、41頁。
＊13　八原博通『沖縄決戦』（読売新聞社、1975年）20頁。
＊14　防衛庁防衛研修所戦史室『戦史叢書　沖縄方面陸軍作戦』25頁。
＊15　同上、39頁。
＊16　防衛庁防衛研修所戦史室『戦史叢書　沖縄方面海軍作戦』46頁。
＊17　同上、220-222頁。
＊18　同上、46頁。
＊19　防衛庁防衛研修所戦史室『戦史叢書　沖縄方面陸軍作戦』50頁。
＊20　同上、52頁。
＊21　枦山徹夫「沖縄第三十二軍の決戦準備」『丸別冊第18号　忘れえぬ戦場（陸海空／戦域総集編Ⅰ）』（潮書房、平成3年7月15日）28-29頁。
＊22　八原『沖縄決戦』29-30頁。
＊23　古川成美『沖縄戦秘録　死生の門』（中央社、1950年）31頁。
＊24　防衛庁防衛研修所戦史室『戦史叢書　沖縄方面陸軍作戦』53-55頁。
＊25　八原『沖縄決戦』33頁。
＊26　防衛庁防衛研修所戦史室『戦史叢書　沖縄方面陸軍作戦』56頁。
＊27　八原『沖縄決戦』32頁。
＊28　防衛庁防衛研修所戦史室『戦史叢書　沖縄方面陸軍作戦』88-89頁。
＊29　同上、97頁。
＊30　八原『沖縄決戦』33頁。
＊31　大橋清辰「第六十二師団　沖縄戦玉砕の軌跡」『丸別冊第13号　最後の戦闘（沖縄・硫黄島戦記）』（潮書房、1989年）92頁。
＊32　防衛庁防衛研修所戦史室『戦史叢書　沖縄方面陸軍作戦』57-58頁。
＊33　同上、64頁。
＊34　同上、68頁。
＊35　古川『沖縄戦秘録　死生の門』25頁。
＊36　八原『沖縄決戦』36頁。
＊37　防衛庁防衛研修所戦史室『戦史叢書　沖縄方面陸軍作戦』84頁。
＊38　額田坦『陸軍省人事局長の回想』（芙蓉書房、1977年）173、176頁。
＊39　八原『沖縄決戦』38頁。

人名索引

【あ】

【か】

【さ】

【た】

齋藤達志（さいとう・たつし）

1964年生まれ。現在、防衛研究所戦史研究センター史料室所員（２等陸佐（再任用）、認証アーキビスト）専門は近代日本軍事史。1987年 防衛大学校卒業、2010年 早稲田大学大学院社会科学研究科修了（学術修士）。陸上自衛隊第一線部隊、指揮幕僚課程、筑波大学研究生（史学）、幹部学校などで勤務。著書：『撤退戦——戦史に学ぶ決断の時機と方策』（中央公論新社、2022年）、共著『ランド・パワー原論』（日本経済新聞出版、2024年）

完全版 沖縄戦
——大戦略なき作戦指導の経緯と結末

2025年５月10日　初版発行
2025年７月30日　再版発行

著　者　齋藤達志
発行者　安部順一
発行所　中央公論新社
〒100-8152　東京都千代田区大手町1-7-1
電話　販売 03-5299-1730　編集 03-5299-1740
URL https://www.chuko.co.jp/

印　刷　TOPPANクロレ
製　本　大口製本印刷

Printed in Japan　ISBN978-4-12-005916-2 C0021

装幀　中央公論新社デザイン室
地図作成・ＤＴＰ　市川真樹子